Rita Lüder

Grundkurs Pilzbestimmung

Rita Lüder

Grundkurs Pilzbestimmung

Eine Praxisanleitung
für Anfänger und Fortgeschrittene

2., durchgesehene Auflage

Quelle & Meyer Verlag, Wiebelsheim

Dr. Rita Lüder
An den Teichen 5
31535 Neustadt
www.kreativpinsel.de

Die Speisewertangaben der Pilze beruhen auf dem derzeitigen Kenntnisstand. Auf Verwechslungsmöglichkeiten mit ähnlichen, giftigen Arten wurde nach bestem Wissen hingewiesen. Dennoch ist der Verzehr von Pilzen immer eine eigenverantwortliche Sache, und der Verlag und die Autorin können keine Verantwortung für Fehlbestimmungen oder individuelle Unverträglichkeiten übernehmen. Ein Buch kann nicht die Erfahrung ersetzen, die durch langjährige Praxis erworben wird. Suchen Sie daher bei Zweifeln an der richtigen Bestimmung eine Pilzberatungsstelle auf, bevor Sie den Pilz essen oder verzichten Sie lieber ganz auf diese Art. Grundsätzlich werden Pilze nicht roh verzehrt.

Bildnachweis:
Beermann, A.: S. 272 Südlicher Schüppling
Böhning, T.: S. 385 und 439 Ziegelroter Risspilz
Dondl, M.: S. 167 Ölbaumtrichterling (kleines Bild)
Fässler, V.: S. 79 Dunkelrandiger Düngerling, S. 164 Satans-Röhrling,
S. 266 Ziegelgelber Schleimkopf, S. 433 und 444 Frühjahrslorchel,
S. 393, 397 und 435 Riesen-Rötling, S. 421 und 167 Ölbaumtrichterling
Gebert, M.: S. 445 Kronenbecherling
Gminder, A.: S. 79 Stattlicher Kahlkopf
Hincha, T.: S. 110 Blutroter Borstenscheibling, S. 114 Quetschpräparat, S. 115 Risspilz und Tintling,
S 116. Pleurozystiden (3x)
Holzer, H.: S. 350 Orangegelbe Puppenkernkeule
Meyer, F.H.: S. 21 Mykorrhiza, S. 22 Marone, S. 246 Frost-Schneckling
Pflaum, W.: S. 73 und 436 Spitzgebuckelte Raukopf, S. 75 Ziegelroter Risspilz
Schnieber, J.: S. 164 Kornblumenröhrling, S. S. 271 und 437 Orangefuchsiger Raukopf
Schössler, W.: S. 167 Goldblatt, S. 259 Grüngebuckelter Risspilz , S. 238 Strohblasser Ritterling,
S. 268 Zinnoberroter Wasserkopf, S. 332 Eichhase
Stelzer, R.: alle Raster-Elektronenmikroskopischen Aufnahmen
Wennekendonk, J.: S. 62 Pilzzubereitung in Gut Sunder, S. 351 Fingerhut-Verpel, S. 165 und 361 Netzstieliger Hexenröhrling
Alle anderen Bilder: Lüder, R. und Lüder, F.
Farbzeichnungen: Lüder, R.

Bibliografische Information Der Deutschen Bibliothek

Die Deutsche Bibliothek verzeichnet diese Publikation in der Deutschen Nationalbibliografie; detaillierte bibliografische Angaben sind im Internet über http://dnb.ddb.de abrufbar.

2., durchgesehene Auflage 2008

www.verlagsgemeinschaft.com

Umschlagfotos: Rita Lüder
Satz/DTP: Rita Lüder und Quelle & Meyer Verlag
Druck und Verarbeitung: Freiburger Graphische Betriebe, Freiburg
Printed in Germany / Imprimé en Allemagne

ISBN 978-3-494-01444-9

*Natur ist für uns Menschen unverzichtbar,
und Pilze, die ich in ihr sehe, faszinieren – sind einfach schön.*

*Pilze sicher zu erkennen ist nicht immer einfach,
aber gerade die Pilze, die ich nicht kenne –
oder vielleicht noch nicht einmal sehen kann –
sind für das Zusammenspiel der Natur überlebenswichtig.*

Frank Lüder

Danksagung

Es war eine große Freude dieses Buch zu erstellen, und ich erinnere mich gerne an die vielen großen und kleinen Begebenheiten, die mich vom ersten Gedanken bis zur Fertigstellung begleitet haben. Das sind in erster Linie die vielen Ausflüge in die Natur, alleine oder zusammen mit meinem Mann Frank, der mich mit seiner Liebe und seiner Geduld beim Suchen und Fotografieren genauso unterstützt und ermutigt hat wie bei der Umsetzung. Das sind meine Eltern, die mir ihre Naturliebe schon mit in die Wiege gelegt haben und ganz besonders mein Vater, mit dem ich auch heute noch zusammen Pilzkurse anbiete und der sich genauso wie ich über diese „magischen Wesen im Wald" begeistern kann.

Es ist mir auch immer wieder ein besonderes Erlebnis, die Pilzschule im Schwarzwald bei Walter Pätzold zu besuchen. Er hat mir mit großem Sachverstand und Begeisterung sehr viel Pilzwissen vermittelt. Viel Inspiration verdanke ich Andreas Gminder, dem Leiter der Pilzschule im Thüringer Wald. Es ist auch immer wieder eine Freude naturverbundenen Menschen zu begegnen, die ihr Wissen gerne mit anderen teilen, stellvertretend seien hier Christine Hahn und Christa Münker genannt, die in Bad Laasphe Pilzführungen anbieten.

Herzlichen Dank an alle meine Freunde, die mich bei so mancher Pilzexkursion begleitet haben. Hier möchte ich ganz besonders Jan Wennekendonk nennen, der mir durch seine Naturbegeisterung und seine Vorfreude auf dieses Buch sehr viel Mut gemacht hat.

Die rasterelektronenmikroskopischen Fotos verdanke ich Dr. Ralf Stelzer von der Tierärztlichen Hochschule in Hannover, der mir mit Rat, Tat und viel Spaß beim Umgang mit dieser Technik zur Seite gestanden hat.

Bei der Umsetzung all dieser Ideen bin ich dann im Verlag Quelle & Meyer auf so viel Begeisterung und Anregungen zum Layout und der Realisation gestoßen, dass ich ganz besonders dem DTP-Team mit Rolf Heisler, Jörg Renfordt und Julia Schiwek sowie meinem Lektor Stephan Angermayer meinen Dank aussprechen möchte. Und nicht zuletzt meinem Verleger Gerhard Stahl und seiner Frau Christel Henze-Stahl, die all meine Ideen und Vorstellungen unterstützt haben und mich sowohl menschlich als auch fachlich bereichert haben. Es ist mir eine große Freude und durchaus nicht selbstverständlich, dass die Philosophie ihres Verlages mit meinen eigenen Idealen und Wertvorstellungen zusammenfällt und ich in ihnen Menschen gefunden habe, die auch um die „Seele" der Bücher wissen.

Mein größter Dank gilt unserer Schöpfung, die wir auch selbst sind und aus der wir ständig neue Wunder kennen lernen und kreieren – die sich in jedem kleinen Pilzköpfchen zeigt, in jeder Pflanze und in allem Sein – die tiefe Verbundenheit mit meinem Ursprung und die Liebe zu all den „Wesen" der Natur zu fühlen, hat mir die Inspiration, die Kraft und die Freude für dieses Buch gegeben.

Neustadt, im Juli 2006

Rita Lüder

Inhaltsverzeichnis

1. Vorwort

Laub raschelt unter den Füßen, der typisch aromatische Geruch nach feuchtem Laub, Waldboden, Pilzen und Holz liegt in der Luft. Strahlendes Sonnenlicht durchflutet das Herbstlaub der Bäume und verwandelt den Wald in ein Farbenmeer. Dazu ein strahlend blauer Himmel. Das Laub am Boden gleicht einer Farbpalette der verschiedensten Gelb-, Orange- und Brauntöne.

Dazwischen auf einmal rote Farbkleckse: Fliegenpilze mit zarten weißen Flocken und leuchtenden Hüten. Sie verraten, dass hier mit Steinpilzen zu rechnen ist. Das Pilzherz schlägt höher, die Sammelleidenschaft erwacht. Jeder Schritt ist eine neue Entdeckung, manche Pilze sind viel zu schön, um sie aus ihrem Lebensraum zu entfernen. Die Magie ihrer Formen und Farben verzaubert die Seele und lässt das Herz höher schlagen.

Ich erinnere mich gerne an solch einen Tag, den wir im Harz verbracht haben. Es ist vollkommen windstill, nur ab und zu löst sich ein Blatt und schwebt lautlos zu Boden. Ausgelassen wie die Kinder, versuchen wir unter diese Blätter zu laufen. Wir stellen uns vor, dass jedes Blatt, das uns berührt, Glück bringt. Und dann die Entdeckung der ersten Pilze: Rote Tupfer im gelben Laub, wunderschön anzusehen. Aber ihre leuchtenden Hüte verraten, dass diese Täublinge brennend scharf schmecken werden.

Aber dort, diese gelben Flecken sind keine Blätter. Wunderschöne Pfifferlinge wandern in den Pilzkorb. Jeder einzelne eine Versuchung, und beim Gedanken an das Pfifferlingsomelett läuft uns bereits das Wasser im Munde zusammen – und dann ein Hexenring aus Gefleckten Rüblingen. Es sind zwar keine Speisepilze, aber sicher ist, dass das, was wir uns an solch einem Tag in ihrer Mitte wünschen, in Erfüllung gehen wird.

Ich sammele seit meiner Kindheit mit meinen Eltern Pilze, doch es ist auch nach so vielen Jahren für mich immer wieder ein Erlebnis. Diese „kleinen Naturwunder" haben auf mich schon immer eine magische Anziehungskraft ausgeübt, vermutlich weil sie so wenig berechenbar sind und auch in bekannten Sammelgebieten immer wieder für Überraschungen sorgen – oder weil sie manchmal einfach ausbleiben.

Jeder Pilz ist für sich ein kleines Wunder an Schöpfungskraft und Inspiration und erzählt seine eigene Geschichte. Die Fruchtkörper sind oft zart, zerbrechlich und kurzlebig, andererseits können sie mit ihrem Wachstum Steine und Äste anheben. Den Schopf-Tintlingen und Stadtchampignons gelingt es sogar, sich durch Asphalt zu arbeiten. Andere, wie beispielsweise die Porlinge, umwachsen Hindernisse wie Grashalme und Äste einfach so, als ob sie nicht da wären.

Der ***Glänzende Lackporling*** *(Ganoderma lucidum) umwächst Hindernisse wie diesen Grashalm einfach. In der Medizin ist er ein vielgeschätzter Heilpilz.*

Einige Arten können mit ihrem Wurzelgeflecht, dem Myzel, ganze Bäume zu Fall bringen, mehrere 100 Jahre alt werden und sich über viele Quadratkilometer ausstrecken. Und ihr schier unerschöpflicher Ausdruck an Erscheinungsformen ist grandios.

Mit diesem Buch möchte ich Ihnen diese faszinierende Welt der Pilze näher bringen. Ich möchte Sie in die Magie dieser geheimnisvollen Wesen entführen, die weder Tier noch Pflanze und für den gesamten Kreislauf des Lebens unabdingbar sind und das Vergehen mit dem Neubeginn verbinden.

Die etwa 5000 Großpilzarten bieten ein schier unendliches Betätigungsfeld, das eine weit größere Artenvielfalt aufweist als die Pflanzenwelt unserer Breiten. Erst durch die Systematik wird diese Vielfalt der Farben und Formen überschaubar. Dieses am Anfang oft als lästig empfundene System macht es für Sie mit jeder neuen Bestimmung einfacher, eine neue Art kennen zu lernen. Wenn Sie sich erst einmal einen gewissen „Grundstock" aufgebaut haben, erkennen Sie auf Anhieb die Pilzfamilie oder sogar die Gattung und haben immer mehr Spaß an der Bestimmung.

Die Vielfalt der Farben und Formen im Pilzreich ist schier unerschöpflich und einfach faszinierend.

2. Noch ein Pilzbuch?

Dieser Grundkurs ermöglicht Ihnen das Kennenlernen der Pilze auf einfache und praktische Art. Er schließt eine Lücke in der bisherigen Literatur zur Pilzbestimmung, denn viele farbige „Bestimmungsbücher" beschränken sich auf die Darstellung der Pilze mit Hilfe von Bildern und Textbeschreibungen.

Dabei wird ein unbekannter Pilz mit den Bildern im Buch verglichen und dem Pilz zugeordnet, dessen Abbildung ihm am ähnlichsten ist. Diese Form der Bestimmung führt häufig zu Fehlern und ist in der Regel unbefriedigend. Für Speisepilzsammler ist es nämlich unerlässlich, den Pilz auch sicher bestimmt zu haben und jegliche Verwechslung auszuschließen. Gerade bei der Variabilität der Pilze ist es meist nicht ausreichend, einfach nur irgendeine Abbildung zum Vergleich zu haben.

Bei dem Umgang mit diesem völlig neuen, reich bebilderten Bestimmungsschlüssel erschließt man sich wie von selbst den Umgang mit den wichtigen Merkmalen und der Vielfalt des Artenspektrums. Dazu sind möglichst viele Fachbegriffe an der Stelle erklärt und abgebildet, an der die Frage nach diesem Merkmal auftaucht. Dadurch soll der Umgang mit dem Schlüssel gleichzeitig Spaß am Bestimmen wecken.

Der Schwerpunkt liegt beim Einstieg in die systematische Bestimmung, d.h. auf dem Kennenlernen der häufigsten Familien und Gattungen. Um das Erkennen der häufigsten heimischen Pilzfamilien und Gattungen zu erleichtern, werden in diesem Grundkurs die wichtigsten von ihnen beschrieben. Die Verteilung der Gattungen und Arten innerhalb der einzelnen Familien ist sehr unterschiedlich. Die ungefähre Angabe der Gattungs- und Artenzahlen gibt Ihnen eine Vorstellung vom Umfang der Pilzgruppe. Dazu beinhaltet dieses Buch das Basiswissen, das erforderlich ist, um als Pilzsachverständiger tätig zu werden (s. Kapitel 7, S. 68).

*Der **Laubholz-Harzporling** (Ischnoderma resinosum) ist ein relativ seltener Baumpilz an Rot-Buchen, der nur in Niedersachsen häufiger anzutreffen ist. Solche Arten werden Sie in diesem Bestimmungsschlüssel vergeblich suchen, da er sich auf die ca. 400 häufigsten Pilzarten beschränkt.*

Die Tropfen kann dieser Pilz selbst bei Trockenheit abscheiden, um die Nährstoffaufnahme über einen erhöhten Wasserdurchlauf zu steigern.

Im Vordergrund steht immer das Erlernen der Bestimmungsmerkmale. Da dies am Besten durch Ausprobieren geht, können Sie mit dem Bestimmungsschlüssel die etwa 400 am weitesten verbreiteten Pilzarten bestimmen. Seltenere Pilze werden hier weitgehend vernachlässigt. Daher kann es durchaus vorkommen, dass Sie bei der richtigen Gattung ankommen, Ihren Pilz aber nicht finden. In diesem Fall sagen Ihnen die Literaturhinweise, mit welchem Bestimmungsbuch weiter bestimmt werden kann. Anders als für die Pflanzenwelt gibt es kein spezielles Buch für alle Pilzgruppen, sondern unterschiedliche für die verschiedenen Pilzfamilien. Einige Pilze lassen sich ohne Zuhilfenahme mikroskopischer und chemischer Merkmale auch nicht bis zur Art bestimmen. Glücklicherweise betrifft dies meist Gattungen, die ohnehin keine oder nur wenige Speisepilze enthalten, wie beispielsweise die Fälblinge oder Risspilze.

Es gibt zu einigen essbaren Arten sehr ähnlich aussehende, aber giftige Arten. Um Verwechslungen auszuschließen, ist es daher besonders wichtig, die jeweiligen Unterscheidungsmerkmale zu kennen. Darum finden Sie in Kapitel 12 und 13 (S. 356) detaillierte Portraits der bedeutendsten Speisepilze, aber auch der potentiell tödlich giftigen Pilze.

*Essbare gilbende **Champignons** (links) sind oft nur schwer von ungenießbaren und Magen-Darm-giftigen **Karbol-Champignons** zu unterscheiden, wenn ihnen der charakteristische Geruch fehlt. Hier hilft die Überprüfung mittels der Schäfferschen Kreuzreaktion mit Anilin und Salpetersäure (s. S. 118).*

Die Pilzmikroskopie und das Bestimmen mit Hilfe von chemischen Reagenzien ist in der Regel ein sehr sicheres, in jedem Fall aber ein faszinierendes Gebiet, und ich möchte Ihnen mit ein paar kleinen Anregungen hier einen Einstieg bieten. Im Rahmen dieses Grundkurses können nur sehr beispielhaft einige Reaktionen vorgestellt werden, die Ihnen zeigen, dass es viele verschiedene Wege gibt, einem Pilz seinen Namen zu entlocken (S. 117). Bei der Bestimmung habe ich immer versucht, diese Merkmale nicht als Grundlage zu nehmen, sondern die Bestimmung nach Kriterien durchzuführen, die rein optisch möglich sind; die mikroskopischen Merkmale und chemischen Reaktionen sind daher eine reine „Zugabe".
Nach der erfolgreichen Bestimmung eines Pilzes gibt es viele Möglichkeiten, sich weiter mit dem nun bekannten Exemplar zu beschäftigen. Zur Nachbestimmung durch einen Experten können Sie ein Exsikkat, d.h. ein Trockenpräparat anfertigen und den Pilz dadurch haltbar machen. Dies entspricht der Anlage eines Herbariums bei Pflanzen (s. Seite 123).

Gerade die Pilze zeigen uns durch ihre überragende Bedeutung im Kreislauf des Lebens, dass sie mit vielen anderen Fachgebieten eine direkte Verbindung haben. Sie sind ein Bindeglied zu Botanik, Vegetationskunde, Forstwirtschaft und Bodenkunde – wenn man bedenkt, dass es auch Pilze gibt, die auf Insekten und Raupen leben, sogar zur Zoologie. Viele Zusammenhänge sind noch ungeklärt und „globaleres" Denken wird immer wichtiger. Hier bieten sich für die Zukunft noch viele Forschungsmöglichkeiten. Vom Bestimmen aus eröffnen sich viele weitere Fachbereiche. Direkt mit den Pilzen verbunden sind die Pilzökologie und Pilzsoziologie, die sich mit den Pilzen als Lebewesen in ihrer Umwelt befassen.

3. Naturschutz auch für Pilze?

Pilze sind trotz ihres unscheinbaren Auftretens im Kreislauf des Lebens von immenser Bedeutung. Sie verrichten ihre unermüdliche Arbeit, das verrottende Material wieder in den Kreislauf des Lebens einzugliedern, und das nicht nur dann, wenn wir die Fruchtkörperbildung beobachten. Da der eigentliche Pilz ein fein verzweigtes Netz sehr feiner „Würzelchen" (Myzel) im Erdreich oder im Holz ist, setzen ihm bodenverdichtende Fahrzeuge und Schadstoffeintrag in den Boden weit mehr zu als die Pilzsammler.

Der Naturschutz für die Pilze fällt somit auch in den wirtschaftlichen und politischen Verantwortungsbereich, den wir alle durch unser Konsumverhalten erheblich mitgestalten können. Aber auch als Pilzsammler haben wir die Verpflichtung, so schonend wie möglich vorzugehen. Die Pilze werden so aus dem Boden entnommen, dass das Pilzgeflecht im Boden, das Myzel, nicht beschädigt wird. Diese scheinbar so einfache Tatsache kann unter Pilzliebhabern jedoch für erheblichen Diskussionsstoff sorgen, wenn die Frage „ausdrehen oder abschneiden?" auf den Tisch kommt. So vertritt das eine Lager die Meinung, dass bei abgeschnittenen Pilzen über die Schnittfläche Fäulnisbakterien eindringen, die schließlich auch das Myzel schädigen, während die anderen dies als den besten Weg ansehen, das Myzel möglichst unbeschädigt zu lassen.

Da die Pilze meiner Meinung nach ohne eifrige Sammler oder tierische Pilzliebhaber ohnehin der Zersetzung anheim fallen, fällt es mir persönlich schwer, im Abschneiden einen „Pilzfrevel" zu entdecken. Bei „Bestimmlingen" brauchen wir jedoch alle Merkmale, deshalb wird die Basis vorsichtig aus dem Boden gedreht. Bleibt dabei eine Vertiefung im Boden zurück, wird diese mit Erde oder Laub gefüllt, um das Myzel vor Austrocknung zu schützen.

*Der **Orangegelbe Scheidenstreifling** (Amanita crocea) ist ein Vertreter aus der Familie der Wulstlingsartigen (Amanitaceae). Bei dieser Gruppe sind die Knollen ein sehr wichtiges Bestimmungsmerkmal. Oft sind sie, wie bei dieser Art, tief im Boden verborgen und nicht so deutlich sichtbar wie bei dem jungen Exemplar rechts. Ist dieses Merkmal nicht mehr sichtbar, weil der Pilz abgeschnitten wurde, ist die Bestimmung oft schwer.*

Seltene Arten sind oft Spezialisten für besondere Bodenverhältnisse und Begleitpflanzen und deshalb Anzeiger, so genannte Indikatoren, für besondere Lebensräume. Einige von ihnen stehen unter Naturschutz oder in der „Roten Liste" (siehe unten) und sollten geschont werden. Aber auch bei den nicht geschützten Arten ist es sinnvoll, am Fundort nicht das letzte Exemplar zu entfernen, da es für die Verbreitung der Pilzart wichtig sein kann. Auch der Steinpilz, den wir für unser Pilzrisotto sammeln, braucht den Fruchtkörper für seine Zukunftsplanung, er ist das Reservoir für die unzähligen Verbreitungseinheiten, die Sporen (s. S. 12 und 101).

Jeder Pilz, egal wie giftig er auch für den Menschen sein mag, hat eine wichtige Aufgabe im Kreislauf der Natur, und viele Zusammenhänge sind auch heute noch ungeklärt. Aus unserer Sicht mag es überflüssig sein, dass es beispielsweise Grüne Knollenblätterpilze (Amanita phalloides) gibt, mit denen sich jedes Jahr wieder Menschen vergiften. Umstoßen sollten wir ihn trotzdem nicht, denn alles ist Ausdruck einer größeren Ordnung, in der auch die Giftpilze eine sehr wichtige Rolle spielen. Wenn wir unbedacht in den Naturkreislauf eingreifen, besteht immer die Gefahr, aus Unwissenheit etwas zu zerstören, bevor wir es verstanden haben.

Pilze, die ihrem Lebensraum entnommen wurden und nicht bestimmt, gegessen oder irgendwie verwendet werden, können sehr gut in Bäume gehängt werden. So ist ihre Möglichkeit Sporen zu produzieren zwar verringert worden, dafür ergibt sich durch den exponierten Ort jedoch eine sehr gute Verbreitungsmöglichkeit der sich noch entwickelnden Sporen. Wenn Sie bereits einmal Sporenabdrücke angefertigt haben (s. S. 101), können Sie sich vorstellen, wie viele Sporen ein Pilz noch nach dem Abschneiden produziert. Hiermit erweisen Sie der Natur die ihr gebührende Achtung, in dem Sie in diesem Fall dem Pilz einen geeigneten Platz verschaffen, nachdem Sie ihn von seinem Standort entfernt haben. Angeblich sollen sogar Eichhörnchen Pilze als Wintervorrat in die Bäume hängen.

„Rote Liste"

Ein besonderes Augenmerk im Rahmen des Naturschutzes verdienen die so genannten „Roten Listen". In ihnen werden Tiere, Pflanzen und auch Pilze, die in ihrem Bestand bedroht oder gefährdet sind, in verschiedenen Kategorien aufgelistet. Die Listen gibt es bundesweit und auf der Ebene der einzelnen Bundesländer. Sie haben als solche keinen eigenen gesetzlichen Status, d.h. ein Pilz, der in einer solchen Liste verzeichnet ist, ist nicht alleine deshalb bereits geschützt. Dennoch geben sie einen guten Hinweis über den Grad der Bedrohung, dem dieser Pilz unterworfen ist.

Der Pfifferling ist beispielsweise in Niedersachsen mit der Gefährdungskategorie 3 (gefährdet) angegeben, während er im Schwarzwald noch häufig vorkommt. Dennoch gehört er sogar zu den gesetzlich besonders geschützten Großpilzen und darf nur für private Zwecke und nur in kleinen Mengen gesammelt werden.

*Der **Pfifferling** ist ein beliebter Speisepilz, dessen Verbreitung regional sehr unterschiedlich ist. Nach der Bundesartenschutzverordnung darf er nur in kleinen Mengen für den Eigenbedarf (1 kg/Tag/Person) gesammelt werden.*

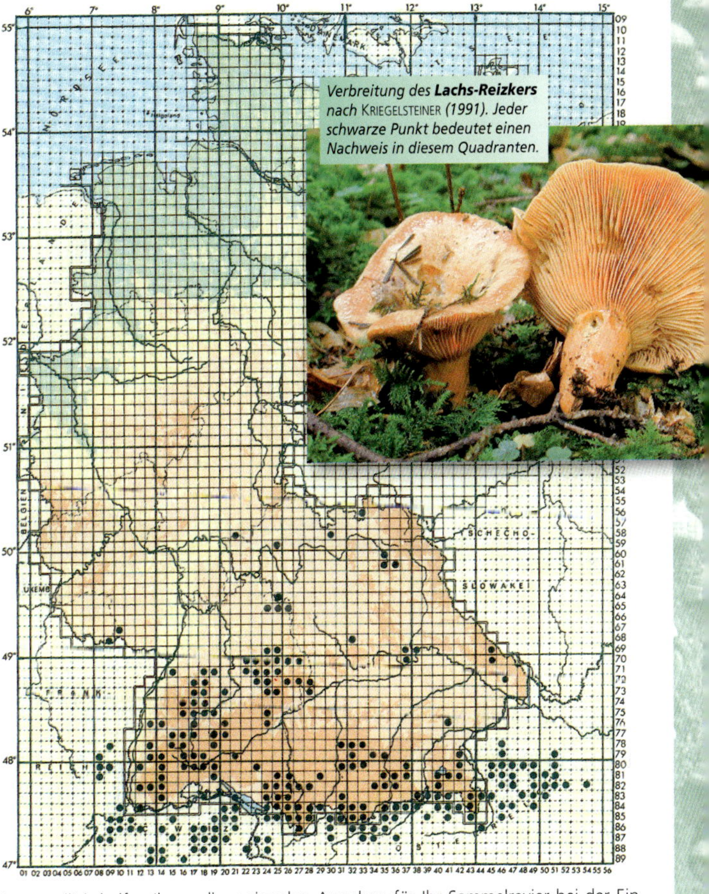

Verbreitung des ***Lachs-Reizkers*** *nach* KRIEGELSTEINER *(1991). Jeder schwarze Punkt bedeutet einen Nachweis in diesem Quadranten.*

Letztendlich helfen Ihnen die regionalen Angaben für Ihr Sammelrevier bei der Einschätzung, ob eine Pilzart selten oder häufig vorkommt, sehr viel weiter als allgemeine bundesweite Angaben. Ein Lachs-Reizker (Lactarius salmonicolor) beispielsweise, der mit Weißtannen auf Kalkböden wächst, wird in Niedersachsen kaum anzutreffen sein. Er ist bundesweit mit „RL 3" angegeben, kann im Schwarzwald jedoch in einigen Gebieten relativ häufig vorkommen. Der Verbreitungsatlas von KRIEGELSTEINER (1991) leistet hier gute Dienste.

Die beliebtesten Speisepilze wie Pfifferlinge und Steinpilze sind heute leider nicht mehr so häufig wie früher. Auch sind sie geschützt und unterliegen einer eingeschränkten Sammelerlaubnis, d.h. für private Zwecke darf pro Tag und Person 1 kg dieser Arten gesammelt werden. Ausnahmegenehmigungen erteilt die Untere Naturschutzbehörde.

Laut Bundesartenschutzverordnung vom Januar 2004 (BGBl. I S. 1677) sind folgende Speisepilze geschützt:

Deutscher Name	**Wissenschaftlicher Name**
*Brätling**	*Lactarius volemus**
Erlengrübling	*Gyrodon lividus*
Kaiserling	*Amanita caesarea*
Morcheln, alle Arten	*Morchella, alle Arten*
Pfifferlinge und alle anderen Leistlinge*	*Cantharellus, alle Arten**
Porling- Ziegenfuß-	*Scutiger pescaprae*
Porling, Kamm-	*Scutiger cristatus*
Porling, Schaf-	*Scutiger ovinus*
Porling, Semmel-	*Scutiger confluens*
Raufußröhrlinge, alle Arten*	*Leccinum, alle Arten**
Röhrling, Anhängsel-	*Boletus appendiculatus*
Röhrling, Blauender Königs-	*Boletus speciosus*
Röhrling, Echter Königs-	*Boletus regius*
Röhrling, Sommer-	*Boletus fechtneri*
*Schweinsohr**	*Gomphus clavatus**
Saftlinge, alle Arten	*Hygrocybe, alle Arten*
Steinpilz, Echter*	*Boletus edulis**
Steinpilz, Schwarzhütiger	*Boletus aereus*
Trüffeln	*Tuber, alle Arten*

** laut § 2 BArtSchV sammeln für private Zwecke in kleinen Mengen (1 kg/Tag/Person) gestattet.*

Schwarzer Steinpilz

Schweinsohr

Semmel-Porling

Pilze wachsen zwar meist auch schon am Wegesrand, es ist aber natürlich ein viel größeres Naturerlebnis, sie im Waldesinneren zu sammeln. Grundsätzlich ist in Deutschland – anders als in einigen anderen europäischen Ländern – das Betreten des Waldes auch abseits der Wege gestattet. Das Betretungsrecht endet jedoch dort, wo beispielsweise die Nutzung einer Fläche beeinträchtigt wird oder diese einem höheren Schutzstatus unterliegt; so ist z.B. verboten, Kultur- und Dickungskomplexe zu betreten sowie Flächen, auf denen aktuell Holz eingeschlagen wird. In der „freien Landschaft" gelten ähnliche Einschränkungen für ungemähte Wiesen und erntereife Äcker. Die Zurückhaltung in solchen Fällen ist jedoch bereits ein Gebot der Vernunft, denn weder in Gebieten mit Hochleistungslandwirtschaft noch in geschlossenen Dickungen ist mit einer reichen Pilzernte zu rechnen.

Finden im Herbst beispielsweise Gesellschaftsjagden statt, sollte man an solchen Tagen auf das Pilzesammeln im Wald verzichten, denn einerseits gehört auch die Jagd zur berechtigten Naturnutzung und andererseits bewegt man sich u.U. in einem gefährdeten Bereich und ist v.a. für die Jäger nicht einschätzbar. Gegenseitige Rücksichtnahme im Umgang miteinander dient allen Beteiligten.

Dazu gehört auch die Rücksichtnahme auf Belange des Wildes insofern, als dass man dieses nicht über Gebühr in seinem natürlichen Lebensraum und -rhythmus stören sollte. Es wird aus seinem angestammten Bereich verdrängt und verursacht verstärkt Verbiss- oder Schälschäden. Spätestens mit beginnender Dämmerung sollte man daher das Suchen und Sammeln von Pilzen einstellen und nur noch auf festen Waldwegen laufen. In Naturschutzgebieten ist es grundsätzlich verboten, die Wege zu verlassen und Sammelgut, egal ob Tiere, Pflanzen oder Pilze, zu entnehmen.

4. *Faszination Pilz*

Pilze haben die Menschen seit jeher fasziniert und nicht nur ihren Speisezettel bereichert. So verdankt der Fliegenpilz seinen Namen der Tatsache, dass mit Zucker und Milch übergossene Fliegenpilzstücke als Fliegenfalle ausgelegt wurden.

*Trotz seiner Giftigkeit ist der **Fliegenpilz** ein beliebtes Glückssymbol und einer der bekanntesten Pilze überhaupt. Vermutlich, weil er auch seit Jahrtausenden trotz seiner Magen-Darm-giftigen Wirkung als Rauschdroge verwendet wurde. In der Alten wie auch in der Neuen Welt wurden auf der Suche nach Antworten auf die Frage nach dem Sinn des Lebens und dem Selbst heilige Pilze rituell verzehrt.*

Andere, wie beispielsweise der Zunderschwamm, waren eine gefragte Handelsware zur Herstellung von Zunder. Hierfür wurde nur ein kleiner Teil der Fruchtkörper – das die Röhrenschicht umschließende Gewebe (Trama) – verwendet, und der Rest diente als Rohstoff für blutstillende Wundauflagen, Dochte für Petroleumlampen und als Textilersatz für lederartige Mützen und Hüte.

Zunderschwamm
(Fomes fomentarius)

Schon alleine dadurch, dass der Verzehr sowohl sehr schmackhaft als auch tödlich giftig sein kann, wohnt den Pilzen ein gewisser Zauber inne, und Pilzmahlzeiten wurden nicht immer nur in bester Absicht zubereitet. Eines der ältesten bekannten Opfer einer Pilzvergiftung ist der römische Kaiser Tiberius Claudius, ein leidenschaftlicher Pilzesser. Um ihrem Sohn Nero 54 n. Chr. die Thronbesteigung zu ermöglichen, soll seine Frau ihm eine tödliche Pilzmahlzeit verabreicht haben.

Ein weiteres interessantes Beispiel ist der von SCHMID & HELFER (1995) berichtete „Fall Girard", bei dem unlautere Absichten zu neuen Erkenntnissen der Pilzkunde beigetragen haben. Zu dieser Zeit, während des Ersten Weltkrieges, wurde angenommen, dass Gelbe und Grüne Knollenblätterpilze gleichermaßen tödlich giftig sind. Besagter Monsieur Girard schloss Lebensversicherungen auf seine Freunde zu seinen Gunsten ab und versuchte dann, durch eine Pilzmahlzeit ihr Ableben herbeizuführen. Seine bevorzugte Methode waren Knollenblätterpilze, und je nachdem, ob nun zufällig Gelbe oder Grüne Knollenblätterpilze (Amanita citrina oder A. phalloides) aufgetischt wurden, haben die „Freunde" überlebt oder nicht. Ein pilzbegeisterter Kommissar hat in Zuge der Aufklärung dieses Falles ebenfalls entdeckt, dass diese Pilze eine unterschiedliche Giftigkeit haben müssen.

Die heutigen Analysemöglichkeiten schrecken potentielle Giftmörder wohl eher ab, und Pilze dienen bei uns in erster Linie als Bereicherung auf dem Speiseplan. Wir können heute diesen Luxus genießen und uns bei einer köstlichen Pilzmahlzeit noch einmal an das Sammelerlebnis im Wald erinnern.

Wie ein Fruchtkörper entsteht

*Besonders gut sichtbar ist das **Myzel**, wenn sich viele feine Hyphen an der Basis eines Pilzstieles oder unter der Rinde eines Baumes (rechts) zusammenschließen. Eine einzelne Hyphe ist so fein, dass sie mit bloßem Auge nicht wahrzunehmen ist.*

Das, was wir als Pilz bezeichnen, ist nur der sichtbare Furchtkörper eines weitaus größeren Gebildes. Der eigentliche Pilz ist ein fein verzweigtes Geflecht aus so genannten **Hyphen**, die das Substrat, d.h. Erdboden, Holz oder Laub, durchziehen und die Nährstoffaufnahme ermöglichen. Die Querwände zwischen den einzelnen Hyphen heißen **Septen**. Alle Hyphen zusammen werden als **Myzel** bezeichnet. Manchmal besteht es auch aus vielen nebeneinander liegenden Hyphen. An der Basis des Pilzstieles sehen sie dann wie eine oder mehrere kompakte Wurzeln aus und werden als **Rhizoide** bezeichnet. Haben die Myzelstränge eine verdickte Außenwand, spricht man von **Rhizomorphen**.

*Die **Rhizomorphen** des **Gewöhnlichen Hallimaschs** (Armillaria ostoyae) sind unter der Rinde der Bäume oft als dichtes Geflecht zu erkennen. Unter ganz bestimmten Bedingungen kann das Myzel des Hallimaschs durch mechanische Belastung sogar dazu angeregt werden, zu leuchten.*

Sie können sich den Pilz so vorstellen wie einen Apfelbaum. Das, was den Zweigen und Blättern entspricht, ist das Wurzelgeflecht des Pilzes im Boden. Die Äpfel entsprechen den sichtbaren Fruchtkörpern, den Pilzen. So wie der Baum im Herbst Früchte trägt, wachsen bei den passenden Klimabedingungen aus dem im Boden verborgenen Pilzmyzel Pilzkörper heran, indem sich die fädigen Hyphen vermehren und zu einem dichten, festen Gewebe zusammenschließen. Dieses geordnete „Scheingewebe" wird als **Plectenchym** bezeichnet. Es ist das, was wir gemeinhin als Pilz bezeichnen und dient ausschließlich der Vermehrung. Zu diesem Zweck wird eine riesige Sporenmenge gebildet.

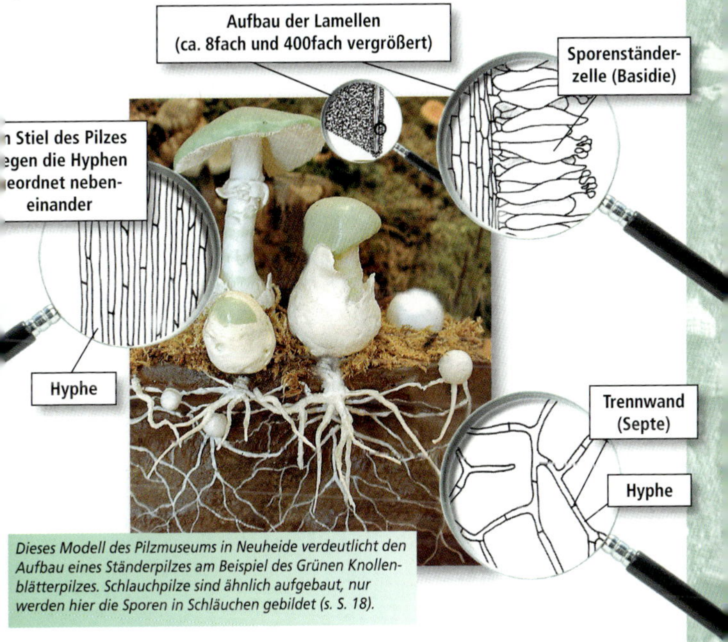

Dieses Modell des Pilzmuseums in Neuheide verdeutlicht den Aufbau eines Ständerpilzes am Beispiel des Grünen Knollenblätterpilzes. Schlauchpilze sind ähnlich aufgebaut, nur werden hier die Sporen in Schläuchen gebildet (s. S. 18).

Meist entstehen die Sporen geschützt auf der Unterseite der Hüte. Um möglichst viele Sporen bilden zu können, wird die Oberfläche, die **Fruchtschicht** (das **Hymenium**) vergrößert. Dies geschieht meist entweder durch **Lamellen** (Lamellen- oder Blätterpilze) oder **Röhren** (Röhren- oder Schwammpilze) (s. 134 Bestimmungsteil). Bei den Stachelpilzen stehen statt Röhren oder Lamellen zahlreiche kleine „Stacheln" nach außen, die die Oberfläche vergrößern. Außerdem gibt es noch Keulen-, Korallenpilze, Morcheln, Lorcheln und Becherpilze. Eine besondere Gruppe bilden die Bauchpilze, bei denen die Sporen im Innern des Pilzkörpers gebildet werden.

Das Geheimnis, sich im Laufe der Evolution erfolgreich behaupten zu können, liegt bei fast allen Organismen in der ständigen Neukombination der Erbanlagen durch den sexuellen Austausch. Im Prinzip ist das bei den Pilzen genauso, auch wenn man nicht von männlichen und weiblichen Hyphen oder Sporen spricht. Nimmt man auch die niederen Pilze hinzu, so gibt es allerdings eine große Mannigfaltigkeit, dieses Ziel zu verwirklichen.

Um die sporenbildende Oberfläche zu vergrößern, sind im Pilzreich die verschiedensten Strukturen entstanden. Dadurch gibt es die vielfältigsten Erscheinungsformen von Pilzfruchtkörpern.

Die Fortpflanzung – ein besonderes Geheimnis

Auch die **Fortpflanzung** der Schlauch- und Ständerpilze (s. S. 18) ist unterschiedlich. Bei einem typischen Ständerpilz, wie beispielsweise einem Champignon, keimt die Spore zu einem eingeschlechtlichen Fadengeflecht heran, dem **Primärmyzel**. Damit das aus einer Spore hervorgegangene Myzel die wohlschmeckenden Fruchtkörper hervorbringen kann, muss es auf ein zweites, geschlechtsverschiedenes Myzel treffen. Beim Zusammentreffen der beiden Fäden (Hyphen) vereinigen sich zwar die Zellen miteinander, jedoch noch nicht die Zellkerne (**Plasmogamie**), sie behalten weiterhin den halben Chromosomensatz und bleiben haploid. Diese verschmelzen erst in der Sporenständerzelle (**Basidie**) in der Lamelle des Fruchtkörpers miteinander, um die Erbanlagen zu vereinen. Anders als bei den Pflanzen und Tieren haben die Zellkerne der Pilze also nur in der kurzen geschlechtlichen Phase der Fruchtbildung den kompletten Chromosomensatz (diploid). Hier findet dann bei der Sporenbildung auch die Kernteilung (Meiose) statt und es entstehen vier Kerne, jeweils wieder mit dem halben Chromosomensatz. Jeder wird als Spore von der Basidie abgeschnürt.

Beobachten kann man das Heranreifen der Sporen bei einem Champignon durch den Farbwechsel der rosafarbenen unreifen Lamellen, die zur Sporenreife dunkelbraun werden.

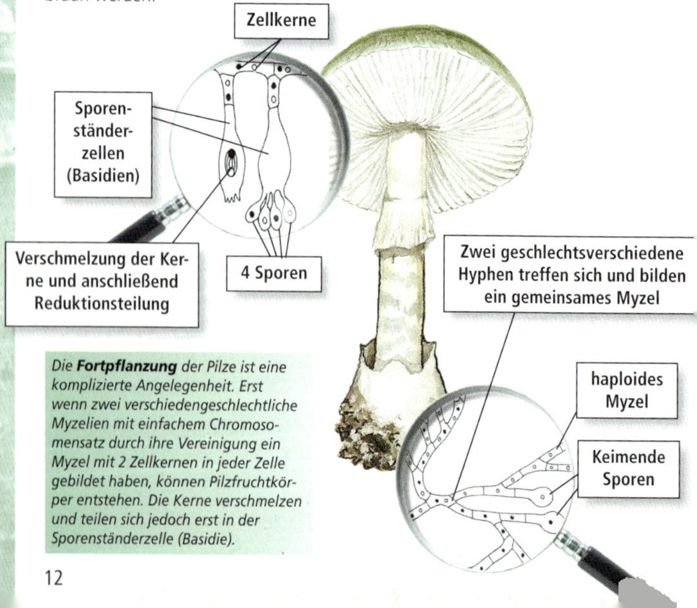

*Die **Fortpflanzung** der Pilze ist eine komplizierte Angelegenheit. Erst wenn zwei verschiedengeschlechtliche Myzelien mit einfachem Chromosomensatz durch ihre Vereinigung ein Myzel mit 2 Zellkernen in jeder Zelle gebildet haben, können Pilzfruchtkörper entstehen. Die Kerne verschmelzen und teilen sich jedoch erst in der Sporenständerzelle (Basidie).*

*Das **Heranreifen der Sporen** kann man beim Champignon sehr gut durch die Farbveränderung der Lamellen beobachten. Die Anzahl der gebildeten Sporen ist unglaublich – auf 1 mm² können über 100 000 Sporen gebildet werden und pro Stunde setzt ein reifer Champignon bis zu 40 Millionen von ihnen frei.*

Der eigentliche Pilz, das Myzel im Boden, breitet sich jedes Jahr weiter aus und bringt bei geeigneten Bedingungen neue Fruchtkörper hervor. Besonders gut kann man dies an den kreisförmigen **Hexenringen** beobachten, bei denen das Pilzgeflecht vom Zentrum aus gleichmäßig in alle Richtungen wächst. Da nur am äußeren Rand die Fruchtkörper gebildet werden, wachsen die Pilze ringförmig angeordnet. Wenn alle Nahrungsreserven im Boden aufgebraucht sind, stirbt das Myzel im Innern der Kreisfläche langsam ab. Der Durchmesser dieses Ringes wird von Jahr zu Jahr größer, man hat für Hexenringe ein Alter von bis zu 700 Jahren ermittelt.

Es wird angenommen, dass ein Hexenring von 50 m Durchmesser ca. 200 Jahre alt ist. Wiesenchampignons, Parasolpilze, Nelkenschwindlinge, Violette Rötelritterlinge, Nebelgraue Trichterlinge und Mai-Ritterlinge wachsen meist in Ringen, aber auch noch einige andere Arten. Diese magische Form hat die Menschen seit jeher zu allerlei mystischen Gedanken und Legenden inspiriert. Ein Glaube war, dass die Hexen- oder Elfenringe überall dort entstehen, wo die Hexen oder Elfen in den klaren Vollmondnächten ihre Reigen getanzt haben. Die Pilze können aber auch ungeordnet oder in Reihen wachsen. Der Sammler sollte wissen, dass sich das Myzel einer Pilzart immer an der gleichen Stelle im Boden befindet. Hier kann er dann jedes Jahr wieder nachschauen, ob die Pilzkörper bereits herangereift sind oder nicht, ähnlich wie bei der Apfelernte.

Es kann auch sehr spannend sein, verschiedene Pilze einmal stehen zu lassen, um die Entwicklung vom jungen Pilz bis zum Vergehen beobachten zu können.

*Im Spätherbst bildet die **Nebelkappe** (Lepista nebularis) häufig große Hexenringe in Laub- und Nadelwäldern.*

*Das **Stockschwämmchen** hat von der systematischen Eingliederung her immer wieder für Umstellungen gesorgt, was sich in seinem Namen widerspiegelt. Manche Autoren bezeichnen diesen schmackhaften Braunsporer als Kuehneromyces mutabilis und stellen ihn in eine eigene Gattung, während er bei anderen als Pholiota mutabilis zu den Schüpplingen gerechnet wird.*

4.1 Systematische Stellung und Namensgebung

Pilze verbreiten schon seit jeher eine eigene Magie, besonders weil man nicht wusste, ob man sie den Pflanzen oder Tieren zuordnen sollte. Da sie sich nicht fortbewegen können und Sporen erzeugen, hat man sie lange in das Reich der Pflanzen eingegliedert und ihnen dort bei den niederen Pflanzen wie den Moosen, Farnen und Schachtelhalmen einen Platz eingeräumt.

Die Pflanzen sind jedoch Organismen, die sich selbst ernähren können (autotroph), d.h. sie nehmen mit Hilfe des Sonnenlichtes durch die Fotosynthese ihre Kohlenstoffernährung selbst auf. Dafür haben sie das Chlorophyll, das den Blättern ihre grüne Farbe verleiht. Pilze können kein Kohlendioxid aus der Luft aufnehmen, sie zersetzen lebendes oder totes organisches Material, um an die kohlenstoffhaltigen Verbindungen zu gelangen. Aus ernährungsphysiologischer Sicht sind Pilze also dem Reich der Tiere sehr viel näher, da sie sich als so genannte **heterotrophe Organismen** genau wie Tiere und Menschen von anderen Organismen ernähren. Sie verdauen ihre Nahrung jedoch sozusagen äußerlich, d.h. sie geben Verdauungsenzyme an die Umgebung ab und nehmen dann die aufgelösten Nährstoffe in flüssiger Form auf.

Der schwedische Naturforscher Carl von Linné (1707 – 1778) betrachtete die Pilze als eigenes, besonderes Reich zwischen den Pflanzen und Tieren. Dieser Ansicht folgend, behalten sie bis heute diese besondere Stellung.

Die **Namensgebung** der Pilze entspricht der von Linné für die Pflanzen eingeführten, so genannten binären Nomenklatur. Nach diesem aus zwei Teilen bestehenden System bezeichnet das erste Wort die Gattung und das darauf folgende, klein geschriebene, die Art. So ist beispielsweise die Spitz-Morchel zu ihren Namen Morchella conica (conicus = kegelförmig) gekommen. Die Speise-Morchel heißt wegen der selben Gattungszugehörigkeit Morchella esculenta (esculentus = genießbar, essbar).

Im wissenschaftlichen Namen ist die systematische Zuordnung zu erkennen, denn die Endung kennzeichnet die jeweilige Rangstufe. Zudem ist die Gattungszugehörigkeit durch die wissenschaftliche Namensgebung eindeutig festgelegt und in der ganzen Welt identisch. Die deutschen Namen variieren von Region zu Region sehr stark. So heißt der Pfifferling (Cantharellus cibarius) beispielsweise auch Rehe oder Eierschwammerl. Der wissenschaftliche Name verrät dagegen seine Familienzugehörigkeit zu den Leistlingen (Cantharellaceae).

Pilze mit ähnlichem Aufbau werden in systematischen Einheiten zusammengefasst, z.B. in Familien und Gattungen. Durch das Erkennen dieses Aufbaus wird das Bestimmen der Pilze wesentlich einfacher und Sie können direkt einige Stufen überspringen. Das ist wie das Einrichten eines Schubladensystems. Wenn Sie erst einmal wissen, in welcher Schublade Sie suchen müssen, brauchen Sie nicht mehr den ganzen Schrank zu durchstöbern. Bei einigen Familien gelingt dies sehr leicht, bei anderen ist es etwas schwieriger.

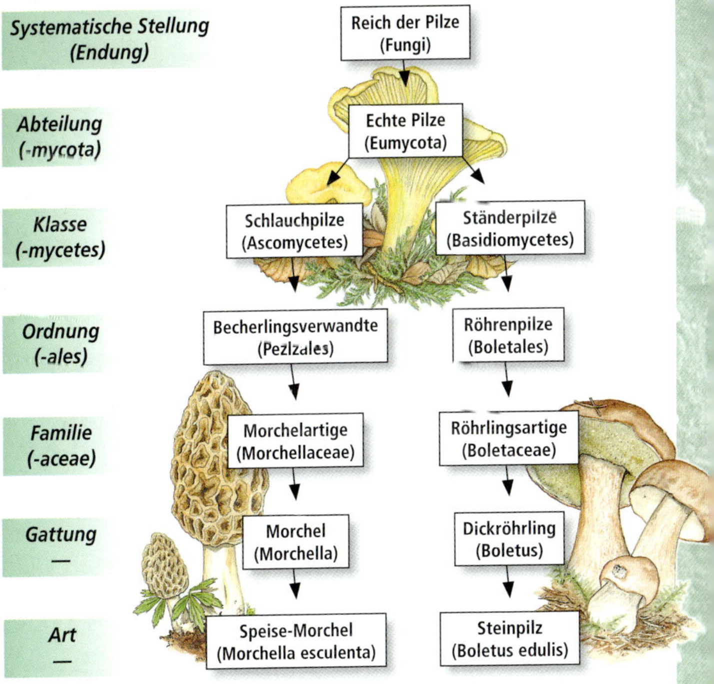

In diesem Diagramm steht die Art (Speise-Morchel und Steinpilz) an der Basis der Betrachtung. Alle Arten mit mehreren gemeinsamen Merkmalen werden zu der nächsthöheren Einheit, der Gattung zusammengefasst. Mehrere Gattungen weisen nun wieder gemeinsame Merkmale auf und werden zu einer Familie vereinigt. Mehrere Familien werden zu Ordnungen zusammengefasst, darüber steht die Klasse und schließlich die Abteilung, die in das Reich der Pilze gehört. Dazwischen können weitere Unterteilungen gemacht werden, wie z.B. Unterabteilungen und Unterklassen.

Der **Schopf-Tintling** *(Coprinus comatus) ist auf den ersten Blick ein typischer Tintling. Bei dieser Gattung zerfließt die Sporenmasse zur Reifezeit mitsamt dem Hutfleisch. Da er im Gegensatz zu diesen jedoch freie Lamellen besitzt, die zudem einen ähnlichen Farbwechsel über rosa zu schwarz zeigen wie bei den Champignons, gibt es einige Argumente, ihn in diese Gruppe zu stellen.*

Allerdings sollten Sie sich darüber bewusst sein, dass sich insbesondere das Gebiet der Systematik in der Pilzkunde ständig im Fluss befindet. Einerseits sind es ihre Inhaltsstoffe oder andere Merkmale, die eine Umgruppierung sinnvoll erscheinen lassen. Andererseits gewinnen auch die genetischen Analysemethoden immer mehr Bedeutung und zeigen, dass rein optisch nicht sehr ähnliche Pilze eine engere Verwandtschaft haben können als vorher angenommen. Derzeit wird beispielsweise diskutiert, die Gattung der Tintlinge (Coprinus) neu zu gliedern. Dies erscheint insofern sinnvoll, da die Gattung nach dem Schopf-Tintling (Coprinus comatus) benannt ist. Aber gerade dieser Speisepilz weist durch seine zunächst rosa verfärbenden Lamellen und freien Lamellen eine enge Verwandtschaft zu den Champignons (Agaricus-Arten) auf. Durch solche Umgestaltungen wird das systematische System immer wieder neu geordnet und auch im wissenschaftlichen Namen finden immer wieder Änderungen statt. Ich habe noch den Spruch des Leiters der Hornberger Pilzlehrschau, WALTER PÄTZOLD, im Ohr: „Die deutschen Pilznamen variieren von Region zu Region und die wissenschaftlichen von Jahr zu Jahr." Aus diesem Grund sind bei einigen Arten mehrere Synonyme aufgeführt. Dies erklärt auch, dass die Systematik bzw. die Namensgebung in den verschiedenen Büchern unterschiedlich sein kann. Auf die Namen des beschreibenden Autors hinter dem wissenschaftlichen Pilznamen wurde grundsätzlich verzichtet.

KARIN MONTAG *(Der Tintling, Heft Nr. 41) hat einmal einige der verschiedenen Namen des* ***Dickschaligen Kartoffelbovistes*** *(Scleroderma citrinum) aufgelistet: Hartbovist, Giftiger Kugelpilz, Schweinetrüffel, Sandtrüffel, Katzenei, Deiwelsduwack, Schwewwelschwamm, Deiwelsmehlsack, Eselsforz, Eisebähnel…*

Da Pilze sehr variabel sind, gibt es oft lebhafte Diskussionen, ob die verschiedenen Erscheinungsformen einer Art angehören und verschiedene Varietäten (varietas), Unterarten (subspecies) oder Formen (forma) sind, oder ob es sich sogar um unterschiedliche Arten handeln könnte. In diesem Grundkurs wird die Bestimmung bis zur Art bzw. Sammelart durchgeführt und diese Problematik weitestgehend ausgeklammert, da sie für den Anfänger meist kaum von Bedeutung ist. Als Sammelart wird eine Art bezeichnet, unter deren Namen sich verschiedene Unterarten verbergen können. Für den Anfänger kann es beispielsweise bereits schwierig sein, einen Steinpilz oder eine Marone sicher von einem Gallenröhrling, einem Rotfußröhrling oder einer Ziegenlippe zu unterscheiden. Eine weitere Aufspaltung der einzelnen Filzröhrlinge (Gattung Xerocomus) stiftet hier eher Verunsicherung.

Drei Arten und drei verschiedene Gattungen, alle jedoch aus der Familie der Röhrlinge (Boletaceae): ***Gallenröhrling*** *(links),* ***Marone*** *(Mitte) und* ***Steinpilz*** *(rechts).*

Sie sollten jedoch immer im Kopf behalten, dass Pilze generell sehr variabel sind – egal wie diese verschiedenen Erscheinungsformen auch immer systematisch eingeordnet werden.

Die mit bloßem Auge erkennbaren Arten werden als **Höhere Pilze** oder **Großpilze** bezeichnet. Ihre Fruchtkörper sind aus Zellfäden aufgebaut, die in einzelne Segmente gegliedert sind. Sie werden in **Schlauchpilze (Ascomyceten)** und **Ständerpilze (Basidiomyceten)** unterteilt. Diese Unterteilung basiert auf den Zellen, in denen die Sporen gebildet werden. Bei den Schlauchpilzen sind es **Schläuche (Asci):** Meistens liegen 8 Sporen in einem Schlauch und werden zur Reifezeit entlassen. Bei den Ständerpilzen werden jeweils 4 Sporen auf einer Ständerzelle (Basidie) gebildet. Doch da es in der Natur keine Regel ohne Ausnahme gibt, bildet beispielsweise der Zucht-Champignon (Agaricus bisporus) seinem Namen entsprechend (bisporus = zweisporig) nur zwei Sporen je Ständerzelle aus.

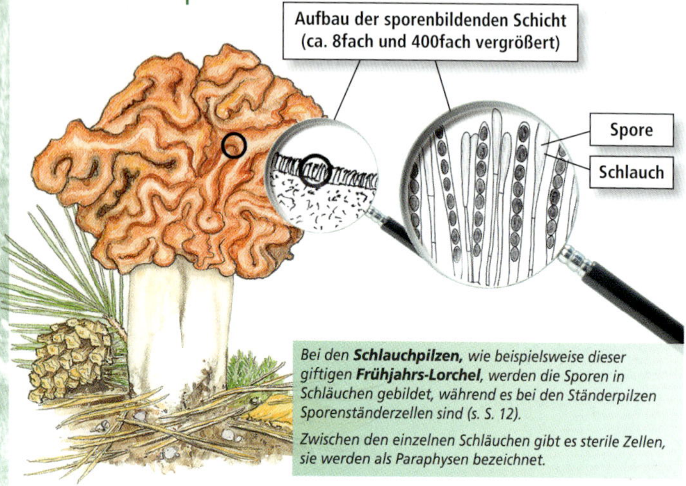

*Bei den **Schlauchpilzen,** wie beispielsweise dieser giftigen **Frühjahrs-Lorchel**, werden die Sporen in Schläuchen gebildet, während es bei den Ständerpilzen Sporenständerzellen sind (s. S. 12).*

Zwischen den einzelnen Schläuchen gibt es sterile Zellen, sie werden als Paraphysen bezeichnet.

Da eine solche Unterscheidung nur mit dem Mikroskop sichtbar ist, führt sie bei der Bestimmung nach rein optischen Merkmalen leider manchmal zu Verwirrung, weil das Merkmal von außen nicht zu sehen ist. Verallgemeinernd kann man sagen, dass alle in Hut und Stiel unterteilten Großpilze mit Lamellen oder Röhren zu den Ständerpilzen gehören, während Morcheln, Lorcheln und Becherlinge Schlauchpilze sind. Ein ganz spezieller Fall sind die Bauchpilze (Gasteromycetes), zu denen die Boviste und Stäublinge gehören. Bei ihnen befinden sich die Ständerzellen nicht entlang von linienartigen Strukturen, sondern sind in eine **Fruchtmasse**, die **Gleba**, im Innern des Pilzes eingebettet. Zur Reifezeit löst sich diese Masse auf und die Sporen gelangen aus dem „Bauch" in die Umgebung.

Auch unter den höheren Pilzen gibt es mikroskopisch kleine Arten wie z.B. Hefe- und Schimmelpilze. Schimmelpilze sind grundsätzlich keine einheitliche systematische Gruppe. Einige von ihnen können giftige Substanzen entwickeln, und die meisten von ihnen verderben unsere Lebensmittel, aber auch Papier, Pergament, Gemälde und Textilien. Die Giftstoffe lassen sich durch Erhitzen nicht zerstören und auch das Einatmen der Sporen verschimmelter Lebensmittel sollte man vermeiden, da manche Personen auf

*Eine besonders faszinierende Gruppe sind die **Schleimpilze**, die heute jedoch nicht mehr zu den echten Pilzen gerechnet werden. Hier zu sehen ist die Hexenbutter oder Lohblüte (Fuligo septica).*

Durch Feuchtigkeit werden sie angeregt, sich fortzubewegen. Ständig auf der Suche nach verdaubarer Nahrung wandert der Plasmaklumpen (das Plasmodium) auf Baumstümpfen oder Blättern umher und „verschlingt" alles, was sich ihm in den Weg stellt. Diese Mobilität und ihr Lebenszyklus unterscheidet sie von den „normalen" Pilzen – sie weisen somit mehr Parallelen zu den tierischen Organismen auf, und es spräche einiges dafür, sie dem Reich der Tiere anzugliedern. Wenn Sie sich für diese Gruppe interessieren , seien Ihnen die Naturfilme von KARLHEINZ BAUMANN empfohlen, der einzigartige Aufnahmen in Zeitraffer gedreht hat (siehe Literaturverzeichnis).

Sporenstaub allergisch reagieren. Andere Schimmelpilze werden dagegen vom Menschen aktiv genutzt. Käse wie Gorgonzola, Brie und Camembert bekommen z.B. durch ausgewählte Pilzkulturen erst das richtige Aroma.

1928 hat ALEXANDER FLEMING entdeckt, dass mit den Stoffwechselprodukten eines Schimmelpilzes Menschenleben gerettet werden können. So hat der Pinselschimmel (Penicillum notatum) als Grundlage eines Antibiotikums Einzug in die Medizin gehalten. Pilze sind neben Bakterien und Viren die Organismengruppe, von denen wir immer noch am wenigsten wissen. Nicht einmal die ungefähre Artenzahl ist bekannt. Nach Schätzungen soll es über eine Million verschiedene Pilzarten geben.

***Pilzgifte im Brot** können von der sichtbar besiedelten Stelle nicht in die nicht vom Pilz besiedelten Bereiche auswandern, daher reicht es, die verschimmelte Stelle großzügig auszuschneiden. Die Schimmelpilze der Marmeladen können durch den hohen Zuckergehalt keine Giftstoffe bilden, auch sie können mit dem Löffel abgehoben werden.*

Die Angaben, wie viele Pilze es weltweit gibt, gehen in der Literatur weit auseinander; beschrieben sind derzeit ca. 100.000 Arten. Hierzu gehören jedoch neben den für uns interessanten Großpilzen auch die verschiedenen Gruppen von niederen Pilzen. **Niedere Pilze** können nur mit dem Mikroskop untersucht werden. Es sind Pilze, deren Fruchtkörper ausschließlich aus nicht unterteilten Zellstrangen (unseptierten Hyphen) bestehen und die viele Zellkerne enthalten. Viele von ihnen verursachen Krankheiten auf Kulturpflanzen. Der Mehltau ist beispielsweise ein gefürchteter Pilz bei der Zucht von Tomaten, Erdbeeren oder Äpfeln. Er befällt daneben auch Blätter von Weintrauben oder Forstpflanzen wie z.B. Eichen.

Eine besonders interessante Form, in der uns Pilze in sehr unscheinbarem Gewand begegnen, sind die **Flechten**. Hier geht der Pilz eine Symbiose (Lebensgemeinschaft zu beiderseitigem Vorteil) mit Algen ein. Meist sind es Schlauchpilze, die mit Blau- oder Grünalgen zusammen leben. Durch diese einzigartige Kombination können sie als Pioniere an den Polen und den Eisregionen der Hochgebirge den Boden für Moose und höhere Pflanzen vorbereiten. In den arktischen und hochalpinen Regionen dienen sie den Tieren oft als einzige Nahrungsquelle. Aber auch in den gemäßigten Klimaten gibt es Flechten. Da sie an Bäumen bevorzugt an der Wetterseite (West- bis Südwestseite des Stammes) wachsen, bieten sie eine gute Orientierungshilfe im Gelände.

*Die **Rotfrüchtigen Becherflechten (Cladonia)** sind an den roten Sporenbehältern gut zu erkennen. Einige Flechten sind Anzeiger für saubere Luft, denn sie reagieren extrem empfindlich auf Luftverschmutzung, dabei reagiert jede Art individuell unterschiedlich. Die meisten Arten sind einmal sehr viel häufiger gewesen als heute.*

4.2 Pilz und Baum – eine Lebensgemeinschaft (Mykorrhizapilze)

Die Bezeichnung Mykorrhiza stammt aus dem Griechischen und heißt Pilzwurzel. Der Name bezeichnet eine faszinierende Lebensgemeinschaft zwischen Pilz und Pflanze (myces = Pilz und rhiza = Wurzel). Sie ist besonders für Pflanzen auf Standorten wichtig, wo nur wenig Nährstoffe zur Verfügung stehen, diese schlecht verfügbar sind (magere Böden) oder in kalten Klimazonen.

So waren Aufforstungsmaßnahmen in einigen Gebieten der nordamerikanischen Prärie erst erfolgreich, nachdem die Wurzeln der jungen Bäume mit Myzelien von Mykorrhizapilzen beimpft wurden.

Für den Pilzsammler ist die Verbindung von Baum und Pilz besonders wichtig, denn dadurch zeigen uns die Bäume, welche Pilze erwartet werden können. Einige Pilze sind streng an eine bestimmte Baumart gebunden, während andere nicht so wählerisch sind und mit verschiedenen Bäumen zusammenleben. So werden Sie Lärchen- oder Gold-Röhrlinge nur entdecken, wenn in der Nähe irgendwo eine Lärche zu finden ist. Da sich das Wurzelgeflecht von Baum und Pilz in einem weiten Bereich erstreckt, kann der Pilz jedoch auch einige Meter vom Stamm des Baumes entfernt wachsen.

Oft erkennt man schon im Namen des Pilzes den begleitenden Partner, wie beispielsweise beim Birkenpilz, der streng an Birken gebunden ist, oder beim Eichen-Milchling.

*Auch wenn es so aussieht, als ob die **Gold-Röhrlinge** (Suillus grevillei) einfach so auf der Wiese wachsen könnten – irgendwo in ihrer Nähe ist immer eine Lärche zu finden. Sie leben stets in Verbindung mit den Wurzeln dieses Baumes und können niemals ohne ihn vorkommen.*

Alle Mykorrhizapilze werden als Symbionten bezeichnet, da diese Gemeinschaft immer zum Vorteil beider Partner ist. Viele große Pilzgruppen können nur in Verbindung mit Pflanzenpartnern – meistens sind es Bäume – wachsen, so z.B. die Täublinge, Milchlinge, Schleierlinge und die meisten Röhrlingsarten wie beispielsweise die essbaren Steinpilze, Maronen und Rotkappen. Bei dieser Symbiose der Baumwurzeln mit dem Fadengeflecht der Pilze (Myzel) erhält der Pilz von der Pflanze Stoffwechselprodukte, hauptsächlich lösliche Zucker. Aber auch die Bäume profitieren von diesem Zusammenspiel. Das Pilzmyzel übernimmt für sie die Wasser- und Nährstoffaufnahme und versorgt sie darüber hinaus mit zusätzlichen Wuchs- und Wirkstoffen. Ohne Mykorrhizapartner wachsen die meisten Bäume viel kümmerlicher. Kiefern verdanken ihre Wuchskraft auf den oft sehr mageren Böden ihren Pilzpartnern wie beispielsweise Marone, Rotfußröhrling, Grünling, Edel-Reizker und Kiefern-Steinpilz.

Der Austausch zwischen den Pilzhyhpen und den Baumwurzeln kann sich sowohl innerhalb der Baumwurzeln als auch an deren Oberfläche abspielen. Befinden sich die Pilzfäden im Inneren der Baumwurzeln, spricht man von einer **Endomykorrhiza** (endo = innen). Bei der **Ektomykorrhiza** (ekto = außen) dagegen überziehen die Pilzhyphen die jungen Wurzelspitzen der Bäume von außen mit einem dichten Netz. Die Baumwurzeln verlieren dann den direkten Kontakt mit dem Erdreich und sie müssen keine Wurzelhaare mehr ausbilden. Ohne die Lebensgemeinschaft mit den Pilzhyphen wird das Wasser mit den darin gelösten Nährsalzen über die Wurzelhaare aufgenommen. Diese Funktion übernehmen die Pilzhyphen nun aber sehr viel effektiver. Da sie nur ca. 1/10 des Durchmessers der Wurzelhaare haben, nutzen sie die Bodenhohlräume viel effektiver aus und haben insgesamt eine größere Oberfläche. Außerdem können sie die Nährstoffe aus dem Boden viel besser aufschließen als die Baumwurzeln, da sie zersetzende Enzyme an das Substrat in der Umgebung abgeben und es sozusagen schon außerhalb vorverdauen.

*Bei einer **Ektomykorrhiza** überziehen die Pilzhyphen die Baumwurzeln von außen wie ein feines Netz.*

Diese Verbindung zwischen Baum und Pilz hat Vorteile für beide Partner.

Um diesen aktiven Stoffwechselprozess leisten zu können, ist der Pilz allerdings auf eine ausreichende Zufuhr von Sauerstoff und Nährstoffen angewiesen. Die Kohlenhydrate erhält er über den Baum. Starke Beschattung oder Luftverunreinigungen hemmen dadurch gleichzeitig das Wachstum des Baumes und des Pilzes. Wird der Boden durch schwere Maschinen verdichtet, leiden die feinen Pilzhyphen nicht nur durch die mechanische Belastung, sondern auch durch den fehlenden Sauerstoff im Boden. Da die Mykorrhiza ständig neu gebildet wird, ist sie ohnehin sehr empfindlich gegen äußere Einflusse und Umweltfaktoren wie beispielsweise hohe Stickstoff-Einträge oder Versauerung. Gerade auf sauren Böden mit verzögerter Streuzersetzung ist die Mykorrhiza von großer Bedeutung, da die Nadelstreu ohne die Mithilfe des Pilzes noch viel schlechter umgesetzt würde.

***Maronen** (Xerocomus badius) gehen eine Symbiose mit Nadelbäumen ein.*

Die Mykorrhiza spielt vor allem auf Standorten eine Rolle, wo nur wenig Nährstoffe im Boden vorhanden sind oder sie zusätzlich durch den hohen Säuregehalt nur schwer zersetzt werden.

Viele Geheimnisse dieser Lebensgemeinschaft wurden gelöst, indem in Kultur gezogene Bäume mit Pilzpartnern geimpft wurden. Hier ist es eine Marone, die eine Mykorrhiza mit einer Fichte eingegangen ist.

Bis heute sind noch nicht alle Zusammenhänge erforscht. Sicher ist jedoch, dass die Schwächung des einen Partners auch immer negativ auf den anderen Partner wirkt. So wird es auch einen engen Zusammenhang geben zwischen dem Pilzvorkommen und dem Waldsterben.

Zusätzlich legen sich die Pilzfäden, der Hyphenmantel, wie ein schützender Panzer um die Baumwurzeln und verhindern so den Befall mit Bakterien und schädlichen, parasitischen Pilzen wie z.B. dem Hallimasch. Darüber hinaus wird die Widerstandskraft des Baumes erhöht, indem in zu hoher Konzentration schädliche Metalle wie Aluminium, Zink, Cadmium, Mangan und Nickel in den Pilzhyphen abgelagert werden.

Die Bedeutung der Endomykorrhiza ist viel geringer als die weitaus häufigere Form der Ektomykorrhiza. Da nur wenige Pilzfäden durch die Wurzeloberfläche nach außen gehen, bleibt der Kontaktbereich zwischen der Wurzelrinde und dem Erdboden erhalten, und die gegenseitige Abhängigkeit ist schwächer. Eine wichtige Rolle spielt sie auf den stickstoffarmen und sauren Böden der Heidelandschaften. Hier sind es die Heidekrautgewächse, die durch den Pilzpartner mehr Stickstoff und Phosphor aufnehmen können. Auch Kulturpflanzen wie beispielsweise Mais und Kartoffeln profitieren von einer derartigen Lebensgemeinschaft (MEYER 1978).

Schmetterlingsblütler, wie beispielsweise Lupinen oder Erbsen, können gleichzeitig Knöllchen und Endomykorrhizen bilden. Die Knöllchenbakterien, die den Stickstoff aus der Bodenluft fixieren, werden durch die Verbindung mit dem Pilz mit zusätzlichem Phosphor versorgt, so dass ihre Stoffwechselleistung steigt und sich der Ertrag erhöht.

Es gibt eine Reihe von Zwischenformen von Endo- und Ektomykorrhiza. In welchem Maße die eine oder andere Form ausgebildet wird, hängt sowohl vom Standort als auch von der Baumart ab. Die Bäume der feuchten Standorte, wie Erlen und Weiden, können sowohl ohne als auch mit Mykorrhiza wachsen, während Tanne, Buche, Eiche, Lärche, Kiefer und Fichte am natürlichen Standort ohne Mykorrhiza gegenüber den Bäumen mit Pilzpartnern meist kaum konkurrenzfähig sind. Partner der Buche sind beispielsweise Buchen-Speitäublinge und Gallen-Täublinge sowie Grüne und Spitzkegelige Knollenblätterpilze. Die Grünen Knollenblätterpilze wachsen auch gerne zusammen mit Eichen und die Spitzkegeligen Knollenblätterpilze auch mit Fichten.

Buchenwälder sind für Speisepilzsammler immer ein viel versprechendes Sammelrevier, hier findet man auch einige sehr schmackhafte Speisepilze wie Flockenstielige Hexen-Röhrlinge und Sommer-Steinpilze. Ideal ist es natürlich, wenn auch noch andere Baumarten eingestreut sind, denn dann erhöht sich die Artenvielfalt erheblich. Selbstverständlich wachsen hier auch viele Arten, die nicht an die Bäume gebunden sind und das Laub zersetzen wie beispielsweise die essbaren Wald- oder Anis-Champignons. Doch hier ist beim Sammeln Vorsicht geboten, da der giftige Gelbe Knollenblätterpilz am gleichen Standort vorkommen kann. Er geht eine Symbiose mit verschiedenen Laub- und Nadelbäumen ein und ich habe ihn bei uns im Wald schon direkt neben den Anis-Champignons gefunden.

Echter Fichtenspargel
(Monotropa hypopitys)

Der Echte Fichtenspargel profitiert von einem besonders raffinierten System des Zusammenlebens. Er benötigt gleich zwei Partner: Fichten und Pilze aus der Gattung der Dickfußröhrlinge (Boletus). Die Wurzeln dieses Fichtenspargelgewächses sind von einem Mantel aus Pilzhyphen bedeckt. Die Hyphen sind gleichzeitig mit den Wurzeln der Fichte verflochten. So werden die vom Baum aufgebauten Kohlenhydrate durch den Pilz auf den Fichtenspargel überführt, d.h. der Fichtenspargel lebt parasitisch (mykotroph) auf dem Pilz. Auch die Fortpflanzung des Fichtenspargels ist eine ganz spezielle Sache. Die Samen sind mit nur 0,003 mg so winzig, dass sie alleine nicht genug Nährstoffe für Keimung und Wachstum besitzen, sie sind deshalb bereits sofort nach der Keimung auf die Pilzgemeinschaft angewiesen.

Auch die meisten Orchideen sind bereits bei der Keimung von einer Pilzsymbiose abhängig. Da die Nährstoffe durch den Pilz aufgeschlossen und für den Keimling zur Verfügung gestellt werden, kann das Nährgewebe der Samen fehlen. Dies ist besonders vorteilhaft für die Windverbreitung, da die Samen so sehr klein bleiben können. Einige Orchideen gehen auch erst nach der Keimung eine Mykorrhiza mit Pilzen ein. Die meisten Pilzpartner sind niedere Pilze und viele von ihnen sind bis heute unbekannt. Im Alter gedeihen viele Orchideen durch Ausbildung von Blattgrün jedoch zunehmend pilzunabhängig. Die Nestwurz (Neottia nidus-avis) bildet jedoch überhaupt kein Blattgrün aus und bezieht ihre Nährstoffe ausschließlich über die Symbiose mit einem Pilz.

Nestwurz
(Neottia nidus-avis)

4.3 Folgezersetzer (Saprobionten / Saprophyten)

Im Laufe der Evolution haben sich die Lebensbedingungen für alle Organismen immer wieder verändert. Dies war eine ständige Herausforderung und erforderte von allen Lebewesen viel „Einfallsreichtum", um zu überleben. Die Evolution der Pilze hat sich vermutlich parallel mit der des Pflanzenreiches vollzogen, denn als „zentraler Umschlagplatz" für alles verrottende Material ist eine pilzfreie Zeit praktisch nicht vorstellbar.

Mit der Besiedelung neuer Lebensräume und der Entwicklung neuer Lebensformen hat sich auch das Pilzreich immer wieder neu verändert und angepasst. Ein wesentlicher Schritt der Entwicklung war die Entstehung der Bäume vor ca. 360 Millionen Jahren. Hervorgerufen durch den Konkurrenzdruck des immer enger besiedelten Lebensraumes war es von Vorteil, dem Licht möglichst entgegen zu wachsen. Der Nachteil vom Wind leicht geknickt zu werden, wurde erst durch die „Entwicklung" des Lignins ausgemerzt. Seit Millionen von Jahren haben sich die Pflanzen der Zellulose als Bestandteil ihrer Zellwände bedient, erst die Kombination mit dem Lignin hat ganz neue Dimensionen eröffnet und die Entwicklung von Holz möglich gemacht. Zellulose und Lignin waren unabdingbarer Bestandteil für die Entwicklung der meterhohen Stämme der Bäume. Doch egal wie stabil diese Bäume gebaut sind, irgendwann werden sie mit Hilfe der Pilze wieder in den ewigen Kreislauf von Werden und Vergehen eingegliedert.

***Braunfäuleerreger** können kein Lignin zersetzen und verwandeln das Holz in braune, oft würfel- oder quaderförmige Strukturen.*

Lignin ist ein kompliziert aufgebauter Stoff und nicht allen Pilzarten gelingt es, diese Verbindungen zu zersetzen. Die auf diesem Gebiet erfolgreichen Arten werden als Weißfäuleerreger bezeichnet, da sie in der Lage sind, zunächst das Lignin und später auch die Zellulose zu verwerten. Wenn sie ihre Arbeit verrichten, wird der Stamm in eine weißliche, krümelige Masse verwandelt.

Holzpilze, die diesen Schritt der Evolution nicht mitvollzogen haben, begnügen sich damit, die Zellulose abzubauen. Das Lignin bleibt als braune, brüchige Masse

*Der **Zunderschwamm** (Fomes fomentarius) erzeugt **Weißfäule**. Ähnlich wie bei den Jahresringen eines Baumes kann man beim Querschnitt durch einen Zunderschwamm die Anzahl der Lebensjahre ablesen, da jedes Jahr eine neue Fruchtschicht an die alte gesetzt wird. Das alte Hymenium bleibt erhalten, wird jedoch inaktiv.*

zurück und das Holz wird oft quader- oder würfelförmig zersetzt, da nur der Faserstoff, die Zellulose, und nicht das Lignin zerstört wird. Man nennt sie deshalb Braunfäuleerreger. Sie können also an der Farbe des zersetzenden Holzes erkennen, ob hier ein Weiß- oder Braunfäuleerreger am Werk ist. Unabhängig davon ist der Holzabbau fast uneingeschränkter Wirkungsbereich der Pilze. Bakterien oder tierische Organismen beißen sich hier also fast im wörtlichen Sinne des Wortes die Zähne aus. Versuchen Sie einmal sich vorzustellen, wie das Leben auf diesem Planeten aussehen würde, wenn es keine Pilze mehr gäbe und beispielsweise alle umstürzenden Bäume einfach im Wald liegen blieben ohne zersetzt zu werden.

Diese holzbewohnenden Fäulniszersetzer haben meist eine Vorliebe für bestimmte Holzarten. Manche wachsen nur auf einer Baumart, so wie beispielsweise der Pappel-Schüppling (Pholiota populnea), der immer nur auf Pappeln zu finden ist. Andere sind nicht so wählerisch und zersetzen verschiedene Laub- oder Nadelhölzer. Einigen ist auch dieser Unterschied egal und sie besiedeln sowohl Laub- als auch Nadelholz. Dies ist auch der Grund, warum manche Arten nicht so häufig sind wie andere. So findet man den ungenießbaren Grünblättrigen Schwefelkopf (Hypholoma fasciculare) fast überall, denn er wächst sowohl auf Laub- als auch auf Nadelholz. Der schmackhafte Graublättrige Schwefelkopf (Hypholoma capnoides) hingegen ist für den Speisepilzsammler leider seltener zu finden, da er auf Nadelholz beschränkt ist. Für die Bestimmung ist es also gut zu wissen, auf welcher Holzart der Pilz gewachsen ist.

Als Fäulnisbewohner spielen die Pilze im Kreislauf der Natur aber nicht nur bei der Zersetzung des Holzes eine wichtige Rolle. Sie wachsen auf den verschiedensten Substraten, und es gibt keinen natürlichen Stoff, der nicht von einem Pilz abgebaut und so wieder in den Kreislauf des Lebens eingebracht werden könnte. Die Bodenbewohner zersetzen überwiegend Nadeln und Laubstreu; Trichterlinge, Rüblinge und Schwindlinge gehören zu ihnen. Andere Pilze haben sich so stark spezialisiert, dass sie beispielsweise nur auf Kiefernnadeln, auf Fruchthüllen von Bucheckern oder Esskastanien, den Überresten bevorzugter Käfer oder im Innern bestimmter Blumen wachsen. Mistpilze sowie einige Tintlinge und Zärtlinge haben eine Vorliebe für stark gedüngte Standorte wie Pferdemist oder Kompost, sie werden als **coprophil** bezeichnet.

***Grünblättrige Schwefelköpfe** sind nicht besonders wählerisch und zersetzen sowohl Laub- als auch Nadelholz.*

Mäuseschwanz-Rüblinge (*Baeospora myosurus*) sind auf das Zersetzen von Fichten- und Kiefernzapfen spezialisiert.

Es gibt sogar Pilze, die Brandstellen bevorzugen, sie werden als **carbophile** Pilze benannt. Meist tragen sie in ihrem Namen diese Vorliebe wie beispielsweise der Kohlen-Leistling, der Kohlen-Schüppling oder der Kohlen-Tintling.

4.4 Pilze als schmarotzende Schädlinge (Parasiten)

Die Grenze zwischen Schädlingen und Fäulniszersetzern, also Parasiten und Saprophyten, ist nicht eindeutig und zeigt viele Übergänge. Austern-Seitlinge (Pleurotus ostreatus) an alten Obstbäumen ärgern zwar den Gärtner, versprechen aber dem Speisepilzsammler eine wohlschmeckende Mahlzeit. Dieser Pilz, der auch häufig als Zuchtpilz angebaut wird, kann genauso lebende Bäume wie abgestorbene Laubholzstämme besiedeln.

Besonders gut beobachten lässt sich dies an parasitischen Holzpilzen, die nach dem Absterben des Baumes noch lange als Fäulniszersetzer am toten Stamm leben. Ein Beispiel hierfür ist der Zunderschwamm (Fomes fomentarius). Er kann sein Dasein als Parasit auf Rotbuche oder Birke beginnen und noch viele Jahre nachdem der Baum abgestorben ist, auf ihm weiter wachsen und das Holz als Weißfäulezersetzer langsam in Humus verwandeln.

*Es ist faszinierend zu beobachten, wie die Fruchtkörper des **Zunderschwammes** nach dem Umstürzen des Baumes einfach die Wuchsrichtung ändern und so weiter wachsen, dass die Röhren wieder nach unten zeigen (Geotropismus).*

Die als Parasiten lebenden Pilze greifen lebende Pflanzenzellen an und rufen im Holz Fäulnis hervor. Auch hier gibt es Weiß- und Braunfäuleerreger, je nachdem ob sie in der Lage sind, neben der Zellulose auch das Lignin abzubauen. Sie können die Wirtspflanze so stark schädigen, dass diese abstirbt, meist wachsen sie jedoch auf geschwächten und alten Pflanzen.

***Hallimasch** (Armillaria ostoyae) sind sowohl gefürchtete Holzschädlinge als auch beliebte Speisepilze.*

Einige dieser Parasiten sind hervorragende Speisepilze und es ist für jeden Pilzsammler ein herausragendes Erlebnis, zur rechten Zeit einen Leberreischling (Fistulina hepatica), zarte Schwefel-Porlinge (Laetiporus sulfureus) oder Hallimasch zu finden. Birken-Porlinge (Piptoporus betulinus) kommen nur an Birke vor und bringen ihren Wirtsbaum bald zum Absterben. Eine Besonderheit ist die Zungen-Kernkeule (Cordyceps ophioglossoides); sie wächst ausschließlich auf den Fruchtkörpern der unterirdisch wachsenden Hirschtrüffeln (Elaphomyces-Arten).

*Es gibt auch Pilze, die parasitisch auf anderen Pilzen wachsen wie beispielsweise **Schmarotzer-Röhrlinge** (Xerocomus parasiticus), die sich darauf spezialisiert haben, nur auf **Kartoffel-Bovisten** (Scleroderma citrinum) zu wachsen.*

Die Meinungen über seinen Speisewert gehen auseinander, vermutlich ist er jedoch wie alle seine Verwandten, die Filzröhrlinge, ebenso essbar. Er sollte jedoch schon wegen seiner Seltenheit geschont werden.

5. Wo wachsen welche Pilze?

Wer möchte es nicht haben, dieses intuitive Gefühl, auf welche Pilze man bei einem Spaziergang auch in unbekannter Gegend treffen könnte und ob es sich lohnen würde, Korb, Messer und Pilzbestimmungsbuch mitzunehmen? Ganz so leicht ist dies natürlich nicht zu sagen, denn selbst wenn der Lebensraum stimmt, spielt die Witterung ja auch noch eine große Rolle.

Und ihre letzten Geheimnisse, warum sie hier und nicht dort wachsen, werden die Pilze vermutlich niemals preisgeben, aber gerade das macht ja auch einen Teil ihrer Magie aus. Trotz dieser Unberechenbarkeit gibt es ein paar Kriterien, die den einen Wald zu einem guten Pilzrevier machen und den anderen nicht. Je häufiger Sie Pilze sammeln, desto eher werden Sie dieses Gespür entwickeln, wo es sich zu suchen lohnt. Vielleicht ist Ihnen auch schon aufgefallen, dass in einem Fichten-Bestand die Steinpilze (Boletus edulis) häufig in der Nähe von Fliegenpilzen (Amanita muscaria) zu finden sind. Tatsächlich haben diese beiden Arten sehr ähnliche Standortansprüche und die Fichte als häufigen Baumpartner. Wachsen Fliegenpilze jedoch bei Birken, werden Sie dort lange nach Steinpilzen Ausschau halten können. Ebenso gute Steinpilz-Zeiger sind die Mehl-Räslinge (Clitopilus prunulus), sie haben den Fliegenpilzen gegenüber den Vorteil, den Steinpilzen geschmacklich in nichts nachzustehen.

***Steinpilz** und* **Fliegenpilze**

Mehl-Räslinge

Das Ausgangsgestein, der sich daraus entwickelnde Boden, die darauf stehenden Pflanzen und die Pilze, alle sind miteinander verwoben. Jeder natürliche Lebensraum zeigt einen typischen Pflanzenbewuchs mit der ebenso typischen Pilzvegetation. Auf verschiedenen Standorten findet man immer wieder eine gleiche oder sich zumindest ähnelnde Zusammensetzung von Pflanzen- und Pilzarten, die als „Pflanzengesellschaft" bezeichnet wird. Mit zunehmender Kenntnis der einzelnen Pflanzenarten steigt somit auch das Erkennen der jeweiligen Pflanzengesellschaft. Da Pflanzen nicht ganz so schnelllebig sind wie die Pilze, können sie eher als Zeiger dienen und geben an, welche Pilze man jeweils zu erwarten hat.

Wichtige Unterscheidungskriterien sind die Wasserverhältnisse sowie der Säuregehalt des Bodens. Dieser wiederum hängt vom Ausgangsgestein, aber auch von den darauf wachsenden Pflanzen ab. Einige typische Pflanzen und Pilze für diese unterschiedlichen Standorte werden daher auf den folgenden Seiten kurz vorgestellt.

In den obersten 30 cm Boden leben pro Quadratmeter:

1 Billion Bakterien
11 Milliarden Pilze
1 Million Algen
600 Milliarden Wurzelfüßer, Geißel- und Wimpertierchen, über Hunderttausend Kleintiere, Zehntausend Borstenwürmer, jeweils 50 Schnecken, Spinnen und Asseln, 100 Käfer und Larven, 80 Regenwürmer und 500 weitere größere Kleintiere (Seymour & Girardet).

5.1 Boden und Zeiger-Organismen

Der Boden ist als der belebte Teil der Erdkruste die Grundlage für alles auf ihm wachsende Leben. Es ist der „Umschlagplatz" für alle Stoffwechselprodukte und bietet Lebensraum für die unzähligen Pilze, Bakterien, Tiere und Pflanzen, die diesen Stoffkreislauf in Gang halten. Je nach Ausgangsgestein und unter Einfluss der verschiedensten Klimabedingungen haben sich im Laufe von Jahrhunderten bis zu Jahrtausenden ganz unterschiedliche Bodenarten und Bodentypen gebildet. Sie sind in ihrer Eigenschaft hinsichtlich Nährstoff- und Wasserversorgung, aber auch im Ausgangsgestein und der physikalischen Struktur vergleichbar und weisen daher meist auch einen ähnlichen Pilz- und Pflanzenbewuchs auf.

Einige Pilze und Pflanzen kommen mit sehr unterschiedlichen Bedingungen zurecht. Es sind die meisten der „Allerweltsarten"; im Gegensatz dazu gibt es einige, die nur unter ganz bestimmten Bedingungen gedeihen. Man bezeichnet sie als „Leit- oder Zeigerpflanzen" oder „Indikatoren" und kann durch das Vorhandensein mehrerer Arten mit ähnlichen Zeigerwerten Rückschlüsse über den Lebensraum ziehen, insbesondere aber über den Boden auf dem sie wachsen. Allein ihre Gestalt kann uns manchmal bereits Hinweise auf ihr Umfeld geben.

Die Bodenkunde unterscheidet die **Bodenarten** durch den Anteil der unterschiedlichen Korngrößen und definiert dabei vom Ton (bis 0,002 mm) über den Schluff (0,002 – 0,063 mm) hin zum Sand (0,063 mm – 2 mm) und schließlich zum Kies (ab 2 mm). Die Bodenart hat Einfluss auf die chemischen und physikalischen Eigenschaften des Bodens. Neben der Freisetzung von pflanzenverfügbaren Nährstoffen ist vor allem die Fähigkeit des Bodens wichtig, in seinen Poren Wasser und Luft zu speichern.

Der Boden an sich lässt sich nach einem ganz bestimmten Muster weiter einteilen. Gräbt man ein Loch mit einer senkrechten Wand, erkennt man an ihr mehr oder weniger deutlich voneinander abgegrenzte, parallel verlaufende Schichten, die **Bodenhorizonte**. Jeweils unterschiedlich mächtig, lassen sich jedoch meist der humushaltige Oberboden von dem Unterboden und dieser wieder von dem Untergrund unterscheiden. Im Oberboden findet man einen Großteil des Wurzelwerkes der Pflanzen und die Masse der Bodenorganismen. Im Unterboden kann meist nur eine kleine Anzahl Bodenorganismen existieren. In der untersten Schicht befindet sich das geologische Ausgangsgestein; Wurzeln sind hier nur selten zu finden.

Zwischen und innerhalb dieser drei Hauptschichten gibt es eine Menge Abstufungen, die jeweils Auskunft über die Entstehung und die Eigenschaften des Bodens geben. Als **Bodentyp** bezeichnet man nun eine charakteristische Abfolge von verschiedenen Bodenhorizonten. Wichtige Bodentypen sind z.B. Schwarzerde, Braunerde, Parabraunerde, Podsol, Auenboden, Marsch und Moor.

5.1.1 Trockenzeiger

An vielen Stellen steht den Pflanzen und Pilzen regelmäßig nur wenig Wasser zur Verfügung. Für Pilze sind das besonders ungünstige Bedingungen und es gibt nur wenige Arten, die unter diesen Bedingungen leben können. Auf lockeren Sandböden versickert das Niederschlagswasser oft, bevor es die Pflanzen und Pilze aufnehmen können. Speisepilze findet man hier kaum.

An anderen Standorten fällt einfach nicht genügend Niederschlag, um dauerhaft eine feuchtigkeitsbedürftige Art am Leben halten zu können. Generell ist jedoch davon auszugehen, dass an jedem Standort, wo Pflanzenmasse gebildet wird, auch die sie umsetzenden Pilze wachsen – sonst könnte der Kreislauf des Lebens hier nicht aufrechterhalten werden. Selbst in Wüstengebieten gibt es spezielle Pilzarten, die sich auf diese extremen Bedingungen spezialisiert haben. Es sind winzige Arten, die nur mit der Lupe zu finden sind.

Auf Holz wachsende Pilze sind gegen zeitweilige Trockenheit meist nicht so empfindlich wie solche, die auf das Wasser im Boden angewiesen sind, da das Holz eine höhere Speicherkapazität hat. Daher lohnt es sich meist auf Baumstümpfen nach ihnen Ausschau zu halten, wenn der Niederschlag zur Pilzsaison auf sich warten lässt.

Die **Heide-Nelke** *(Dianthus deltoides) ist geschützt.*

Das **Kleine Habichtskraut** *(Hieracium pilosella) schützt sich vor zu starker Sonneneinstrahlung, indem es die behaarten, silbrigen Blattunterseiten nach oben dreht. Früher diente es als Schnupftabak.*

Der **Hasen-Klee** *(Trifolium arvense) zeigt gleichzeitig saure Standorte an.*

Auch Arten der sandigen Kiefernwälder wie der **Butterpilz** *(Suillus luteus)* haben durch das geringe Speichervermögen des durchlässigen Bodens einen extremeren Standort als Pilze auf humusreichen Böden. Sie gleichen dies aus, indem sie eine Mykorrhiza mit Baumwurzeln eingehen.

Der **Spaltblättling** *(Schizophyllum commune)* schützt die Sporen vor Austrocknung durch das Einrollen der Lamellen.

Der **Wetterstern** *(Astraeus hygrometricus)* wächst auf sandigen Böden in lichten Wäldern und sogar auf Dünen.

Pilze trockener Standorte:

Arten der Gattung Erdstern (Geastrum)
Arten der Gattung Wüstentrüffel (Terfezia)
Großer Scheibenbovist (Disciseda bovista)
Kleiner Scheibenbovist (Disciseda candida)
Dünen-Risspilz (Inocybe dunensis)
Zitzen-Stielbovist (Tulostoma brumale)
Gallert-Stelzenstäubling (Battarraea phalloides)
Hasen-Stäubling (Calvatia utriformis)
Dünen-Zwergschwindling (Marasmiellus mesosporus)
Schwefelgelber Schuppenritterling (Floccularia straminea)
Zitzen-Haarschwindling (Crinipellis stipitaria)

5.1.2 Feuchtezeiger

Wasser ist für Pflanzen und Pilze lebenswichtig. Je nach Art und Standort sind sie an eine bestimmte Wasserverfügbarkeit gewöhnt und ein Zuviel an Feuchtigkeit kann ebenso schaden wie ein Mangel daran.

Auch die Art und Weise der Verfügbarkeit des Wassers spielt eine wichtige Rolle. In Auenwäldern beispielsweise kann der Wasserstand durch zeitweilige Überschwemmungen sehr unregelmäßig sein. Die stark schwankende Grundwasserhöhe bestimmt hier maßgebend die Wuchsbedingungen für Pflanzen und Pilze.

Pilze sind vor allem in Feuchtgebieten zu erwarten, in denen gleichzeitig auch Bäume wachsen. Dies sind in Moorgebieten vor allem Birken und Kiefern mit ihren Pilzpartnern, darunter auch einige Speisepilze wie z.B. Birken-Röhrlinge. Da dies oft gleichzeitig sehr saure Standorte sind, sind einige Arten gleichzeitig Säurezeiger.

Es gibt jedoch auch Pilze, die auf Feuchtwiesen spezialisiert sind oder zwischen Torfmoosen wachsen. Bei ihnen wird vermutet, dass sie eine Lebensgemeinschaft, d.h. Mykorrhiza mit den Gräsern eingehen.

*Die meisten Zeiger-Pilze dieser extremen Standorte sind durch den Rückgang ihrer Lebensräume sehr selten. Der **Moor-Hallimasch** (Armillaria ectypa) gilt als vom Aussterben bedroht (RL 1).*

Pilze feuchter Standorte:

Moor-Lacktrichterling (Laccaria moelleri)
Moor-Bovist (Bovista paludosa)
Moor-Klumpfuß (Cortinarius sphagnophilus)
Kupferroter Moor-Hautkopf (Cortinarius uliginosus)
Seidenhütiger Rötling (Entoloma sericatum)
Rotbrauner Moor-Rötling (Entoloma sphagnorum)
Torfmoos-Rötling (Entoloma sphagneti)
Moor-Muscheling (Hohenbuehelia longipes)
Feinschuppiger Moor-Saftling (Hygrocybe coccineocrenata)
Blasser Violett-Milchling (Lactarius aspideus)
Weinbrauner Moor-Milchling (Lactarius pilatii)
Moor-Mürbling (Psathyrella sphagnicola)
Wässriger Moor-Täubling (Russula aquosa)
Gelber Graustiel-Täubling (Russula claroflava)
Weißlicher Moor-Birkenpilz (Leccinum holopus)
Moor-Röhrling (Suillus flavidus)
Sumpf-Haubenpilz (Mitrula paludosa)
Sumpf-/Erlenschnitzlinge (Gattung Naucoria)
Spitzer Risspilz (Inocybe acuta)
Trollhand (Hypocreopsis lichenoides)

Seggen wie beispielsweise die **Hängende Segge** (*Carex pendula*) wachsen meist in Feuchtgebieten.

Es gibt verschiedene Binsen; die meisten sind an ihrem runden Stängel und dem spirrigen Blütenstand zu erkennen. Die **Zarte Binse** *(Juncus tenuis) verträgt neben dem nassen Standort auch eine gewisse Bodenverdichtung.*

Der **Weißflockige Sumpf-Häubling** *(Galerina paludosa) wächst meist zwischen Torfmoosen.*

Der ebenfalls in Mooren häufige **Maggipilz** *(Lactarius helvus) hat einen sehr würzigen Geruch nach Liebstöckel (Name!).*

Der **Apfel-Täubling** *(Russula paludosa) kommt ebenso wie der Gelbe Graustiel-Täubling in Mitteleuropa meist auf Moorböden vor. In Skandinavien und weiter östlich wachsen beide Arten ebenso häufig in Preiselbeer-Kiefernwäldern.*

5.1.3 Säurezeiger

Ob ein Boden sauer oder kalkhaltig ist, hängt vom Ausgangsgestein, der Vegetation auf ihm und in jüngster Zeit auch der Luftbelastung durch Schwefel- und Stickoxide (saurer Regen) ab. Der Säuregrad beeinflusst insbesondere die Verfügbarkeit der Nährstoffe und die Lebensbedingungen für die Bodenorganismen.

Diese halten den Stoffkreislauf aufrecht und sind dafür verantwortlich, dass aus verrottendem Material wieder neues Leben entstehen kann. Wie aktiv dieser Prozess betrieben wird, zeigt sich beispielsweise daran, wie schnell die Laub- und Nadelstreu umgesetzt wird.

Der Säuregrad bezieht sich auf die Anzahl der aktiven Wasserstoffionen H^+ und wird in einer von 1-14 reichenden Skala im pH-Wert ausgedrückt. Er kennzeichnet saure (unter 6,5), neutrale (6,5 bis 7) und alkalische (über 7) Böden. Unter einem pH-Wert von 4,5 kommt es zur Freisetzung von Aluminium-Ionen, die giftig für die Pflanzen sind. Das gesamte Bodenleben wird eingeschränkt und die Umsetzung des Stoffkreislaufes gerät ins Stocken.

Besonders reine Nadelwälder tragen durch ihre saure Nadelstreu zusätzlich zur Versauerung des Standortes bei. Oft findet man in diesen Wäldern eine dicke Schicht nur schlecht zersetzter Nadelstreu und wegen der eingeschränkten Zersetzungstätigkeit der Bodenorganismen nur eine sehr ungünstige Humusform, den Rohhumus.

Ein besonders extremer Standort mit einem pH-Wert um 3 sind die Hochmoore. An solche extremen Bedingungen sind nur wenige Überlebenskünstler angepasst.

Sie können den Säuregrad (pH-Wert) auch mit Indikatorpapier aus der Apotheke messen. Dazu wird etwas Boden mit destilliertem Wasser verrührt. Der Farbumschlag des in diese Flüssigkeit getauchten Indikatorpapiers erlaubt eine grobe Schätzung des Säuregehaltes.

Pilze saurer Standorte:

Honig-Schleimfuß (Cortinarius stillatitius)
Dunkelbrauner Gürtelfuß (Cortinarius brunneus)
Heide-Rotkappe (Leccinum versipelle)
Sand-Röhrling (Suillus variegatus)
Kuh-Röhrling (Suillus bovinus)
Wiesel-Täubling (Russula mustelina)
Birken-Reizker (Lactarius torminosus)
Rotbrauner Milchling (Lactarius rufus)
Trompeten-Pfifferling (Cantharellus tubaeformis)
Frost-Schneckling (Hygrophorus hypothejus)

Die **Geschlängelte Schmiele** (*Deschampsia flexuosa*, oben) hat schmale Blätter, die sich beim Entlangstreifen ölig anfühlen. Sie ist ebenso wie das **Rotstängelmoos** (*Pleurozium schreberi*, rechts) und das **Sternchenmoos** (*Polytrichum commune*, links) Zeiger für sauere Standorte.

Die Früchte der **Heidelbeere** (*Vaccinium myrtillus*) wurden früher zum Färben benutzt.

Heidekraut (*Calluna vulgaris*) ist traditionell ein Beruhigungs- und „Blutreinigungsmittel".

Der **Zigeuner** (*Rozites caperatus*) ist ein guter Speisepilz.

Maronen (*Xerocomus badius*) sind meist an Nadelbäume gebunden.

5.1.4 Kalkzeiger

Kalk bzw. die aus ihm entstehenden Kalziumverbindungen sind ein wichtiger Nährstoff für die Pflanzen und Pilze. Sie fördern in den Zellen die Widerstandskräfte gegen Umwelteinflüsse. Wichtiger jedoch ist seine Funktion im Boden selbst.

Durch die Eigenschaft als Antagonist zu den Wasserstoffionen übt er im Boden eine Pufferfunktion aus. In kalkreichen Böden kann gegenüber den kalkärmeren eine erhöhte Tätigkeit der verschiedensten Bodenorganismen stattfinden, was z.B. einen erhöhten Abbau von Rohhumus ermöglicht, der sich insbesondere unter Nadelholzbeständen bildet.

Pilze auf Kalkböden:

Herkules-Keule (Clavariadelphus pistillaris)
Blasse Koralle (Ramaria pallida)
Saitenstieliger Knoblauch-Schwindling (Marasmius alliaceus)
Satans-Röhrling (Boletus satanas)
Schweinsohr (Gomphus clavatus)
Schleiereule (Cortinarius praestans)
Gelber Klumpfuß (Cortinarius splendens)
Ziegelroter Risspilz (Inocybe erubescens)
Brätling (Lactarius volemus)
Blauer Rötling (Entoloma bloxamii)
März-Schneckling (Hygrophorus marzuolus)
Rasiger Purpur-Schneckling (Hygrophorus erubescens)
Grubiger Milchling (Lactarius scrobiculatus)
Lachs-Reizker (Lactarius salmonicolor)
Gold-Täubling (Russula aurea)
Grauvioletter Täubling (Russula grisea)
Fransiger Wulstling (Amanita strobiliformis)

Der Kalkgehalt ist mit 10-20%iger Salzsäure messbar. Beim Aufträufeln auf den Boden verrät starkes Aufschäumen einen Calciumcarbonatgehalt von über 5 %. Wenn die Tropfen wie Wasser verlaufen, ist der Boden kalkarm oder kalkfrei.

Seidelbast (*Daphne mezereum*)

Das **Gelbe Windröschen** (*Anemone ranunculoides*) ist ein Frühjahrsblüher.

Der **Schild-Rötling** (*Entoloma clypeatum*) wächst im Frühjahr in Auwäldern, auf Rasenflächen und Parkanlagen.

Der **Specht-Tintling** (*Coprinus picaceus*) kommt meistens in Buchenwäldern vor.

Der **Mönchskopf** (*Clitocybe geotropa*) ist ein guter Speisepilz.

Die **Grünende Koralle** (*Ramaria abietina*) wächst vorzugsweise an dunklen Stellen in Fichtenmonokulturen, obwohl sie keine Lebensgemeinschaft mit den Wurzeln der Fichten eingeht.

5.2 Pilze als Baumbegleiter

Bäume spielen gleich mehrfach eine bedeutende Rolle. Zum einen können sie, z.B. durch ihr Laub (bei Nadelbäumen in Form von Nadeln) den Säuregehalt des Bodens zumindest in der oberen Schicht direkt beeinflussen, andererseits spielt die Baum-Pilz-Symbiose (s. Kapitel 4.2) eine besondere Rolle.

Mykorrhizapilze sind durch ihre Verbindung mit „ihren" Baumwurzeln untrennbar von der Anwesenheit bestimmter Baumarten abhängig (s. S. 20). Auf den folgenden Seiten finden Sie zu den häufigsten Baumarten ein paar typische Pilzbegleiter. Dabei wachsen einige nur zusammen mit einer bestimmten Baumart, während andere nicht so wählerisch sind und verschiedene Partner akzeptieren, so wie beispielsweise der Fliegenpilz, der sowohl bei Birken als auch bei Fichten wachsen kann.

Neben den Mykorrhiza-Partnern werden auch Fäulniszersetzer vorgestellt, die sich auf die Zersetzung eines bestimmten Substrates bzw. einer Holzart spezialisiert haben. Beispiele hierfür sind Pilze, die nur an Holz wachsen, oder, so wie beispielsweise der Specht-Tintling, das Holz zwar nicht brauchen, aber dennoch gerne in Buchenwäldern vorkommen.

Wenn an einem Holzstamm verschiedene Arten wachsen, beansprucht jede ihr eigenes Territorium. Ähnlich wie mit Demarkationslinien sind die verschiedenen Bereiche voneinander getrennt.

Ulmen sind an ihrem asymmetrischen Blattansatz zu erkennen. Von den drei heimischen Arten ist die ***Flatter-Ulme*** *(Ulmus laevis) die einzige Art mit behaarten Früchten.*

Bäume ohne Mykorrhizapartner

Es gibt auch heimische Baumarten, die keine Lebensgemeinschaft mit Pilzen eingehen. Dazu gehören z.B. Ahorn, Esche, Kastanie und Ulme.

Hier können Sie nur mit dem Vorkommen von Fäulniszersetzern (Saprophyten) rechnen. Auch sie haben bestimmte Vorlieben. So wächst die Speise-Morchel (Morchella esculenta) vorzugsweise in Auwäldern unter Eschen, obwohl sie keine Lebensgemeinschaft mit den Wurzeln der Eschen eingeht. Wieder andere Pilze wachsen ausschließlich direkt auf dem Holz bestimmter Baumarten. Dabei können an einem Baumstumpf verschiedene Arten nebeneinander vorkommen, ebenso, wie in Lebensgemeinschaft mit den Wurzeln eines Baumes mehrere Symbionten wachsen können.

Der hier abgebildete ***Spitz-Ahorn*** *(Acer platanoides) geht wie die verwandten Arten Feld- und Berg-Ahorn keine Mykorrhiza ein.*

Die ***Gewöhnliche Esche*** *(Fraxinus excelsior) ist bei uns der einzige heimische Baum aus der Familie der Ölbaumgewächse. Sie ist an den gefiederten Blättern zu erkennen.*

Anders als die Ess-Kastanien gedeihen die ***Rosskastanien*** *(Aesculus hippocastanum) ebenfalls ohne Pilzpartner. Als Rosskastaniengewächs gehören sie aber auch in eine andere Familie als die Ess-Kastanien (Castanea sativa), die aus der Familie der Eichengewächse stammen. Daher haben Eichen und Ess-Kastanien die selben Mykorrhizapartner. So ist es wiederum nicht weiter verwunderlich, dass einige Pilzpartner der bei uns heimischen Eichen gleichzeitig eine Lebensgemeinschaft mit Ess-Kastanien eingehen können.*

5.2.1 Buchen und ihre Pilzpartner

Die Rot-Buche (Fagus sylvatica) ist die von Natur aus am weitesten verbreitete und konkurrenzstärkste Baumart Mitteleuropas. Sie bevorzugt feuchte, wintermilde Klimaverhältnisse und liebt mittel- bis tiefgründige, frische, nährstoff- und basenreiche Lehmböden.

Sie kommt aber auch mit anderen, schlechteren Bodenverhältnissen zurecht und nur auf Extremstandorten (staunass oder extrem trocken, große Winterkälte, übermäßiger Nährstoffgehalt) ist ihre Wuchskraft eingeschränkt, so dass sie auf solchen Standorten von anderen Baumarten sogar verdrängt werden kann.

Erkennen kann man sie an dem glatten Stamm und den ganzrandigen, etwas gewellten Blättern. Die evtl. mit ihr zu verwechselnde Hainbuche (Carpinus betulus) hat meist einen gedrehten Stamm und gezähnte Blätter.

Buchen können 300 Jahre alt werden, doch häufig werden sie schon mit ca. 150 Jahren von Pilzen befallen, besonders vom Zunderschwamm. Die Buche ist Mykorrhizapartner sehr vieler Pilzarten, unter anderem dem gefürchteten Grünen Knollenblätterpilz.

Die Früchte der Buche, die Bucheckern, sind eine wichtige Nahrung für viele Waldtiere, auch unsere Vorfahren haben in speziellen Verfahren aus ihnen Öl und Nahrungsmittel hergestellt. Es gibt sogar Pilze, die sich auf die Zersetzung der Fruchthülsen spezialisiert haben.

Toten-Trompeten *(Craterellus cornucopioides) wachsen auf Kalkböden bei Buchen und Eichen.*

Hier zersetzten Fruchtkörper aus der Gattung der ***Stängelbecherlinge*** *(Hymenoscyphus) die Fruchthülsen der Buche.*

Schmetterlings-Trameten *(Trametes versicolor) können neben Buchenholz auch andere Laubhölzer zersetzen.*

Der **Saitenstielige Knoblauch-Schwindling** (*Marasmius alliaceus*) kann als Würzpilz verwendet werden. Er wächst im Buchenwald auf Holz oder Wurzeln.

Der **Süßliche Milchling** (*Lactarius subdulcis*) ist ein in Buchenwäldern weit verbreiteter Pilz mit weißer Milch.

Gallen-Täublinge (*Russula fellea*) kommen in der Nähe von Buchen vor.

Buchen-Speitäublinge (*Russula mairei*) verraten durch ihre leuchtend rote Hutfarbe den scharfen Geschmack.

5.2.2 Eichen und ihre Pilzpartner

Bei den heimischen Eichen lassen sich die Stiel-Eiche (Quercus robur) von der Trauben-Eiche (Quercus petraea) unterscheiden. Während die Stiel-Eiche von der Ebene bis in leichte Gebirgslagen, vor allem auf nährstoffreichen, tiefgründigen, frischen bis feuchten Lehm- und Tonböden vorkommt, bevorzugt die Trauben-Eiche mehr das mildere, ozeanisch getönte Klima und Lagen mit trockenen bis frischen, mittel- bis tiefgründigen, lockeren Lehmböden mit geringerer Nährstoffausstattung als die Stiel-Eiche.

Eichen können über 600 Jahre alt werden. Die Blätter sind unregelmäßig gelappt und der Stamm hat im Alter eine tiefe, rissige Borke.

Jeweils namensgebend ist der **Sitz der Eicheln** an den Zweigen. Die der Stiel-Eiche sitzen an 5-12 cm langen Stielen, während die Früchte der Trauben-Eiche meist zu mehreren (Traube) an 0-2 cm langen Stielen sitzen. Da es jedoch zwischen den beiden Arten zu Kreuzungen kommen kann, ist dies kein sicheres Unterscheidungsmerkmal.

Eichen wurden und werden vielfältig genutzt. Das Holz war sowohl als Bau- wie auch als Brennholz sehr begehrt. Die Eicheln wurden als Mehl- und Kaffee-Ersatz sowie als Schweinefutter verwendet und aus der Rinde wurden Gerbstoffe gewonnen. Auch die Blätter sind sehr gerbstoffreich. Dadurch zersetzen sie sich viel langsamer als die der meisten anderen Laubbäume. Auch hierbei spielen die Pilze eine wichtige Rolle.

Die baumbegleitenden Pilzarten finden sich bei beiden Arten gleichermaßen, ihr Vorkommen richtet sich nach der Bodenbeschaffenheit. Der Grüne Knollenblätterpilz kommt ebenso häufig mit Eichen wie mit Buchen vor und ist an keine speziellen Böden gebunden.

Der tödlich giftige ***Grüne Knollenblätterpilz*** *(Amanita phalloides, s. a. S. 443) wächst meist in einer Lebensgemeinschaft mit Eichen, kann diese aber auch mit anderen Laubbäumen eingehen. Da sich die Baumwurzeln weit in der Erde erstrecken, kann er auch auf Wiesen vorkommen, an deren Rand Eichen wachsen.*

Daher ist beim Sammeln von Wiesen-Champignons immer Vorsicht vor Verwechslungen geboten!

Der **Schmutzbecherling (Bulgaria inquinans)** wächst meist auf der sonnenabgewandten Seite an lagernden Eichenstämmen, selten auch auf anderem Laubholz.

Sommer-Steinpilze (Boletus reticulatus) kann man schon ab Mai in sommerwarmen Eichen- und Buchenwäldern finden, sie sind jedoch recht selten.

Eichen-Milchlinge (Lactarius quietus) sind durch den unangenehmen Geruch nach Blattwanzen und den schärflichen Geschmack keine Speisepilze.

Die **Eichen-Rotkappe** (Leccinum quercinum) ist ein schmackhafter Speisepilz, sie ist jedoch selten geworden und sollte geschont werden.

5.2.3 Birken und ihre Pilzpartner

Der Austrieb der zartgrünen Birkenblätter ist ein untrügliches Zeichen der erwachenden Natur und viele alte Traditionen sind mit dem „Maibaum" verbunden.

Birken sind schon von weitem an ihren weißen Stämmen zu erkennen. Während die Äste der Moor-Birke (Betula pubescens) sparrig abstehen, sind die Zweige der Sand-Birke (Betula pendula) herabhängend. Beide Arten sind Mykorrhizapartner verschiedenster Pilze und viele von ihnen verdanken ihren Namen dem Baumpartner, wie Birkenpilze, Birken-Porlinge oder Birken-Reizker. Insgesamt hat man über 100 Mykorrhizapartner gefunden.

Die Sand-Birke ist eine der ersten Pionierpflanzen in Sandkuhlen oder nach Erdumbrüchen. Sie meidet nur stark kalkhaltige und schwere Tonböden. In sehr feuchten und moorigen Gebieten findet man bevorzugt die Moor-Birke, deren Verbreitung auch weiter nach Norden reicht.

Birkenpilze *(Leccinum brunneogriseolum) sind jung schmackhaft, ihr Fleisch wird im Hut jedoch relativ schnell weich und im Stiel zäh.*

Der essbare **Gelbe Graustieltäubling** *(Russula claroflava)* geht eine Lebensgemeinschaft mit Birken ein, er wächst vor allem auf feuchten Böden.

Birken-Porlinge *(Piptoporus betulinus)* wachsen ausschließlich an Birkenholz. Ihr Fleisch ist zu zäh, um gegessen zu werden, aber es werden ihm heilkräftigende Wirkungen nachgesagt und man hat ihn zur Herstellung von Papier genutzt.

Der **Grasgrüne Täubling** *(Russula aeruginea)* wird auch als Grasgrüner Birken-Täubling bezeichnet, da er meist bei diesen vorkommt.

Der ungenießbare **Birken-Reizker** *(Lactarius torminosus)* ist ein Birkenbegleiter auf sauren Böden.

Der **Flatter-Milchling** *(Lactarius tabidus)* ist nicht streng an Birken gebunden, er bevorzugt feuchte Böden.

5.2.4 Fichten und ihre Pilzbegleiter

Fichten und Tannen werden oft miteinander verwechselt – insbesondere deswegen, weil die Tannen (Abies spec.) als „Tannenbäume" zur Weihnachtszeit stellvertretend für alle Nadelbäume herangezogen werden. Dennoch kommt die eigentliche Weiß-Tanne (Abies alba) wesentlich seltener vor als die Gewöhnliche Fichte (Picea abies).

Die Weiß-Tanne ist der klassische Baum der Bergmischwälder mit relativ bescheidenen Ansprüchen an Klima und Boden. Dennoch liebt sie frische, nährstoffreiche und humose Böden und hohe Niederschläge. Sie ist die Nadelbaumart mit der höchsten Toleranz hinsichtlich des fehlenden Lichtangebotes; gegenüber der Fichte kann sie sich häufig gerade dadurch auf längere Zeit immer wieder durchsetzen. Sehr empfindlich ist sie gegenüber Spätfrösten, Sommerdürre, Immissionen und auch Wildverbiss. Daher ist sie in den letzten Jahrzehnten in ihrer Verbreitung zurückgegangen. Sie besitzt ein Pfahl- bis Herzwurzelsystem, mit dem sie auch schwere Böden gut erschließen kann.

*Alle Wulstlinge leben in Symbiose mit Bäumen. Den **Fliegenpilz** (Amanita muscaria) findet man außer bei Fichten auch oft mit Birken.*

*Der **Fichten-Steinpilz** (Boletus edulis) lebt wie die meisten Röhrlinge als Mykorrhizapilz, meist bei Fichten, wächst jedoch auch bei Kiefern.*

*Die essbaren **Graublättrigen Schwefelköpfe** (Hypholoma capnoides) wachsen im Gegensatz zu ihren ungenießbaren „Brüdern", dem Ziegelroten und Grünen Schwefelkopf, ausschließlich an Nadelholz.*

Während die Zapfen der Weiß-Tanne aufrecht stehen und sich die Zapfenschuppen einzeln von der Spindel lösen, hängen die Zapfen der Gewöhnlichen Fichte herab und fallen als Ganzes zu Boden. Unsere „Tannenzapfen" sind demnach eigentlich Fichtenzapfen. Außerdem sind die Nadeln der Fichten spitzer und stechender und haben keine bläulich-weißen Wachsstreifen an der Unterseite.

Die Gewöhnliche Fichte besitzt ein weiteres Standortsspektrum als die Weiß-Tanne. Sie liebt Böden mit ausgeglichener, mittlerer bis hoher Bodenfeuchtigkeit und gut erschließbare Lehmböden. Wegen ihrer vergleichsweise bescheidenen Umweltansprüche und insbesondere der guten forstlichen Nutzbarkeit wurde die Fichte in den letzten Jahrhunderten weit über ihre natürliche Verbreitung hinaus angebaut, so dass sie heute in Deutschland die häufigste Nadelbaumart ist. Ohne diesen Eingriff des Menschen wäre ihr Vorkommen in Mitteleuropa nur auf einige wenige Standorte beschränkt. Vorgeschwächte Bäume (falscher Standort, mechanische Schäden, unsachgemäße Bewirtschaftung) sind anfälliger gegen Krankheiten und Pilzbefall.

Die Fichten haben eine Vielzahl von Mykorrhizapartnern, darunter viele Wulstlinge, Röhrlinge, Milchlinge und Täublinge.

***Nadelholz-Häublinge** (Galerina marginata) sind die tödlich giftigen Doppelgänger des Stockschwämmchens, das im Gegensatz zu diesem jedoch meist an Laubholz wächst.*

*Der essbare **Fichten-Blutreizker** (Lactarius deterrimus) ist ein Fichtenbegleiter und einer der häufigsten Blutreizker mit karottenroter Milch.*

Gold-Röhrlinge *sind wie einige weitere Arten aus der Gattung der Schmierröhrlinge Mykorrhizapartner mit Lärchen.*

5.2.5 Lärchen und ihre Pilzpartner

Die Europäische Lärche (Larix decidua) ist der einzige Nadelbaum (neben der später eingebürgerten Japanischen Lärche), der im Winter seine Nadeln verliert. Dadurch ist sie besonders gut an strenge Klimate angepasst und wächst in den Alpen bis an die Baumgrenze. Sie bevorzugt tiefgründige, lockere Kalk- und Tonböden.

Sie hat einen langen, meist geraden Stamm und eine längsrissige Rinde. Typisch sind die in Kurztrieben stehenden weichen Nadeln und die kleinen, rundlichen Zapfen. Lärchen können 600 Jahre alt und bis zu 45 m hoch werden.

Die mit ihr vergesellschafteten Schmierröhrlinge (Suillus) gehen ausschließlich eine Lebensgemeinschaft mit Lärchen ein, während die bei Fichten und Kiefern wachsenden Röhrlinge oft nicht so wählerisch sind.

Hohlfuß-Röhrlinge (Boletinus cavipes) *sind an Lärchen gebunden und besonders in bergigen Regionen verbreitet.*

Lärchen-Milchlinge *(Lactarius porninsis) sind vor allem im Alpengebiet verbreitet, sie sind ungenießbar.*

Graue Lärchen-Röhrlinge (Suillus viscidus) *sind ebenso wie fast alle Schmierröhrlinge essbar.*

Rostrote Lärchen-Röhrlinge (Suillus tridentinus) *sind vor allem auf Kalkböden in Gebirgswäldern verbreitet.*

5.2.6 Kiefern und ihre Pilzpartner

Die Gewöhnliche Kiefern (Pinus sylvestris) ist die anspruchsloseste Nadelbaumart, die natürlicherweise hier zu finden ist. Obwohl ihr Wuchsoptimum, wie das so vieler Konkurrenzbaumarten, auf gut Wasser und Nährstoff versorgten Standorten liegt, hat sie insbesondere in mageren und trockenen Lagen noch vergleichsweise gute Wuchsmöglichkeiten.

Man findet sie daher flächig v.a. auf den weiten Sandböden in Brandenburg, Mecklenburg-Vorpommern oder auch in der Lüneburger Heide. In den Alpen findet man die Latschen-Kiefer (Pinus mugo) bis zu einer Höhe von 2000 m. Die Kiefer ist einer der wichtigsten Forstbäume Europas. Typisch ist ihre vor allem im oberen Teil der Stämme rötliche Rinde, die in groben Platten abblättert.

Kiefern werden nicht nur wegen ihres Holzes geschätzt. Die in ihren Nadeln enthaltenen ätherischen Öle werden in der Medizin und Körperpflege eingesetzt. Früher dienten sie auch zum Färben und Aromatisieren von Alkoholika.

Die Schmierröhrlinge (Suillus) sind ihre typischen Begleiter. Es gibt aber auch eine Vielzahl weiterer Pilzpartner, unter anderem so gute Speisepilze wie den Kiefern-Steinpilz (Boletus pinophilus) und den unten abgebildeten Edel-Reizker.

Edel-Reizker *(Lactarius deliciosus) wachsen als Mykorrhizapilze der Kiefer. Sie sind die schmackhaftesten der essbaren Blutreizker.*

Der **Ohrlöffel-Stacheling** *(Auriscalpium vulgare) wächst ausschließlich an Kiefernzapfen.*

Die essbaren **Sand-Röhrlinge** *(Suillus variegatus) wachsen nur in Gemeinschaft mit Kiefern.*

Der **Grünling** *(Tricholoma equestre)* wächst vor allem auf sandigen Böden

Alle Täublinge wachsen nur in Lebensgemeinschaft mit Bäumen. Der ***Buckel-Täubling*** *(Russula caerulea) kommt nur bei Kiefern vor.*

Kuh-Röhrlinge *(Suillus bovinus)* *gehen, ebenfalls wie viele andere Schmierröhrlinge auch, eine Lebensgemeinschaft mit Kiefern ein.*

Die ungenießbaren ***Gallenröhrlinge*** *(Tylopilus felleus) sind Mykorrhizapilze von Kiefern und Fichten (Buchen) . . .*

. . . ebenso wie die ***Pfefferröhrlinge*** *(Chalciporus piperatus).*

5.3 Wiesen und Weiden

Viele Pilzarten bevorzugen das offene Gelände außerhalb des Waldes. Inwieweit einige von ihnen auch eine Lebensgemeinschaft mit den Wurzeln der Gräser eingehen ist nur für wenige Arten bekannt.

Man findet hier unter anderem Rötlinge, Wiesen-Korallen und Saftlinge, letztere eine ganz besonders schöne Pilzgruppe mit meist leuchtenden Farben. Ihr Lebensraum, die mageren und nicht zu intensiv bewirtschafteten Wiesen, verschwinden jedoch immer mehr, so dass die gesamte Gruppe unter Naturschutz gestellt ist.

Wiesen-Champignons sind nicht ganz so anspruchsvoll. Beim Sammeln sollten Sie beachten, dass auch die ähnlich aussehenden Grünen Knollenblätterpilze auf Wiesen wachsen können, wenn in der Nähe eine Eiche oder Buche wächst.

Es gibt auch Arten, die besser mit nährstoffreichen Bedingungen klar kommen, wie beispielsweise die leckeren Schopf-Tintlinge. Mistpilze und Düngerlinge findet man sogar bevorzugt auf dem Dung der Weidetiere.

Kirschrote Saftlinge
(Hygrocybe coccinea)

Nelken-Schwindlinge *(Marasmius oreades) sind gute Suppenpilze.*

Schaf-Champignons *(Agaricus arvensis) können roh gegessen werden.*

Zähe Saftlinge *(Hygrocybe laeta)*

Die Ausbeute von einem einzigen **Riesen-Bovist** *(Langermannia gigantea) kann größer sein, als bei einer Mahlzeit verspeist werden kann.*

Orangefarbener Wiesen-Ellerling *(Hygrocybe pratensis)*

Parasolpilze *(Macrolepiota procera) sind schmackhafte Speisepilze. Sie können auch im Wald vorkommen.*

6. Sammeln und Zubereiten

6.1 Wie wird gesammelt?

Die Zubereitung einer appetitlichen Pilzpfanne beginnt bereits im Wald. Wenn hier gut vorsortiert und gereinigt wird, bleibt anschließend die Freude an den Pilzen größer und der Arbeitsaufwand in der Küche geringer. Zudem macht das Sortieren und Putzen im Wald viel mehr Spaß als daheim.

Alte und madige Pilze sollten auf jeden Fall im Wald gelassen werden. Manchmal sind leider auch Pilze, die sich kräftig und frisch anfühlen, schon von Maden befallen. Hier hilft ein senkrechter Schnitt längs durch Hut und Stiel um zu erkennen, ob die Pilze noch zu verwenden sind. Ein geeigneter Speisepilz fühlt sich frisch und knackig an und hat keine bereits verfärbten oder schimmeligen Stellen. Verunreinigungen wie Erdreste, Nadeln und Moos gehören auch nicht mit in den Korb, denn gerade wenn auch Pilze mit leicht schmierigen Hüten oder Lamellen gesammelt werden, bleiben Sandkrümel, Blätter und Fichtennadeln an ihnen haften. Sandkörnchen können mit der Bürste eines speziellen Pilzmessers abgebürstet werden, und aus den Lamellen entfernt man sie, indem mit dem Messerstiel auf die Hutoberfläche geklopft wird.

*Wenn der **Mistkäfer** seinen Appetit gestillt hat, bleibt kaum noch etwas von dem **Rotfuß-Röhrling** übrig.*

Die Maden in den Pilzkörpern stammen meist von Pilzmücken. Aber auch verschiedene Käfer, Gallfliegen und Schnaken legen ihre Eier in das Pilzfleisch.

Pilze sind auch bei Mäusen, Schnecken, Reh- und Schwarzwild, Eichhörnchen und Dachsen eine beliebte Nahrungsquelle. Pferde und Kühe fressen auch Champignons und nicht nur (Wild-)Schweine mögen besonders gerne Trüffel.

Der Pilz wird so schonend wie möglich aus dem Erdreich entfernt (s. S. 5). Bei Holzpilzen wie dem Stockschwämmchen mit sehr zähen Stielen nimmt man am Besten nur die Hüte. Unbekannte Pilze werden vorsichtig aus dem Substrat gedreht. Manchmal ist es auch ratsam, zusätzlich mit dem Messer unter die Stielbasis zu fassen, damit der Pilz vollständig mit allen Merkmalen aus dem Boden entnommen werden kann.

Zum Sammeln eignen sich luftdurchlässige Körbe am besten. Plastiktüten sind ungünstig, da hier die Zersetzung durch den Luftabschluss gefördert und das Sammelgut leicht zerdrückt wird. Sinnvoll ist es, unbekannte Arten wegen ihrer eventuellen Giftigkeit von den Speisepilzen getrennt zu sammeln. In einem gemeinsamen Korb können sie beispielsweise durch Schachteln, Papiertüten, Alufolie o.ä. getrennt aufbewahrt werden. In die einzelnen Behälter kann dann gleichzeitig ein Zettel mit den leicht vergänglichen Merkmalen und dem Standort gelegt werden (s. S. 120).

6.2 Sammelzeit

Spätsommer – die Trockenheit des Sommers ist vorbei, die Luft ist aber noch warm und der Boden wird wieder mit Feuchtigkeit durchtränkt. Das ist bei den meisten Pilzen der richtige Zeitpunkt für das im Boden verborgene Myzel, Fruchtkörper zu bilden. Ihr Myzel ist sehr standorttreu. Wenn Sie sich eine Stellen aus vergangenen Jahren gemerkt haben, lohnt es sich nun hier nachzuschauen, ob die Pilze herangewachsen sind.

Der Herbst ist die konkurrenzlos beste Zeit für Pilze, auch wenn jede Art geringfügig andere Ansprüche an das Klima stellt. Insgesamt ist die Fülle und Vielfalt nun besonders groß. Egal ob in der Wiese, am Wegrand oder im Wald, es wird kaum einen Ort geben, an dem sich diese kleinen Wichte nicht zeigen. Doch das soll nicht bedeuten, dass die Pilzsaison auf den Herbst beschränkt ist. Jede Jahreszeit hat ihren speziellen Anspruch und es gibt keinen Monat, in dem Sie nicht erfolgreich auf Pilzpirsch gehen könnten.

Wenn die Natur im Frühjahr erwacht, ist die Zeit der Schlauchpilze – eine ideale Gelegenheit Morcheln, Lorcheln und Becherlinge kennen zu lernen. Bereits Ende März zeigt der Milde Zapfenrübling (Strobilurus stephanocystis) an, dass nun in sandigen Kiefernschonungen auch die leider giftigen Frühjahrs-Lorcheln (Gyromitra esculenta) zu wachsen beginnen. Dann dauert es nicht mehr lange, bis auf den etwas feuchteren Böden in Au- und Mischwäldern auch die Speise-Morcheln (Morchella esculenta) zu finden sind. Oft gedeihen auch auf Rindenmulch sehr viele kräftige Exemplare. Meist fällt die Zeit ihrer Fruchtkörperbildung wie auch bei den Mai-Ritterlingen mit der Apfelblüte zusammen.

Die Zeit der Fruchtkörperbildung der ***Mai-Ritterlinge (Calocybe gambosa)*** *fällt mit der Apfelblüte zusammen. Es sind sehr ergiebige und festfleischige Pilze mit einem ganz eigenen Aroma.*

Grundsätzlich hängt das Erscheinungsdatum der einzelnen Pilzarten von den Klimabedingungen ab, so dass alle Angaben nur Anhaltspunkte sein können. Daher ist es sehr hilfreich, sich die Blütezeit von Pflanzen als Richtwert zu merken, denn alleine in den verschiedenen Regionen Deutschlands gibt es hier große Unterschiede. Während am Kaiserstuhl bereits die Äpfelbäume blühen und Mai-Ritterlinge (Calocybe gambosa) gesammelt werden können, müssen sich die Pilzsammler in den Bergregionen und im Norden Deutschlands oft noch mehrere Wochen in Geduld üben. Doch innerhalb

***Stockschwämmchen** (Kuehnaeromyces mutabilis) können bereits im Frühjahr eine schmackhafte Pilzmahlzeit liefern.*

dieser Region zeigt Ihnen dann das Erscheinen der Pilze an einem Ort an, dass Sie hier jetzt auf allen geeigneten Standorten mit dieser Art rechnen können. Im Mai lohnt es sich an grasigen Waldrändern, aber auch in Parks und Gartenanlagen nach dem Mai-Ritterling Ausschau zu halten – durch seinen intensiven Geschmack ist er für mich eine wahre Delikatesse, auf die ich mich in jedem Frühjahr aufs Neue freue. Ab dieser Zeit ist dann auf Rasenflächen auch schon mit den ersten Schopf-Tintlingen zu rechnen. Auch sie sind ausgezeichnete Speisepilze, die allerdings rasch zubereitet werden müssen, da sie schnell vergehen.

An den Baumstümpfen und Stämmen von Bäumen lohnt es sich auch schon ab April nach Schwefel-Porlingen (Laetiporus sulfureus), Stockschwämmchen (Kuehnaeromyces mutabilis) und Graublättrigen Schwefelköpfen (Hypholoma capnoides) Ausschau zu halten. Insgesamt sind Holzpilze nicht so empfindlich gegen Trockenheit; in trockenen Sommern können sie so manch eine Pilzpfanne retten, wenn sonst kaum Pilze zu finden sind. Die essbaren Graublättrigen Schwefelköpfe bilden manchmal schon im April die ersten Fruchtkörper auf Nadelholz aus. Die ebenso leckeren Stockschwämmchen sind in warmen Frühjahren ebenfalls bereits ab April auf Laubholzstämmen zu finden. Beide Holzpilze fruchten dann meist nach der Sommertrockenheit erneut.

Art *(alles Speisepilze)* **Monat**	*I*	*II*	*III*	*IV*	*V*	*VI*	*VII*	*VIII*	*IX*	*X*	*XI*	*XII*
Graublättriger Schwefelkopf												
Speise-Morchel												
Stockschwämmchen												
Schopf-Tintling												
Mai-Ritterling												
Schwefel-Porling												
Pfifferling												
Steinpilz												
Wiesen-Champignon												
Parasolpilz												
Brätling												
Marone												
Violetter Rötelritterling												
Frost-Schneckling												
Austern-Seitling												
Samtfußrübling												

Auf der Wiese findet man ab Juni Riesen-Boviste (Langermannia gigantea) und Wiesen-Champignons (Agaricus campestris). Wenn Sie eine Wiese kennen, in deren Boden das Myzel der Champignons auf den rechten Zeitpunkt wartet, Fruchtkörper zu bilden, lohnt es meist schon ein paar Tage nach dem ersten Gewitterregen dort suchen zu gehen. Im Wald gibt es nun die ersten Pfifferlinge, Maronen, Birken-Röhrlinge und Steinpilze. Allerdings auch die ungenießbaren Gallenröhrlinge (Tylopilus felleus), sie erscheinen oft noch vor den Steinpilzen.

Dann beginnt auch schon die Hochsaison. Allgemein kann man sagen, dass die Röhrlinge zu Beginn des Herbstes stärker vertreten sind, eine besonders gute Zeit um sich erst einmal mit den etwas ungefährlicheren Arten an die Pilzbestimmung heranzuwagen. Im späteren Herbst, wenn die Röhrlinge und Täublinge verschwinden, kommen viele sehr gute Speisepilze mit Lamellen, die oft in großen Hexenringen den Waldboden verzaubern, wie die Violetten Rötelritterlinge (Lepista nuda), Nebelkappen (Lepista nebularis) und Fuchsigen Trichterlinge (Lepista inversa).

Mit den ersten Nachtfrösten nimmt das Artenspektrum wieder ab. Es gibt aber auch einige Arten, die genau auf diesen Zeitpunkt gewartet haben und deren Fruchkörperbildung erst durch die ersten Fröste ausgelöst wird. Dies können gute Speisepilze sein wie die auf Holz wachsenden Austern-Seitlinge (Pleurotus ostreatus) und Samtfußrüblinge sowie die Frost-Schnecklinge (Hygrophorus hypotheyus) in den sandigen Kierfernwäldern. Sie wachsen zwar nur an den frostfreien Tagen, doch sind sie in der Lage den Frost schadlos zu überstehen.

***Samtfußrüblinge** (Flammulina velutipes) sind leckere Winterpilze, die nach den ersten Nachtfrösten an Laubholz zu finden sind.*

Reisen sind auch immer wieder eine gute Gelegenheit für erweiterte Pilzerlebnisse. Skandinavien und Osteuropa sind ein wahres Eldorado für alle Pilzfreunde. Hier findet man so begehrte Speisepilze wie Pfifferlinge und Steinpilze durchaus noch häufig. Allerdings gilt es zu bedenken, dass durch unterschiedliche Klimabedingungen die Saison verschoben sein kann. Dies kann sowohl ein Vor- als auch ein Nachteil sein. Im milden mediterranen Klima zieht sich die Pilzsaison sehr viel länger hin als bei uns, während in Skandinavien der Wintereinbruch und damit das Ende der Hochsaison für Pilze schon sehr viel früher beginnt. Was für ein Erlebnis kann es sein, bei einer Wanderung in Südtirol Kaiserlinge (Amanita caesarea) oder einen Stumpf voller Südlicher Schüpplinge (Agrocybe aegerita) zu entdecken. Bedenken sollten Sie auch immer, dass jede Klimazone andere Pilzarten beherbergt. Daher ist es wichtig, dort besonders vorsichtig bei der Verwendung zu sein. Wenn es bei uns vielleicht auch keinen Doppelgänger einer bestimmten Pilzart gibt, so kann das auf anderen Kontinenten schon wieder ganz anders aussehen.

Je einfacher die Mittel, desto größer ist oft das kulinarische Erlebnis.

Darüber hinaus haben Pilze einiges zu bieten, was Lelley *(1997) folgendermaßen ausdrückt: „Man verkennt völlig, dass Pilze hochwertige Lieferanten für eine Reihe lebenswichtiger Nährstoffe sind und dass sie endlich den ihnen gebührenden Platz erhalten müssen. Pilze steigern darüber hinaus den Genusswert der Speisen, bei denen sie als köstliche Beilage verwendet werden können. ... Nehmen Sie mehr Pilze, und Sie leben gesünder!"*

6.3 Nährwert

Gerade heute, wo immer mehr Menschen einer geistigen statt einer körperlich anstrengenden Tätigkeit nachgehen, entsprechen Pilze einer zeitgemäßen Ernährung. Sie enthalten ca. 90 % Wasser, 2-5 % Eiweiß und 3-5 % Kohlenhydrate, dazu wertvolle Spurenelemente. Außerdem sollte nicht vergessen werden, dass eine Mahlzeit sich entsprechend dem Ausspruch „das Auge isst mit" nicht nur auf die Nährwerte reduzieren lässt.

Ganzheitlich betrachtet ist der Weg vom Sammeln der Pilze im Wald bis hin zur dekorativ angerichteten Pilzmahlzeit insgesamt ein Erlebnis, das sehr viel Körpergefühl und Lebensfreude vermitteln kann. Die Möglichkeit, so wie unsere Vorfahren zu jagen und zu sammeln, unterliegt in fast allen Bereichen starken Reglementierungen. Beim Sammeln der Pilze können wir diesem uralten Verlangen noch mit sehr viel Naturverbundenheit nachgehen. Inzwischen werden zwar viele Pilzarten auf den Märkten oder in Lebensmittelgeschäften angeboten, doch selbst gesammelte Waldpilze sind immer noch ein außergewöhnliches Geschmackserlebnis. So wie die Verdauungsenzyme im Körper schon bei der Vorstellung an ein Steinpilz-Risotto oder Pfifferlings-Omelett angeregt werden, bekommt der ganze Körper durch dieses rundum angenehme Erlebnis eine positive Botschaft, die weit über den Genusswert der Mahlzeit hinausgeht. Viele Arten lassen sich auch nicht kultivieren oder verderben so schnell, dass sie nicht vermarktet werden können, wie beispielsweise der Schopf-Tintling (Coprinus comatus). Eine Pfanne frisch gesammelter Mischpilze, gegessen mit der Erinnerung an den schönen Tag im Wald, ist ein Erlebnis, das sich nicht mit Geld bezahlen lässt.

Doch auch rein vom messbaren Nährwert her betrachtet können Pilze ihren Stellenwert in der heutigen Ernährung durchaus behaupten. Sie enthalten nicht mehr als 20-40 Kilokalorien (80-170 Kilojoule) je 100 Gramm und sind damit vergleichbar mit vielen Gemüsesorten. Bei einer kalorienreduzierten Ernährung sind Pilze ebenso zu empfehlen wie Salat und Gemüse. Als Eiweißlieferant spielen Pilze eine geringe Rolle. In Kombination mit Gemüse wird durch ihren Verzehr jedoch erreicht, dass die Eiweißsynthese im Körper insgesamt besser erfolgen kann, da die Aminosäuren der Pilze und die des Gemüses sich hervorragend ergänzen. Grundsätzlich werden die Eiweiße bei der Verdauung in ihre einzelnen Bausteine, die Aminosäuren, aufgespalten und dann entweder verbrannt oder in körpereigene Substanzen transformiert, die wiederum aus Aminosäuren aufgebaut sind. Dabei können dann die für ein bestimmtes Eiweiß erforderlichen Aminosäuren durch das gleichzeitig verzehrte, andersartige Lebensmittel ergänzt werden.

Da Pilze, so wie verschiedene Gemüse, zu den purinarmen Lebensmitteln gehören, eignen sie sich besonders als Diätkost bei Stoffwechselstörungen, wie beispielsweise Gicht, und durch den hohen Mannit- und geringen Glucosegehalt sind sie bestens geeignet für die Ernährung bei Diabetes. Die Zellwände bestehen aus nahezu unverdaulichem Chitin, dem Baustein, aus dem auch die Insektenpanzer aufgebaut sind. Wir müssen die Pilzhyphen mechanisch zerkleinern, um an die Inhaltsstoffe in den Zellen zu gelangen. Daher ist gutes Kauen bei einer Pilzmahlzeit sehr wichtig. Nur dadurch kann unser Körper sowohl von den wertvollen Nährstoffen als auch von den Ballaststoffen profitieren. Schlecht zerkaut, liegen die Pilze einfach nur schwer im Magen und die Inhaltsstoffe werden unverwertet ausgeschieden. Gut gekaut, machen die Ballaststoffe sie zu einer geeigneten Speise zur Krankheitsvorbeugung und zur Gewichtsreduktion. Der Ballaststoffgehalt schwankt zwischen 2-8 g je 100 g Frischpilze. Von den Gemüsesorten erreichen nur Artischocken, Grünkohl, Knollensellerie und Erbsen vergleichbar hohe Werte.

*Diese **Nacktschnecke** frisst an einem **Birnen-Stäubling** (Lycoperdon pyriforme)*

Schnecken verfügen im Gegensatz zu uns Menschen über ein Enzym, das das Zellwandmaterial der Pilzhyphen aufschließen kann. Um an die wertvollen Inhaltsstoffe der Pilze zu gelangen, ist für uns gutes Kauen daher sehr wichtig.

Pilze enthalten auch viel mehr Vitamine als gemeinhin angenommen. Mit 100 g Pfifferlingen kann man immerhin 20 % des Tagesbedarfs an ß-Carotin abdecken. Der Gehalt an Vitamin B1 ist in Austernpilzen besonders hoch und übersteigt sogar den der meisten Gemüsesorten. Und in Bezug auf Vitamin B2 können Champignons und Austernpilze durchaus mit Fisch und Fleisch mithalten. Niacin ist ein Vitamin, das für die Energiegewinnung im Körper wichtig ist. Auch in Bezug auf Niacin sind Pilze durchaus wertvoll für die Ernährung und mit den besten Fleisch- und Fischsorten vergleichbar. Austernseitlinge zählen zu den bedeutendsten Folsäurelieferanten und auch Pantothensäure ist in vielen Pilzen reichlich enthalten. Mit 100 g Frischpilzen kann darüber hinaus etwa die Hälfte des Tagesbedarfs an Vitamin D gedeckt werden.

In Bezug auf die Mineralstoffe gehören Pilze zu den kaliumreichen Lebensmitteln und sind hier sogar Obst und Gemüse überlegen. Auch der Eisengehalt liegt oberhalb der Grenze, die ein Lebensmittel erreichen muss, um als besonders wertvoll in diesem Bezug eingestuft zu werden. Eine Portion Pfifferlinge liefert beispielsweise mehr als den Tagesbedarf eines Erwachsenen an Eisen.

Die folgenden Nährwertangaben sollen helfen, das Vorurteil auszuräumen, Pilze lägen nur schwer im Magen und hätten sonst kaum etwas zu bieten. Die Angaben beziehen sich auf eine normale Pilzportion von ca. 150 g Frischpilzen, deren Hauptanteil auf Wasser entfällt. Die Portion enthält ca. 45 kcal, 4-6 g Eiweiß und 7-8 g Kohlenhydrate, davon 1,5 g Mannit und 3-8 g Ballaststoffe. In der Tabelle ist der durchschnittliche Gehalt angegeben und der prozentuale Anteil am täglichen Bedarf eines Erwachsenen.

Durchschnittlicher Gehalt an Inhaltsstoffen einer normalen Pilzportion von ca. 150 g Frischpilzen und zu wie viel Prozent der tägliche Bedarf eines Erwachsenen (in %) damit gedeckt ist:

135 ml Wasser			
15 g Trockenmasse		**Vitamine**	**%**
		0,03 g β-Karotin (Provitamin A)	*3-5*
Hauptnährstoffe	**%**	*0,15-0,3 mg Vitamin B_1*	*12-23**
4-6 g Eiweiß	*4-6*	*0,7-1 mg Vitamin B_2*	*44-62**
7-8 g Kohlenhydrate		*8-9 mg Niacin*	*48-55**
davon 1,5 g Mannit		*35-180 µg Folsäure*	*22-110**
und 3-8 g Ballaststoffe	*10-25**	*3,5 mg Pantothensäure*	*40**
		6-15 mg Vitamin C	*8-20*
Mineralien	**%**	*3 µg Vitamin D*	*80**
345-680 mg Kalium	*12-23**		
180 mg Phosphor	*30**		
2 mg Eisen	*15**	*. . . und nur* **45 kcal !**	

Die mit Stern* gekennzeichneten Angaben bedeuten, dass diese Pilze diesbezüglich als besonders wertvoll gelten (nach Lelley 1997).

Pilze enthalten leicht verderbliches Eiweiß, daher werden sie am besten in einem Korb gesammelt und noch am selben Tag zubereitet. Ist dies nicht möglich, müssen sie auf jeden Fall kühl gelagert werden.

Die am Lagerfeuer mit dem Leiter der Schwarzwälder Pilzlehrschau WALTER PÄTZOLD *gebratenen Fichten-Reizker sind nicht nur eine Delikatesse, sondern auch ein gemeinschaftliches Erlebnis.*

6.4 Zubereitung und ausgewählte Rezepte

Die Zubereitung sollte möglichst am Tag des Sammelns erfolgen, da sich das Eiweiß der Pilze ähnlich schnell zersetzt wie bei Fisch oder Fleisch. Wenn die Mahlzeit erst am darauf folgenden Tag gegessen werden soll, kann man die vorgegarten Pilze im Kühlschrank aufbewahren, für eine längere Lagerung empfiehlt sich das Einfrieren.

Entgegen vieler althergebrachter Meinungen **können Pilze sehr wohl aufgewärmt werden**. Dieser Grundsatz stammt aus einer Zeit, als es noch nicht die heutigen Möglichkeiten der Kühlung gab. Wenn Sie Pilze in Bezug auf das Aufwärmen und die Aufbewahrung ähnlich wie Fisch oder Fleisch behandeln, können Sie kaum etwas falsch machen.

Grundsätzlich sind auch die Lamellen und Röhren mit samt dem Sporenpulver leckere Bestandteile des gesamten Pilzes. So lange die Röhrenschichten z.B. von Steinpilzen noch fest und knackig sind, schmecken sie auch gegart sehr lecker. Da sie mit zunehmenden Alter weich werden, kann es sich dann empfehlen, sie zu entfernen.

Beim Waschen verlieren Pilze ihre wertvollen Geschmacksstoffe und saugen sich mit Wasser voll. Daher werden sie nach Möglichkeit nicht gewaschen. Nur stark verschmutzte Pilze sollten unter fließendem Wasser abgespült werden.

Die Huthaut wird in der Regel belassen, denn sie enthält wohlschmeckende Geschmacksstoffe in konzentrierter Form. Nur bei schleimigen Arten wie Butter-Pilzen (Suillus luteus) und Gold-Röhrlingen (Suillus grevellei) ist es ratsam, die Huthaut abzuziehen. Auch beim Buckel-Täubling (Russula caerulea) ist dies ratsam, dessen in der Huthaut enthaltene unangenehme Geschmacksstoffe verschwinden, wenn die Huthaut abgezogen wird.

*Bei **Butter-Pilzen** (Suillus luteus) ist das Abziehen der schleimigen Huthaut sinnvoll. Grundsätzlich ist dies jedoch nicht notwendig.*

Die ***Hexeneier*** *der Stinkmorchel (Phallus impudicus) sind eine der wenigen Pilzarten, die sich nicht für ein Mischgericht eignen. Hier werden sie beim Pilzkurs in Gut Sunder von* Alfred Beermann *zubereitet.*

Grundsätzlich sollte bei der Zubereitung auf eine ausreichende Garzeit geachtet werden. Im rohen Zustand giftige Pilze wie Hallimasch (Armillaria mellea und A. ostoyae) und Perlpilze (Amanita rubescens) werden ca. 5 Minuten abgekocht, um sicher zu stellen, dass sie ausreichend erhitzt und die im rohen Zustand giftigen Substanzen zersetzt wurden. Die vorgestellten Arten, bei denen eine solche Vorbehandlung notwendig ist, erkennen Sie an dem -Symbol in der Symbolleiste (s. S. 131). Nach dem Abkochen können sie für ein Mischpilzgericht mit den übrigen Pilzen in der Pfanne gegart und ganz normal weiter zubereitet werden. Insgesamt sollte eine Garzeit von mindestens 10 Minuten eingehalten werden. Wenn Pilze im Freien am Lagerfeuer gegart werden, kann sich die Zeit verlängern, da die Hitze besonders an windigen Tagen ungleichmäßiger sein kann. Hier kann es auch ratsam sein, kleinere Stücke zu schneiden.

Fast alle Pilzarten eignen sich für Mischpilzgerichte. Zum Braten gut geeignet sind Brätlinge (Lactarius volemus), Kiefern-, Fichten-, Lachs- und Echte Reizker (Lactarius deliciosus, deterrrimus, salmonicolor und sanguifluus), Austern-Seitlinge (Pleurotus ostreatus) und Parasolpilze (Macrolepiota procera). Eine besondere Gaumenfreude sind panierte und in Butter gebratene Hüte von Parasolpilzen.

Nachfolgend finden Sie ein paar Grundrezepte, die beliebig abgewandelt werden können. Gerade weil Mischpilzgerichte durch die unterschiedliche Zusammenstellung der Pilze immer wieder anders schmecken, ist es immer wieder ein kulinarisches Erlebnis, selbst gesammelte Pilze zu essen. Die folgenden Rezepte sind alle sehr einfach und sollen Ihnen Mut machen, mit viel Phantasie und Spaß am Ausprobieren eigene Abwandlungen zu erproben.

Riesenschirmling-Schnitzel

Den Schirm eines Riesenschirmlings wie ein Schnitzel mit Salz und Pfeffer würzen und mit Mehl, Ei und Semmelbrösel panieren. In der Pfanne mit Butterschmalz oder gutem Öl goldgelb braten. Dazu passt eine Remouladen- oder Kräutersoße (ruhig mit etwas Knoblauch), frisches Baguette und Salat.

Steinpilze in Butter gebraten

Dies ist ein ebenso einfaches wie schmackhaftes Rezept, das besonders für Steinpilze geeignet ist. In einer Pfanne wird Butter erhitzt. Die Pilze werden in 5-10 mm dicken Scheiben in der heißen Butter so lange ausgebraten, bis sie am Rand beginnen braun und kross zu werden. Noch in der Pfanne werden sie mit etwas Salz und Pfeffer gewürzt. Diese köstliche Vorspeise sollte auf jeden Fall heiß serviert werden.

Mischpilzpfanne mit Nudeln

Eine große Zwiebel wird mit 100 g Speck oder Schinkenwürfeln in Butter angebraten. Die gut gereinigten und in mundgerechte Stücke zerschnittenen Mischpilze (ca. 500 g) werden hinzugegeben und ca. 15 Minuten gegart. Danach kommen 200 g saure Sahne oder Crème fraiche hinzu. Abgeschmeckt wird mit Salz und Pfeffer, evtl. mit Petersilie, Wein oder weiteren Kräutern. Auf den Speck kann selbstverständlich auch verzichtet werden, dafür können angeröstete Kürbis- oder Sonnenblumenkerne Verwendung finden. Auch Knoblauch passt sehr gut in so ein Mischgericht. Zu viele verschiedene Gewürze und Kräuter können den Eigengeschmack der Pilze jedoch überdecken. Nudeln oder Reis passen ganz besonders gut zu diesen Pilzen, sie können aber auch als Beilage zu Fleisch, Gemüse und Kartoffeln serviert oder einfach nur auf Toast gegessen werden.

Suppe aus Nelken-Schwindlingen

Eine Zwiebel wird in Würfel geschnitten und mit 30 g Butter glasig gebraten. Dann werden ca. 500 g Nelken-Schwindlinge 5 Minuten darin angebraten. Nach 5 Minuten werden 2 Esslöffel Mehl darüber gesiebt. Weitere 5 Minuten später kommt unter Rühren 1 l heiße Brühe hinzu. Nach etwa 10 Minuten wird mit Salz, Zitronensaft, Pfeffer und Petersilie und einem Schuss Weißwein abgeschmeckt. Ganz zum Schluss kommt 100 g frische Sahne hinzu und die Suppe wird in kleinen Suppenschälchen mit ein paar Petersilieblättchen oder angebratenen Nelken-Schwindlingen und Sahne garniert serviert.

Gebackene Pilze mit Paprika

Dieses Gericht eignet sich auch für gekaufte Champignons, wenn das Sammeln einmal nicht so erfolgreich gewesen ist.

200 g Mischpilze, 2-3 Zwiebeln, eine rote und eine grüne Paprika werden in Streifen geschnitten und auf ein Backblech gelegt, mit Salz, Pfeffer und Kräutern gewürzt und mit Öl beträufelt. Dann wird es ca. 40-50 Minuten bei 200° C gebacken, bis eine braune Kruste entsteht. Dies ist eine ideale Beilage zu fast allen Gerichten. Werden 500 g Kartoffeln mit gebacken, kann es als komplettes Hauptgericht serviert werden, besonders gut passt dazu ein Dip aus frischen Wildkräutern.

6.5 Konservierung von Pilzen

Zum Konservieren können Pilze in trockenen, gut belüfteten Räumen, im Freien, im Trockenapparat oder Backofen bei 40° C getrocknet werden. Dazu werden sie in dünne Scheiben geschnitten. Etwas mühsam ist es, diese Scheiben auf einen Faden zu ziehen und aufzuhängen. Gut geeignet sind mehrere Holzrahmen, die mit einer Fliegengaze bespannt sind und übereinander gestapelt werden können.

Der Trockenvorgang sollte nicht länger als zwei Tage dauern. Aus Trockenpilzen kann man auch Würzpulver herstellen, das eine sehr gute Soßenwürze ergibt. Hierfür eignen sich auch die zähen Stiele der Paralsol- und Safran-Riesenschirmlinge. Sie werden nach dem Trocknen mit einer Getreidemühle oder Küchenmaschine zu Pulver gemahlen. Nicht zum Trocknen geeignet sind Pfifferlinge, Täublinge und Milchlinge. Sehr gut zum Trocknen geeignet sind Steinpilze, Morcheln und Krause Glucke. Shiitake und Totentrompeten entfalten sogar erst nach dem Trocknen ihr volles Aroma. Sie können nach ca. 2 Stunden Einweichzeit genau wie frische Pilze zubereitet werden.

Diese in einem Regal über einem Holzofen getrockneten Steinpilze, Trompeten-Pfifferlinge und Totentrompeten (links unten) waren innerhalb eines Tages trocken. Auf dem rechten Bild ist zu sehen, wie stark sie während des Trockenvorganges geschrumpft sind.

Egal ob selbst gesammelt oder gekauft – Pilzprodukte sind immer etwas Besonderes. Konserviert kann man sich bei der Zubereitung wieder an das Erlebnis in der Natur oder auch – so wie bei diesen Trüffeln und Morcheln aus Südtirol – an den Urlaub erinnern, bei dem sie gekauft wurden.

Getrocknete Pilze sind zwar sehr lange haltbar, aber sie sollten nach Mögichkeit doch innerhalb eines Jahres zubereitet werden.

Pilze können nach kurzem Erhitzen auch sehr gut eingefroren oder eingekocht werden. Beim Einkochen verlieren Pilze allerdings sehr an Geschmack. Eine besondere Delikatesse sind in großen Stücken roh eingefrorene Steinpilze. Noch gefroren werden sie in Butter gebraten und serviert, wenn sie außen kross und innen noch fast roh sind.

Weniger gebräuchlich ist das Einsalzen, Silieren und Einlegen in Essig oder Öl. Nach einem schmackhaften Rezept von Walter Pätzold zum Einlegen von scharfen Milchlingen (Birken-Reizker, Wolliger Milchling) werden die in Streifen geschnittenen Pilze in einer ca. 1-2 cm dicken Lage immer abwechselnd mit einer dünner Schicht Salz und etwas Zucker in einen Tontopf geschichtet. Der Zucker ist als Starter für die Milchsäurebakterien wichtig. Nachdem alle Pilze verbraucht sind, wird das Ganze fest angedrückt und mit einem Holzbrett und Stein darauf versehen. Nach 24 h muss Flüssigkeit über dem Holzbrett stehen (wenn nicht evtl. mit Wasser nachhelfen). Der anfänglich unangenehme Geruch ist nach der Reifezeit von ca. 4 Wochen verschwunden und das „Pilzsauerkraut" ist fertig. Dann kann es wie Sauerkraut gekocht und gegessen werden.

Pilze halten sich auch sehr gut tiefgefroren – ideal ist es, sie kurz anzubraten – es geht aber auch ebenso gut ein fertiges Pilzgericht oder eine Suppe einzufrieren.

Eine schnellere Art des Einlegens, die sich besonders für blaue, rote sowie kleine, knubbelige Pilze eignet, sind „Mixed Pickles". Dazu werden die Pilze im Ganzen oder in großzügige Stücke geschnitten 10 Minuten gedünstet und anschließend in eine Marinade aus Weinessig, Lorbeerblättern, Pfefferkörnern und Salz 20 Minuten gekocht. Danach wird die Marinade abgegossen und die Pilze in ein Glas gefüllt und mit Pflanzenöl übergossen. Gut schmeckt auch je nach Menge eine geviertelte Knoblauchzehe, die mit in das Glas gelegt wird.

Diese **Zucht-Champignons** sind aus einer fertigen Anzuchtpackung mit vorbereitetem Substrat gezogen.

6.6 Pilzanbau

Ist die Vorstellung nicht reizvoll, Pilze wie frische Kräuter oder Gemüse im Garten oder in der Wohnung ernten zu können? Da die meisten Pilze außer Shiitake kein Licht für ihr Wachstum benötigen, können sie sogar im dunklen Keller gedeihen. Die Angst um die möglichen Verwechslungen entfällt und durch gutes Wässern kann selbst dann eine Pilzmahlzeit geerntet werden, wenn im Wald große Trockenheit herrscht.

Der Anbau von Pilzen blickt auf eine lange Tradition zurück. Allerdings nicht in Europa. Hier haben die meisten Naturforscher die Pilze noch als „Ausdünstungen des Bodens" angesehen, als im fernen Osten bereits seit Jahrhunderten erfolgreich Pilze in Kulturen gezogen wurden. Aus China wird bereits in Quellen aus der Sung-Dynastie um 1000 n. Chr. vom Anbau von Shiitake und Judasohr berichtet. In Europa berichtet erstmals 1682 JOHANN SIGISMUND ELSHOLTZ, der Hofmedicus des Kurfürsten Friedrich Wilhelm, von der Möglichkeit Champignons zu züchten.

Heute gibt es viele Möglichkeiten selbst Pilze zu züchten, angefangen auf der Fensterbank bis hin zur Zucht im Garten. Die notwendigen Materialien und die Pilzbrut lassen sich leicht beschaffen und es gibt zahlreiche Bücher, die ausführlich über die Pilzkultivierung berichten (siehe Literaturverzeichnis).

Die Vermehrung geschieht über das Myzel, nicht über die Sporen. Allerdings kann die Ausbreitung natürlich auch über Sporen erfolgen, die gezielte Anzucht mit Pilzbrut ist jedoch der effektivere Weg. Wir haben einen großen Garten mit verschiedenen Bäumen. Alleine dadurch, dass wir die Putzreste der Pilzmahlzeiten unter den Bäumen entsorgen, haben wir z.B. schon Birkenpilze, Schaf-Champignons, Mairitterlinge, Safran-Schirmlinge und Graublättrige Schwefelköpfe aus dem Garten ernten können. Durch die Ausbringung von Rindenmulch haben sich für viele Pilze auch neue Lebensräume ergeben. Dies hat, wie alle Dinge, sowohl Vor- als auch Nachteile. Ich habe auf diesen Standorten beispielsweise schon wundervolle kräftige Morcheln gefunden, aber auch der tödlich giftige Nadelholz-Häubling hat dadurch zunehmend Raum erobern können (HAHN, 2001).

Grundsätzlich gibt es die Möglichkeit, Holz mit Pilzbrut zu beeimpfen oder aber fertiges Substrat zu kaufen und damit die Zucht zu betreiben. Für die Pilze, die nicht auf Holz wachsen, werden meist Komplettpackungen angeboten, die sowohl die Brut (das Myzel) als auch das Substrat liefern. Bei der Anzucht von Holzpilzen ist es ein sehr einfaches Verfahren, die Holzklötze mit Bohrlöchern zu versehen und in diese die beimpften Stäbchen (Stäbchenbrut) zu stecken. Einige Bezugsquellen für die Pilzbrut sind im Anhang aufgeführt.

Es ist faszinierend wie aus einer Anzuchtpackung kleine Pilzköpfe entstehen, die sich dann zu prächtigen ***Austern-Seitlingen*** *entwickeln.*

Der folgenden Übersicht können Sie entnehmen, welche Arten sich gut für die Zucht eignen und welches Substrat die Pilze bevorzugen. Diese Liste hat keinen Anspruch auf Vollständigkeit.

Art (deutscher Name)	***Wissenschaftlicher Name***	***Substrat***
Braunkappe / Kultur-Träuschling	*Stropharia rugosoannulata*	*Stroh/Fertigsubstrat*
Champignon / Egerling	*Agaricus spec.*	*Stroh/Fertigsubstrat*
Schopf-Tintling	*Coprinus comatus*	*Stroh/Fertigsubstrat*
Austern-Seitling / Austernpilz	*Pleurotus ostreatus*	*Buche u.a. Laubholz*
Shiitake	*Lentinula edodes*	*Buche, Eiche, Kastanie*
Eichhase	*Dendropolyporus umbellatus*	*Buche, Eiche*
Judasohr	*Auricularia auricula-judae*	*Holunder u.a. Laubholz*
Samtfußrübling	*Flammulina velutipes*	*Buche*
Stockschwämmchen	*Kuehneromyces mutabilis*	*Buche u.a. Laubholz*
Graublättriger Schwefelkopf	*Hypholoma capnoides*	*Nadelholz, bes. Fichte*

7. Pilzsachverständige DGfM

Bei Problemen mit der Bestimmung von Pilzen, bei Fragen zur Essbarkeit oder zur Giftwirkung einzelner Arten kann man einen sog. Pilzsachverständigen (früher „Pilzberater“) aufsuchen und um Rat fragen.

Diese Sachverständigen haben über die **Deutsche Gesellschaft für Mykologie (DGfM)** einen Kurs besucht und sind durch eine entsprechende Prüfung offiziell legitimiert. Sie halten Vorträge, leiten Exkursionen und stehen ehrenamtlich für sog. Marktpilzkontrollen zur Verfügung, d.h., sie begutachten das Sammelergebnis von „normalen“ Pilzsammlern auf dessen Verwertbarkeit.

Dazu brauchen sie natürlich einen guten Gattungsüberblick und kennen die wichtigsten Speisepilze und – noch wichtiger – die tödlich giftigen Pilze. Sie wissen, dass es bei der Fülle der Pilze unmöglich ist, jeden Pilz zu kennen und dass über die Hälfte der 5000 Großpilzarten ohne mikroskopische und chemische Hilfsmittel unbestimmbar sind.

Mein Leitspruch zu diesem Thema ist daher: Essen Sie bei jemandem, der Ihnen zusichert „alle Pilze zu kennen“, am besten überhaupt keinen Pilz!

Der Unterschied zwischen essbaren Graublättrigen (Bild oben) und ungenießbaren Grünblättrigen Schwefelköpfen (Bild rechts) ist meist schon an der Lamellenfarbe zu erkennen. Ist dies einmal nicht so deutlich, hilft eine Geschmacksprobe – oder die Absicherung durch einen Pilzsachverständigen.

Gerade bei Pilzen gehört nämlich schon einiges Vertrauen in die Aussage „der ist essbar“. Nach der Begutachtung durch einen Pilzsachverständigen kann das Sammelgut dagegen ohne Bedenken gegessen werden.

Derzeit gibt es etwa 700 offiziell anerkannte Pilzsachverständige bundesweit. Vielleicht bekommen Sie Spaß an der Pilzwelt und möchten einmal Pilzsachverständige(r) werden, um in Ihrer Region die Faszination der Pilze weiter zu tragen.

Der Inhalt dieses Buches umfasst das Wissen und das Artenspektrum für diese Prüfung. Die genauen Anforderungen können bei der Gesellschaft für Mykologie erfragt werden (Internetadresse siehe Anhang S. 449). Dort sind auch die Stellen aufgelistet, an denen Prüfungen abgenommen werden.

8. *Gift- oder Heilwirkung – eine Frage der Dosierung*

Von den etwa 5000 Großpilzen in Mitteleuropa kommen die meisten als Speisepilze gar nicht in Frage. Das sind zunächst die winzigen Pilze, denn als Großpilz werden auch stecknadelkopfgroße Pilze bezeichnet. Eine weitere Gruppe sind die „Bastelpilz“ – Arten, die auch jung sehr festes Fleisch haben und sich allenthalben für Gestecke, aber nicht für die Pfanne eignen – wie beispielsweise Schmetterlings-Porling (Trametes versicolor) und Winter-Porling (Polyporus brumalis).

Dann gibt es eine große Zahl zwar nicht giftiger, zumindest aber ungenießbarer Pilze, die so scharf, bitter oder unangenehm schmecken, dass sie gar nicht verzehrt werden können, wie beispielsweise der Gallenröhrling (Tylopilus felleus).

Übrig bleiben einige 100 Speisepilze und etwa 150 Pilze, die als giftig bekannt sind. Davon wiederum sind ca. 10 tödlich giftig. Es ist auf jeden Fall ratsam, diese Arten kennen zu lernen, wenn Sie Speisepilze sammeln möchten (ab S. 432). Grundsätzlich gibt es kein allgemeines Merkmal, giftige Pilze zu erkennen. Weder das Mitkochen eines silbernen Löffels oder einer Zwiebel noch ein unangenehmer Geruch oder Geschmack verraten giftige Pilze. Auch nicht die Fraßstellen an den Fruchtkörpern, denn für uns sehr giftige Pilze wie beispielsweise der Grüne Knollenblätterpilz (Amanita phalloides) können von Schnecken und Kaninchen schadlos verzehrt werden. **Alleine die sichere Kenntnis der einzelnen Arten mit ihren Merkmalen verhindert Vergiftungen!**

Zu winzig zum Essen: *Die 1-3 mm großen Fruchtkörper des* ***Zitronengelben Holzbecherchens.***

Zu hart zum Essen: ***Schmetterlings-Porling.***

Zu bitter zum Essen: ***Gallenröhrlinge.***

Es gibt aber dennoch für den Anfänger ein paar Tipps. So sollten Sie sich nicht gleich an das Sammeln von Pilzen mit weißen Lamellen wagen, da es unter ihnen einige sehr giftige Arten gibt. Wenn Sie dagegen zunächst braunhütige Röhrenpilze ohne rotes Röhrenfutter sammeln, können Sie eine Vergiftung ausschließen. Generell gibt es **unter den Röhrenpilzen keine tödlich giftigen Arten**, sondern nur Magen-Darm-giftige Pilze. Was bei roh verzehrten Satansröhrlingen allerdings auch zu sehr heftigen Beschwerden führen kann.

Pilze werden grundsätzlich nicht roh gegessen. Eine Ausnahme hiervon sind lediglich die Champignons, selbst der Steinpilz wird von einigen Personen roh nicht vertragen. Außerdem ist es sehr wichtig, die Pilze ausreichend zu kauen. Das Grundgerüst der Pilze besteht aus Chitin und wird während der Darmpassage nicht weiter zerkleinert. Um die Inhaltsstoffe der Pilze aufnehmen zu können und sie dem Magen-Darm-Trakt nicht nur als Belastung aufzubürden, müssen sie gut zerkaut werden (s. S. 59).

Es gibt kein allgemein gültiges Merkmal für das Erkennen von Giftpilzen. Schon gar nicht die Fraßspuren von Tieren – diese junge ***Fliegenpilze*** *fallen Pilzliebhabern zum Opfer noch bevor sie ihre Pracht voll entfalten können.*

Notwendig ist es auch, die Pilze frisch zu verwenden und sorgfältig darauf zu achten, dass keine bereits verdorbenen Stellen mit in die Mahlzeit gelangen. Das Eiweiß einiger Pilze zersetzt sich sehr schnell und dann sind auch an sich essbare Arten stark giftig. Nicht alle Arten halten sich so lange wie beispielsweise Pfifferlinge und Zucht-Champignons. Die Vergiftung durch verdorbene Pilze entspricht einer Eiweißvergiftung, wie sie von Fisch oder Fleisch bekannt ist.

Ratsam ist es außerdem, die Pilze nicht zu fettig zuzubereiten. Das Eiweiß der Pilze ist ohnehin recht schwer verdaulich und die Mahlzeit kann dann besonders schwer im Magen liegen. Nicht zu unterschätzen sind auch **eingebildete Pilzvergiftungen.** Wer hat noch nicht die Erfahrung gemacht, dass der Magen-Darm-Trakt auf Angst, sei es vor Prüfungen oder ähnlichen Situationen, mit Überempfindlichkeit reagiert? So kann es vorkommen, dass eine ganze Tischrunde durch das Aufkommen einer „glaubhaften" Vergiftungsgefahr mit Symptomen wie Durchfall, Atemnot und Herzklopfen aufwartet.

8.1 Giftwirkung

Was ist zu tun, wenn Sie nach einer Pilzmahlzeit das Gefühl bekommen, falsche Pilze gegessen zu haben? Das Wichtigste ist zunächst, **nicht in Panik zu geraten**. *Meist ist die Angst größer als die tatsächliche Gefahr, und auch bei wirklichen Vergiftungen geht durch ein planvolles und ruhiges Vorgehen keine Zeit verloren.*

Durch die Aufregung wird der Blutkreislauf zusätzlich angeregt und das Gift besonders gut transportiert. Je kürzer nach einer Mahlzeit die Symptome auftreten, desto sicherer ist eine erfolgreiche Behandlung – und dies selbst nach dem Verzehr von tödlich giftigen Pilzen. Tritt der Verdacht einer Pilzvergiftung kurz nach der Mahlzeit (2-3 Stunden) auf, sollten Sie auf jeden Fall versuchen, die noch unverdauten Reste der Mahlzeit zu erbrechen. Dies kann am besten mechanisch mit dem Finger, einer Gänsefeder o.ä. geschehen. Milch oder Alkohol zu trinken ist nicht ratsam, da dadurch die Gifte noch schneller in den Blutkreislauf gelangen. Auch das Trinken von Salzwasser kann gefährlich sein, besonders bei Kindern. Liegt die Mahlzeit länger zurück (ca. 8 Stunden), wird der Körper durch Erbrechen nur unnötig geschwächt. Es ist ratsam, einen Arzt zu Rate zu ziehen, der mit Ihnen gemeinsam die Ursache der Symptome ermitteln kann und, wenn nötig, weitere Maßnahmen veranlassen wird.

Im Anhang dieses Buches finden Sie auf Seite 449 die Telefonnummern von Giftnotrufzentralen in Deutschland. Hier bekommen Sie weitere Informationen und können an einen sachkundigen Arzt oder Pilzsachverständigen in Ihrer Nähe vermittelt werden. Für eine sichere Diagnose und passende Behandlung ist es entscheidend festzustellen, welche Pilze die Vergiftung hervorgerufen haben. **Bewahren Sie deshalb die Putzabfälle, die Reste der Mahlzeit und evtl. Erbrochenes auf**. Die Diagnose, um welche Art der Pilzvergiftung es sich handelt, sollte sehr sorgfältig getroffen werden, da auch ein unnötiges Auspumpen des Magens gefährlich sein kann, besonders bei Kindern. Wenn die Vergiftung von nur schwach giftigen Pilzen hervorgerufen wurde, kann es besser sein, einfach abzuwarten, als den Körper durch überflüssige Behandlungen zusätzlich zu schwächen. Die Gabe von Kohle-Tabletten ist wie alle medizinischen Maßnahmen ausschließlich Sache der Ärzte.

8.1.1 Phalloides-Syndrom: Leberschädigende, tödlich giftige Pilze

90 % aller Todesfälle in diesem Bereich gehen auf eine Vergiftung mit Grünen Knollenblätterpilzen (Amanita phalloides, s. S. 443) zurück. Durch sein verlockendes und harmlos anmutendes Äußeres kommt es durch ungeübten Blick immer wieder zu Verwechslungen mit verschiedenen Speisepilzen wie u.a. Champignons, Täublingen oder Grünlingen und infolgedessen zu schweren Vergiftungen.

Nach dem wissenschaftlichen Namen dieses Pilzes wird diese Form der Vergiftung als Phalloides-Syndrom benannt. Die Giftstoffe lassen sich durch Kochen nicht zersetzen und sind geschmacklich in der Mahlzeit nicht zu erkennen. Sie hemmen die Zellen beim Aufbau der m-RNA, eines lebenswichtigen Bausteins für den gesamten Stoffwechsel der Zellen und des Körpers. In den besonders stoffwechselaktiven Organen wie der Leber, zeigen sich die Schäden zuerst, daher entspricht diese Intoxikation einer fortschreitenden Leberzerstörung. Die leberschädigenden Gifte Amatoxine (Amanitin) und Phallotoxine (Phalloidin) befinden sich auch im Weißen und Kegelhütigen Knollenblätterpilz (Amanita verna und virosa) sowie in kleinen Schirmlingen (Lepiota helveola und L. brunneoincanata), im Nadelholz-Häubling (Galerina marginata) und in dem Zimtfarbenen Weichporling (Hapalopilus rutilans).

*Der **Nadelholz-Häubling** (links) enthält ebenso wie der **Grüne Knollenblätterpilz** (rechts) leberschädigende Giftstoffe, allerdings in geringerer Menge, so dass tödliche Vergiftungen seltener sind.*

*Der Wirkstoff Silymarin aus den Blättern und Samen der **Mariendistel** (Silibum marianum) schützt die Leberzellen vor Giften. Daher wird diese Pflanze bei Vergiftungen mit Knollenblätterpilzen verabreicht.*

Darüber hinaus ist die ganze Pflanze essbar und in der Medizin findet sie außerdem Verwendung bei Husten, Depressionen und Beschwerden von Milz und Gallenblase.

Wenn nach einem gemeinsamen Pilzessen bei einem der Teilnehmer Beschwerden auftreten, sollten die übrigen „Mitesser" auf jeden Fall sofort informiert werden und unter Beobachtung bleiben.

Die typische Vergiftung zeigt einen **zweiphasigen Krankheitsverlauf**, der insgesamt erst nach einer relativ langen Beschwerde freien Zeit von 8-24 Stunden eintritt. Die erste Phase ist ein meist heftiger Brech-Durchfall, der auch mit Untertemperatur, Leichenblässe und Schüttelfrost verbunden sein kann. Durch hohen Wasserverlust kann es zusätzliche Komplikationen geben (Krämpfe, metabolische Azidose). Eine kurze Latenzzeit von nur 5 oder 6 Stunden kann bereits Hinweise auf eine schwere Vergiftung geben. Das tückische an diesem Krankheitsverlauf ist, dass **nach 1-2 Tagen eine scheinbare Besserung eintritt, bevor die Symptome erneut auftreten, dann in Verbindung mit Anzeichen einer typischen Leber- und Nierenschädigung.** Ohne Behandlung kann nach 3-8 Tagen der Tod wegen unzureichender Leberfunktion eintreten. Wichtig ist es, durch eine sichere Diagnose die Behandlung zu Beginn der ersten Beschwerden anzufangen. Auch wenn eine scheinbare Besserung eingetreten ist, sollte der Patient eine Woche in der Klinik beobachtet werden.

Die Behandlung ist in erster Linie ein Leberschutz. Als leberstärkendes Mittel wird ein Extrakt aus der Mariendistel eingesetzt. Der darin enthaltene Wirkstoff, das Silymarin, wirkt stabilisierend auf die Wände der Leberzellen und wird als Infusion verabreicht. In schweren Fällen bleibt allerdings nur noch die Möglichkeit, die Leber zu transplantieren.

Die Isolation des Amatoxins gelang Wieland und Hallermeyer erstmals 1941. Pro kg Körpergewicht sind ca. **0,05 – 0,1 mg Wirkstoff** tödlich, was ungefähr einer Menge von **5-50 g Frischpilz** entspricht, je nachdem ob es sich um Kinder oder Erwachsene handelt. Da der Wirkstoffgehalt aber von Pilz zu Pilz schwanken kann und auch jede Person je nach Konstitution verschieden empfindlich reagiert, können diese Angaben nur einen groben Richtwert geben.

Anhand der Putzreste kann mit 20%iger Salzsäure getestet werden, ob es sich tatsächlich um Grüne Knollenblätterpilze gehandelt hat. Dazu wird der Pilzsaft in Zeitungspapier gedrückt. Wenn dann nach dem Antrocknen Salzsäure darauf getropft wird, entsteht ein blauer Fleck (s. S. 118).

8.1.2 Orellanus-Syndrom: Nierenschädigende, tödlich giftige Pilze

Diese Art der Vergiftung wurde erst entdeckt, nachdem 1952 in Polen eine rätselhafte Massenerkrankung einige Todesopfer forderte. Durch die meist extrem lange Zeit zwischen der Mahlzeit und den ersten Beschwerden wurde der Zusammenhang mit der Pilzmahlzeit vermutlich erst so spät aufgeklärt. 1979 gelang es ANTKOWIAK *und* GESSNER *erstmals den Wirkstoff, das Orellanin, in einigen Schleierlingen nachzuweisen.*

Dies sind vor allem der Spitzgebuckelte (Cortinarius rubellus, s. S. 436) und der Orangefuchsige Raukopf (Cortinarius orellanus, s. S. 437). Die nierenschädigenden Gifte können aber auch in anderen Schleierlingen auftreten. Dazu gehört auch der Schöngelbe Klumpfuß (Cortinarius splendens), die meisten anderen giftigen Arten stammen aus der Gruppe der Rauköpfe (Leprocybe, vgl. S. 255).

Besonders tückisch sind die meist sehr lange Latenzzeit und die relativ unspezifischen Symptome, wie ein trockener Mund, Durst, Nierenschmerzen, Erbrechen, Durchfall und Bauchkrämpfe. Abhängig von der aufgenommenen Giftmenge treten die Beschwerden 3 bis 14 Tage nach der Mahlzeit auf, in seltenen Fällen auch erst bis zu 3 Wochen später oder aber auch bereits kurz nach der Mahlzeit. Eine Einweisung in die Klinik ist auf jeden Fall angeraten. Dank der besseren Nachweismethode sowie der verbesserten medizinischen Versorgung gehen die tödlichen Vergiftungen zurück, doch wenn die Nieren bereits irreparabel geschädigt sind, bleibt nur eine lebenslange Dialyse oder Transplantation. Bei den schweren Vergiftungen mit einer kurzen Latenzzeit von nur 2-3 Tagen tritt der Tod wegen Nierenversagens meist zwischen dem 4. und 16. Tag ein.

*Der **Spitzgebuckelte Raukopf** (Cortinarius rubellus) ist wegen der langen Latenzzeit von bis zu zwei Wochen und der tödlichen Wirkung einer der gefürchtetsten Giftpilze.*

Wegen der langen Latenzzeit ist der Nachweis von Putzresten meist nicht mehr möglich. Im Stuhl oder Erbrochenen können Sporen nachgewiesen werden und es besteht die Möglichkeit, im Urin Stoffwechselprodukte nachzuweisen, die auf diese Art der Vergiftung schließen lassen und eine gezielte Behandlung ermöglichen. ROTH et al. (1990) geben an, dass bereits **50-100 g Frischpilz** tödlich sein können und dass 10-15 % der Vergiftungen tödlich ausgehen.

8.1.3 Pantherina-Syndrom: Störung des zentralen Nervensystems und des Magen-Darm-Traktes

Dieses Krankheitsbild geht auf Fliegen- und Pantherpilze zurück. Entgegen der meist weit verbreiteten Meinung ist der Fliegenpilz **kein tödlich giftiger Pilz**, *auch wenn er durchaus einige giftige Wirkstoffe enthält – hauptsächlich Ibotensäure – die beim Trocknen in das wirksamere Muscimol umgewandelt wird. In Sibirien und Mexiko wurde er beispielsweise getrocknet im Rahmen ritueller Zeremonien verzehrt, denn er enthält neben Magen-Darm-giftigen Substanzen auch Giftstoffe, die zu rauschähnlichen Zuständen führen.*

Pantherpilz *(Amanita pantherina)*

Die Symptome treten meist ¼ bis 3 Stunden nach der Mahlzeit auf. Es kommt zu Mattigkeit, Gehstörungen und Schwindel, oft verbunden mit Bauchschmerzen, Erbrechen und Durchfall sowie Speichelfluss, Schweißausbruch, Herzrhythmusstörungen, Kreislaufbeschwerden und hohem Blutdruck. Die bewusstseinsverändernden Symptome schwanken von fröhlich bis hin zu Angst, Niedergeschlagenheit und Wutanfällen. In schweren Fällen wurden auch Muskelzuckungen, Krampfanfälle und Bewusstlosigkeit beobachtet. Meist klingen die Beschwerden innerhalb von 10 Stunden wieder ab, bei einer höheren Dosis kann es bis zu 2 Tagen dauern. Todesfälle sind extrem selten.

Der Pantherpilz (Amanita pantherina, s. S. 442) enthält ähnliche Wirkstoffe, möglicherweise auch der Narzissengelbe Wulstling (Amanita gemmata). Im Pantherpilz scheint die Konzentration der Giftstoffe im Vergleich mit dem Fliegenpilz jedoch höher zu sein.

8.1.4 Muskarin-Syndrom: Magen-Darm-giftige Pilze mit Wirkung auf das Nervensystem

Für das Muskarin-Syndrom sind starke Schweißausbrüche typisch, bei keinen anderen Vergiftungen sind sie so ausgeprägt wie hier. Meist treten sie in Verbindung mit heftigen Magen-Darm-Beschwerden bereits 0,5 bis 2 Stunden nach der Mahlzeit auf. Außerdem kann es zu Pupillenverengung, Speichelfluss, Sehstörungen, Kopfschmerzen, Tränenfluss, Hautrötung, Atembeschwerden, verlangsamtem Herzschlag und Blutdruckabfall kommen.

Das Atropin aus der ***Tollkirsche (Atropa bella-donna)*** *ist ein wirksames Gegenmittel bei Muskarin-Vergiftungen.*

Bei milden Vergiftungen klingen die Beschwerden auch ohne Therapie nach 2 Stunden wieder ab, schwere Vergiftungen halten bis zu 24 Stunden an und eine sehr hohe Dosis kann bei geschwächten Personen durch Kreislaufversagen tödlich enden. Ein wirksames Gegenmittel ist das Atropin aus der Tollkirsche. Dadurch verschwinden die Symptome meist innerhalb von Minuten.

Ziegelroter Risspilz

Rettich-Helmling

Feld-Trichterling

Hauptsächlicher Verursacher ist der Ziegelrote Risspilz (Inocybe erubescens, s. S. 439), der meistens mit Mai-Ritterlingen verwechselt wird (s. S. 384). Der verantwortliche Wirkstoff, das Muskarin, kommt aber auch in anderen Risspilzen (z.B. Inocybe geophylla) und Helmlingen, besonders dem Rosa Rettich-Helmling (Mycena rosea) sowie einigen Trichterlingen (z.B. Clitocybe candicans, rivulosa, dealbata, phyllophila und cerussata) vor. Beim Sammeln von Nelken-Schwindlingen ist auf die Verwechslungsgefahr mit Trichterlingen zu achten.

Lange hat man geglaubt, dass die Giftwirkung des Fliegen- und Pantherpilzes (Amanita muscaria und Amanita pantherina) auch auf das Muskarin zurückzuführen ist. Der Muskarin-Gehalt ist in diesen beiden Pilzarten aber viel geringer als ursprünglich angenommen (siehe vorheriges Kapitel).

8.1.5 Gastrointestinales Syndrom: Magen-Darm-giftige Pilze

Bei den Magen-Darm giftigen Pilzen treten Durchfall und Erbrechen meist schon kurz nach der Mahlzeit auf. Normalerweise verläuft diese Vergiftung in Mahlzeitmenge ohne Folgeschäden und ist nach 1-2 Tagen ausgestanden.

In schweren Fällen können die Symptome bis zu einer Woche anhalten und dann auch durch die Brechdurchfälle zu Azidose, Wadenkrämpfen, Exsikose und Schock führen. Die besonders stark Magen-Darm-giftigen Tiger-Ritterlinge (Tricholoma pardalotum) und Riesen-Rötlinge (Entoloma lividum, s. S. 435) können bei geschwächten Personen sogar tödlich wirken. Im Frühjahr ist daher auf der Suche nach Mai-Ritterlingen besondere Vorsicht geboten, da dann auch schon mit dem Vorkommen von Riesen-Rötlingen gerechnet werden kann. Gerade in Süddeutschland und der Schweiz führt dieser Giftpilz häufig zu Erkrankungen.

In diese Gruppe gehören die meisten Giftpilze, sie sind in der nachfolgen Übersicht zusammengefasst. Da es meist in einer Pilzgattung mehrere giftige Vertreter gibt, ist die Angabe auf die Nennung der Gattung beschränkt. Bei einigen Gattungen, wie beispielsweise den Schwefelköpfen, gibt es aber auch Speisepilze. Die Übersicht bedeutet also nicht, dass alle Vertreter der Gattung giftig sind. Die Auflistung aller Arten würde jedoch den Rahmen dieser Übersicht sprengen, im Bestimmungsteil ist aber in der Symbolleiste bei jeder Pilzart die Giftigkeit vermerkt (siehe Erläuterungen zu den Piktogrammen auf S. 131).

Magen-Darm-giftige Pilze können in folgenden Gattungen vorkommen:

Rötlinge *(Entoloma)*
Ritterlinge *(Tricholoma)*
Fälblinge *(Hebeloma)*
Schwefelköpfe *(Hypholoma)*
Ungenießbare Täublinge *(Russula)*
Ungenießbare Milchlinge *(Lactarius)*
Schüpplinge *(Pholiota)*
Träuschlinge *(Stropharia)*
Düngerlinge *(Panaeolus)*
Schirmlinge *(Lepiota)*
Viele Schleierlinge *(Cortinarius)* **und unter ihnen besonders die Hautköpfe** *(Subgenus Dermocybe)*
Hartschalige Boviste *(z.B. Scleroderma citrinum)*
Karbol-Champignons *(Agaricus xanthoderma)*
Korallenpilze *(z.B. Ramaria pallida)*
Satans-Röhrling *(Boletus satanas)*
Schönfuß-Röhrling *(Boletus calopus)*
Leuchtender Ölbaumpilz *(Omphalotus illudens)*
Porphyr-Wulstling *(Amanita porphyria)*
Narzissengelber Wulstling *(Amanita gemmata)*

Blasse Koralle
(Ramaria pallida)

Dickschaliger Kartoffelbovist
(Scleroderma citrinum)

Der Falten-Tintling *(Coprinus atramentarius) wächst meist büschelig auf humusreichen Böden.*

In Verbindung mit Alkohol genossen zeigen sich unangenehme Vergiftungserscheinungen. Der Wirkstoff, das Coprin, ähnelt dem Alkohol-Entwöhnungsmittel „Antabus".

Wie beim Schopf-Tintling zerfließen die Lamellen zur Reifezeit mitsamt dem schwarzen Sporenpulver. Früher hat man diese Masse mit Nelkenöl und Gummiarabikum versetzt und als Schreibtinte genutzt.

8.1.6 Coprinus-Syndrom: Giftwirkung in Verbindung mit Alkohol

Einige essbare Pilze wirken erst in Verbindung mit Alkohol giftig, diese Art der Vergiftung wird auch als Antabus-Syndrom bezeichnet. Der Giftstoff, das Coprin, kommt im Grauen Falten-Tintling (Coprinus atramentarius), Keulenfüßiger Trichterling (Clitocybe clavipes) und vermutlich dem Netzstieligen Hexen-Röhrling (Boletus luridus) vor.

Dem Schopf-Tintling (Coprinus comatus, s. S. 410) und dem Flockenstieligen Hexen-Röhrling (Boletus erythropus, s. S. 360) wird diese Eigenschaft zu unrecht nachgesagt. Beides sind leckere Speisepilze ohne diesen Wirkstoff, zu denen Sie durchaus ein Gläschen Wein trinken können.

Keulenfüßiger Trichterling

Der **Glimmer-Tintling** *(Coprinus micaceus) enthält nach neuesten Erkenntnissen kein Coprin.*

Das Coprin hemmt den Abbau des Alkohols, so dass der Körper mit einem Zwischenprodukt, dem Acetaldehyd vergiftet wird, das nur sehr stark verlangsamt abgebaut und ausgeschieden werden kann. Dadurch zeigen sich die Auswirkungen keineswegs in einem gesteigerten Rausch, sondern als unangenehme Vergiftung. 15 Minuten bis 4 Stunden nach der Mahlzeit kommt es zu einer Rötung des Gesichtes, die sich über den Nacken auf den Körper ausbreitet, während die Nasenspitze und Ohrläppchen blass bleiben. Dazu kommt Pupillenerweiterung, Durst, Schweißausbruch, Herzklopfen bis hin zu Krämpfen und Atemnot, manchmal auch verbunden mit Sprachschwierigkeiten. Hier ist Erbrechen und viel Flüssigkeitszufuhr angeraten. Nach einigen Stunden klingen die Symptome wieder ab. Diese Wechselwirkung kann man nur sicher vermeiden, wenn 2 Tage vor und mindestens 3 Tage nach der Mahlzeit kein Alkohol getrunken wird.

„Die Azteken in Mexiko nannten eine Reihe kleiner unscheinbarer Pilze Teonanacatl, „Fleisch der Götter". Diese heiligen Pilze wurden rituell gegessen, um mit den Göttern in Kontakt zu treten, um Erkenntnisse über Gott und die Welt zu erhalten. Den katholischen Spaniern waren diese Pilzrituale unheimlich. Den Pilzessern, gewöhnlich Teufelsanbeter genannt, wurde die Inquisition auf den Hals geschickt. Aber da sich alles Gute bewährt, ist der Kult der Pilzesser nicht ausgestorben. Er ist wie ein Myzel im Untergrund weitergewachsen und zum richtigen Zeitpunkt in der geschriebenen Geschichte, nämlich 1957, wieder als Fruchtkörper in das öffentliche Bewusstsein getreten. VALENTINA *und* GORDON WASSON *wurden zu den Heroen der neo-mykophilen Bewegung."* CHRISTIAN RÄTSCH *im Vorwort bei* GARTZ *(1999).*

Spitzkegeliger Kahlkopf
(Psilocybe semilanceata)

8.1.7 Psilocybin-Syndrom: Rauschpilze

Einer der bekanntesten Vertreter für diese Pilze ist der Spitzkegelige Kahlkopf (Psilocybe semilanceata), entsprechend trägt der verantwortliche Wirkstoff den Namen Psilocybin. Dieser Wirkstoff kann neben den im folgenden einzeln aufgeführten Arten aber auch in weiteren Kahlköpfen (Psilocybe), Düngerlingen (Panaeolus) und Risspilzen (Inocybe) vorkommen.

Der Wirkstoff ist in erster Linie Psilocybin, in geringerem Umfang auch Psilocin. Die Wirkung ist je nach Dosis, Persönlichkeit und Stimmung sehr unterschiedlich. Sie zeigt sich in Rauschzuständen und Halluzinationen sowie verschiedenen psychischen Auswirkungen, die von Angst, Unruhe und Depressionen bis zu euphorischen Glücksgefühlen sowie vorgeburtlichen und transpersonalen Erlebnissen reichen (GARTZ 1999, 2000). Die Symptome treten meist 20 Minuten bis 2 Stunden nach der Mahlzeit auf, selten können sie sich auch einmal erst nach 4-8 Stunden zeigen. Als Gegenmaßnahme ist Erbrechen angeraten. Der Wirkstoffgehalt ist sehr stark schwankend, für eine tödliche Dosis müsste nach Angabe von GARTZ (1999) jedoch ungefähr die Menge Frischpilze verspeist werden, die dem eigenen Körpergewicht entspricht. Als grober Richtwert kann angenommen werden, dass beim Spitzkegeligen Kahlkopf in 10 g Frischpilz ungefähr 10 mg halluzinogener Stoffe enthalten sind. Beim Kubanischen Kahlkopf (Psilocybe cubensis) ist der Psilocybin-Gehalt etwa halb und beim Blauenden Düngerling (Panaeolus cyanescens) etwa doppelt so hoch. Ab 4 mg Psilocybin treten leichte Rauschzustände auf und die in therapeutischen Sitzungen angewandte Höchstdosis lag bei 60-100 mg.

Es gibt wohl kaum einen Bereich der Pilzkunde, der bei uns so kontrovers diskutiert wird und der den Zeitgeist so sehr spiegelt, wie die Anwendung und Giftwirkung von psychedelisch oder halluzinogen wirksamen Pilzen. So weiß POROHYRIUS, ein lateinische Dichter aus der Zeit Kaiser Konstantins (4. Jh.) von diesen Pilzen, dass sie Kinder der Götter sind. Und in vielen Kulturen haben diese Pilze bei bewusstseinserweiternden

Ritualen eine lange Tradition. Zeitweise wurden sie auch im mitteleuropäischen Raum erfolgreich als Therapeutikum eingesetzt. In Europa gab es Mitte der 60er Jahre 18 Behandlungszentren und bis über die 70er Jahre hinaus sind etwa 700 Publikationen in renommierten Journalen erschienen. Die Ergebnisse aus Studien von 1953 bis 1965 mit mehr als 11000 Patienten belegen eine anhaltende Besserung bei 70 bis 85 % der Patienten mit Angst- und Charakterneurosen sowie depressiven und neurotischen Verstimmungen (PASSIE 1995, GARTZ 2000, SERCL et al. 1961). Umso erstaunlicher ist es, dass heute selbst in ärztlichen Kreisen kaum noch bekannt ist, dass die psycholytische Therapie eine wissenschaftlich fundierte Methode mit tiefenpsychologischer Grundlage war.

Vor unbegleiteten Eigenversuchen und unkontrollierter Dosierung ist in jedem Fall abzuraten. Nach GARTZ (1999) ist jedoch erwiesen, dass bei Erwachsenen weder psychische noch körperliche Suchtprobleme hervorgerufen werden. Die Autoren sind sich allerdings einig, dass Kinder und Jugendliche während der Persönlichkeitsentwicklung negativ auf diese Erfahrungen reagieren. Mögliche Anwendungsbereiche sind die Behandlung von Alkoholismus, Drogensucht, geistigen Störungen und Krankheiten im Endstadium, die mit starken Schmerzen verbunden sind.

Dunkelrandiger Düngerling *(Panaeolus cinctulus)*

Derzeit fallen alle diese Pilze unter das Betäubungsmittelgesetz und ihre Anwendung ist untersagt. Im Rahmen dieses Buches möchte ich nur auf die teilweise sehr gute Literatur zu diesem Thema hinweisen und mit einem Zitat von CHRISTIAN RÄTSCH schließen: *„Bei einem Thema wie diesem bedarf es eines unerschrockenen, mutigen und tapferen Bewusstseins, frei von Voreingenommenheit und Mykophobie. Ich bin davon überzeugt, dass das forscherische Bewusstsein, vom Geist des Pilzes durchtränkt, zu weitaus tieferen und wertvolleren wissenschaftlichen Erkenntnissen gelangt als der distanzierte Lehrstuhlprofessor..."* (in GARTZ 1999).

Psilocybinhaltige Pilze:

Kubanischer Kahlkopf *(Psilocybe cubensis)*
Spitzkegeliger Kahlkopf *(Psilocybe semilanceolata)*
Stattlicher Kahlkopf *(Psilocybe azurescens)*
Böhmischer Kahlkopf *(Psilocybe bohemica)*
Blauender Düngerling *(Panaeolus cyanescens)*
Dunkelrandiger Düngerling *(Panaeolus cinctulus)*
Grünlichverfärbender Risspilz *(Inocybe aeruginascens)*
Grüngebuckelter Risspilz *(Inocybe corydalina)*
Graugrüner Dachpilz *(Pluteus salicinus)*

Stattlicher Kahlkopf
(Psilocybe azurescens)

Die Belastung von Pilzen mit radioaktivem Cäsium ist seit 1998 deutlich zurückgegangen.

In bestimmten Gebieten findet man aber auch heute noch Damwild, das, wenn es untersucht wird, einen extrem hohen Cäsium-Gehalt aufweist.

Für den Menschen ist es selbst in belasteten Regionen unbedenklich wöchentlich pro Person 250 g Frischpilz zu essen.

8.1.8 Schwermetalle und Radioaktivität

Pilze können über ihr Myzel bestimmte Stoffe in ihren Fruchtkörpern anreichern. In welchem Maße dies geschieht ist je nach Bodenbeschaffenheit, Pilzart und Höhe der Belastung unterschiedlich. Die meisten dieser Stoffe sind als Spurenelemente für die Ernährung der Organismen, egal ob Pflanze, Pilz oder Mensch, durchaus nützlich. Erst eine Überdosis macht sie zu giftigen Substanzen.

Parasolpilz (Macrolepiota procera)

Violetter Lacktrichterling

Schiefknolliger Anis-Champignon

Einige Pilzarten reichern auch giftige Schwermetalle, wie Kadmium, Blei und Quecksilber an. Dies sind vor allem einige gilbende Champignons (Agaricus arvensis, silvicola, essettei und augustus) sowie die Riesenschirmlinge (Macrolepiota rachodes und M. procera). Grundsätzlich wird davon abgeraten, in der Nähe von viel befahrenen Straßen o.ä. Standorten Pilze zu sammeln.

Pilze nehmen auch radioaktive Substanzen (vor allem Cäsium) aus dem Boden auf, wobei die Anreicherung mit radioaktivem Cäsium je nach Region unterschiedlich ist. Nach dem Tschernobyl-Unfall werden die Pilze systematisch auf ihre Strahlenbelastung untersucht, ab 600 Bq/kg Frischgewicht wird sie als kritisch angesehen. In Norddeutschland sind die Belastungswerte meist deutlich geringer als im Süden. Die Anreicherung hängt jedoch auch wie bei den Schwermetallen von der Pilzart ab. Hier sind es besonders Maronen (Xerocomus badius), Lacktricherlinge (Gattung Laccaria) und Frost-Schnecklinge (Hygrophorus hypothejus), die stärker belastet sind.

Die Belastung ist seit 1998 deutlich zurück gegangen. Grundsätzlich wird vom Bundesgesundheitsamt empfohlen, im Jahr nicht mehr als 13 kg stark belasteter Pilze zu essen. Das entspricht 250 g pro Person und Woche.

In Gebieten wie beispielsweise in Osteuropa, wo nach dem Reaktorunfall von Tschernobyl mit einer erhöhten Strahlenbelastung gerechnet werden muss, ist es ratsam sich vor Ort Informationen über die aktuelle Belastung einzuholen. Weitere Informationen siehe auch unter www.umwelt.niedersachsen.de.

8.1.9 Allergien und Sonstiges

Pilze sollten allgemein nur in gegartem Zustand gegessen werden. Während einige roh „nur" schwer verdaulich sind, treten nach dem Genuss beispielsweise von rohen Perlpilzen, Hallimasch, Nebelkappen und Schwefel-Porlingen sogar Vergiftungserscheinungen auf. Meist zeigen sich bereits kurz nach der Mahlzeit Symptome wie Übelkeit, Erbrechen, Bauchschmerzen und Durchfall.

Durch den Flüssigkeits- und Elektrolytverlust kann es auch zu Muskelkrämpfen und Kreislaufkollaps kommen. Häufig sind diese Beschwerden mit Angstzuständen, Schweißausbrüchen und Speichelfluss verbunden, auch Kältegefühl und Schock ist möglich. Meist verschwinden die Beschwerden nach 1-2 Tagen ohne Nachwirkungen. Die verantwortlichen Giftstoffe können Hämolysine sein, die zerstörend auf die roten Blutkörperchen wirken. Da sie hitzeinstabil sind, können diese Pilze ausreichend erhitzt gefahrlos verzehrt werden. Bei einigen Pilzen, die im rohen Zustand giftig wirken, sind die Wirkstoffe jedoch auch heute noch unbekannt. Eine gute Übersicht zu diesem Thema liefert WINTERSTEIN (2000).

Weißer Rasling

Außerdem gibt es einige weitere Giftpilze, die nicht in die vorherigen Kategorien einzuordnen sind, deren Speisewert aber bedenklich sein kann. Das ist z.B. der **Weiße Rasling** (Lyophyllum connatum) mit mutagener (genschädigender) Wirkung.

Dass die **Frühjahrs-Lorchel** (Gyromitra esculenta) roh sehr giftig ist, war auch schon früher bekannt, doch gut abgekocht und anschließend getrocknet, wurde sie als Marktpilz verkauft. 1967 gelang es LIST und LUFT erstmals den Giftstoff, das Gyromitrin, zu isolieren. Ganz geklärt ist die Wirkungsweise jedoch bis heute noch nicht. Es wird angenommen, dass es durch wiederholte Mahlzeiten zu einer Anreicherung im Körper kommt, die dann den Zerfall der roten Blutkörperchen und der inneren Organe bewirkt. Der Verlauf der Vergiftung ist dem durch Knollenblätterpilze sehr ähnlich. Der stark schwankende Wirkstoffgehalt könnte eine Erklärung dafür sein, warum manche Personen jahrelang folgenfrei Lorcheln essen konnten, während andere schwere Vergiftungen erlitten. Außerdem sieht man Morcheln und Lorcheln durch das knorpelige Fleisch den Verfall schwerer an als anderen Pilzen. Besonders beim Sammeln von essbaren Morcheln sollte sorgfältig darauf geachtet werden, dass es sich auch wirklich um frische Pilze handelt.

Beim **Kronenbecherling** (Sarcosphaera crassa) und **Zimtfarbenen-Weichporling** (Hapalopilus rutilans) wurde ebenfalls eine organschädigende Wirkung auf Leber und Niere sowie Blutzersetzung und ein Zerfall der übrigen Körperfunktionen festgestellt, die bis zum Tode führen können. Die teilweise recht unterschiedlichen Symptome zeigen sich meist kurz nach der Mahlzeit bis maximal 8 Stunden später, die Einweisung in eine Klinik ist unbedingt erforderlich.

Kahler Krempling

Früher wurden **Kahle Kremplinge** (Paxillus involutus) als Speisepilze in vielen Regionen Deutschlands verzehrt. Da nach Kremplingsmahlzeiten ähnliche Symptome wie beim Kronenbecherling auftreten können und trotz sachgemäßer Behandlung der Pilze Todesfälle bekannt geworden sind, kann der Kahle Krempling nicht mehr als Speisepilz eingestuft werden. Bei der als **Paxillus-Syndrom** bezeichneten Vergiftung handelt es sich vermutlich um Überempfindlichkeitsreaktionen, von denen nicht jeder betroffen sein muss. Der Wirkstoff konnte bislang nicht nachgewiesen werden, aber es scheint eine Sensibilisierung mit allergischer Spät-Reaktion vorzuliegen.

Die Wirkstoffe scheinen das Immunsystem zu beeinflussen und es kommt nach wiederholten Kremplingsmahlzeiten plötzlich zu Kollaps, Bauchkoliken, Brechdurchfall bis zum Versagen der inneren Organe und schließlich dem Tod. Als Speisepilz ist der Kahle Krempling (Paxillus involutus) deshalb nicht mehr zu empfehlen, auch wenn im ausreichend erhitzten Pilz kein Gift mehr nachgewiesen werden konnte und es noch viele offene Fragen zu dieser Art der Pilzvergiftung gibt.

In einer französischen Studie wurde nachgewiesen, dass der **Grünling** (Tricholoma equestre) die heimtückische Krankheit Rhabdomyolysis hervorrufen kann. Dabei wird die Skelettmuskulatur zerstört, durch Nierenversagen und Herzstillstand kann sie zum Tode führen. Bis hier alle Fragen geklärt sind, sollten Sie auf das Sammeln dieses ehemaligen Speisepilzes, der auch auf Märkten angeboten wurde, verzichten. Er ist ohnehin in den meisten Gegenden seltener geworden und sollte geschont werden.

Es kann bei einzelnen Arten selbstverständlich immer wieder vorkommen, dass sich **allergische Reaktionen** zeigen, ähnlich wie sie auch nach dem Genuss von Erdbeeren, Walnüssen oder entsprechenden Lebensmitteln auftreten.

Solche scheinen beispielsweise auch bei **Butter-Röhrlingen** (Suillus luteus), **Nebelkappen** (Lepista nebularis), **Fuchsigen Trichterlingen** (Lepista flaccida) und **Hallimasch** (Armillaria) häufiger vorzukommen, so dass diese Arten von empfindlichen Personen gemieden werden sollten.

Gewöhnlicher Hallimasch

Allgemein gehen die unterschiedlichen Meinungen zum Speisewert eines Pilzes bei den verschiedenen Autoren weit auseinander. KARIN MONTAG (1999) hat hierzu einen interessanten Artikel geschrieben, in dem sie nach dem Vergleich zahlreicher Literaturangaben beispielsweise für den Netzstieligen Hexen-Röhrling schreibt, dass es *„so viele unterschiedliche Genusswertangaben wie Pilzbücher gibt"*.

Die Vergiftungen mit **Mutterkorn** (Claviceps purpurea) spielen dank der verbesserten Saatgutreinigung heute kaum noch eine Rolle. Das Pilzgeflecht dieses Schlauch-

Mutterkorn *(Claviceps purpurea)*

MATTHIAS GRÜNEWALD hat in dem als „Versuchung des Antonius" benannten Ausschnitt des Isenheimer Altars das Krankheitsbild des „Heiligen Feuers" dargestellt (ca. 1515). Besonders im Mittelalter kam es wiederholt zu massenhaften Vergiftungen durch das Mutterkorn im Getreide. Dem damaligen Aberglauben entsprechend wurde dieses „Antoniusfeuer" der Wirkung von Hexen zugeschrieben und führte zu Hexenverfolgungen. Den Zusammenhang zwischen Pilz und Vergiftung erkannte man erst 1676.

pilzes wächst auf dem Getreidekorn (meist Roggen) und bildet ein schwarzes, längliches Dauermycel (Sklerotium). Seit dem 9. Jahrhundert kam es in feuchten Sommern zu epidemisch auftretenden Vergiftungen. Im Mittelalter waren sie gefürchtet wie die Pest. In den Jahren 1596, 1649 und 1736 hatte vergiftetes Roggenmehl in Frankreich und Russland Zehntausende Menschenleben gekostet.

Die Vergiftung wird als **Ergotismus-Syndrom** bezeichnet (Kriebelkrankheit, Krampfseuche, Konvulsischer Ergotismus). Die Alkaloide Ergotamin und Ergotoxin verursachen eine Schädigung der peripheren Blutgefäße, so dass die betroffenen Gliedmaßen wie Finger, Zehen, Ohren und Nasenspitze absterben. Da dies mit einem starken Kribbeln verbunden ist, wurde die Krankheit auch „Heiliges Feuer" genannt. Das Mutterkorn ist gleichzeitig aber auch ein wirksames Heilmittel. In China wurde es schon seit Alters her in der Geburtshilfe als krampflösendes und wehenförderndes Mittel eingesetzt.

8.2 *Pilze als Heilmittel?*

Um diese Frage zu beantworten, lohnt ein Blick in fremde Kontinente. Mutterkorn (s. S. 83) wurde schon im Alten China als krampflösendes Mittel in der Geburtshilfe eingesetzt. Auch bei den alten Römern wurden Präparate aus Mutterkorn in der Geburtshilfe verabreicht. Der Wirkstoff, das Ergotamin, ist ein Alkaloid, das auch heute noch in der Gynäkologie geschätzt wird.

Das erste wirklich wirksame Antibiotikum Penicillin hat in seiner Erfolgsgeschichte schon vielen Millionen Menschen das Leben gerettet. Es ist ein Stoffwechselprodukt des **Pinselschimmels** (Penicillum notatum) und als wichtiger Bestandteil bei der Behandlung von Infektionskrankheiten auch heute noch überall im Einsatz.

Aber auch Großpilze fanden und finden Verwendung. Der **Satans-Röhrling** (Boletus satanas) wurde gegen Ruhr, Wechselfieber sowie Gallen und Leberleiden angewandt und mit dem **Fliegenpilz** (Amanita muscaria) hat man bösartige Geschwüre und Nervenleiden behandelt. Der **Pfeffer-Milchling** (Lactarius piperatus) kam bei Nieren- und Blasenleiden zum Einsatz.

Die Grenze zwischen Heil- und Nahrungsmittel ist in der fernöstlichen Kultur ohnehin viel weniger deutlich als bei uns. Das Ziel der traditionellen chinesischen Heilkunde liegt in der Unterstützung und Förderung der positiven Faktoren des Patienten und in der Stärkung seiner körpereigenen Abwehrkräfte, um Krankheiten vorzubeugen. In diesem Sinne kommt den Pilzen alleine durch ihre zahlreichen stoffwechselfördernden Inhaltstoffe eine Bedeutung zu (s. S. 60). Dieses Prinzip liegt auch der Erforschung und Erprobung der neuen Antitumordrogen zugrunde. Es werden Substanzen gesucht, die die positiven Faktoren des Körpers fördern und die negativen entfernen. Sie werden als BRM-Substanzen (Biological Response Modifiers) bezeichnet. Sie finden neben der Chirurgie sowie Chemo- und Strahlentherapie immer mehr Bedeutung bei der Krebsbehandlung.

Samtfußrübling *(Flammulina velutipes)*

Judasohr *(Auricularia auricula-judae)*

Studien mit **Klapperschwamm**, **Austern-Seitling**, **Samtfußrübling**, **Judasohr**, **Schmetterlings-Porling**, **Schopf-Tintling** und **Champignon** haben eine deutliche tumorhemmende und immunstabilisierende Wirkung gezeigt. In klinischen Tests soll sich darüber hinaus das Gesamtbefinden der Krebskranken signifikant verbessert haben (Lelley 1997, Yang & Jong 1989). Die meisten dieser Pilze haben auch auf andern Gebieten Heilerfolge zu bieten, sie werden bei der Vorstellung der Pilzportraits beschrieben.

Die Mykotherapie in Ostasien verbindet heute die uralte Tradition der Naturärzte mit den Ergebnissen aus modernen klinischen Studien. Die meisten Informationen zum Gebiet der heilkräftigen Pilze stammen folglich aus China und Japan, darüber hinaus aber auch aus den USA und Kanada. LELLEY (1997) gibt an, dass in Japan die Pharmazeutika aus **Shiitake** (Lentinula edodes), **Spaltblättling** und **Schmetterlings-Porling** einen Umsatz von jährlich 770 Millionen US-Dollar erzielen.

Der **Shiitake** gilt in China schon lange als Lebenselexier, das die Abwehrkräfte und Selbstheilungskräfte des Körpers anregt. Auch bei uns hat dieser Holzpilz inzwischen durch spektakuläre Heilerfolge Schlagzeilen gemacht. In verschiedenen Studien wurde belegt, dass er zur Senkung der Cholesterin- und Harnsäurewerte eingesetzt werden kann und vor Viren schützt. Doch damit nicht genug, er wirkt auch in der Krebstherapie unterstützend, lindert rheumatische Beschwerden und sogar bei Migräne konnten Erfolge dokumentiert werden. Um jedoch tatsächlich eine Heilwirkung zu erreichen, wird eine höhere Dosis in Form von Granulat oder Kapseln angeraten. Vorbeugend und allgemein unterstützend kann er jedoch auch alleine durch den Verzehr positiv auf den Körper wirken. Dieser erstaunliche Pilz lässt sich sogar sehr leicht kultivieren (siehe S. 66).

Spaltblättling
(Schizophyllum commune)

Schmetterlings-Porling
(Trametes versicolor)

Obwohl der **Schmetterlings-Porling** kein Speisepilz ist, wird er in China und Japan nicht weniger geschätzt. In Form von Trockenpräparaten ist er einer der begehrtesten Heilpilze, und seine tumorhemmenden Eigenschaften konnten in Studien nachgewiesen werden. Entsprechend wird er dort zur Unterstützung der Immunabwehr und zur Stärkung des Körpers bei Krebserkrankungen eingesetzt. Außerdem verwendet man ihn bei Infektionen und Entzündungen der oberen Atemwege, der Harn- und der Verdauungsorgane. Aus dem Myzel wird darüber hinaus eine Arznei gegen Hepatitis B und Leberkrebs hergestellt. Der **Spaltblättling** findet vor allem Verwendung bei gynäkologischen Erkrankungen.

Lackporlinge (Ganoderma lucidum) werden seit 4000 Jahren in der chinesischen Volksmedizin mit schier unüberschaubarem Wirkungsbereich eingesetzt. Der Umsatz von Produkten aus diesem hübschen Holzpilz liegt in Taiwan, China und Korea auch heute noch in Millionenhöhe. Seine tumorhemmende und immunstabilisierende Wirkung wird bei der Krebsnachsorge geschätzt. Er wird aber auch bei chronischer Bronchitis, Asthma, Bluthochdruck, Gelbsucht, Nierenentzündung, Schlaflosigkeit und Gelenkentzündung verwendet.

Einige Heilpilze, die früher in der Volksmedizin Verwendung gefunden haben, sind ungenießbar oder giftig. Sicherlich kann das von PARACELSUS für Giftpflanzen erklärte Prinzip *„Alle Dinge sind Gift und nichts ist ohne Gift. Allein die Dosis macht, dass ein Ding kein Gift ist"* auch auf die Pilze übertragen werden. So ist es durchaus denkbar, dass sich mit zunehmendem Interesse an der Heilwirkung der Pilze herausstellt, dass auch einige der Giftpilze in der richtigen Dosis heilende Wirkung haben. Einige dieser Pilze sind auch bei uns heimisch oder können kultiviert werden.

Jeder Speisepilz hat charakteristische Merkmale, und diese kennenzulernen, erweitert Ihren Speisezettel. Die meisten Speisepilze sind in Hut und Stiel gegliedert, es gibt jedoch auch viele andere Möglichkeiten, die in dem folgenden Kapitel vorgestellt werden.

9. Bestimmungsmerkmale

Die Bestimmung eines Pilzes kann eine knifflige Sache sein, denn sich in der Vielfalt der Erscheinungsformen, Farben und Gerüche zurechtzufinden, erfordert durchaus ein erhebliches Maß an Sachkenntnis. Wenn man die selbst gesammelten Pilze für eine leckere Mahlzeit verwenden will, übernimmt man damit eine große Verantwortung und muss sich mit seiner Bestimmung absolut sicher sein.

Dies setzt natürlich voraus, dass man alle Merkmale für eine genaue Zuordnung prüft und auch die Verwechslungsmöglichkeiten kennt. Auch für mich war es ein bedeutender Schritt, die Pilze eines Tages nicht mehr meinem Vater vorzulegen, sondern selbst die Verantwortung zu übernehmen. Auch für Sie bleiben nur zwei Möglichkeiten, die Pilze für eine köstliche Speise zu verwenden: Sie können die Pilze entweder einem Pilzsachverständigen zur Prüfung vorlegen oder Sie selber übernehmen diese Kontrolle durch die Kenntnis der charakteristischen Merkmale. Das dafür nötige Rüstzeug möchte ich Ihnen in diesem Kapitel geben, denn ganz ohne Fachbegriffe geht es leider nicht.

*Die **Krause Glucke** (Sparassis crispa) ist ein ausgezeichneter Speisepilz.*

ei einem Pilz haben die meisten ein Gebilde aus Hut und Stiel vor Augen und den-
en dabei an Zucht-Champignons, Pfifferlinge oder Steinpilze vom Markt. Damit kann
ıan schon sehr gut beginnen, denn viele Speisepilze haben eine ähnliche Gestalt,
ach der im nachfolgenden Schlüssel gefragt wird. Es gibt jedoch leckere Speisepilze,
ie so gar nicht in ein solches Schema passen wollen, und auf das Kennenlernen auch
ieser Leckerbissen sollten Sie auf keinen Fall verzichten.

Der am Fuße einer alten Kiefer wachsende „Badeschwamm" entpuppt sich beim
enaueren Hinschauen als Krause Glucke, und die dicken, fußballgroßen weißen Ku-
eln auf der Wiese werden zu leckeren Riesen-Bovisten (s. S. 424). Und bei beiden Ar-
en sucht man vergeblich nach einem Hut oder Stiel. Ihr **Fundort** ist jedoch ein wichti-
er Hinweis und sollte beim Bestimmen einer neuen Art beachtet werden.

Büschelig wachsend: ***Weißer Rasling*** *(Lyophyllum connatum)*

Rasig bzw. gesellig wachsend: ***Klebriger Helmling*** *(Mycena vulgaris).*

etrachten Sie also zunächst den Pilz in seinem Umfeld und achten Sie auch auf die
egleitbäume und die **Wuchsart.** Mehrere Pilze können an ihrer Basis ± miteinander
erwachsen sein, dies wird als **büschelig** bezeichnet. **Rasige** oder **gesellige** Pilze
achsen über eine größere Fläche ausgedehnt verteilt, sind aber nicht miteinander
erwachsen.

Am einfachsten ist eine Pilzart zu bestimmen, von der Exemplare in verschiedenen
ltersstufen vorliegen. Ein einzelner Pilz ist oft nicht sicher bestimmbar, bei zu alten oder
ı jungen Pilzen findet man nur selten alle zur Bestimmung notwendigen Merkmale.

Am meisten Aussicht auf Erfolg verspricht die Bestimmung eines unbekannten Pilzes, wenn, so wie hier bei diesen ***Grauen Lärchen-Röhrlingen*** *(Suillus viscidus), Exemplare in verschiedenen Altersstufen vorhanden sind.*

9.1 *Fruchtschicht*

Als wichtiges Merkmal steht am Anfang einer Bestimmung imme die Frage, wie die **Fruchtschicht***, das* **Hymenium***, aufgebaut ist un wo es sich befindet. Bei den Röhren- und Lamellenpilzen, die in Hu und Stiel gegliedert sind, ist das sehr einfach zu sehen, die Fruch schicht befindet sich unter dem Hut.*

Bei anderen Pilzen ist diese Schicht daran zu erkennen, dass die Oberfläche hier ve größert ist, was sich auch als stachelige oder wabenartige Struktur zeigen kan Es gibt eine schier unerschöpfliche Mannigfaltigkeit im Aufbau des Hymeniums un es lässt sich nicht beantworten, welche dieser Strategien für die Verbreitung der Pil art erfolgreicher erscheint.

Die Fruchtschicht ist bei den meisten Pilzen daran zu erkennen, dass die Oberfläche durch vielfältigste Strukturen vergrößert ist.

Bei den Keulen-, Korallen-, Gallert- und Schichtpilzen liegt diese Fruchtschicht frei an der Außenseite der Pilze und wird nicht durch eine **Schutzschicht (Velum)** verdeckt. Dies wird als **gymnocarp** bezeichnet.

Beim **Pfriemförmigen Hörnling** *(Calocera cornea) werden die Sporen auf der Außenseite der Fruchtkörper gebildet.*

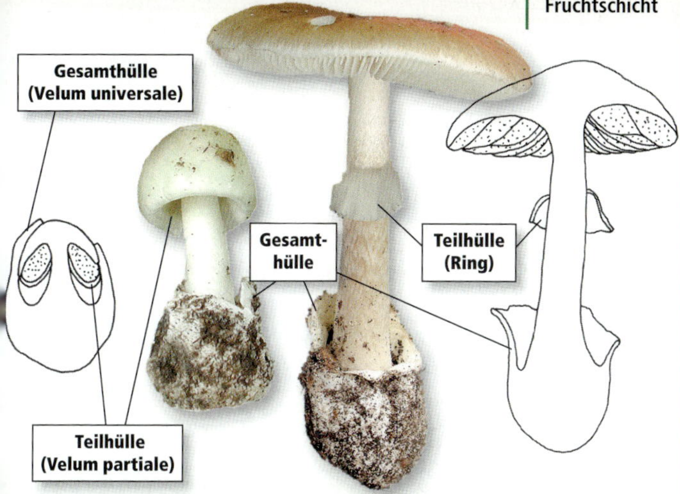

Die Gesamthülle umschließt bei jungen Pilzen den gesamten Fruchtkörper. Beim ***Grünen Knollenblätterpilz*** *(Amanita phalloides) reißt sie beim Heranwachsen oben auf dem Hut auf und läßt keine Flocken zurück (vgl. S. 298). Die Teilhülle schützt die Lamellen und bleibt nach dem Aufschirmen als Ring am Stiel zurück.*

Die meisten Speisepilze gehören in die Gruppe mit **halbfreier Fruchtschicht (hemiangiocarp).** Bei ihnen ist die Sporen tragende Schicht im jungen Zustand mit einem **Schleier (Velum)** bedeckt oder durch einen stark eingerollten Hutrand geschützt. Diese Wuchsformen sind wichtige Bestimmungsmerkmale. Die **Teilhülle (Velum partiale)** befindet sich zwischen Stiel und Hutrand und bleibt nach dem „Aufschirmen" des Hutes bei fortschreitendem Wachstum als **Ring** am Stiel zurück.

Die **Gesamthülle (Velum universale)** umschließt den ganzen jungen Fruchtkörper. Da diese Hülle dem Wachstum des Pilzkörpers nicht folgt, reißt sie ein und die Reste bleiben je nach Beschaffenheit der Hülle auf dem Hut oder an der Stielbasis zurück (aber nicht als Ring am Stiel).

Beim ***Fliegenpilz*** *(Amanita muscaria) ist die Gesamthülle so instabil, dass sie sich beim Aufschirmen in einzelne Flocken auf dem Hut auflöst.*

Auch bei Pilzen, bei denen im Alter keine Schutzhülle mehr zu sehen ist, schützt der eingerollte Hutrand die junge Fruchtschicht. Der ***Kahle Krempling*** *(Paxillus involutus) verdankt dem stark eingekrempelten Hutrand seinen Gattungsnamen.*

Da alle diese Elemente vorhanden sein oder fehlen können, ist bei der Bestimmung eines Pilzes wichtig zu entscheiden, ob sowohl eine Gesamt- als auch eine Teilhülle vorhanden sind, oder ob beide fehlen. Die Gesamthülle ist ein bedeutendes Unterscheidungsmerkmal, z.B. zwischen den Champignons und den tödlich giftigen Knollenblätterpilzen. Der Champignon besitzt nur eine Teilhülle, die als Ring am Stiel zurück bleibt, während die Knollenblätterpilze außerdem eine Gesamthülle aufweisen. Es gibt aber auch sehr viele Arten, die keinerlei Hülle ausbilden und die Fruchtschicht im Jungstadium nur durch einen umgerollten Hutrand schützen.

Wiesen-Champignon *(Agaricus campestris)*

Der ***Grüngelbe Ritterling*** *(Tricholoma sejunctum) besitzt weder eine Teil- noch eine Gesamthülle.*

Dickschaliger Kartoffelbovist
(Scleroderma citrinum)

ei den Pilzen mit **verdeckter Fruchtschicht (angiocarp)** bleiben die Sporen bis zur eife im Innern der Fruchtkörper eingeschlossen; sie werden daher auch als **Bauchilze** bezeichnet. Die Sporen werden auch an den Ständerzellen (Basidien) gebildet, iese zerfallen jedoch in einem sehr frühen Entwicklungsstadium und befinden sich ann in der gesamten **Fruchtmasse,** der **Gleba**. Zur Reifezeit werden sie also nicht, vie sonst üblich, von den Basidien abgeschleudert. Bei ihnen öffnet sich der kugelige porenbehälter und durch mechanische Reize wie Regentropfen, Tier- oder Menschenüße werden die Sporen ausgeschleudert. In diese Gruppe gehören beispielsweise die oviste, Stäublinge und Erdsterne.

Stinkmorchel mit Hexenei
(Phallus impudicus)

Ein Sonderfall dieser Gruppe sind die Rutenpilze, zu denen die Stinkmorchel (Phallus impudicus) gehört. Hier werden die Sporen jung im Innern eines eiförmigen Gebildes angelegt, dem Hexenei. Zur Reifezeit werden sie durch einen Stiel emporgehoben und durch Insekten verbreitet. Der aasartige Geruch, der die Insekten anlockt, ist oft im Wald schon lange zu riechen, bevor man die dazugehörige Stinkmorchel entdeckt.

Grünspan-Träuschlinge *(Stropharia aeruginosa) haben ihre eigene Magie. Obwohl sie keine guten Speisepilze sind, ist es für mich immer wieder zauberhaft ihre unglaublich schönen Hüte zu entdecken. Sie wachsen auf dem Erdboden sowie an totem Laub- und Nadelholz.*

9.2 Hut

Sind sie nicht wunderschön, die Pilzhüte? Ihre Farbe, ihre Form, ma betupft mit weißen Flocken, mal samtig glatt wie Seide, jeder fü sich ist ein kleines Kunstwerk. Was ist beeindruckender als diese schier unerschöpfliche Einfallsreichtum im Reich der Pilze? Aber die se Vielfalt ist es auch, durch die wir bei der Bestimmung immer wie der an unsere Grenzen stoßen.

Allein die Größe kann unglaublich schwanken. Im Bestimmungsteil ist in der Syn bolleiste die Hutgröße der Pilze angegeben. Diese Zahl bezieht sich auf ein typ sches Exemplar mittleren Alters und einen Durchschnittswert. In der Natur treten abe immer auch kleinere oder größere Maße auf. Die Angaben können daher nur eine Richtwert darstellen.

Der Hut ist eines der auffälligsten Merkma le eines Pilzes. Wichtig dabei ist insbesonde die Gestaltung der Unterseite. Diese kann la mellenartig aussehen (S. 98) oder nach unte offene Röhren aufweisen (S. 97). **Lamellenpi ze** untersucht man vor allem auf die Hutfor und die Farbe der Huthaut, die Farbe und Be schaffenheit der Lamellen, die Dicke der Fruch schicht, die Beschaffenheit und Brüchigkeit de Fleisches sowie die Art und Weise, wie die La mellen am Stiel angeheftet sind. Bei **Röhrenpi zen** spielt die Farbe der Fruchtschicht und d Weite und Form der Porenmündung eine wic tige Rolle. Außerdem sollte man prüfen, ob m dem Alter bzw. bei Druck oder Berührung ein Verfärbung stattfindet.

Die Größe der Pilze kann stark schwanken. Diese beiden ***Grünen Knollenblätterpilze*** *(Amanita phalloides) wuchsen nur 50 m voneinander entfernt, und der kleine Pilz wird auch im Alter kaum größer werden.*

Die **Form des Pilzhutes** ist je nach Alter und Entwicklung sehr variabel, dies kann die Bestimmung erheblich erschweren. Deswegen ist die Bestimmung alleine nach diesem Merkmal sehr unsicher. Es gibt jedoch einige Formen, die für bestimmte Pilzgruppen typisch sind. Sie werden im Folgenden anhand der Bilder dargestellt.

konvex oder halbkugelig ***ausgebreitet oder abgeflacht*** ***gebuckelt*** ***trichterförmig***

Die meisten Fruchtkörper haben relativ regelmäßig geformte, leicht gewölbte bis halbkugelige Formen. Solche Hüte gibt es in fast allen Gattungen, statt **gewölbt** können sie auch als **konvex** bezeichnet werden. Je nachdem, wie weit **abgeflacht** eine solche Hutform ist, kann sie auch als **ausgebreitet** bezeichnet werden, dies trifft für sehr viele Pilze zu. **Gebuckelte** Hüte haben in der Mitte eine Erhebung, oft kann man sie leichter erfühlen als sehen; bei ganz dünnen Hüten wird der Buckel auf dem Hut als **Papille** benannt. Trichterförmige Pilze haben in der Hutmitte eine Vertiefung. **Genabelt** ist das Gegenteil von gebuckelt, es ist den **trichterförmigen** Hüten ähnlich, jedoch mit einer besonders engen und deutlichen Vertiefung. Die Gattung der Trichterlinge verdankt der trichterförmigen Hutform ihren Namen, bei ihnen laufen die Lamellen oft weit am Stiel herab. Allerdings bekommen auch an sich nicht trichterförmige Arten im Alter oft eine gewisse Ähnlichkeit mit dieser Form, wenn sich z.B. der Hut alter Täublinge nach oben wölbt. Es ist immer besser, möglichst Pilze mittleren Altes zu betrachten, da sich die charakteristischen Merkmale in diesem Altersstadium deutlicher zeigen als bei sehr jungen und alten Pilzen.

glockig ***walzenförmig*** ***kegelig geschweift*** ***kegelig***

Ein **glockiger** Hut ist höher als breit, während halbkugelige Hüte etwa gleich breit wie hoch sind, **walzenförmige** Hüte sind sehr viel höher als breit, wie beispielsweise bei Schopf-Tintlingen (Coprinus comatus). Bei **kegeligen** Hüten ist die Außenkante ± gerade und der Scheitel ± spitz. Wenn zwischen der Hutspitze und dem Hutrand eines kegelförmigen Pilzhutes eine deutliche Einbuchtung auftritt, wird dies als **kegelig geschweift** bezeichnet.

Die Zweifarbigkeit der Pilzhüte des ***Stockschwämmchens*** *(Kuehneromyces mutabilis) wird durch den je nach Witterung unterschiedlichen Feuchtigkeitsgehalt hervorgerufen. Diese Hygrophanität weisen allerdings auch ihre Doppelgänger – die Gift-Häublinge (Galerina marginata) – auf.*

Hygrophane Hüte **(Hygrophanität)** verändern ihre Farbe je nach Feuchtigkeitsgehalt. Der frische, feuchte Teil des Hutes ist deutlich dunkler gefärbt als die trockenere Hutmitte, dadurch entstehen zwei verschiedenfarbige Zonen, die sich je nach Austrocknungszustand verändern. Besonders gut sichtbar ist dies beispielsweise beim Stockschwämmchen.

Die Oberflächenstruktur der **Huthaut** und der **Hutrand** zeigen ebenfalls bedeutende Merkmale. In der Huthaut befinden sich die Farbstoffe, auch die **Konsistenz** der Huthaut kann ein Unterscheidungsmerkmal sein.

Der ***Dehnbare Helmling*** *(Mycena epipterygia) ist an seiner stark dehnbaren Huthaut zu erkennen.*

Beurteilen Sie auch, ob die Huthaut **schmierig, schleimig** und **klebrig** oder **trocken** ist. Wie gut sichtbar diese Merkmale sind, hängt natürlich auch mit der Witterung zusammen. Bei Regenwetter erscheinen auch trockene Hüte schmierig, während es bei trockenem Wetter schwierig sein kann, an sich schleimige Hüte zu erkennen. Bei schmierigen Hüten fühlt sich die Feuchtigkeit auf dem Hut immer etwas gelatinös bis gallertig an. Schleimige Hüte bleiben auch bei trockenem Wetter klebrig, auf ihnen befinden sich häufig Nadeln, Moos oder andere kleine Teilchen, die auf dem Hut kleben geblieben sind. Oft hilft es, die Huthaut erneut etwas zu benetzen und mit dem Finger zu testen, ob es sich beim Abheben „schmatzend" anhört und Fäden zieht. Bei nassem Wetter ist es oft schwierig zu entscheiden, ob ein feuchter, glänzender Hut auch wirklich schleimig oder einfach nur durch den Regen nass ist.

*Ein **schmieriger Hut** wie beispielseise dieser des **Gold-Röhrlings** (Suillus grevillei) fühlt sich bei der Fingerprobe immer auch etwas klebrig an und zieht Fäden. Wenn er einfach nur durch den Regen feucht ist, fühlt man keine gelatinösen Eigenschaften bei der Berührung.*

Trockene Hüte können **schuppig, flockig, bereift, samtig, filzig** und **eingewachsen faserig** oder **glatt** sein. Bei den Schirmlingen und Schüpplingen reißt die Huthaut beim Wachsen des Hutes schuppig auf, da die obere Huthaut der Ausdehnung nicht folgen kann. In der Hutmitte ist die Ausdehnung am geringsten und die Schuppen sind dort am wenigsten sichtbar. Im Gegensatz zu den abwischbaren Hüllresten der Wulstlinge bleibt sie aber meist fest mit dem Hut verbunden. Bei den Fliegen- oder Perlpilzen sind diese Hüllreste nach einem Regenguss manchmal total verschwunden und dieses Erkennungsmerkmal fehlt dann!

Die Risspilze verdanken ihren Namen der Eigenschaft der Hüte **radialfaserig** zu sein bzw. mit zunehmendem Alter komplett **radialrissig** aufzureißen. Dies bedeutet, dass die Fasern wie die Speichen eines Rades vom Scheitel zum Hutrand verlaufen. Rillen gibt es aber auch bei anderen Gattungen und sie sind nicht bei allen Arten der Gattung Risspilz deutlich sichtbar. Dieses Merkmal kann auch mit rillenartigen Strukturen verwechselt werden, die meist als **gerieft** oder **gerippt-gerieft** bezeichnet werden. Bei den **durchscheinend gerieften** Hüten scheinen die Lamellen durch eine sehr dünne Huthaut durch. Es können sich aber auch Vertiefungen am Hutrand abzeichnen, die dadurch entstehen, dass die Hüte sehr jung eng an den Lamellen anliegen und die Rillen sozusagen als „Abdrücke" der Lamellen am Hutrand zurück bleiben. Diese werden jedoch nicht als radialrissig sondern als **gerieft, rillig** oder **rinnig** bezeichnet.

***Körnchenschirmlinge** mit behangenem Hutrand und körniger Hutoberfläche*

Am **Hutrand** können, ähnlich wie am Stiel, Reste einer Hülle hängen bleiben. Dann spricht man von einem **behangenen** Hutrand. Typisch ist dies beispielsweise für die Körnchenschirmlinge (Cystoderma).

Eigenschaften des Hutfleisches

Hut dünnfleischig

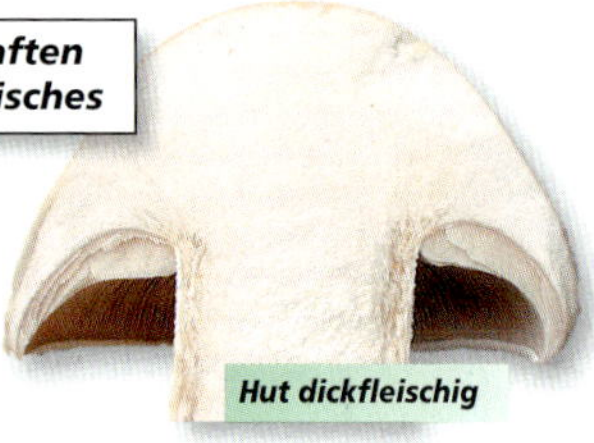

Hut dickfleischig

Das **Fleisch** eines Pilzhutes kann unterschiedlich dick sein, dieses Merkmal erkennen Sie am einfachsten, wenn ein Hut längs durchgeschnitten wird. Bei sehr **dünnfleischigen** Arten befindet sich zwischen Lamellen und Huthaut kaum Fleisch, diese Pilze sind als Speisepilze wenig ergiebig, wie beispielsweise der Waldfreund-Rübling (Collybia dryophila). Viele Röhrenpilze wie Maronen, Steinpilze oder Flockenstielige Hexen-Röhrlinge haben dagegen sehr viel Hutfleisch, das zudem auch noch ausgezeichnet schmeckt. Sie werden als **dickfleischig** bezeichnet, der Fleischanteil beträgt mindestens die Hälfte des gesamten Querschnittes. Dazwischen gibt es alle Übergänge.

Tränender Saumpilz

Einige Arten haben eine tränende Fruchtschicht. Bei ihnen befinden sich durch den Austritt von Zellflüssigkeit **(Guttation)** feine Tröpfchen an den Porenmündungen bzw. Lamellenschneiden. Daran kann man beispielsweise den Tränenden Saumpilz (Lacrymaria lacrymabunda) sehr gut erkennen.

Flockenstieliger Hexen-Röhrling (Boletus erythropus)

.3 Röhren

as, was gemeinhin als „Schwamm" bezeichnet wird, ist ein Wunderverk an Präzision und Struktur. So wie ein Strohhalm neben dem anleren, stehen hier unzählige Röhren eng an eng beisammen, einzig ind allein mit dem Zweck, unzählig viele Sporen zu produzieren.

ie Oberfläche ist so um ein Vielfaches größer als bei einer glatten Oberfläche. Beeindruckend ist auch die Vielfalt der unterschiedlichen Muster, die bei der Bewälgung dieser Aufgabe entstehen.

Die **Mündung der Röhren** werden als **Poren** bezeichnet. Ihre Farbe und Form sind ichtige Bestimmungsmerkmale. Die Farbe der Röhrenschicht verändert sich bei vien Arten durch den Reifezustand der Sporen. Daher sehen sich sehr junge Steinpilze nd Gallenröhrlinge sehr viel ähnlicher als ausgereifte Exemplare (vgl. S. 359).

Poren grob und rhombisch

unregelmäßig eckig

rundlich

länglich

/eite Röhren haben einen Porendurchmesser von über 2 mm. Bei einigen Arten eagiert das Röhrenfutter auf Druck sehr empfindlich. Sehr viele Arten laufen bei Behrung blau an. Dies kann jedoch mehr oder weniger stark sein. Die Hexen-Röhrlinge auen besonders intensiv und innerhalb von Sekunden, während beispielsweise die larone bei Druck auf den Schwamm sehr viel langsamer und weniger intensiv reaert – jedoch immer noch stärker als die nicht oder nur wenig bläuende Ziegenlippe. gibt aber auch rötende und schwärzende Arten.

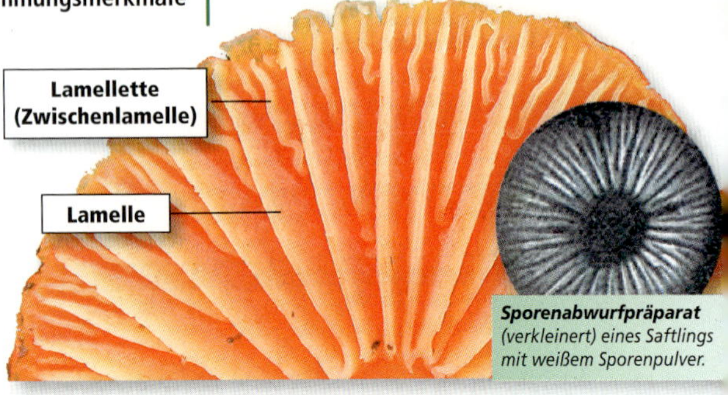

Sporenabwurfpräparat *(verkleinert) eines Saftlings mit weißem Sporenpulver.*

9.4 Lamellen

Die Faszination der gleichmäßig aufgebauten Pilzunterseiten bei den Lamellenpilzen lässt sich am besten durch einen Sporenabdruck einfangen (S. 101). Dadurch ermittelt man auch die Farbe des Sporenpulvers, die für die Bestimmung der Lamellenpilze von zentraler Bedeutung ist.

Anders als bei den Röhrenpilzen ist bei den Lamellenpilzen nämlich ohne die Kenntnis der Sporenpulverfarbe keine sichere Bestimmung möglich. Die **Farbe** der Lamellen wird häufig von der Farbe des Sporenpulvers geprägt und kann sich daher mit zunehmenden Alter des Pilzes, d.h. dem Reifezustand der Sporen, verändern. Farbige Lamellen sind jedoch nicht immer auf farbiges Sporenpulver zurückzuführen. Umgekehrt können Sie sich sicher sein, dass Pilze, die im Alter weiße Lamellen aufweisen, immer weißes Sporenpulver besitzen.

Die Lamellen des ***Rehbraunen Dachpilzes*** *(Pluteus cervinus) sind bis zur Sporenreife weiß (Bild oben rechts) und färben sich erst im Alter lachsrosa. Dieser Pilz gehört zur Familie der Dachpilzartigen (Pluteaceae), das sind zumeist auf Holz wachsende Rosasporer mit freien Lamellen. Dies kann man am einfachsten daran erkennen, dass sich der Stiel leicht vom Hut löst und keine Lamellenreste an ihm haften bleiben. Dadurch unterscheiden sie sich auch von der meist auf dem Erdboden wachsenden Familie der Rosasporer (Entolomataceae) mit angewachsenen Lamellen.*

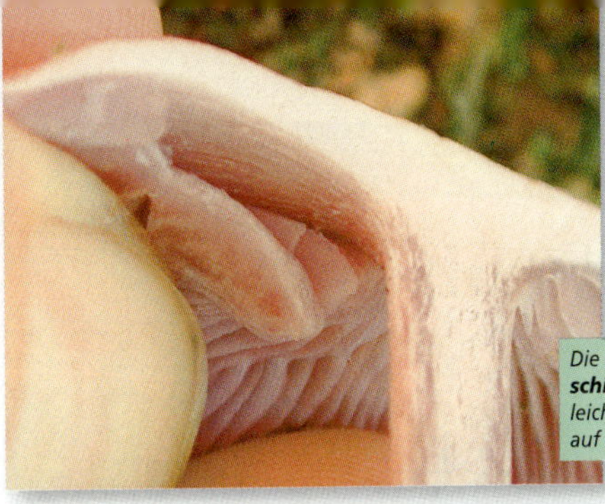

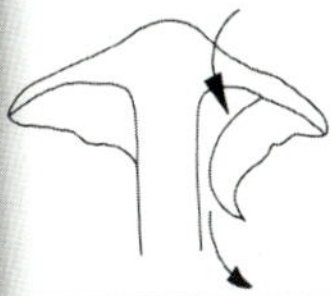

*Die Lamellen können auch **verschiebbar** sein, d.h. sie lassen sich leicht vom Hutfleisch lösen bzw. wie auf einer Seifenschicht verschieben.*

Lamellenpilze werden wegen der blattartigen Struktur der Lamellen auch als Blätterpilze bezeichnet. Sie werden danach beurteilt, ob die **Lamellen entfernt oder eng stehend** sind. Diese Angabe setzt einige Erfahrung voraus, die sich erst mit der Zeit einstellen wird. Ein sehr bekannter Lamellenpilz ist der Fliegenpilz (Amanita muscaria), dessen Lamellenstand als Muster für normal bis engstehende Lamellen dienen kann. Nehmen Sie hieran Maß, ob die Lamellen dichter oder entfernter stehen.

Von entfernt stehenden Lamellen (links) bis hin zu eng stehenden (rechts) gibt es alle Übergänge.

Zwischen den Lamellen können so genannte **Lamelletten** stehen, das sind **Zwischenlamellen**, die nicht vom Stiel bis zum Hutrand durchgehen, sondern kürzer sind. Man spricht in diesem Fall auch von untermischten Lamellen. Die Lamellen können auch mit **Queradern** verbunden sein, diese sind meist tiefer liegend als die „normalen" Lamellen, man bezeichnet einen solchen Aufbau als **queradrig** oder **anastomisierend**. Außerdem gibt es **gegabelte** und **labyrinthische** Lamellen.

Auch die **Schneide der Lamellen** kann für die Bestimmung wichtig sein, bei einigen Arten ist sie gesägt oder gekerbt, sie kann auch intensiver gefärbt sein als die Lamellenfläche (s. Bilder folgende Seite).

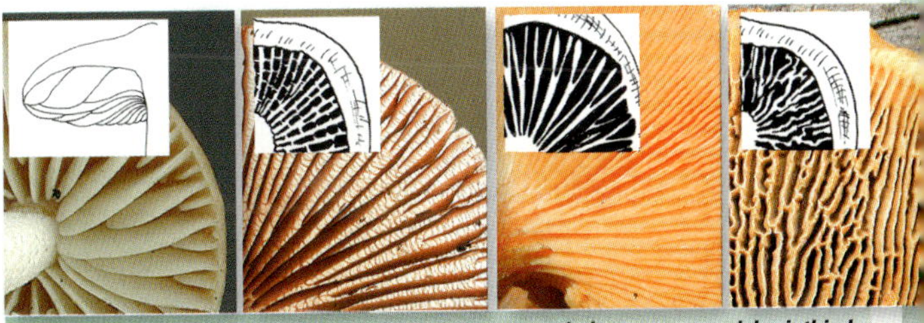

Lamellen untermischt ***queradrig*** ***gegabelt*** ***labyrinthisch***

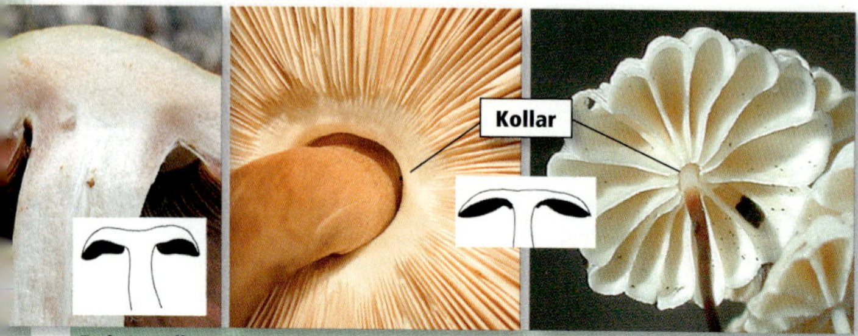

***Freie Lamellen** reichen nicht bis an den Stiel heran, sondern treffen kurz davor wieder auf das Hutfleisch. Wenn sie vorher halsbandartig miteinander verbunden sind, spricht man von einem **Kollar**, hier in der Mitte zu sehen beim **Parasolpilz** (Macrolepiota procera) und **Halsband-Schwindling** (Marasmius rotula, rechts).*

Die **Ansatzstelle der Lamellen** am Hut bzw. am Stiel ist gekoppelt an die Hutform. Dies ist ein wichtiges Bestimmungsmerkmal, vor allem zur Gattungsunterscheidung. Leider ist sie nicht immer leicht zu erkennen**. Freie Lamellen** erreichen den Stiel nicht, bei ihnen ist gleichzeitig der Stiel meist nicht „wie aus einem Stück" mit dem Hutfleisch verwachsen (siehe Bild vorherige Seite).

Hilfreich ist es, den Stiel von der Fruchtschicht, den Lamellen, weg zu biegen. Wenn am Stiel dabei Reste der Lamellen zurückbleiben, waren die Lamellen am Stiel **angewachsen** und somit nicht frei. Sie können auch probieren, den Stiel aus dem Hut heraus zu brechen. Bei freien Lamellen bleiben keine Lamellenreste am Stiel zurück und der Stiel löst sich meist sogar mit einem hörbaren „Knack"-Geräusch vom Hut. Bei einigen Riesenschirmlingen und dem Halsbandschwindling befindet sich zusätzlich ein Ringwulst, der **Kollar**, an der Ansatzstelle der Lamellen.

Zwischen **gerade, herablaufend** und **ausgebuchtet** angewachsenen Lamellen gibt es viele Übergänge. Ausgebuchtet angewachsen wird auch als schmal angewachsen bezeichnet. Ausgebuchtet angewachsene Lamellen können auch „mit Zahn herablaufend" sein. Bei den Ritterlingen spricht man hier vom „Burggraben", man findet ihn aber auch z.B. bei einigen Schleierlingen und Rötlingen.

breit angewachsen ***herablaufend***

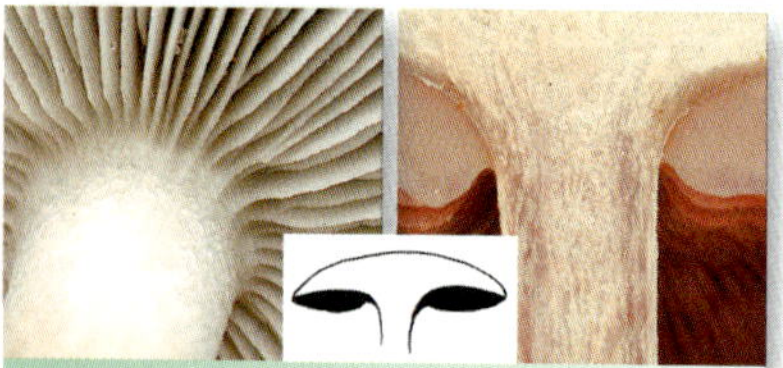

ausgebuchtet angewachsen „Burggraben"

Lamellenschneide gekerbt ***farbig abgesetzt***

*Eine der häufigsten tödlichen Vergiftungen ist die Verwechslung von **Champignons** (Bild links) mit Weißen oder **Grünen Knollenblätterpilzen** (Bild rechts). Wenn die Farbe des Sporenpulvers bzw. die damit zusammenhängende Farbe der Lamellen bei der Pilzsuche berücksichtigt würde, wäre diese Verwechslung nicht möglich, da die Sporen der Champignons dunkelbraun und die Lamellen auch jung schon rosa sind, während die der Knollenblätterpilze weiß sind und bleiben.*

9.5 Sporen

Die Sporen sind die „Zukunftsplanung" für den Pilz. Die meisten Pilzarten vertrauen dabei ihre Sporen dem Wind an. Ähnlich wie bei den Pollen der Gräser und den Sporen der Farne wird wegen dieser sehr unspezifischen Verbreitungsart eine riesige Menge produziert. Auf 1 mm² Oberfläche der Lamellen oder Röhren können über 100 000 Sporen gebildet werden; sie sind winzig klein und einzeln ohne Mikroskop nicht sichtbar (s. S. 112).

Beim Champignon hat man errechnet, dass pro Stunde 40 Millionen Sporen abgestoßen werden, beim Schopf-Tintling sind es wegen der noch ungünstigeren Verbreitungsmöglichkeiten der Sporen durch die Tinte (s. S. 411) sogar bis bis zu 100 Millionen!

Nur bei den unterirdisch wachsenden Fruchtkörpern der Trüffeln und Wurzeltrüffeln (sie gehören zu den Bauchpilzen) werden die Fruchtkörper der Pilze von Tieren ausgegraben, gefressen und dann die Sporen mit dem Kot verbreitet.

Für die Pilzbestimmung ist besonders die **Farbe des Sporenpulvers** wichtig. Die Einteilung der Lamellenpilze nach ihrer Sporenpulverfarbe geht auf den schwedischen Pilzkundler Elias M. Fries (1794-1878) und den deutschen Mykologen Adalbert Ricken (1851-1921) zurück. Die von ihnen entwickelte Einteilung nach dem Sporenpulver hat auch heute noch weitestgehend Bestand. Die Farbe des Sporenpulvers gibt sehr wichtige Hinweise für die Einteilung in die verschiedenen Pilzfamilien. So können beispielsweise sehr ähnlich aussehende Pilze aus ganz verschiedenen Verwandtschaftsklassen durch den Sporenabdruck leicht unterschieden werden. Die Sporenpulverfarbe reicht von weiß über creme, gelb, rötlich bis zu braun und schwarz. Was wir als weiß wahrnehmen, ist in Wirklichkeit durchsichtiges Sporenpulver, das alleine durch die Lichtbrechung weiß erscheint, daher wird es auch als hyalin bezeichnet.

*Die Intensität der **Färbung eines Sporenabdrucks** hängt auch von der Dauer ab, wie lange der Pilz Zeit zum Aussporen bekommt. Hier sind Abdrücke von Schwefelköpfen, die jeweils 3 Stunden länger ausgelegen haben.*

Die Farbe des Sporenpulvers wird ermittelt, indem ein Sporenabwurfpräparat (Sporenabdruck) angefertigt wird. Da die Sporen mikroskopisch fein sind, werden sie durch den geringsten Windhauch davongeweht. Indem die Pilzhüte abgedeckt werden, verhindert man dies.

Für die Bestimmung wird ein **Sporenabwurfpräparat**, kurz auch **Sporenabdruck** genannt, angefertigt. Dies ist sehr einfach. Der Stiel des Pilzes wird dicht unterhalb des Hutes abgeschnitten und der Hut mit der Röhren- oder Lamellenseite nach unten auf ein weißes Papier gelegt. Wenn es nur um die Unterscheidung von dunkel oder hell sporenden Gruppen geht, kann auch ein schwarzes Papier verwendet werden. Dies ist jedoch nicht geeignet, um beispielsweise bei den Täublingen zu unterscheiden, ob es sich um rein weißes oder leicht cremefarbenes Sporenpulver handelt. Dieser feine Unterschied ist besser auf einem weißen Papier sichtbar.

Vorteilhaft ist es auch, den Pilzhut mit einem Glas oder einer Schale abzudecken, damit die mikroskopisch feinen Sporen nicht von der Zugluft im Raum verweht werden. Wenn nur ein Exemplar vorhanden ist und durch das Abtrennen des Hutes Merkmale zerstört werden, kann auch der gesamte Pilz ausgelegt werden; dann ist lediglich das Muster nicht so schön gleichmäßig zu sehen. Wenn der ganze Pilz erst am nächsten Tag weiter bestimmt wird, ist es außerdem ratsam auch den Stiel abzudecken, da dieser sonst sehr schnell austrocknet. Bei büschelig wachsenden Arten ist die Sporenpulverfarbe oft schon im Wald auf den Hüten der unteren Pilze zu erkennen.

Oft kann man schon im Wald die Sporenpulverfarbe unter den Hüten erkennen. Die ***Gewöhnlichen Hallimasch*** *(Armillaria ostoyae) auf dem Stuken (Bild rechts) haben so stark gesport, dass das gesamte Umfeld eingefärbt wurde.*

Zwei verschiedene Wuchsformen der **Marone** (*Xerocomus badius*).

9.6 Stiel

Die Größe der Pilze schwankt selbst bei Pilzen gleichen Alters je nach Standort und Umweltbedingungen außerordentlich. Wenn man beispielsweise eine schlank gewachsene Marone mit einem 1 cm breiten Stiel mit einem gedrungenen Exemplar mit 5 cm dickem, bauchigen Stiel vergleicht, so ist es kaum zu glauben, dass beide ein und derselben Art angehören.

Diese Variabilität macht auch die Größenangabe sehr schwierig. So ist bei dieser Angabe in der Symbolleiste (vgl. S. 131) immer zu berücksichtigen, dass es nur ein Durchschnittswert eines typischen Exemplares ist, der lediglich als Richtwert dienen soll.

Zunächst ist bei der Betrachtung eines unbekannten Pilzes natürlich wichtig, ob überhaupt ein Stiel vorhanden ist. Weiter wird festgestellt, ob sich die **Ansatzstelle** des Stiels zentral, also in der Mitte des Pilzhutes oder am Rand befindet.

zentral gestielt **kurzer, seitlicher Stiel** **ohne Stiel**

Bei Holzpilzen gibt es einige Arten, so wie beispielsweise die leckeren Austernseitlinge (Pleurotus ostratus), die ihren Namen „Seitling" dieser seitlichen Wuchsform verdanken. Lassen Sie sich hier jedoch nicht täuschen – wenn mehrere Pilzhüte an Stämmen übereinander wachsen, können sie auch „Seitlinge" vortäuschen. Bei genauem Hinsehen entdecken Sie jedoch, dass die Stiele nur durch ihren Standort zu einer merkwürdigen Wuchsform „gezwungen" wurden. Selbstverständlich gibt es auch einige Arten ganz ohne Stiel, dazu gehören einige Becherlinge, Boviste und Porlinge.

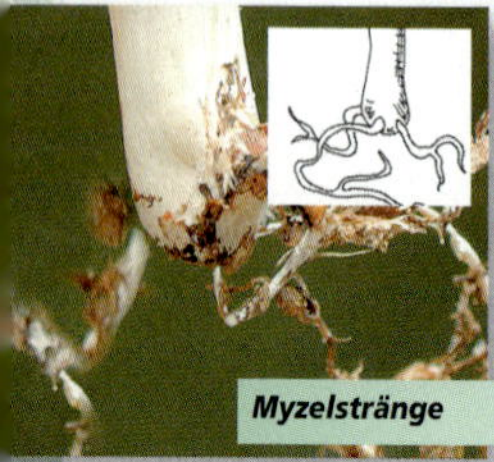

Myzelstränge

Scheide

Myzelfilz

hohl

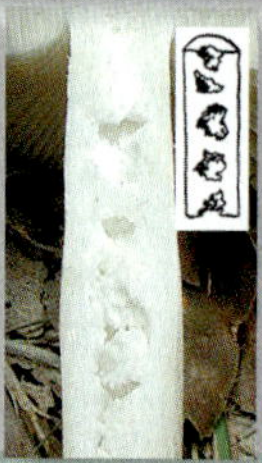

gekammert

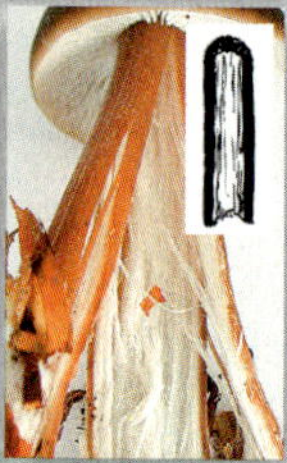

knorpelig berindet

wurzelnd

Unterschiede in der **Stielform** zeigen sich vor allem in der Stielbasis. Besonders eindrucksvoll ist die als wurzelnd bezeichnete Stielbasis des Wurzelnden Schleimrüblings, bei dem der im Substrat verborgene Teil des Stieles viel länger sein kann als der oberirdische.

Die Stielbasis ist auch bei der Bestimmung der Wulstlinge besonders wichtig, zu denen die tödlich giftigen Knollenblätterpilze und Pantherpilze gehören (S. 297). Um die Merkmale der Stielbasis gut erkennen zu können, ist es am besten, die Stielbasis vor dem Pflücken frei zu legen und mit einem Messer wie mit einem Spaten vorsichtig unter die Basis zu fassen, um beim Herausheben des Fruchtkörpers alle Hüllreste mit aus dem Boden zu bekommen.

Der Stiel kann hohl sein oder dies mit zunehmendem Alter werden. Typisch ist dies auch für einige Rüblinge und viele Faserlinge. Es kommt aber innerhalb anderer Pilzgruppen ebenfalls immer wieder einmal vor und ist dann ein gutes Erkennungsmerkmal, der Hohlfuß-Röhrling (Boletinus cavipes) verdankt dieser Eigenschaft seinen Namen.

überfasert

walzenförmig

keulig verdickt

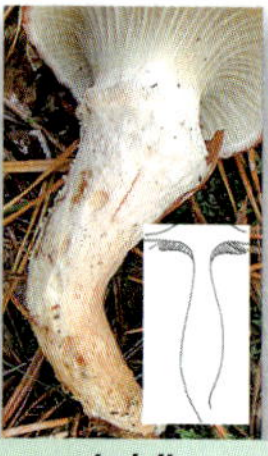

spindelig

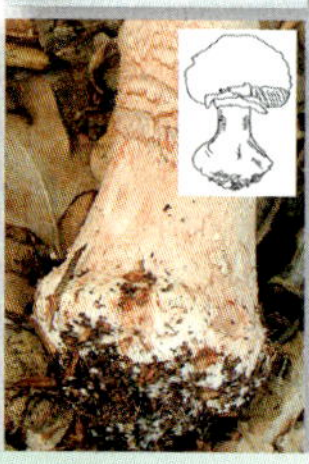

knollig verdickt

grubig *genattert* *netzig* *rillig* *wollig*

Auch die **Oberfläche des Stieles** spielt eine wichtige Rolle. Sehr viele Arten haben einfach glatte Stiele, sie können jedoch auch eine schuppige, grubige, netzartige, behaarte, gerillte oder schleimige Oberfläche haben. Eine Natterung am Stiel entsteht durch das Wachstum des Stieles, dem die gefärbte, verdichtete Oberfläche nicht bei der gesamten Streckung folgen kann. Besonders an der Basis befindet sich häufig ein Myzelfilz.

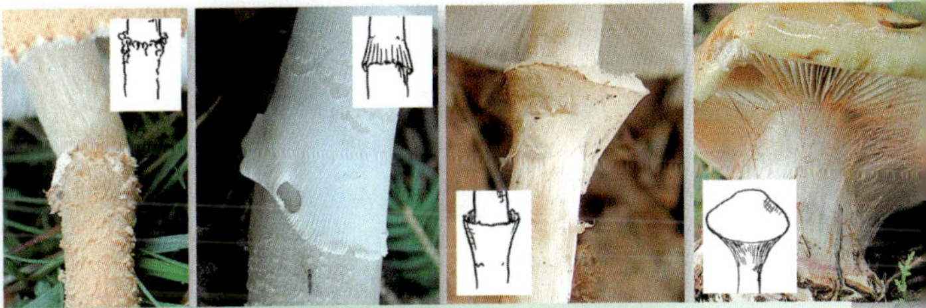

gestiefelt *hängend und gerieft* *aufsteigend* *Schleier*

Der **Ring** bleibt am Stiel als Rest der Schutzschicht (Velum partiale) zurück, die bei jungen Pilzen die Lamellen schützt und abdeckt (s. S. 89). Je nachdem, ob er sich nach oben oder unten abziehen lässt, wird er als **auf- oder absteigend** bezeichnet. Ein charakteristisches Merkmal der Riesenschirmlinge (Gattung Macrolepiota) ist die **Verschiebbarkeit des Ringes,** d.h. er ist nicht fest mit dem Stiel verbunden und lässt sich nach Entfernen des Hutes sogar über den Stiel hinweg abschieben. Leider können die Ringe sehr schwach oder, wie bei den Schleierlingen, nur als feiner, spinnwebartiger **Schleier** ausgebildet sein, zudem können sie abgefressen oder durch Witterungseinflüsse verloren gegangen sein. Es ist daher immer gut, wenn für die Bestimmung mehrere Exemplare vorhanden sind.

Der Ring spielt auch zwischen der Abtrennung von systematischen Gruppen eine entscheidende Rolle. So wird man beispielsweise innerhalb der Täublinge und Milchlinge niemals Stiele mit Ring oder Ringzone antreffen, während die Champignons diesen stets aufweisen.

Eine Besonderheit ist der frei verschiebbare, doppelte Ring des Parasolpilzes (s. S. 414)

Der **Zedernholz-Täubling** (Russula badia) ist einer der schärfsten Täublinge überhaupt, er wird auch Heimtückischer Täubling genannt, weil seine Schärfe erst nach einiger Zeit bemerkbar wird.

Sein Geruch nach Zedernholz (Zigarrenkiste) ist in der Stielbasis und beim Zerreiben der Lamellen besonders deutlich wahrnehmbar.

9.7 Fleisch

Die Konsistenz des Pilzfleisches und sein Geschmack sind für den Speisepilzsammler wohl die wichtigsten Merkmale. Bereits beim Anblick der Edel-Reizker (Lactarius deliciosus) male ich mir im Wald das Geschmackserlebnis aus, das sie, nur mit Pfeffer und Salz in Butter gebraten, nach erfolgreicher Pilzpirsch liefern werden. Sie haben den Namen „deliciosus" tatsächlich verdient!

Diese Eigenschaften sind aber nicht nur ein kulinarisches Erlebnis, sondern ebenfalls ein gutes Erkennungsmerkmal und für die Bestimmung von entscheidender Bedeutung. Unerlässlich ist die Geschmacksprobe beispielsweise zur Bestimmung und Verwendung von Täublingen (Gattung Russula) und Milchlingen (Lactarius). **Nachdem** man die Familie sicher erkannt hat, nimmt man ein kleines Stück aus dem Hutfleisch und kaut vorsichtig darauf. Der scharfe oder bittere Geschmack stellt sich bei einigen Arten erst nach einiger Zeit ein, kann dafür aber um so länger anhalten! Der Zedernholz-Täubling (Russula badia) wird dank dieses Merkmals auch Heimtückischer Täubling genannt. Hilfreich kann solch eine Geschmacksprobe auch bei der Unterscheidung zwischen dem Grauen und dem Grünen Schwefelkopf (Hypholoma capnoides und fasciculare) sein. Und auch das Probieren eines „etwas ungewöhnlich aussehenden Steinpilzes" hat bestimmt schon so manches, durch Gallenröhrlinge verdorbenes Pilzgericht verhindert. Selbstverständlich sollte man wissen, wann eine Geschmacksprobe angebracht ist und wann nicht, denn allgemein ist ein milder Geschmack **keinesfalls** ein Hinweis auf einen guten und ungiftigen Speisepilz. Grundsätzlich wird das probierte Stückchen nach dem Probieren wieder ausgespuckt.

Das Fleisch aller Pilze ist mit Ausnahme der Milchlinge und Täublinge aus nebeneinander liegenden, mehr oder weniger langen Zellfäden (Hyphen) aufgebaut. Dieser Aufbau ist verantwortlich für die Brüchigkeit des Fleisches. Dies erkennen Sie am einfachsten, indem Sie versuchen einen Stiel zu verdrehen, zu brechen oder ohne Messer der Länge nach zu zerteilen. Sie werden bei diesen Versuchen feststellen, dass ein Täublings- oder Milchlingsstiel sich weder verdrehen noch der Länge nach aufspalten ässt, sondern ähnlich wie Apfelfleisch in alle Richtungen gleich brüchig und mürbe ist. Dieses Merkmal verdanken sie ihrem einzigartigen Aufbau aus kugeligen Zellen, ähnlich wie bei Styropor. Zudem sind die Lamellen mit Ausnahme des Frauen-Täublings (Russula cyanoxantha) sehr brüchig, was dieser Pilzfamilie insgesamt den Namen Sprödblättler (Russulaceae) eingebracht hat.

Alle übrigen Arten: ± faserig brüchig

längsfaserig

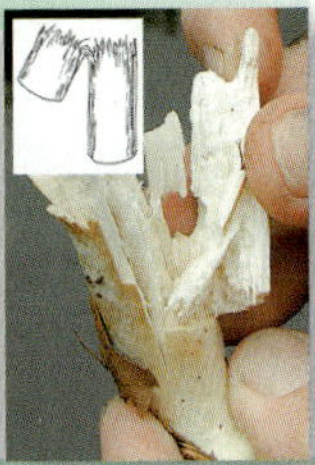

splitternde Bruchstelle

Sprödblättler: brüchig ganz ohne Fasern

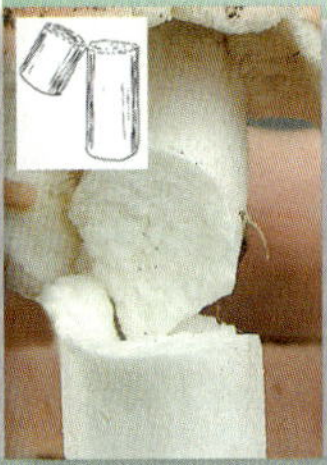

Täublinge

milchend (Milchlinge)

Auch bei den faserig brechenden Arten gibt es typische Merkmale. Die Zärtlinge und Mürblinge (Gattung Psathyrella) lassen dem Namen nach vermuten, dass das Fleisch sehr zerbrechlich ist. Hier bleiben jedoch immer einzelne Fasern zurück, die über die Bruchstelle hinausragen. Ähnlich ist es bei den Arten mit festem, aber auch faserig brüchigen Fleisch wie z.B. den Ritterlingen (Gattung Tricholoma). Wenn Sie den Stiel verdrehen, bricht auch dieser sehr leicht, aber immer mit deutlichen Fasern an der Bruchstelle. Sehr deutlich faserig sind beispielsweise die Stiele der Wulstlinge (Gattung Amanita). Bei den Rüblingen (Gattung Collybia) sind sie zudem oft knorpelig und hohl, oft lässt sich der Stiel einmal um seine eigene Achse verdrehen, bevor er bricht.

*Safranfarben anlaufendes Fleisch hat der **Safran-Riesenschirmling** (Macrolepiota rachodes)*

*Das Fleisch der **Kuh-Röhrlinge** (Suillus bovinus) färbt sich durch Erhitzen pinkfarben.*

*Der **Hexen-Röhrling** (Boletus erythropus) färbt sich sofort nach dem Anschneiden intensiv blau.*

***Kremplinge** (Paxillus involutus) bräunen bei Druck.*

Die Dickfleischigkeit wurde bereits unter den Hutmerkmalen beschrieben (s. S. 96). Hier sei aber noch die Veränderlichkeit der **Farbe** besprochen. Das Fleisch einiger Arten verfärbt sich an den Druckstellen oder beim Anschneiden. Besonders deutlich ist dies bei den Hexen-Röhrlingen (Boletus luridus und luridiformis). Hier färbt das Fleisch innerhalb von Sekunden von gelb zu blau. Bei anderen Arten färbt sich das Fleisch rötlich, bräunlich oder schwärzlich. Bei den Blutreizkern ist die Art und Geschwindigkeit, wie der Farbwechsel stattfindet, ein Unterscheidungsmerkmal für die einzelnen Arten. Manchmal verändert sich auch die Farbe bei der Zubereitung. Dies ist in keinem Fall ein Merkmal von Giftigkeit. So wird auch das helle Fleisch der Rotkappen beim Erhitzen schwarz, dem Geschmack tut dies jedoch keinen Abbruch.

Einen der aufdringlichsten Gerüche im Pilzreich verbreitet die aasartig riechende Sporenmasse der ***Stinkmorchel (Phallus impudicus).*** *Sie wird durch Insekten wie Aaskäfer, Fliegen und Waldrosskäfer verbreitet.*

Die Tochter des Begründers der Evolutionstheorie, CHARLES DARWIN, soll diese Pilze, immer ihrer Nase nach, aufgespürt und aus dem Wald entfernt haben. Allerdings nicht der Geruchsbelästigung wegen, sondern, weil sie beim Anblick der phallusartigen Fruchtkörper Sorge um Sitte und Anstand der jungen Mädchen hatte (s. SCHMID & HELFER 1995).

Der **Geruch** ist ein besonderes Merkmal bei der Pilzbestimmung. Gerüche zu beschrei ben ist äußerst schwierig, und Sie werden vermutlich erst im Laufe der Zeit mit zu nehmender Erfahrung wirklich verinnerlichen, was mit einem obstartig, gurkenartig spermatisch, erdig, knoblauchartig, ammoniakartig, karbol-, fisch- oder camembert artigen Geruch gemeint ist. Besonders häufig ist der als mehlartig bezeichnete Ge ruch nach feuchtem Mehl oder rohem Mehlteig. Für manche Arten ist der Geruch jedoch so typisch, dass er für die Bestimmung herangezogen werden kann. Einige Ar ten haben einen sehr ausgeprägten Geruch, sie können gut zum Kennenlernen, was mit einem bestimmten Geruch gemeint ist, herangezogen werden. Dies sind z.B. die unangenehm anorganisch riechenden Dickschaligen Kartoffelboviste (Scleroderma citrinum), Schwefel-Ritterlinge (Tricholoma sulfureum) und Grauen Nitrathelmlinge (Mycena leptocephala), wobei es außer dem Grauen Nitrathelmling noch weitere Nitrathelmlinge mit ähnlichem Geruch gibt. Überwiegend unangenehm riechend sind auch der Brätling (Lactarius volemus), Saitenstieliger Knoblauch-Schwindling (Marasmius alliaceus) und die Nadel-Stinkschwindlinge (Micromphale perforans). Ebenfalls sehr charakteristisch, aber eher angenehm riechend sind der Mehl-Räsling (Clitopilus prunulus), der Grüne Anistrichterling (Clitocybe odora) und der Gelbe Knollenblätterpilz (Amanita citrina).

Einige unangenehm anorganisch riechende Pilze

unangenehm stechend metallisch: **Kartoffelbovist**

aufdringlich schwefelartig (nach Leuchtgas oder Karbid): **Schwefel-Ritterling**

unangenehm nitratartig (nach Chlor oder Salpeter): **Grauer Nitrathelmling**

Einige unangenehm organisch riechende Pilze

aufdringlich knoblauchartig: **Saitenstieliger Knoblauch-Schwindling** | *fauliger Kohl (beim Zerdrücken):* **Nadel-Stinkschwindling** | *fischartig:* **Brätling**

Wenn Sie diese Arten kennen lernen und sie sich als „Leitgerüche" merken, haben Sie es leichter, diese Komponenten bei anderen Arten wahrzunehmen. Bei sehr nasser oder sehr kalter Witterung kann der Geruch auch bei normalerweise intensiv duftenden Pilzen nur schwach ausgeprägt sein. Hier ist es hilfreich, die Pilze in der Hand etwas zu erwärmen. Oft hilft es auch, die Lamellen etwas zu quetschen.

Einige eher angenehm riechende Pilze

mehlartig: **Mehl-Räsling** | *nach Kartoffelkeimen:* **Gelber Knollenblätterpilz** | *anisartig:* **Grüner Anistrichterling**

Der Geruch spielt auch bei der Bestimmung der Champignon-Arten eine wichtige Rolle. Der essbare ***Schiefknollige Anis-Champignon*** *(Agaricus essettei) macht seinem Namen durch den intensiven Anis-Geruch alle Ehre – dieser hilft auch, ihn von den giftigen Karbol-Champignons zu unterscheiden.*

Durch das Mikroskopieren erschließen sich ganz neue Mögllichkeiten der Pilzbestimmung. Hier ist Fruchtschicht des **Blutroten Borstenscheiblings** (Hymenochaete cruenta) 400fach vergrößert zu sehen. Die bräunlichen Strukturen sind sog. **Zystiden,** das sind sterile Zellen die eine von den normalen, sporenbildenden Zellen abweichende Form und Funktion aufweisen.

9.8 Mikroskopie

Mit der Verwendung eines Mikroskops erschließt sich eine ganz neue Dimension des Sehens. Es macht einfach Spaß zu entdecken, wie sich einige schon mit bloßem Auge wahrnehmbare Merkmale in der Vergrößerung auf einzigartige Weise darstellen.

Es ist einfach überwältigend, wie jedes Detail der Natur bis ins Kleinste strukturiert und in sinnvoller Ordnung zusammengesetzt ist. Vor allem aber eröffnen Sie sich mit dem Mikroskop ganz neue Möglichkeiten des Bestimmens, denn durch die Betrachtung der Sporen und anderer mikroskopischer Merkmale werden viele Arten überhaupt erst bestimmbar. Nun kann nicht nur die Sporenpulverfarbe, sondern auch die einzelne Spore betrachtet werden. Ohne die Form, Größe und Beschaffenheit der Sporen zu kennen ist die Bestimmung bei über der Hälfte der Pilzarten nicht möglich. Viele systematische Zusammenhänge werden erst durch Hinzunahme mikroskopischer Merkmale deutlich.

Auch bei Vergiftungen kann anhand der Sporen nachgewiesen werden, welcher Pilz die Vergiftung verursacht hat. Dies kann gerade bei Knollenblätterpilz-Vergiftungen entscheidend sein, um möglichst frühzeitig mit einer entsprechenden Therapie beginnen zu können.

Die kurze Einführung in die Pilz-Mikroskopie an dieser Stelle kann und will keine Anleitungsbücher zu dem Thema ersetzen. Ich würde mich aber freuen, wenn ich Ihnen damit Mut machen könnte, sich an dieses Gebiet heranzuwagen.

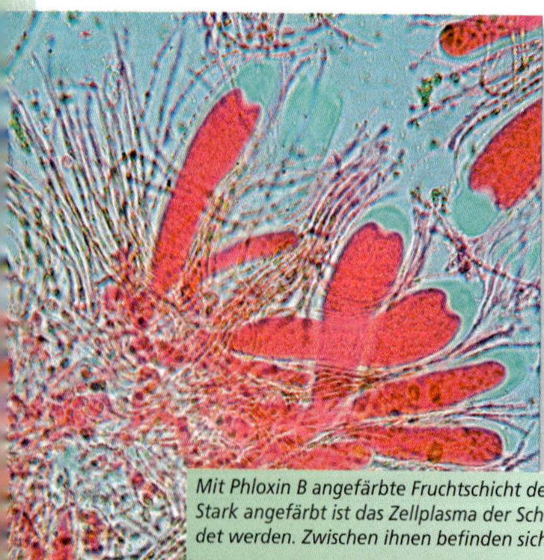

Mit Phloxin B angefärbte Fruchtschicht des ***Zitronengelben Reisigbecherchens****: Stark angefärbt ist das Zellplasma der Schläuche (Asci), in denen die Sporen gebildet werden. Zwischen ihnen befinden sich zahlreiche, fädige Zellen, die Paraphysen.*

9.8.1 Allgemeines

Ihr Mikroskop zur Pilzbestimmung sollte bestimmte Eigenschaften erfüllen: eine 100fache Vergrößerung für die Übersicht, eine mittlere Größe von 400fach und auf jeden Fall eine 1000fache Vergrößerung, um die Sporen betrachten und ausmessen zu können.

Wichtig ist es, dass es sich um eine echte 1000fache Vergrößerung handelt. Im Handel sind zahlreiche Mikroskope erhältlich, die diese Auflösung scheinbar erreichen, jedoch nur rechnerisch die gewonnenen Abbildungen hochrechnen, so als wenn eine Fotokopie einfach stärker vergrößert neu erstellt wird. Eine echte 1000fache Vergrößerung wird nur erreicht, wenn mit **Ölimmersion** (ein spezielles Öl, das im Fachhandel bezogen werden kann) gearbeitet wird. Dadurch wird eine bessere Lichtbrechung und höhere Auflösung bei der Betrachtung möglich.

Die Anwendung ist sehr einfach, indem zwischen Objektträger und Okular ein Tropfen Immersionsöl gegeben wird. Hilfreich ist auch ein so genannter Kreuztisch, mit dem sich das Objekt in horizontaler und vertikaler Richtung präzise bewegen lässt.

Zur Präparation brauchen Sie eine Pinzette mit feiner Spitze (am Besten auch eine mit abgebogenen Schaufeln für das Auflegen der Deckgläschen), Rasierklinge, Objektträger, Deckgläschen, Pipette, Präpariernadeln, Glasstab, Streifen saugfähiges Papier, Schneidebrettchen und kleine Tüpfelschälchen, in denen Färbereagenzien etc. angerührt werden können. Gutes Werkzeug ist wesentlich für das Gelingen (Bezugsquellen siehe Anhang).

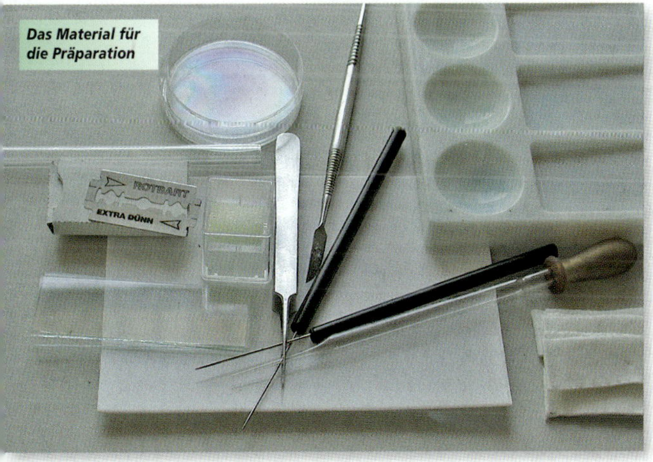

Das Material für die Präparation

Grundsätzlich wird beim Mikroskopieren mit Durchlicht gearbeitet und das zu untersuchende Objekt in Flüssigkeit eingebettet mit einem Deckgläschen abgedeckt betrachtet. Die Verwendung verschiedener Färbereagenzien kann die Betrachtung erleichtern. Eine sehr gute Anleitung und viele Tipps aus langjähriger praktischer Erfahrung gibt Hans Dieter Zehfuss in der pilzkundlichen Zeitschrift „Der Tintling" in fortlaufender Reihenfolge ab dem Heft Nr. 23 (5/2000).

9.8.2 Sporen

Die meisten mikroskopischen Merkmale beziehen sich auf die Sporen. Es ist überwältigend, mit einem Raster-Elektronenmikroskop zu sehen, wie perfekt jede einzelne, winzige Spore ausgeformt ist. Diese Begeisterung lässt sich leider nur mit sehr großem technischen Aufwand erleben.

Wenn einige Bilder in diesem Kapitel und bei den bedeutendsten Speisepilzen gezeigt werden, werden Sie diese Faszination nachempfinden können, die winzigen Sporen in ihrer gesamten Form und Struktur zu sehen. Im Vergleich dazu werden Aufnahmen in einem Lichtmikroskop bei 1000facher Vergrößerung gezeigt. Wenn Sie einmal den „Idealfall" gesehen haben, fällt es leichter, das, was Sie im Mikroskop sehen, zu interpretieren. Bei den im Elektronenmikroskop erstellten Bildern wurden die Sporen nicht fixiert, sondern nur mit Gold bedampft und „fotografiert".

Die **Sporengröße** ist für jede Pilzart charakteristisch. Da nur reife Sporen gemessen werden sollten, empfiehlt es sich, Sporen von einem Abwurfpräparat zu verwenden, oder den Pilz direkt auf einen Objektträger sporen zu lassen. Wollen Sie die Sporen sofort messen, können sie versuchen, sie am Stiel zu finden, da hier auch nur reife Sporen vorliegen können. Hier besteht jedoch immer die Gefahr, Sporen zu betrachten, die von fremden Pilzen aus der Umgebung herangeweht wurden.

Für die Messung der Sporen brauchen Sie ein Okularmikrometer und ein Objektmikrometer. Durch die Skalierung auf dem Objektträger (Objektmikrometer) können Sie herausfinden, wie groß ein Gegenstand ist, den Sie durch das Okular (mit dem Okularmikrometer) betrachten.

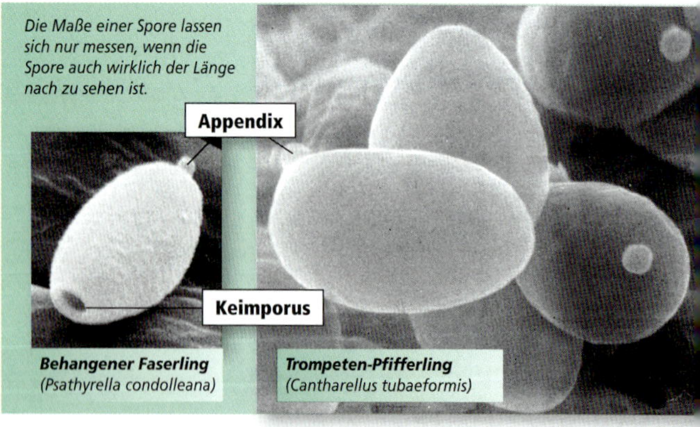

Die Maße einer Spore lassen sich nur messen, wenn die Spore auch wirklich der Länge nach zu sehen ist.

Behangener Faserling
(Psathyrella condolleana)

Trompeten-Pfifferling
(Cantharellus tubaeformis)

Sie sollten nur seitlich liegende Sporen vermessen, da Sie sonst nicht die tatsächliche Länge und Breite ermitteln können. Seitlich liegende Sporen erkennen Sie an dem Anhängsel, mit dem die Spore an der Sporenständerzelle angeheftet war, dem Appendix. Dem gegenüber kann der Keimporus als abgeflachte Stelle zu sehen sein, hier keimt später die erste Hyphe aus.

Die Angaben zur Sporengröße in der Symbolleiste (s. S. 131) beziehen sich auf seitlich liegende, reife Sporen. Sowohl für die Breite als auch für die Länge der Spore wird hier ein Durchschnittswert angegeben. Die meisten Literaturangaben nennen für beide Werte meist eine Spannweite, darauf wurde im Rahmen dieses Buches verzichtet, um die Übersichtlichkeit nicht zu stark zu beeinträchtigen. Sie sollten bei der Messung mindestens 10 seitlich liegende, reife Sporen betrachten, um ebenfalls einen Mittelwert zu bekommen.

Oberflächenstruktur der Sporen

Eine Auswahl raster-elektonenmikroskopischer Bilder zur Oberflächenstruktur:

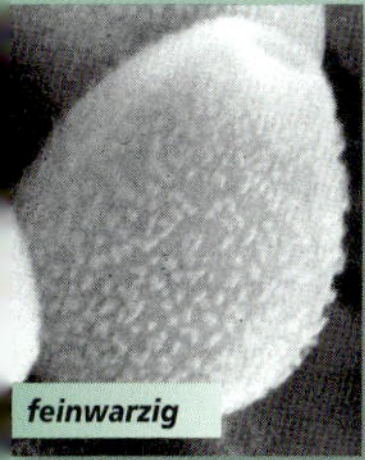

Stockschwämmchen

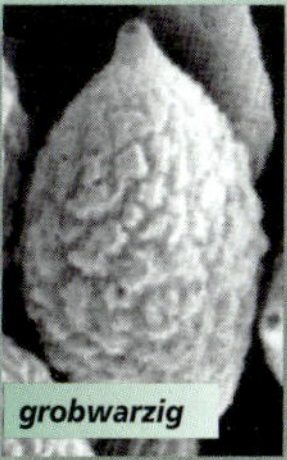

Tränender Saumpilz

Rötlicher Lacktrichterling

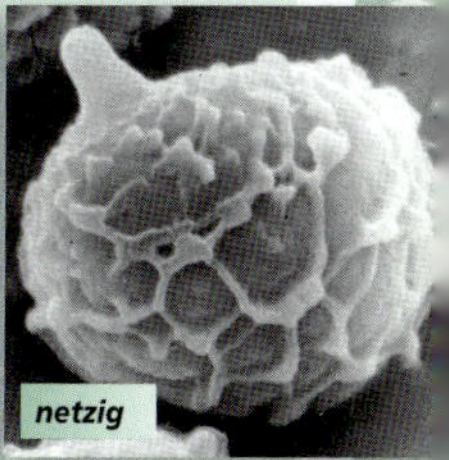

Purpurschwarzer Täubling

Zur besseren Erkennung der **Oberflächenstruktur** der Sporen gibt es spezielle Färbereagenzien. Dazu gibt man einen Tropfen Färbereagenz auf den Objektträger neben das Deckplättchen mit den darunter in Wasser eingebetteten Sporen und hält an die gegenüberliegende Seite einen saugfähigen Papierstreifen. So wird die Chemikalie durch das Präparat gesogen und man kann beobachten, wie sich die Sporen zu färben beginnen. Wird ein jodhaltiges Reagenz verwendet (Lugolsche Lösung oder Melzers-Reagenz), können Sie die Sporen gleichzeitig auf die Jodreaktion mit Stärke prüfen, d.h. auf ihre **Amyloidität** bzw. **Dextrinoidität**.

*Die **Sporen des Safran-Riesenschirmlings** (Macrolepiota rachodes) färben sich mit jodhaltigen Reagenzien braun, sie sind **dextrinoid**. Links ist ein ungefärbtes Präparat, daneben ein mit Melzers-Reagenz gefärbtes und rechts ein elektronenmikroskopisches Foto zu sehen.*

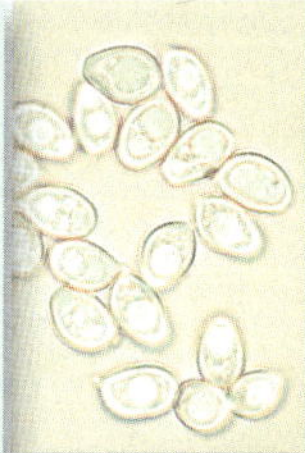

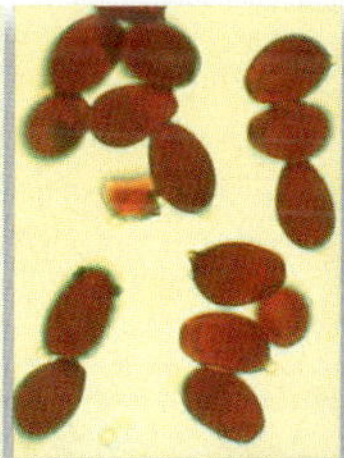

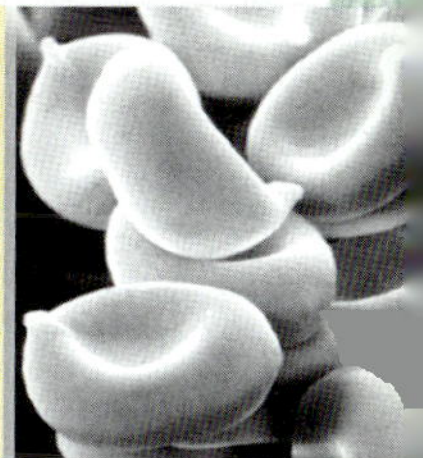

*Die **amyloiden Sporen** des **Graugrünen Milchlings** (Lactarius blennius) färben sich mit Melzers-Reagenz blaugrau. Durch die Anfärbung ist gleichzeitig die Oberflächenstruktur besser zu erkennen. Bei **inamyloiden** Sporen findet kein Farbwechsel statt.*

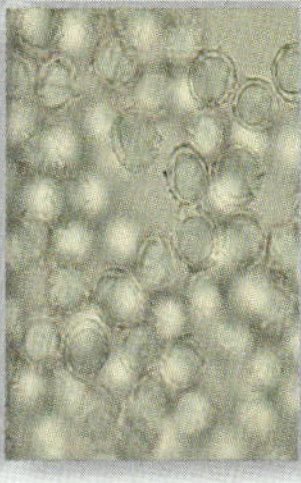

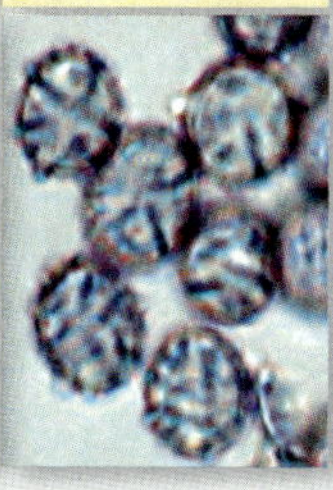

Die **Jodreaktion** ist beispielsweise ein sicheres Unterscheidungsmerkmal des Stockschwämmchens von seinem giftigen Doppelgänger, dem Nadelholz-Häubling (s. S. 407). Das Stockschwämmchen (Kuehnaeromyces mutabilis) reagiert auf Melzers Reagenz negativ und ändert die Sporenfarbe nur geringfügig (inamyloid), während die Sporen des Nadelholz-Häublings (Galerina marginata) braun werden, d.h. dextrinoid sind. Amyloide Sporen färben sich graublau; bleibt jegliche Reaktion aus, spricht man von inamyloiden Sporen. In diesem Fall muss die Struktur der Sporen durch Zugabe von anderen Färbemitteln besser sichtbar gemacht werden.

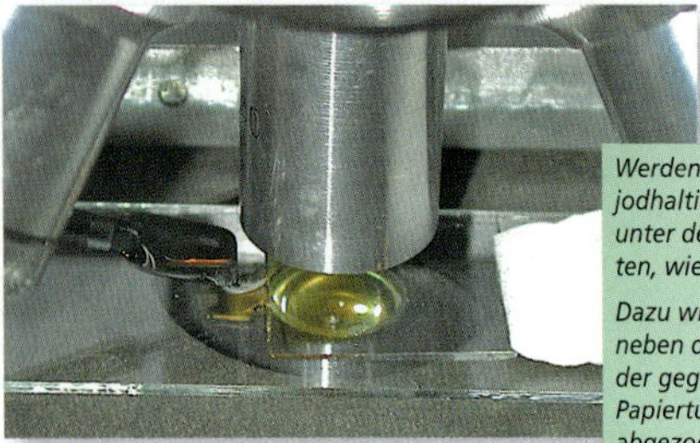

Werden dextrinoide Sporen mit einem jodhaltigen Reagenz behandelt, kann man unter dem Mikroskop sehr schön beobachten, wie sich die Sporen braun färben.

Dazu wird ein Tropfen der Chemikalie neben das Deckgläschen gegeben und auf der gegenüber liegenden Seite mit einem Papiertuch die überschüssige Flüssigkeit abgezogen.

9.8.3 Präparation

Die Pilzmikroskopie spielt bei den Lamellenpilzen eine besonders große Rolle. Es gibt hier nämlich viele Gattungen wie beispielsweise die Schirmlinge (Lepiota), Risspilze (Inocybe) oder Häublinge (Galerina), bei denen eine Bestimmung ohne diese Merkmale nur bei den auffälligsten Arten gelingt.

Meist zeigen sich die wichtigsten Merkmale im Aufbau der Lamellen. Sie können neben den sporenbildenden Zellen auch weitere Elemente enthalten. Aber auch das Mikroskopieren von Hut und Stiel kann bei der Bestimmung weiterhelfen.

Eine sehr einfache Methode, verschiedene Strukturen sichtbar zu machen, sind Quetschpräparate. Hierzu wird beispielweise ein Stück aus der Lamelle in einen Wassertropfen auf den Objektträger gelegt, mit einem Deckgläschen abgedeckt und mit sanftem Druck leicht gequetscht. Meistens können sie ein paar Sporenständerzellen (Basidien) entdecken, an denen die Sporen gebildet werden. Außerdem können Sie die Größe der Hyphen ausmessen. Durch das vorsichtige Quetschen wird die Struktur und Breite der Hyphen nicht zerstört, sondern nur erreicht, dass sie einzeln sichtbar werden.

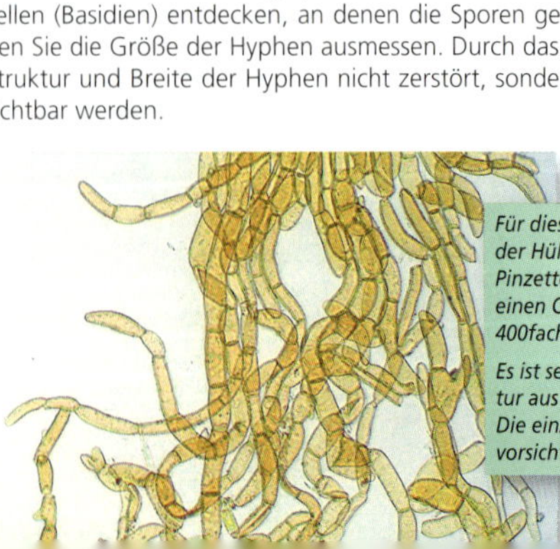

*Für dieses **Quetschpräparat** wurde aus der Hülle (Velum) eines Tintlings mit der Pinzette Zellmaterial entnommen und auf einen Objektträger gebracht und in Wasser 400fach vergrößert betrachtet.*

Es ist sehr gut zu sehen, wie sich die Struktur aus einzelnen Fäden zusammensetzt. Die einzelnen Hyphen werden durch vorsichtige Behandlung nicht zerstört.

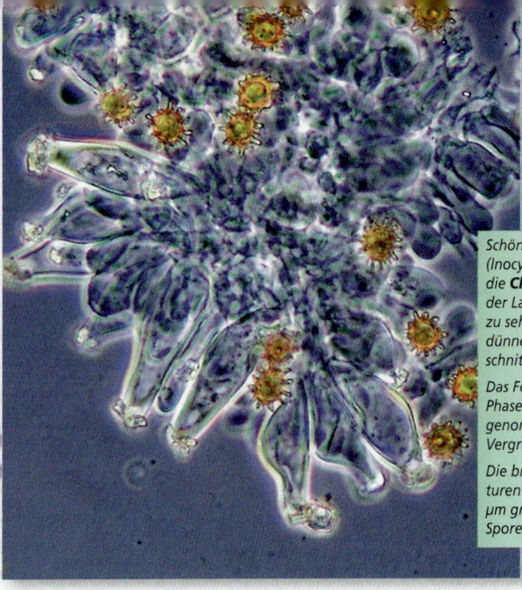

Schönsporiger Risspilz (*Inocybe calospora*): Um die **Cheilozystiden** an der Lamellenschneide zu sehen, wird ein dünner Lamellenquerschnitt angefertigt.

Das Foto zeigt eine mit Phasenkonstrast aufgenommene 400fache Vergrößerung.

Die bräunlichen Strukturen sind die knapp 10 µm großen, stacheligen Sporen.

Viele Merkmale verlangen jedoch die Herstellung eines Schnittes. Hierbei ist die große Herausforderung, den Schnitt möglichst dünn anzufertigen. Dazu wird eine sehr scharfe Rasierklinge verwendet. Dies erfordert ein wenig Übung und es empfiehlt sich, gleich mehrere Schnitte anzufertigen und auf einen Objektträger zu übertragen, weil vermutlich nicht gleich die erste Präparation gelingt. Wichtig ist die Klinge ziehend zu benutzen und keinen zu starken Druck auszuüben. Für die Bestimmung von Milchlingen ist zum Beispiel der Aufbau der Huthaut wichtig. Hierfür wird radial, d.h. von der Mitte zum Rand verlaufend, eine dünne Scheibe aus dem mittleren Drittel des Hutes geschnitten. Wird dieser Schnitt in Kongo-Ammoniak eingebettet, zeigen sich die Strukturen besonders deutlich.

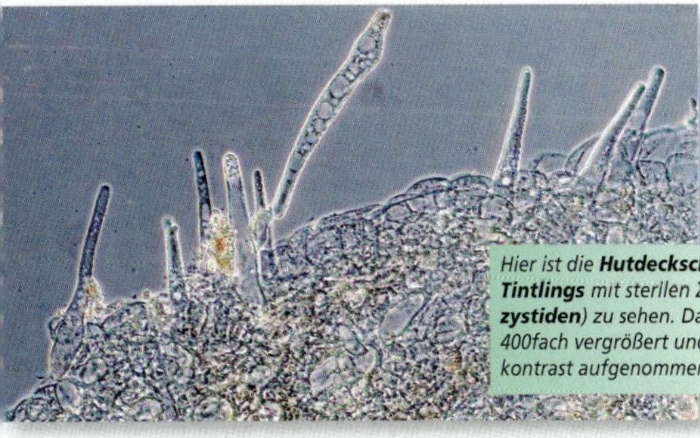

Hier ist die **Hutdeckschicht eines Tintlings** mit sterilen Zellen (**Dermatozystiden**) zu sehen. Das Präparat ist 400fach vergrößert und mit Phasenkontrast aufgenommen.

Das Fleisch der Pilze wird als **Trama** bezeichnet. Bei den Röhren- und Lamellenpilzen wird zwischen Hut-, Lamellen-, Röhren- und Stieltrama unterschieden. Die **Textur** bezeichnet die Anordnung, wie die fadenförmigen Zellen (Hyphen) dieses Grundgewebes angeordnet sind.

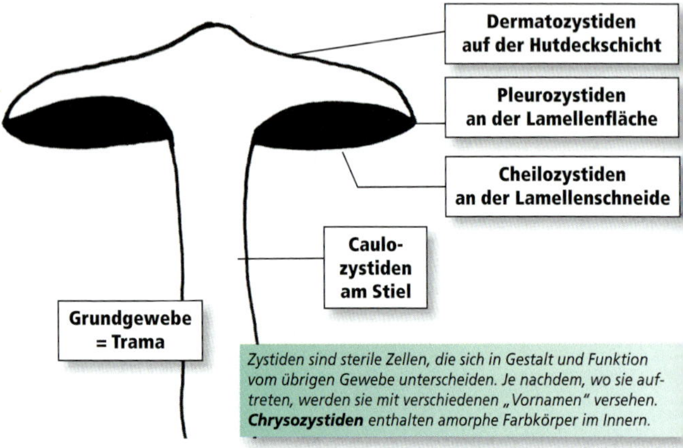

Zystiden sind sterile Zellen, die sich in Gestalt und Funktion vom übrigen Gewebe unterscheiden. Je nachdem, wo sie auftreten, werden sie mit verschiedenen „Vornamen" versehen. ***Chrysozystiden*** *enthalten amorphe Farbkörper im Innern.*

Auffällige, sterile Zellen, die sich in der Gestalt von den übrigen Zellen abheben, werden allgemein als **Zystiden** bezeichnet. Je nachdem, wo sie sich befinden, werden sie in Cheilo-, Pleuro-, Dermato- und Caulozystiden unterschieden. **Chrysozystiden** enthalten amorphe Farbkörper im Innern und lassen sich mit verschiedenen Reagenzien anfärben. Die **Cheilozystiden** an der Lamellenschneide können Sie bei einigen Arten bereits mit bloßem Auge daran erkennen, dass die Schneide anders gefärbt ist als die Fläche. Um auf der Lamellenfläche **Pleurozystiden** zu finden, ist es ratsam einen Querschnitt anzufertigen, nachdem die Schneide, d.h. der erste Millimeter der Lamelle, abgeschnitten wurde. Pilzhüte mit **Dermatozystiden** sind haarig samtig oder bereift. Hier ist es oft schwer zu unterscheiden, ob es sich um abstehende oder bei der Präparation ausgerissene Endhyphen oder tatsächlich um Zystiden handelt. Als Dermatozystiden sollten nur Elemente angesprochen werden, die sich in ihrer Form eindeutig von den Endhyphen unterscheiden. Wenn am Stiel **Caulozystiden** vorhanden sind, wirkt der Stiel auch schon mit bloßem Auge oder einer Lupe flaumig oder samtig. Die Stielhauthyphen verlaufen parallel, während die Zystiden oft kegelförmig oder kopfig sind, im Bereich der Stielspitze sind sie am häufigsten.

Pleurozystiden, 400fach vergrößert, die beiden rechten Fotos mit polarisiertem Licht aufgenommen.

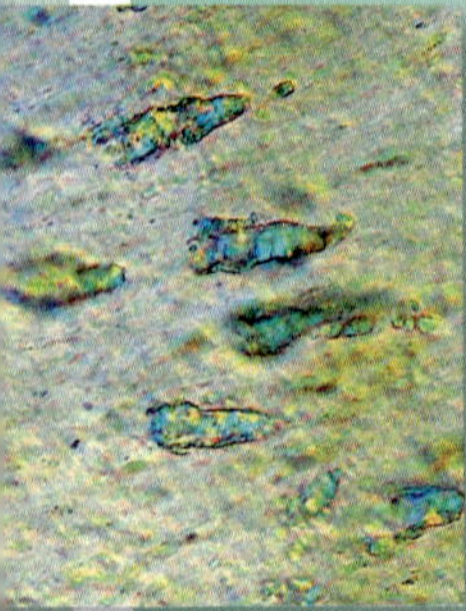

Eichen-Rindenpilz
(Peniophora quercina)

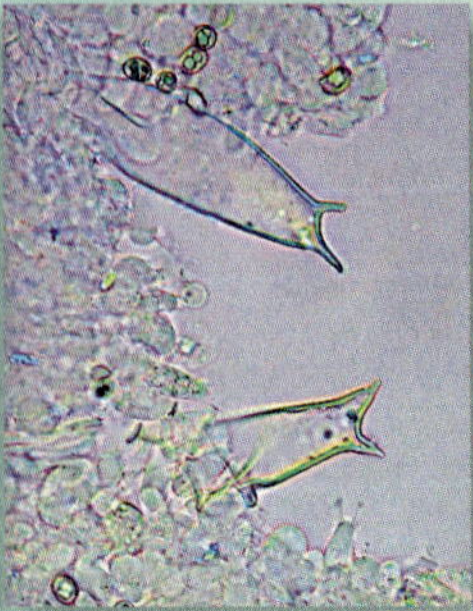

Graugrüner Dachpilz
(Pluteus salicinus)

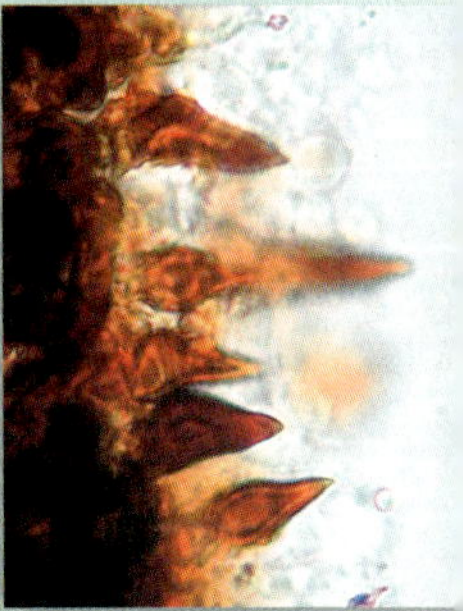

Falscher Zunderschwamm
(Phellinus igniarius)

9.9 Makroreagenzien

Möchten Sie sich einmal die Freude bereiten, wie ein Alchemist ihre kostbaren Funde zu begutachten? Chemische Reagenzien können den verschiedenen Pilzkörpern ganz unterschiedliche Farbreaktionen entlocken. Diese Wechselwirkungen zwischen den bestimmten chemischen Verbindungen und den Inhaltsstoffen im Pilzfleisch können dabei helfen, bestimmte Arten oder systematische Gruppen voneinander abzutrennen.

Hier werden nur exemplarisch ein paar einfache Reaktionen vorgestellt. Einige Pilze waren dank ihrer Farbstoffe früher beliebte Färbepilze, so wie beispielsweise die Hautköpfe. Um zu prüfen, ob ein Schleierling zu den ähnlich aussehenden Hautköpfen (Dermocybe) oder Rauköpfen (Leprocybe) gehört, können Sie testen, ob bestimmte Farbstoffe, die Anthrachinone, vorhanden sind. Dazu wird der Pilz der Länge nach durchgeschnitten und zwischen ein mit Spiritus benetztes Papiertaschentuch gepresst. Durch Alkohol (Spiritus) werden die Farbstoffe im Pilzfleisch gelöst und als Abdruck sichtbar. Die Rauköpfe hinterlassen in der Regel keinen farbigen Abdruck, da ihre Farbstoffe durch Alkohol nicht löslich sind. Bei einem Hautkopf erhalten Sie je nach Antrachinon-Zusammensetzung verschiedene Abdrücke. Da diese Farbstoffe je nach pH-Wert einen Farbumschlag zeigen, können sie mit Kalilauge oder Ammoniak umgefärbt werden.

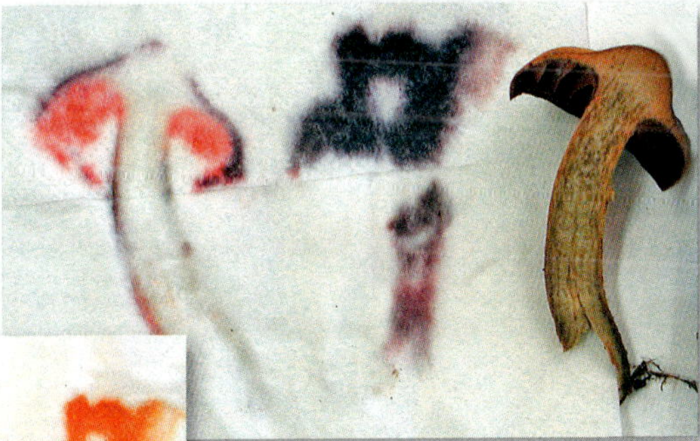

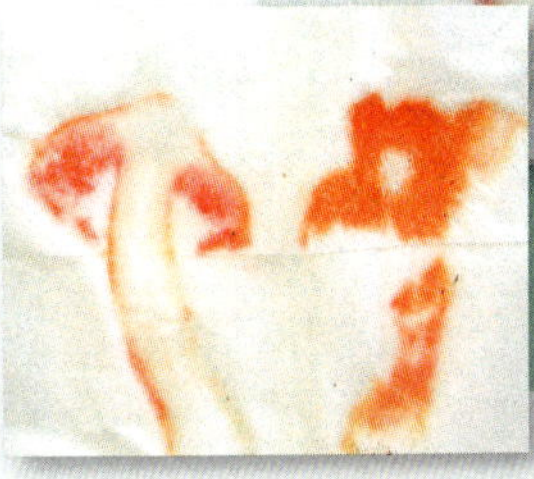

*Der **Blutrote Hautkopf** (Cortinarius sanguineus) hinterlässt auf einem Taschentuch, das mit Alkohol benetzt wurde, einen farbigen Abdruck (kleines Bild links). Mit Ammoniak findet erneut ein Farbumschlag statt (oben).*

Bei der Unterscheidung der **Raufüße** (Gattung Leccinum) kann Eisensulfat zur Abtrennung der Arten helfen. Dazu wird der Stiel quer geschnitten und ein Tropfen auf das Stielfleisch aufgebracht. Während der Birkenpilz (Leccinum scabrum) mit Eisensulfat bläulichgrau färbt, wird das Fleisch des Moor-Birkenpilzes (Leccinum holopus) graugrün und das des Buntfärbenden Birkenpilzes (Leccinum variicolor) langsam gelbgrün. Die meisten anderen Raufüße laufen stärker dunkel-blaugrün an.

Die meisten Täublinge färben sich mit Eisensulfat mehr oder weniger rötlich wie beispielsweise der Grüngefelderte Täubling (Russula virescens) links. Die Herings-Täublinge erkennt man an einem grünen Farbumschlag (Bild rechts). Der Frauen-Täubling ist dadurch gekennzeichnet, dass sich das Fleisch nicht umfärbt.

Täublinge sind eine recht umfangreiche und unübersichtliche Gruppe. Für den Speisepilzsammler reicht eine Geschmacksprobe, um festzustellen, ob ein Täubling für die Pfanne taugt oder nicht. Die Bestimmung der Art ist jedoch ungleich schwieriger und basiert häufig auf Reaktionen mit bestimmten Chemikalien. Um die Farbreaktionen zu testen, wird in der Mitte des durchgeschnittenen Stieles sowie an seiner Oberfläche und an den Lamellen etwas von den Chemikalien aufgebracht. Mit Eisensulfat rötet sich das Fleisch der meisten Täublinge mehr oder weniger stark, häufig auch mit einem Graustich. Den Roten Herings-Täubling (Russula xerampelina) kann man daran erkennen, dass sich das Fleisch sofort grün färbt und der Frauen-Täubling (Russula cyanoxantha) ist die einzige Art, bei der eine Reaktion ausbleibt oder maximal eine leichte, gelbgrünliche Färbung sichtbar wird. Der Zitronenblättrige (Russula sardonia) und der Hohlstielige Täubling (Russula cavipes) sind die einzigen Täublinge, die mit Ammoniak röten, alle anderen Arten reagieren nicht.

*Der **Weiße Rasling** färbt sich mit Eisensulfat lilablau.*

Der **Weiße Rasling** (Lyophyllum connatum) reagiert mit Eisensulfat lilablaugrau und kann durch diese Reaktion von weißen Trichterlingen unterschieden werden.

Die Gruppe der essbaren, gilbenden **Champignons** kann durch die **Schäffersche Kreuzreaktion** eindeutig von dem ebenfalls gilbenden, aber Magen-Darm-giftigen und schlecht schmeckenden Karbol-Champignon (Agaricus xanthoderma) abgetrennt werden (vgl. S. 4). Die Anwendung ist ganz einfach. Auf den Pilzhut wird zunächst Anilin gestrichen und dann kreuzweise darüber 65 %ige Salpetersäure. Ein essbarer, gilbender Champignon wird dort orange, wo sich die beiden Chemikalien kreuzen, während bei einem Karbol-Champignon die Farbreaktion ausbleibt. Diese Reaktion lässt sich auch an getrockneten Pilzen nachvollziehen.

Der **Grüne Knollenblätterpilz** kann durch eine violettblaue Farbreaktion mit 20 %iger Salzsäure bestimmt werden. Dies kann auch bei der Begutachtung von Putzresten helfen, wenn der Verdacht auf eine Knollenblätterpilz-Vergiftung besteht. Dazu wird das Pilzfleisch auf eine Zeitung gegeben und nach dem Antrocknen die Säure aufgetropft. Entsteht ein bläulicher Fleck, handelt es sich um den Grünen Knollenblätterpilz. Doch Vorsicht – die Reaktion ist leider nicht mit jeder Zeitung eindeutig!

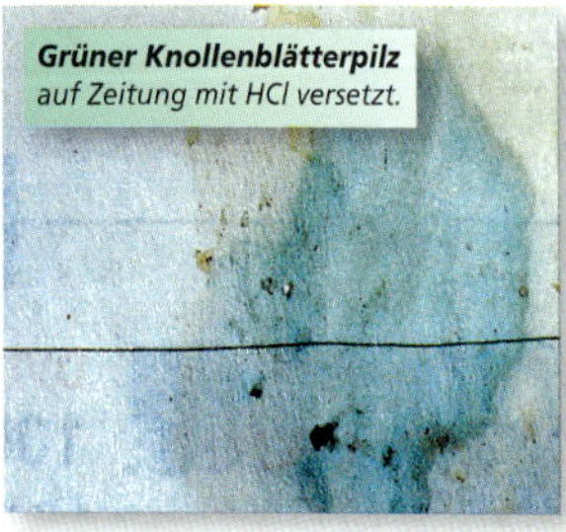

***Grüner Knollenblätterpilz** auf Zeitung mit HCl versetzt.*

Übersicht über die Verwendung einiger Mikro- und Makroreagenzien

Eisensulfat (65 % $FeSO_4$-Lösung)	*Bestimmung der Täublinge (Russula), Milchlinge (Lactarius), Ritterlinge (Tricholoma) und Raufüße (Leccinum) sowie Nachweis des Weißen Raslings (Lyophyllum connatum)*
Anilin ($C_6H_5NH_2$) und Salpetersäure (65 % HNO_3)	*Schäffersche Kreuzreaktion zur Bestimmung der Champignons (Agaricus)*
Salzsäure (20 % HCl)	*Nachweis Grüner Knollenblätterpilz (Amanita phalloides)*
Kalilauge (KOH 3 % bzw. 20 %)	*Zum Einweichen von Exikkaten und zur besseren Schneidfähigkeit (3 %). 20 % zur Bestimmung der Schleierlinge (bes. der Sektion Phlegmaticum und Telamonia) und einiger Porlinge (Hymenochaetae). Zum Anfärben von Chrysozystiden. Die Oberflächenstruktur brauner Sporen wird besser sichtbar*
Baumwollblau in Milchsäure	*Zum Erkennen der cyanophilen Sporen und Hyphen sowie der Sporenornamente bei Schlauchpilzen (Ascomyceten)*
Vanillin kristallin und Schwefelsäure (65 % H_2SO_4)	*Zum Anfärben der Milchgefäße (Lactiferen) bei Milchlingen (Lactarius) und Zählingen (Lentinellus) sowie der Zystiden der Sprödblättler (Täublinge und Milchlinge). Makroskopisch zur Täublingsbestimmung*
Patent V blau	*Zum Anfärben der Chrysozystiden bei verschiedenen Gattungen (z.B. Stropharia, Psilocybe, Hypholoma)*
Lugolsche Lösung oder Melzers-Reagenz	*Nachweis der Amyloidität bzw. Dextrinoidität. Makroskopische Bestimmung der Schleierlinge (Cortinarius). Porusreaktion und Stärknachweis bei den Schlauchpilzen (Ascomyceten).*
Brillantkresylblau	*Metachromasie (Färbung von Strukturen in einer anderen Farbe als das Färbemittel). Abtrennung der Gattungen innerhalb der Schirmlingsverwandten*
Karbol–Fuchsin und Lactoglycerin	*Zum Erkennen der inkrustierten Prämordialhyphen in der Huthaut bei der Täublingsbestimmung. Zum Aufklaren der Strukturen (es werden mehr Unterschiede sichtbar)*
Karminessigsäure und Eisenbeize	*Zum Erkennen der siderophilen Granulation z.B. bei Schönköpfen (Calocybe), Raslingen (Lyophyllum) und Zwitterlingen (Nyctalis)*
Phloxin B	*Zur Plasmafärbung, z.B. zur Unterscheidung reifer und unreifer Sporen bei den Basidiomyceten*
Kongo-Ammoniak (Kongo NH_4OH)	*Zellwandfarbstoff, z.B. zum besseren Erkennen der Schnallen Zystiden und sonstiger Strukturen*
Trypanblau (L 4 T)	*Wandfarbstoff (entspricht Kongoammoniak)*
Toluidinblau	*Färbt gelifiziertes Material, z.B. für die Sektionseinteilung der Milchlinge (Lactarius) von Bedeutung*
Chloralhydrat	*Zum Aufhellen der Präparate*

10. Der Umgang mit dem Bestimmungsschlüssel

Mit dem Grundkurs Pilzbestimmung sind Sie in der Lage, die häufigsten Pilze und ihre Merkmale kennen zu lernen. Darüber hinaus hilft er Ihnen, den Umgang mit einem wissenschaftlichen Bestimmungswerk zu üben. Anhand vieler anschaulicher Beispiele wird gezeigt, wie die Pilzbestimmung nach einem festen Muster und mit Hilfe von Bestimmungsschlüsseln durchzuführen ist.

In diesem Grundkurs sind dafür die ca. 400 häufigsten Pilze aufgeführt. Auch wenn einige Standardbestimmungswerke ein etwas abweichendes System verwenden, ist der grundsätzliche Aufbau und die Beschreibung der verwendeten Merkmale identisch, so dass Sie sich schnell auch an ein möglicherweise etwas anders aufgebautes System gewöhnen werden. Die weiterführende Literatur wird jeweils bei den entsprechenden Gattungen und Familien genannt.

Wichtig für jede erfolgreiche Bestimmung ist gutes und vollständiges Ausgangsmaterial. Das bedeutet, dass Sie den Pilz komplett mit der gesamten Stielbasis vorsichtig aus dem Boden entfernen. Wachsen an einer Stelle mehrere Pilze, können sie miteinander verglichen werden, um einen möglichst „typischen" Pilz für die Bestimmung auszuwählen. Außerdem ist es hilfreich Pilze in verschiedenen Altersstufen zu sammeln. Findet man nur ein einzelnes Exemplar, ist das natürlich nicht möglich. Weiterhin sollten Sie direkt vor Ort den Standort und einige Merkmale des Pilzes notieren. Allzu oft sind typische Zeichen später nicht mehr sichtbar oder haben sich verändert. Notieren Sie auch, welche Bäume in der Nähe wachsen und nach Möglichkeit achten Sie anhand der Pflanzen darauf, ob es sich um einen sauren oder eher basischen Untergrund handelt (s. ab S. 28). Alle leicht vergänglichen Merkmale, wie beispielsweise der Geruch, die Beschaffenheit der Hutoberfläche und das Vorhandensein eines Schleiers notieren Sie sofort vor Ort.

Für die Bestimmung ist es wichtig, einen Pilz mit all seinen Merkmalen zu betrachten.

*Wird dieser **Graue Wulstling** (Amanita excelsa) ohne die im Boden verborgene Knolle abgeschnitten oder so wie bei dem mittleren Pilz achtlos herausgerissen, ist die Bestimmung schwierig.*

Das Kennenlernen der Pilze macht gemeinsam besonders viel Spaß.

Ich selbst biete in der Naturschutzakademie Gut Sunder (www.nabu-akademie.de) und in der vhs in Neustadt am Rübenberge Pilzkurse an.

Jeder Pilz hat seinen eigenen Geruch und Geschmack. So ist beispielsweise das pfeffrige Aroma eines rohen Pfifferlings nahezu unverwechselbar. Diese Merkmale spielen auch bei der Bestimmung eine wichtige Rolle, genauso wie der Standort, die Bodenbeschaffenheit und die Begleitbäume. Manchmal hat man das Gefühl, ein Waldstück würde geradezu nach bestimmten Pilzen „riechen" – das ist eine bestimmte Atmosphäre, die man mit dem Vorkommen bestimmter Pilzarten verbindet. Exakt beschreiben lässt sich dieses Gefühl meist nicht und es stellt sich erst nach einiger Erfahrung ein. Ein Buch kann diese Eindrücke nur schlecht vermitteln, und so möchte ich Sie ermutigen, sich durch Praxiskurse fortzubilden. Viele Volkshochschulen und naturkundliche Vereine bieten Kurse und Führungen an. Sie haben den Vorteil, den eigenen Kenntnisstand überprüfen zu können und ein „Auge" für die Variabilität der Pilze zu bekommen. Mir gefällt die Schwarzwälder Pilzlehrschau in Hornberg ganz besonders gut. Der Leiter der Schule, Walter Pätzold, bildet dort schon seit vielen Jahren mit außergewöhnlichem Sachverstand und großer Naturliebe Pilzinteressierte – jedem Kenntnisstand entsprechend – aus (www.pilzzentrum.de). Ebenfalls mit großem Sachverstand und Naturliebe widmet sich Andreas Gminder im Thüringer Wald der Pilzwelt (www.pilzkurse.de). In Bad Laasphe kann ich die Fortbildungen von Christine Hahn und Christa Münker empfehlen (www.pilzgalerie.de/museum), es gibt in dieser Stadt außerdem ein Pilzmuseum.

Aufbau des Bestimmungsschlüssels

Der Bestimmungsschlüssel ist so aufgebaut, dass stets die Möglichkeit besteht, zwischen zwei Alternativen zu wählen. Am linken Seitenrand ist die erste Alternative durch eine Zahl und die zweite durch einen Pfeil (→) gekennzeichnet. Hat man sich nun für eine der beiden Möglichkeiten entschieden, so findet man eine farbige Sprungmarke (z.B. **→ 2**), einen Kapitel- oder Seitenverweis.

In der Regel gelangt man so zunächst zum Bestimmungsteil einer bestimmten Pilzordnung, die dieses charakteristische Merkmal aufweist. Da so immer wieder einzelne Merkmale abgefragt werden, führt die Kombination verschiedener Merkmale zum Ziel. Mit diesem Bestimmungsschlüssel für die entsprechende Familie kann dann die Gattung und schließlich die Art bestimmt werden. Da dieser Grundkurs nur die häufigsten Arten enthält, kann und wird es durchaus vorkommen, dass sie Ihren Pilz nicht in der Auswahl finden. In diesem Fall können Sie anhand der allgemeinen Beschreibung der Gattung vergleichen, ob der Pilz in diese Kategorie passt und mit einem weiterführenden Pilzbuch bis zur Art bestimmt werden kann. Damit Sie eine Vorstellung davon bekommen, wie viele Gattungen es innerhalb einer Familie gibt und wie viele Arten wiederum diese Gattung umfasst, sind bei der Beschreibung der Familien und Gattungen jeweils Zahlen über den Umfang der Gruppen angegeben.

Beispiel

Es gibt immer zwei Möglichkeiten. Entscheiden Sie sich für eine der beiden und lesen Sie dann bei der Zahl weiter, die hinter diesem Symbol (➔) angegeben ist. Ein Pilz mit Lamellen wird in diesem Beispiel bei Punkt **2** weiter bestimmt. Nach weiteren Schritten gelangen Sie zu einem Kapitelverweis, in diesem Fall beispielsweise führt der Pilz mit freien Lamellen (vgl. S. 100) zu der Familie der Freiblättler. Dann wird die Bestimmung im angegebenen Kapitel auf der entsprechenden Seite fortgesetzt. Dort geht die Bestimmung über die Sporenpulverfarbe weiter. Über mehrere Schritte gelangen Sie zu der Frage **16**, bei der es darum geht, ob der Hutrand gerieft und ob ein Ring am Stiel vorhanden ist oder nicht. In diesem Fall zeigt Ihnen die **(8)** in Klammern an, von welchem Punkt Sie gekommen sind. Dies kann helfen, wenn Sie rückwärts gehend herausbekommen möchten, wo auf dem Bestimmungsweg ein Fehler vorliegen könnte.

*Der **Graue Streifling** hat freie Lamellen und weißes Sporenpulver. Diese Merkmale zu erkennen ist wichtig, um die Bestimmung erfolgreich durchzuführen.*

1. Fruchtkörper mit Lamellen: ➔ 2 (= weiter bei **2**)
➝ Pilz von anderem Aussehen: ➔ 5
2. Pilz fleischig; zentral gestielt: ➔ 3
➝ Pilz korkartig; seitlich gestielt: ➔ Seite 332
3. … ➔ 4. … (= weiter bei **4**)
Lamellenpilze ➔ Seite 200

1. Pilz in Hut und Stiel gegliedert: ➔ 2
2. … ➔ 3. … (= weiter bei **3**)
3. Freiblättler (Agaricales) ➔ Seite 299

1. Sporenpulver weiß: ➔ 8
8 (1). Gesamthülle vorhanden: **Wulstlinge ➔ 16**
16 (8). Hutrand deutlich gerieft, Stiel ringlos:
Gattung Streifling ➔ 17
Zu diesen häufig vorkommenden Merkmalen befindet sich eine Übersicht in den Umschlaginnenseiten dieses Buches.
17. Hut grau: **Grauer Streifling**

Die kursiv gedruckten Textteile bieten Erläuterung bei „kniffeligen Merkmalen" oder interessante Informationen zu den entsprechenden Pilzen. Im nächsten Schritt haben Sie dann Ihren Pilz oder zumindest seine Familie oder Gattung gefunden. Bei jeder Art befindet sich ein farbiger Balken, der mit Piktogrammen Hinweise zum entsprechenden Pilz und seiner Verwendung liefert. Diese Piktogramme finden Sie auf Seite 131 näher erläutert. Im Bestimmungsteil sind die Pilze nach Familien geordnet. Darüber hinaus sind in einigen umfangreichen Familien die Arten einer Gattung zusammengefasst. In diesem Fall erleichtert der fett gedruckte Gattungsname als Zwischenüberschrift die Übersichtlichkeit.

Bei Lamellenpilzen ist die sichere Zuordnung ohne Sporenabdruck kaum möglich, so dass Sie am besten grundsätzlich vor der Bestimmung einen Sporenabdruck anfertigen.

Nach erfolgreicher Bestimmung

Zur Dokumentation und zum Vergleich wird in der Botanik ein Herbarium aus getrockneten Pflanzenteilen angelegt. Entsprechend können Sie sich auch eine Sammlung der Pilze anlegen, die Sie kennengelernt haben.

Dies dient zum einen der intensiven Beschäftigung mit dem Pilz und dadurch dem besseren Einprägen und Kennenlernen der Merkmale, zum anderen aber auch der Dokumentation und dem Vergleich, wenn Sie wieder einen ähnlichen Pilz finden. Sie können diese Belege auch Experten zur Nachbestimmung vorlegen, wenn Sie sich bei Ihrer Bestimmung nicht sicher sind.

Für die ***Dokumentation einer Pilzbestimmung*** *gibt es viele verschiedene Möglichkeiten in Form von Zeichnung, Foto, Sporenabdruck, Trockenpräparat und schriftlichen Notizen.*

Zu solch einem Beleg gehört ein Sporenabdruck, die Auflistung der Funddaten mit einer Beschreibung der Fundstelle, d.h. der Begleitbäume und – wenn möglich – auch der Bodenbeschaffenheit. Dann sollte der Pilz so genau wie möglich beschrieben werden, d.h. die Größe und die Beschaffenheit von Hut, Stiel und Fleisch sowie der Geruch. Bei den Täublingen beispielsweise ist auch der Geschmack sehr wichtig (s. S. 173). Ideal ist natürlich eine Zeichnung oder ein Foto. Der Pilz selbst wird als Trockenpräparat, ein sogenanntes Exsikkat, aufbewahrt. Dazu wird der Pilz in nicht zu dicke Streifen geschnitten, getrocknet und gegen Schadinsekten geschützt in beschriftete Schachteln oder Tüten gesteckt. Einige wichtige Strukturen für die Bestimmung können nur mit dem Mikroskop vorgenommen werden, diese Merkmale bleiben beim Trocknen erhalten und können nach kurzer Einweichzeit wieder präpariert werden.

Sie können den Pilz nach erfolgreicher und sicherer Bestimmung natürlich auch in einen kulinarischen Leckerbissen verwandeln!

10.1 Irrtümer und Fehlerquellen

Sie sollten die Bestimmung der Pilze wie „Rätselraten" angehen, mit viel Spaß und Begeisterung, aber auch mit dem Wissen um die immer wieder auftretende Möglichkeit von Irrtümern. Erwarten Sie bei der Bestimmung nicht, immer sofort und auf Anhieb bei der richtigen Pilzart zu landen.

Ein falsch eingeschlagener Weg bedeutet nicht die „Unfähigkeit" des Benutzers oder die Fehlerhaftigkeit des Schlüssels, sondern ist zuerst ein Zeichen für die Mannigfaltigkeit und den Formenreichtum der Schöpfung. Der Mensch versucht dieses Wunderwerk in einzelne Schubläden zu sortieren. Kein Wunder, wenn dabei der eine oder andere Pilz in zwei verschiedene Schubläden gleichzeitig oder auch einmal in gar keine zu passen scheint.

Es wurde versucht, „Stolperstellen" aus dem Weg zu räumen, indem Sie auf verschiedenen Wegen zum richtigen Ergebnis gelangen können. Ursache hierfür ist natürlich auch, dass die einzelnen Arten einer Familie ganz verschiedene Merkmale aufweisen. Beispielsweise muss der Weg zu den Ritterlingsartigen (Tricholomataceae) sowohl über Pilze mit zentralem Stiel (die Mehrzahl dieser Familie) als auch über seitlich gestielte Holzpilze (Gattung Seitlinge) zu erreichen sein.

Egal ob zentral gestielte ***Breitblättrige Rüblinge*** *(links) oder seitlich gestielte* ***Gelbstielige Muschelseitlinge*** *(rechts), der Schlüssel führt über beide Wege zu den Ritterlingsartigen.*

Sie können bereits innerhalb der ersten Schritte zur Bestimmung sowohl einer Art als auch zu einzelnen Gattungen oder Familien gelangen. Dann finden Sie einen Hinweis, wo sich das weiterführende Kapitel befindet. Bedenken Sie immer, dass dieser Schlüssel nicht das vollständige Spektrum aller vorkommenden Pilze abdecken kann. Um eine Vorstellung von der Fülle des heimischen Artenspektrums zu bekommen, sind Angaben zur Anzahl der Gattungen und Arten innerhalb der entsprechenden Familie angegeben. Entsprechend größer ist auch das Artenspektrum der Gattungen und Familien, die nicht gesondert beschrieben werden.

Es gibt ein paar problematische Punkte, die häufig bei Bestimmungsgängen auftauchen und zu fehlerhaften Ergebnissen führen können. Diese werden auf den folgenden Seiten einzeln vorgestellt. In der Bestimmungspraxis werden Sie in einem solchen Fall schnell an einen Punkt kommen, an dem keine der angebotenen Alternativen zutrifft. In diesem Fall überprüfen Sie bitte auch noch einmal Ihren bisherigen Bestimmungsweg.

10.1.1 Variabilität

Lassen Sie sich nicht entmutigen! Tatsächlich aber ist die Pilz-Bestimmung noch kniffeliger als die der Pflanzen, da die Pilze eine größere Variabilität aufweisen. Sie betrifft sowohl die Größe und Form als auch die Farbe eines Pilzes. Wenn ein Pilz nicht bestimmbar ist, kann es sich um ein sehr untypisches Exemplar handeln.

*Der Stiel dieses **Birken-Röhrlings** ist sehr ungewöhnlich. Die Pilze sind in Form und Farbe generell sehr variabel – was die Bestimmung nicht gerade erleichtert!*

Nur der Vergleich mit einem einzigen Bild reicht nicht, erst der Vergleich mit den verschiedenen Merkmalen machen eine Art unverwechselbar und sicher bestimmt. Diese Merkmale sind zum Teil in Bild und Text nicht oder nur schwer wiederzugeben und können am besten in der Praxis erlernt werden. Besuchen Sie so oft es geht Pilzkurse, um auch so typische Erkennungszeichen wie beispielsweise den Geruch oder den Geschmack zu erkennen.

10.1.2 Alters- und witterungsbedingte Veränderungen

Alte Pilze haben nicht mehr die gleichen Eigenschaften wie junge. Dies betrifft sowohl das Anlaufen an verletzten Stellen als auch den Geruch und den Geschmack.

Bei sehr trockenem Wetter kann es vorkommen, dass ein junger Milchling keine Milch mehr absondert. Dann kann beispielsweise ein Wolliger Milchling (Lactarius vellereus) einem Blaublättrigen Weiß-Täubling (Russula delica) sehr ähnlich sehen, obwohl man diese beiden Arten sonst durch das bei allen Milchlingen typische Absondern der Milch kaum verwechseln kann.

***Wolliger Milchling** (links) und **Blaublättriger Weißtäubling** (rechts)*

Fliegenpilze *(Amanita muscaria) sind wegen des hübsch weiß geflockten Hutes eigentlich kaum zu verwechseln. Doch nach starken Regenfällen kann es auch schon eimal bei sehr jungen Pilzen vorkommen, dass alle Flocken vom Hut gespült sind. In diesem Fall erkennt man den Fliegenpilz an seinem beringten Stiel, der Knolle und der schmalen gelben Linie auf dem Hutfleisch unter der Huthaut (kleines Bild).*

Starke Regenfälle wiederum können den Geschmack und den Geruch erheblich beeinträchtigen oder wichtige Erkennungmerkmale entfernen, wie beispielsweise die weißen Flocken (Velumreste) auf dem Hut der Wulstlinge.

Die Eigenschaft einiger Pilze, die Farbe der Hüte je nach Feuchtigkeitsgehalt zu verändern, hat sicher schon so manche Bestimmung erschwert. Die Lacktrichterlinge beispielsweise haben feucht leuchtend violette oder rotbraune Hüte, mit abnehmendem Feuchtigkeitsgehalt blassen die Farben jedoch sehr stark aus. Durch die entfernt stehenden Lamellen sind sie aber auch im trockenen Zustand noch recht gut kenntlich (s. S. 224 und 390) .

Besonders gut zu sehen ist diese als hygrophan bezeichnete Eigenschaft auch bei den Stockschwämmchen, die fast immer zweifarbig erscheinen. Auch der Horngraue Rübling und der Waldfreund-Rübling können uns durch die wechselnden Farben ganz schön zum Narren halten. Bei ihnen ist der außen knorpelige und innen wattig-hohle Stiel ein gutes Erkennungsmerkmal.

Waldfreund-Rübling
(Collybia dryophila)

Violetter Lacktrichterling
(Laccaria amethystea)

Hygrophane Pilze *sind durch ihre Eigenschaft, die Farbe je nach Feuchtigkeitsgehalt zu verändern, besonders variabel und oft schwer wieder zu erkennen.*

Bei Regenwetter erscheinen auch trockene Hüte schmierig, während es bei trockenem Wetter schwierig sein kann, schleimige Hüte zu erkennen. Hier hilft eine „Fingerprobe". Eine klebrige Huthaut lässt sich auch bei trockenem Wetter erkennen, indem sie erneut angefeuchtet wird. Tippen Sie dann mehrmals mit dem Finger darauf. Wenn es sich beim Abheben „schmatzend" anhört und Fäden zieht, handelt es sich um einen schleimigen oder schmierigen Hut. Oft geben auch auf der Huthaut haftende Nadeln, Moos oder andere kleine Teilchen Hinweise auf die klebrige Oberfläche. Bei nassem Wetter dagegen ist ein schleimiger Hut daran zu erkennen, dass sich die Feuchtigkeit immer auch etwas gelatinös bis gallertig anfühlt.

Horngrauer Rübling
(Collybia butyracea)

Nebelkappe
(Lepista nebularis)

So stark eingerissene Hüte sind eigentlich typisch für die Risspilze – bei Trockenheit können allerdings viele Pilzarten radial einreißen.

Bei sehr trockenem Wetter kommt es auch vor, dass normal nicht radialrissige Hüte viel stärker einreißen und untypische Formen bekommen.

10.1.3 Verdorbene Pilze

Abgestorbene Pilze sind oft so stark mit einem Schimmelbelag überwachsen, dass sie wie eine eigene Pilzart aussehen können. Es ist auch sehr faszinierend zu sehen, wie die Pilze selbst wieder von anderen Pilzen zersetzt werden.

Schimmelpilze auf Pilzfruchtkörpern:

Gelbmilchender Helmling
(Mycena crocata)

Rotfuß-Röhrling
(Xerocomus chrysenteron)

10.1.4 Veränderung der Lamellenfarbe mit dem Reifezustand

Die Sporenpulverfarbe lässt sich meist schon an der Farbe der Lamellen erahnen. Hier ist jedoch Vorsicht geboten, denn dies erfordert eine gewisse Übung. Sicherer ist es immer, tatsächlich ein Sporenabwurfpräparat anzufertigen, bei dem wirklich die Farbe der reifen Sporen zu erkennen ist.

Hierbei ist zu beachten, dass sich der Farbton verändert, wenn der Pilzhut lange auf dem Papier liegen bleibt. Die Farbe wird dann dunkler und intensiver (s. S. 101).

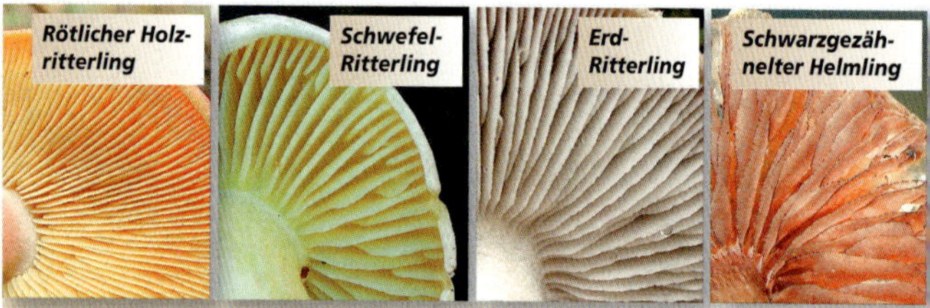

Dieses sind trotz der farbigen Lamellen alles Pilze aus der Familie der Ritterlingsartigen (Tricholomataceae) mit weißem Sporenpulver.

Es gibt auch Pilze mit farbigen Lamellen, die weißes Sporenpulver haben. Bei Dachpilzen, Scheidlingen und einigen Rötlingen dagegen erscheinen die Lamellen zunächst weiß, bevor sie durch das reife Sporenpulver einen rötlichen Schimmer bekommen (s. S. 98).

Sterile Fruchtkörper von Pilzen mit dunklem Sporenpulver haben sehr viel hellere Lamellen als Pilzhüte, die Sporen produzieren – hier zwei Beispiele:

Stockschwämmchen
(Pholiota mutabilis)

Fruchtbare Lamelle

Grünblättriger Schwefelkopf
(Hypholoma fasciculare)

Selten einmal kommt es sogar vor, dass einige Arten steril sind. Dann werden keine Sporen gebildet und die Lamellenfarbe verändert sich mit dem Alter nicht. Derartige Sonderfälle werden bei der Bestimmung nicht berücksichtigt.

10.1.5 *Pilze auf dem „falschen" Substrat wachsend*

Das Substrat, auf dem der Pilz wächst, ist von großer Bedeutung. Doch es ist auch immer wieder die Grundlage für Fehlbestimmungen. Es kommt häufig vor, dass ein Holzpilz so auf vergrabenem Holz wächst, dass es den Anschein hat, als wäre das Substrat Rasen, Laub oder ähnliches.

*Die **Gewöhnlichen Hallimasch** (Bild links) wachsen scheinbar zwischen der Laubstreu auf im Boden vergrabenem Holz.*

*Als ich die einzelnen **Glimmer-Tintlinge** (Bild Mitte) in der Wiese entdeckt hatte, war ich ziemlich ratlos – zudem sie durch die Trockenheit auch noch sehr untypisch aussahen. Erst als ich in der Nähe der Baumwurzeln büschelig wachsende, frischere Exemplare (Bild rechts) gefunden hatte, war die Zuordnung einfach.*

Andererseits wachsen bodenbewohnende Pilze auch immer wieder einmal auf Holz, das einen bestimmten Humusanteil aufweist. Und schließlich ist es auch nicht immer einfach, die richtige Holzart zu identifizieren, die mit zunehmendem Zersetzungsgrad immer unkenntlicher wird.

*Diese **Braunkappe** (Bild links) und der **Birkenpilz** (Bild rechts) sind keine Holzpilze, obwohl sie auf dem Holz wachsen.*

10.1.6 Freie Lamellen sind nicht immer eindeutig zu erkennen

Bei den Freiblättlern sind die Lamellen nicht immer eindeutig als frei zu erkennen, dafür sehen sie aber manchmal auch bei anderen Arten so aus, obwohl sie doch am Stiel angewachsen sind. Ein gutes Erkennungsmerkmal von freien Lamellen ist, dass sich der Stiel leicht vom Hut lösen läßt und keine Lamellenreste am Stiel zurück bleiben.

Obwohl alle Pilze in dieser Reihe freie Lamellen haben, bricht der Stiel nicht immer so sauber aus dem Hut wie bei den beiden linken Beispielen.

Diese Pilze haben keine freien Lamellen, obwohl es fast so aussieht, oft zeigt sich dies erst im Querschnitt oder beim Herausbrechen des Stieles.

10.1.7 Missbildungen

Es kommt immer wieder vor, dass auf den Fruchtkörpern Auswüchse oder ganze Pilze wachsen. In der Regel stellen diese Missbildungen bei der Bestimmung kein Problem dar. Schwieriger ist es, wenn die Pilze selber stark deformiert wachsen.

Gefleckte Rüblinge

Körnchenschirmling

Rötliche Lacktrichterlinge

10.2 Bestimmungsschlüssel

Die Handhabung dieses Schlüssels wird auf den vorhergehenden Seiten (ab S. 120) erläutert. Sie können zur Bestimmung immer auf S. 134 beginnen und werden von dort aus zum Ergebnis (einer Pilzart) geführt, indem Sie den weiterführenden Hinweisen folgen. Mit etwas Übung können Sie einige Teile überspringen und gleich mit einem der weiterführenden Schlüsselteile anfangen. Wenn Sie zum Beispiel schon zum Anfang wissen, dass Sie einen Bauchpilz bestimmen möchten, beginnen Sie gleich auf Seite 321 und überspringen den ersten Teil.

Ab Seite 132 werden die häufigsten **Pilzfamilien** und **Gattungen** vorgestellt. Hier folgt der Bestimmungsteil jeweils hinter einer Übersichtsseite und der allgemeinen Beschreibung. Wenn Sie die Familie kennen, können Sie die Bestimmung wesentlich abkürzen und direkt dort beginnen.

*Der **Kamm-Erdstern** (Geastrum pectinatum) gehört zur Familie der Bauchpilze.*

Am Ende jeder Bestimmung gelangen Sie zu einer bestimmten **Pilzart**. Die Piktogramme in dem farbigen Balken hinter dem Bestimmungstext verraten etwas über die Eigenschaften und Verwendbarkeit (links) sowie die Lebensform (rechts).

→ **Steinpilz / Fichten-Steinpilz (Boletus edulis) → Seite 358**

So verrät beispielsweise die Piktogrammleiste des Fichten-Steinpilzes, dass dies ein ausgezeichneter Speisepilz ist, der zudem heilende Eigenschaften besitzt. Er ist ein Mykorrhizabildner und nach der Bundesartenschutzverordnung (s.S.8) geschützt (G).

- sehr guter Speisepilz[1]
- essbar[1]
- eingeschränkt essbar[2]
- kein Speisepilz
- giftig
- stark giftig

- geschützter Pilz[3]
- Färbepilz
- Heilwirkung[4]
- Mykorrhizapilz
- Holzpilz[5]
- Fäulniszersetzer

[1-5]*Erläuterungen zu den Piktogrammen siehe Umschlaginnenseiten*

Röhrlingsverwandte (Boletales) ab S. 147

Die Fruchtschicht, egal ob Röhren oder Lamellen, sind nicht fest mit dem Hutfleisch verwachsen.

Bauchpilze (Gasterales) ab S. 316

Jung kugelförmige Pilze, deren Sporenmasse im Innern des Fruchtkörpers gebildet wird.

Später bauchig bleibend oder verschiedene Formen entwickelnd.

Sprödblättler (Russulales) ab S. 170

Lamellenpilze mit sprödem, nicht faserigen Fleisch. Milchlinge mit und Täublinge ohne Milchsaft (s. S. 171)

Lamellenpilze/ Faserblättler ab S. 197

Lamellenpilze mit faserigem Fleisch, d.h. alle außer den Sprödblättlern.

Die Sporenpulverfarbe ist für die Einteilung wichtig.

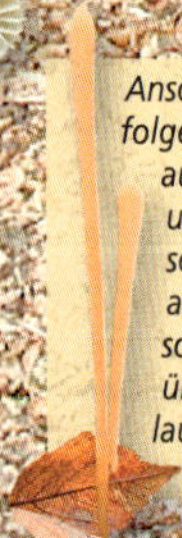

Ansonsten werde Ihnen im folgenden Hauptschlüssel auch Stachel- , Korallen- und Keulenpilze sowie einige andere Besonderheiten über den Weg laufen.

Leistenpilze (Cantharellaceae) ab S. 312

± trichterförmige Pilze mit lamellenähnlichen, am Stiel herablaufenden Leisten.

Wo Sie die verschiedenen Pilzgruppen in diesem Buch finden...

Porlingsartige und Schichtpilzähnliche ab S. 328

Korkartig oder lederig harte Pilze, meist seitlich gestielt oder konsolenartig auf Holz wachsend.

Die Röhrenschicht ist fest mit dem Hutfleisch verwachsen.

Schlauchpilze (Ascomycetes) ab S. 344

Die Sporen werden in Schläuchen gebildet. Dieses Merkmal ist jedoch nur mit dem Mikroskop zu sehen. Die Fruchtschicht ist nicht immer leicht als solche zu erkennen, die Sporen werden auf der Außenseite in den oft wabenartigen oder runzeligen bis lappigen Vertiefungen gebildet. Einige, wie die Morcheln und Lorcheln, sind in Hut und Stiel gegliedert. Es gibt aber auch becherförmige und weitere bizarre Formen.

Hintergrundbild:
Zunderschwamm
(Fomes fomentarius)

11. Bestimmen der Hauptgruppen

1. Fruchtkörper auf der Unterseite mit Lamellen oder Leisten, d.h. ± längs verlaufenden Rillen oder blattartigen Strukturen: → 2

Bei den meisten Pilzen aus dieser Gruppe handelt es sich um die typischen Lamellenpilze, es geht hier aber auch bei 2 weiter, wenn andere, ± längliche Strukturen zu erkennen sind.

Bei jungen Pilzen können die Lamellen durch einen Schleier oder eine Hülle, das Velum, verschlossen und somit nicht gleich zu erkennen sein. Später bleibt die Hülle als Ring am Stiel zurück.

Hier geht es weiter zu 2, wenn irgendwie längliche Strukturen in der Fruchtschicht zu sehen sind.

→ Pilz von anderem Aussehen, ohne blattartige Strukturen auf der Hutunterseite, Fruchtschicht glatt oder mit Röhren, Poren, Stacheln oder Noppen, oder ganzer Pilz nicht in Ober- und Unterseite gegliedert: → 5

Die meisten Holzpilze haben keine Gliederung in Hut und Stiel. Es sind aber auch eine Menge anderer Pilzformen hier zusammengefasst, von den typischen Schwammpilzen wie z.B. dem Steinpilz bis hin zu den Bauchpilzen und Korallen, d.h. alle Arten, die keinen lamellenartigen Aufbau haben.

Die Alternative sind alle anderen Strukturen, egal ob mit Röhren, Stacheln oder mit auf den ersten Blick nicht zu erkennender Fruchtschicht.

2. Pilze ± fleischig, d.h. das Fleisch ist von brüchiger bis elastischer Beschaffenheit, saftig weich bis lederig aber nicht korkartig hart; Hut zentral (mittig) bis seitlich gestielt, seltener auch ungestielt: → 3

Bei seitlich gestielten und ungestielten Arten ist es wichtig, dass sie nicht korkartig zäh sind. Die Herben Zwergknäuelinge im Bild rechts sind die zähfleischigsten Vertreter dieser Gruppe.

Bei 3 geht es mit fleischigen und ± zerbrechlichen Pilzen weiter – die meisten sind zentral gestielt, so wie die Helmlinge links.

→ Pilze korkartig oder lederig hart, nur ganz jung weichfleischig; meist seitlich gestielt oder konsolenartig auf Holz oder an Bäumen und Sträuchern wachsend: Porlingsartige und Schichtpilzähnliche → Seite 332

In Kapitel 11.6 gelangen Sie zu den typischen Holzpilzen, einige von ihnen haben lamellenartige Strukturen, die meisten von ihnen Poren, daher gelangen Sie auf beiden Wegen dorthin.

Birken-Blättling (*Lenzites betulinus*)

3. Lamellen ± senkrecht nach unten stehend, meist ± brüchig und ± papierdünn: → 4

→ ± trichterförmige Pilze mit stumpfen, nicht blattartigen, wenig erhabenen, teilweise verzweigten Leisten: **Leistlinge (Cantharellaceae)** → **Seite 314**

4. Brüchiges, fast körniges Fleisch, nirgends faserig; Sporenpulver weiß bis gelb; Pilze oft lebhaft gefärbt: **Sprödblättler (Russulales)** → **Seite 170 Täublinge ohne Milchsaft** → **Seite 173; Milchlinge mit Milchsaft** → **Seite 185**

→ Fleisch faserig, zäh, elastisch oder fest und brüchig, aber immer mit Fasern: **Lamellenpilze/Faserblättler** → **S. 200**

5 (1). Fruchtkörper auf der Unterseite mit Röhren oder Poren: → 6

Die Poren können bei jungen Pilzen durch eine Hülle (Velum) verdeckt sein, die dann am Stiel als Ring zurück bleibt.

→ Fruchtkörper auf der Unterseite nicht mit Röhren oder Poren: → 7

6. Fruchtkörper fleischig, meist zentral (mittig) gestielt und nicht auf Holz wachsend; Röhrenschicht vom Hutfleisch abgegrenzt und leicht ablösbar: **Röhrlinge (Boletales)** → **Seite 158**

→ Fruchtkörper korkartig bis lederig zäh, selten fleischig (dann auf jeden Fall auf Holz); meist ungestielt konsolenartig auf Holz; Röhrenschicht mit dem Hutfleisch verwachsen und nicht leicht ablösbar; auch zentral gestielte Pilze mit lederig zähem Fleisch: **Porlingsartige und Schichtpilzähnliche** → **Seite 332**

Die meisten Pilze dieser Gruppe wachsen konsolenartig an Holz wie der Eichen-Wirrling (Bild rechts unten).

7 (5). Fruchtkörper auf der Unterseite mit Stacheln oder Noppen: → 8

→ Fruchtkörper auf der Unterseite nicht mit Stacheln oder Noppen: → 13

8. Pilz ± zentral (mittig) gestielt: → 11

→ Pilz nicht zentral gestielt; seitlich gestielt oder konsolenartig an Holz wachsend: → 9

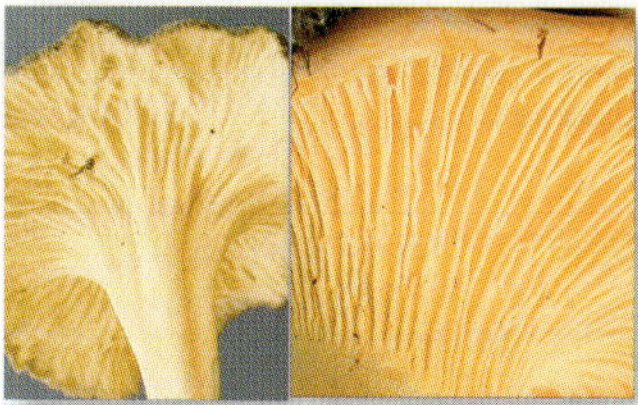

*Bei der **Gelben Kraterelle** (links) sind die Leisten schwächer ausgeprägt als beim **Pfifferling** (rechts), hier gibt es alle Übergänge.*

*Am einfachsten lässt sich das brüchige Fleisch der **Sprödblättler** erkennen, wenn Sie versuchen, den Stiel zu verdrehen oder der Länge nach zu spalten. Da das Fleisch zerbricht wie bei einem Apfel oder Hartkäse ist dies nicht möglich. Bei allen anderen Pilzgruppen entsteht eine faserige Bruchstelle. Die Milchlinge (ab S. 185) haben zusätzlich Milchsaft, der an den verletzten Stellen austritt, Täublinge nicht (ab S. 173).*

*Bei **Steinpilzen** läßt sich, wie bei allen Röhrlingen, das Röhrenfutter leicht vom Hutfleisch trennen.*

Eichen-Wirrling

9. Beige bis brauner, 1-2 cm breiter Hut mit ziemlich langen, erst grauen, dann braunen Stacheln, seitlich gestielt; das ganze Jahr über auf Kiefernzapfen wachsend; I-XII; Sporenpulver weiß, amyloid, Sporen fein punktiert, 4-5,5 x 4-4,5 µm: **Ohrlöffel-Stacheling (Auriscalpium vulgare)**

Dieser Pilz hat sehr spezialisierte Standortansprüche; er wächst auf alten, von Moos überwachsenen oder mit Nadeln überdeckten Kiefernzapfen, dabei wird der gesamte Zapfen vom Myzel durchzogen. Keine Verwechslungsmöglichkeit.

*In der Lupe ist die Unterseite des **Ohrlöffel-Stachelings** zu sehen.*

→ Hut weißlich bis cremfarben; Merkmale anders: → **10**

10. 1-6 cm breite Fruchtkörper, konsolenartig an altem Nadelholz wachsend; weißlich-graues Fleisch glasig-gelatinös, Oberseite feinfilzig; Unterseite mit weichen, pfriemlichen Stacheln; VII-XI; Sporenpulver weiß, inamyloid, Sporen glatt, 6-8 x 5,5-6,5 µm: **Zitterzahn / Eispilz (Pseudohydnum gelatinosum)**

Systematisch gehört der Zitterzahn wegen seiner gelatinösen Konsistenz und dem Aufbau der Sporenständerzellen (Basidien) nicht zu den Stachelpilzen, sondern zu den Gallertpilzen.

*Blanchiert kann der **Zitterzahn** als Salat gegessen werden.*

Oft stehen mehrere Hüte nebeneinander.

Weißliche Fruchtkörper, meist aus mehreren konsolenartigen, büschelig verwachsenen, jeweils 5-15 cm breiten Elementen aufgebaut; Unterseite mit dichten Stacheln besetzt; Fleisch gilbend und im Alter zunehmend lederig-zäh; VIII-XI; auf Laubholz; Sporenpulver weiß, amyloid, Sporen glatt, 3-4 x 2,5-3,5 µm: **Dorniger Stachelbart (Creolophus cirrhatus)** RL 3

Ⓖ

Der ähnliche, essbare Igel-Stachelbart (Hericium erinaceus) wird im Orient gezüchtet. Bei uns ist er noch viel seltener als der Dornige Stachelbart. Er ist aber ganz vereinzelt in verschiedenen Regionen Deutschlands auch schon in freier Natur gefunden worden.

*Der **Dornige Stachelbart** hat eine gewisse Ähnlichkeit mit den Stachelbärten der Gattung Hericium, die jedoch keine Hüte ausbilden und nur aus Büscheln von hängenden Stacheln bestehen. Er ist nicht giftig, sollte aber schon wegen seiner Seltenheit geschont werden.*

11 (8). 6-12 cm großer, blass- bis ockergelber Fruchtkörper zerbrechlich; der meist unregelmäßig verbogene Hut ist fest mit dem kompakten, bis 6 cm hohen Stiel verbunden oder geht in diesen über; besonders auf Kalkböden im Laub- und Nadelwald; VII-X; Sporenpulver weiß, Sporen 6,5-9 x 5,5-8,5 µm: **Semmel-Stoppelpilz (Hydnum repandum)** **→ Seite 420**

Keine Verwechslungsmöglichkeit. Es gibt jedoch eine hellere und eine dunklere Form, die verschiedentlich in Varietäten oder Arten aufgeteilt werden; allerdings gibt es auch Zwischenformen, bei denen die Zuordnung schwer fällt, daher wird hier auf eine Trennung verzichtet.

*Der **Semmel-Stoppelpilz** sieht von oben einem Pfifferling recht ähnlich, er hat auch ein ähnlich festes Fleisch, allerdings wird der Geschmack mit zunehmendem Alter etwas bitter. Daher sollten nur junge Pilze mit kurzen Stacheln gesammelt werden. In der Lupe sind die schon recht langen Stacheln eines älteren Pilzes zu sehen.*

Das Fleisch bricht ähnlich wie bei Sprödblättlern, z.B. Täublingen (vergleichbar einem Apfel), durch die Stoppeln sind sie aber leicht zu erkennen.

→ Merkmale anders: **→ 12**

12. 3-6 cm breiter Pilz mit korkartiger Konsistenz, stachelige Unterseite; Oberfläche ⊥ höckerig; auf Druck rötend und oft blutrote Tropfen abscheidend; brennend scharfer Geschmack; VIII-X; im Gebirge im Nadelwald unter Fichten und Kiefern; Sporenpulver braun, Sporen flach höckerig, 4,5-6 x 3,5-4,5 µm: **Scharfer / Blutender Korkstacheling (Hydnellum peckii)** RL 2

*Auf den ersten Blick ist auch die Gattung der **Duftstachelinge (Phellodon)** ähnlich, sie unterscheidet sich jedoch durch ihr weißes Sporenpulver.*

*Der **Blutende Korkstacheling** kann mit anderen Korkstachelingen verwechselt werden, die aber nicht den markant scharfen Geschmack haben. Von ihnen ist der **Rotbraune Korkstacheling (Hydnellum ferrugineum)** besonders ähnlich, da er jung auch rote Tropfen abscheidet.*

→ 5-20 cm breiter Hut mit bräunlichen, abstehenden Schuppen bedeckt; Stacheln graubraun; kurzer Stiel an der Basis weißfilzig; festes Fleisch mit angenehmem Geruch; Nadelwald, besonders unter Kiefern; VIII-XI; Sporenpulver braun, eckige Sporen 5-7,5 x 4,5-6 µm: **Habichtspilz (Sarcodon imbricatus)**

*Eine Verwechslungsmöglichkeit besteht mit dem seltenen **Gallen-Stacheling (Sarcodon scabrosus)**, der jedoch stärker anliegende Hutschuppen und eine bläuliche Stielbasis hat und bitter schmeckt. Färbepilz;* RL 3

*Der **Habichtspilz** kann abgekocht gegessen werden, sonst kann er unbekömmlich sein. Aus jungen, getrockneten Pilze lässt sich ein sehr aromatisches Würzpulver herstellen.*

13 (7). Fruchtkörper in Hut und Stiel gegliedert, mit wabenartiger oder runzeliger Hutform oder lappiger Außenseite: **Morcheln und Lorcheln → Seite 350**

Die Fruchtschicht ist nicht unbedingt als solche erkennbar, die Sporen werden auf der Außenseite in den oft wabenartigen oder runzeligen bis lappigen Vertiefungen gebildet. Da die Sporen in Schläuchen gebildet werden, gehören diese Arten zu den Schlauchpilzen. Dieses Merkmal ist jedoch nur mit dem Mikroskop zu sehen (s. S. 18).

→ Merkmale anders: → 14

*So unterschiedlich die Oberfläche auch ausgebildet ist – bei der **Speise-Morchel** (links) und der **Herbst-Lorchel** (rechts) ist deutlich eine Gliederung in Hut und Stiel zu erkennen.*

14. Entweder oberirdisch wachsende Fruchtkörper rundlich, birnenförmig bis kopfig gestielt, innen weich werdend bzw. staubig zerfallend, oder sich aus einem „Hexenei" entwickelnde Fruchtkörper, d.h. aus einem runden, einem Ei ähnlichen Gebilde bildet sich ein Fruchtkörper mit porösem und/oder hohlem Stiel oder mehreren Armen: **Bauchpilze (Gasterales) → Seite 321**

Am reifen Fruchtkörper ist das „Hexenei" häufig nicht mehr erkennbar. Meist bleibt jedoch an der Basis des Pilzes ein sackartiges Gebilde zurück. In diese Gruppe gehören auch die Nestlinge und Teuerlinge (s. S. 317), nicht jedoch die rundlichen Holzpilze (s. S. 328).

→ Merkmale anders, wenn rundlich, dann auf Holz, keine Bauchpilze: → 15

Der Birnen-Stäubling (oben rechts) kommt auch auf Holz vor, ist jedoch als typischer Bauchpilz gut an der rundlichen Gestalt und der zur Reifezeit sich im Innern entwickelnden stäubenden Sporenmasse als solcher zu erkennen.

***Birnen-Stäublinge** sind typische Bauchpilze, die ihre Sporen im Innern der Fruchtkörper bilden.*

Sie wachsen, wie nur sehr wenige Bauchpilze, auf Holz .

*Die **Hundsrute** ist ein Bauchpilz, der sich aus einem Hexenei entwickelt – ein aufgeschnittenes und ein intaktes sind im Bild rechts zu sehen.*

15. Fruchtkörper korallen- oder schwammartig, d.h. gabelästig oder strauchförmig verzweigt, auch keulen- oder geweihförmig: → 16

→ Fruchtkörper nicht korallen-, geweih- oder keulenförmig: → 28

16. Fruchtkörper ± keulenförmig, nicht korallen- oder geweihförmig und nicht kräftig orange gefärbt: → 17

→ Fruchtkörper korallen-, geweih- oder schwammartig: → 20

17. 4-8 cm hohe, ± fingerdicke, schwärzliche Fruchtkörper mit warzig-rauer Oberfläche; Fleisch innen weißlich (Anschneiden!); meist auf Buchenholz; fast ganzjährig zu finden, die Sporen auf der Außenseite des Fruchtkörpers reifen im Herbst; Sporenpulver schwarz; Sporen glatt, 20-29 x 5,5-8 µm: **Vielgestaltige Holzkeule (Xylaria polymorpha)**

*Von den 7 Arten in dieser Gattung ist dieses die häufigste, die **Langstielige Holzkeule (Xylaria longipes)** wächst beispielsweise nur auf Ahorn.*

Wie der Name vermuten lässt, ist sie einer der vielgestaltigsten Pilze überhaupt.

*In der Lupe ist ein Längsschnitt der **Vielgestaltigen Holzkeule** zu sehen. Das Fleisch ist innen weiß, während die dunklen Sporen die Außenseite des Pilzes schwarzbraun färben.*

→ Merkmale anders: → **18**

18. 5-15 cm hoher und 3-5 cm breiter, ockergelber bis lederbräunlicher Fruchtkörper; Fleisch weich, weißlich, mit süßlichem Geschmack; Nadel- und Mischwald auf Kalkböden; VIII-X; Sporenpulver weiß, inamyloid, Sporen 9-13 x 5-7 µm: **Abgestutzte Keule (Clavariadelphus truncatus)**

*Die ähnliche, ungenießbare **Herkules-Keule (Clavariadelphus pistillaris)** ist höher, oben nicht abgeflacht und schmeckt bitter. Etwas kleiner ist die **Zungen-Keule (Clavariadelphus ligula).***

*Die Fruchtschicht befindet sich bei der **Abgestutzten Keule** – wie bei allen Keulen – auf der Außenseite des Pilzes. Während sich die Oberfläche dieser Art mit KOH rot färbt, wird sie bei der Herkules-Keule safrangelb und bei der Zungen-Keule bleibt sie unverändert.*

→ Pilz kleiner und schlanker, Fleisch sich mit KOH nicht färbend: → **19**

19. 10-20 cm hohe und sehr schlanke (wenige mm), blassbraune Keulen; Fleisch relativ elastisch und innen hohl; auf Laubholzästen wachsend; IX-XI; Sporenpulver weißlich, Sporen glatt, 12-18 x 5-7 µm: **Röhrige Keule (Macrotyphula fistulosa)**

→ 3-6 cm hohe, hohlfleischige, sehr dünne Keulen auf abgestorbenen Blättern von Birke, Buche und Eiche; X-XI; Sporenpulver weiß, Sporen 6-10 x 3-5 µm: **Binsen-Keule (Macrotyphula filiformis)**

*Während die **Röhrige Keule** (links) auch einzeln bis gesellig wächst, stehen von der **Binsen-Keule** (rechts) meist sehr viele Fruchtkörper nebeneinander; durch die unauffällige Gestalt werden sie jedoch häufig übersehen.*

20 (16). 2-4 cm hohe, schwarze, an der Spitze weiß bestäubte, flachgedrückte, einem Geweih ähnelnde Pilze auf Laubholz, meist Buche; Sporenpulver schwarz, Sporen glatt, 11-15,5 x 4,5-6,5 µm: **Geweihförmige Holzkeule (Xylaria hypoxylon)**

Im Frühjahr reifen die Fruchtkörper heran, dabei verdickt sich der untere Teil des Pilzes, gleichzeitig wachsen die „normalen" (schwarzgefärbten) Sporen .

→ Merkmale anders: → **21**

21. Fleisch biegsam und elastisch bzw. lederig zäh, nicht brüchig: → **22**

→ Fleisch ± brüchig: → **23**

22. Fleisch sehr elastisch, feucht klebrig; 5 cm hoher, meist gabelig verzweigter, leuchtend orangegelber Pilz auf Nadelholzstümpfen; VI-XI; Sporenpulver gelb, inamyloid, Sporen glatt, 8-12 x 4,5-5,5 µm: **Klebriger Hörnling / Schönhorn (Calocera viscosa)**

*Es gibt ein paar holzbewohnende Arten in der Gattung, die anderen Arten sind jedoch kleiner, wie z.B. der **Pfriemförmige Hörnling (Calocera cornea**, kleines Bild).*

→ 3-8 cm hoher, purpurbraun bis grauschwarzer, rosettenförmiger, zäh-lederartiger Pilz, der einer kleinen Koralle ähnelt; die jungen Astspitzen fallen durch ihre hellgraue Farbe auf; Geruch unangenehm nach faulem Kohl; im Nadelwald am Erdboden; IX-XI; Sporenpulver braun, Sporen stachelig, 7-10 x 5-7 µm: **Stinkender Warzenpilz (Thelephora palmata)**

*Die Gattung Warzenpilze enthält noch einige weitere Arten – in Europa kommen 5 Warzenpilze vor – die alle dunkelbraun sind und braunes Sporenpulver besitzen. Der **Erd-Warzenpilz (Thelephora terrestris)** ist auch häufig, er besitzt keinen Stiel und hat unzerschlitzte, fächerförmige Fruchtkörper.*

*Der weiße, puderige Belag auf der **Geweihförmigen Holzkeule** sind sog. Konidien, d.h. „Sporen", die durch Abschnürung der Hyphenenden, also durch vegetative (geschlechtslose) Vermehrung gebildet werden. Diese Konidienformen kommen nahezu ganzjährig vor, können sich aber im Frühjahr verlieren.*

*Der **Klebrige Hörnling** sieht ähnlich aus wie ein Korallenpilz, unterscheidet sich von diesen aber durch die gelatinöse, zäh-knorpelige Konsistenz und gehört zur Gruppe der Gallerttränen (Dacrymycetales).*

*Durch den Geruch ist der **Stinkende Warzenpilz** unverwechselbar. Die warzige Struktur dient der Oberflächenvergrößerung.*

23 (21). Badeschwammartige, ± rundliche Fruchtkörper mit bandartig-krausen Ästen: → **24**

→ Äste nicht bandartig bzw. schwammartig, sondern ± senkrecht aufwärts ausgerichtet: → **25**

24. 10-40 cm großer, ockergelber, rundlicher Fruchtkörper mit bandartig-krausen Ästen, die einem Badeschwamm gleichen; Geschmack nussartig mild und angenehm aromatischer Geruch; am Grunde alter Kiefernstämme auf der wetterabgewandten Seite; VII-XI; Sporenpulver gelblich, inamyloid, Sporen glatt, 5-6 x 4-4,5 µm: **Krause Glucke (Sparassis crispa)** → **Seite 426**

→ 10-50 cm breite, hellere Fruchtkörper von grober, bandartiger Struktur; Fleisch etwas elastischer; am Fuße von Laub- und Nadelholzstämmen; VIII-X; Sporenpulver gelblich, inamyloid, Sporen glatt, 4,5-6 x 3,5-4,5 µm: **Breitblättrige Glucke (Sparassis laminosa / brevipes)** RL 2

25 (23). Gelblich-orangefarbene Fruchtkörper: → **26**

→ Fleischfarben bis weißliche Fruchtkörper: → **27**

26. 4-10 cm hohe, gelbliche bis fleischockerfarbene Fruchtkörper; Basis mit wurzelartigen Myzelsträngen; meist im Laubwald an morschem Holz oder seltener auf dem Erdboden; VIII-XI; Sporenpulver ockergelb, Sporen feinwarzig, 7-10 x 4-5 µm: **Steife Koralle (Ramaria stricta)**

Diese Art kann leicht mit anderen Korallen verwechselt werden, z.B. der ***Kiefern-Koralle (Ramaria eumorpha),*** *deren Sporen stachelig sind. Ein Unterscheidungsmerkmal zur nachfolgenden Art ist die Reaktion des Fleisches mit KOH: Während sich das Fleisch der Steifen und Kiefern-Koralle nicht verändert, wird es bei der Grünenden Koralle rot. Ähnlich ist auch die* ***Flattrige Koralle (Ramaria flaccida)*** *der Bergfichtenwälder.*

Die ***Krause Glucke*** *ist ein schmackhafter Speisepilz mit ganz eigenem, aromatischen Geschmack. Um das Putzen des zerbrechlichen Fruchtfleisches zu erleichtern, ist es ratsam, sie kurz zu blanchieren, damit die Äste weich und biegsam werden.*

Die ***Breitblättrige Glucke*** *hat einen unangenehm muffigen Geruch und Geschmack und eine hellere Farbe sowie breitere Bänder als die Krause Glucke.*

Die ***Steife Koralle*** *ist wegen des bitteren Geschmacks ungenießbar. Insgesamt sind die Korallen eine relativ schwer zu bestimmende Gruppe unter denen es einige Magen-Darm-giftige oder ungenießbare Arten gibt. Ohne mikroskopische Merkmale ist die Bestimmung oft aussichtslos.*

→ 3-6 cm hohe Fruchtkörper, auf Druck und im Alter Fruchtfleisch grün verfärbend; in Fichtenwäldern; VIII-XI; Sporenpulver ockergelb; Sporen warzig, 9-10,5 x 3,5-5 µm: **Grünende Koralle (Ramaria abietina / ochraceovirens)**

*Diese Koralle ist durch das grünende Fleisch gekennzeichnet, allerdings verfärbt sich auch das Fleisch der **Ockergrünen Koralle (Ramaria ochrochlora)**, eine äußerst seltene Art der Gebirgswälder.*

Grünende Koralle

27 (25). 5-15 cm hohe, fleischfarben bis weißliche Fruchtkörper mit kräftigen rotbräunlichen Astspitzen; im Laub- und Nadelwald; VII-X; Sporenpulver ockergelb, Sporen gestreift, 12-18 x 4,5-7 µm: **Rötliche Koralle / Hahnenkamm (Ramaria botrytis)** RL 2

Junge Fruchtkörper sind essbar, da die Art jedoch selten geworden ist, sollten sie nicht gesammelt werden.

*Ältere **Rötlichen Korallen** haben hellere Astspitzen und sind der Blassen Koralle (nächster Pilz) noch ähnlicher.*

→ 8-15 cm hohe, blass rosa Fruchtkörper, die nur ganz an der Spitze lilarötlich gefärbt sind, Gestalt insgesamt aufrechter als die Rötliche Koralle; Laub- und Nadelwald auf Kalkböden; VIII-XI; Sporenpulver ockergelb, Sporen warzig, 8-12 x 4,5-6 µm: **Bauchweh- / Blasse Koralle (Ramaria pallida)** RL 3

*Die **Blasse Koralle** ist vor allem in Österreich und der Schweiz häufig.*

28 (15). Auf Holz wachsend: → **33**

→ Auf dem Erdboden wachsend: → **29**

29. 4-7 cm hoher, gelbstieliger Pilz mit grünlich-gelbem Käppchen; 1-2 cm breiter Hut fast durchscheinend wirkend; Fleisch geleeartig-gallertig; feuchte Waldstellen, meist zwischen Moospolstern; VIII-X; Sporenpulver weiß, Sporen 18-25 x 5 µm: **Gallertkäppchen / Gallertköpfchen (Leotia lubrica)**

Keine Verwechslungsmöglichkeit. Ungiftig, aber nicht als Speisepilz anzuraten.

→ Merkmale anders: → **30**

***Gallertköpfchen** wachsen oft bei Trompeten-Pfifferlingen und sind bestimmt schon mit diesen in so manch einer Pfanne gelandet. Ich habe noch Walter Pätzolds Spruch von der „selbstsortierenden Pilzpfanne" im Ohr, da sie durch ihre Konsistanz beim Braten aus der Pfanne springen.*

30. Fruchtkörper ± becherförmig: **Becherlinge** → **Seite 349**

→ Pilz ohr-, tüten-, spatel- oder trichterförmig; nicht becherförmig: → **31**

31. Spatelförmige, gelbe Fruchtkörper insgesamt bis 5 cm hoch; Kopfteil bis 2 cm breit, fächerförmig und meist wellig verbogen; VIII-IX; Bergnadelwälder; Sporenpulver weißlich, Sporen 38-48 x 2-2,5 µm: **Dottergelber Spateling (Spathularia flavida)**

*In der Lupe sind die Sporen des **Dottergelben Spateling** zu sehen.*

→ Merkmale anders: → **32**

32. Ca. 10 cm großer, rötlicher, lappiger, tüten- oder trichterförmiger Pilz, einseitig eingeschnitten; VII-X; auf kalkhaltigen Böden meist an vergrabenem Nadel- und Laubholz, besonders Fichte und Buche; Sporenpulver weiß, inamyloid, Sporen 8-12 x 5-6,5 µm: **Roter Gallerttrichter (Tremiscus helvelloides)**

Er kann als Salatpilz gegessen oder in Essig eingelegt werden. Er sollte aber dort, wo er selten ist, geschont werden.

Roter Gallerttrichter

→ 5-10 cm hohe, gelbliche Fruchtkörper ähnlich geformt wie ein Eselsohr; Fleisch brüchig; VII-XI; Laubwälder; Sporenpulver weiß, Sporen mit 2 Öltropfen, 11-13 x 6-7 µm; **Eselsohr (Otidea onotica)**

*Das **Eselsohr** ist essbar, aber schützenswert.*

33 (28). Grüne, 3-5 mm breite, pokal- bis becherförmige Fruchtkörper auf Laubholz; IV-XI; Sporen 6-10 x 1,5-2 µm: **Grünspanbecherling (Chlorosplenium aeruginascens)**

*Das Holz färbt sich durch den **Grünspanbecherling** oft grünblau.*

→ Keine grünen Becherchen: → **34**

34. Fruchtkörper leuchtend gefärbt; gelb, orange oder rötlich: → **35**

→ Fruchtkörper mit unauffälligen, bräunlichen Farben: → **38**

35. Ca. 10 cm großer, rötlicher Pilz: **Roter Gallerttrichter (Tremiscus helvelloides)** Beschreibung und Foto s. Nr. 32

→ Merkmale anders: → **36**

36. Unregelmäßig hirnartig gewundene, 1-5 cm breite, goldgelbe Fruchtkörper auf Laubholz, orange eintrocknend; weichlich-gelatinöses Fleisch; ganzjährig; Sporenpulver weiß, inamyloid, Sporen glatt, 9-15 x 8-12 µm: **Goldgelber Zitterling (Tremella mesenterica/ lutescens)**

*Sehr ähnlich aussehend, aber auf Nadelholz wachsend ist die **Riesen-Gallerttráne (Dacrymyces chrysospermus).***

→ Pilz rundlich, becher- bis scheibenförmig: → **37**

37. Ca. 15 mm große, orange Pilze auf Laub- und Nadelholz; jung rundlich, später scheibenförmig ausgebreitet; Rand mit borstigen Haaren bewimpert; V-X; Sporen 19-21 x 13 µm: **Holz-Schildborstling (Scutellinia scutellata)**

→ 1-3 mm breite, leuchtend gelbe Becherchen auf Laubholz; VII-X; Sporen 10 x 4 µm: **Zitronengelbes Holzbecherchen/ Reisigbecherchen (Bisporella citrina)**

38 (34). Fruchtkörper anfangs rundlich, später sich oben öffnend mit Ei-ähnlichen Innenkörperchen:
Bauchpilze (Gasterales) → **Seite 321**

Der Gestreifte Teuerling und der Topf-Teuerling sind Beispiele für zwei dieser Bauchpilze.

→ Merkmale anders: → **39**

39. 3-6 cm breite Fruchtkörper, lappig bis ohrartig auf Laubholz wachsend, vor allem auf Holunder; Fleisch gallertig-knorpelig; ganzjährig; Sporenpulver weiß, inamyloid, Sporen glatt, 16-23 x 6-7 µm: **Judasohr (Hirneola / Auricularia auricula-judae)** → **Seite 428**

Das Judasohr ist wie viele Ohrlappenpilze (Auriculariales) in der Form sehr veränderlich. Es wird ebenso wie verwandte Arten aus Ostasien importiert und in Chinagerichten verwendet.

Goldgelber Zitterling

Holz-Schildborstling

Zitronengelbes Holzbecherchen

Gestreifter *(links) und* **Topf-Teuerling** *(rechts)*

Judasohr

→ Merkmale anders: → **40**

40. 5-15 mm dicker Belag aus hirnartig, kraus gewundenen, weichgallertigen, gelatinösen, grauschwärzlichen Fruchtkörpern auf toten Ästen von Laubbäumen; ganzjährig; Sporenpulver weiß, inamyloid, Sporen glatt, 10-13 x 4-5 µm: **Warziger Drüsling (Exidia glandulosa/plana)**

Die eingetrockneten Fruchtkörper sind kaum millimeterdick, bei Regen quellen sie erneut auf (kleines Bild links).

Es gibt ca. 15 Arten, die den Zitterlingen ähneln, von denen sie sich jedoch durch die drüsig punktierte Fruchtschicht (Hymenium) unterscheiden. Sie lässt sich am besten fühlen, wenn mit dem Finger darüber gestrichen wird. Aber auch unter den Drüslingen gibt es verschiedene, recht ähnliche Arten. Am ähnlichsten ist der ***Abgestutzte / Becherförmige Drüsling (Exidia truncata,*** *kleines Bild rechts) mit größeren, einzelnen Fruchtkörpern*

→ Merkmale anders: → **41**

41. 2-4 cm breite Fruchtkörper, becherförmig, glänzende Ober- und raue Unterseite; IX-XI; meist auf der sonnenabgewandeten Seite an lagernden Eichenstämmen, aber auch auf anderem Laubholz; Sporenpulver braunschwarz, Sporen 11-14 x 6-7 µm: **Schmutzbecherling (Bulgaria inquinans)**

Der Schmutzbecherling ist ein typischer Erstbesiedler frisch gefällter Eichen. Er gehört in die Gruppe der Schlauchpilze. Eine Besonderheit dieses Pilzes ist, dass von den 8 in einem Schlauch gebildeten Sporen nur 4 zur Reife gelangen.

→ Merkmale anders: → **42**

42. Laubholz (besonders Buche) überziehende, rotbraun bis schwärzliche, 0,5-1 cm breite, rundliche Fruchtkörper; ganzjährig; Sporenpulver schwarz, Sporen 11-15 x 5,5-7,5 µm: **Rötliche Kohlenbeere (Hypoxylon fragiforme)**

*Der **Warzige Drüsling** verdankt seinen Name den warzenartigen Drüsenpunkten auf der Oberseite. Er wird gelegentlich auch als Hexenbutter bezeichnet. Da dieser Name jedoch auch bei den Schleimpilzen vorkommt, ist er eher irreführend.*

*Der braunschwarzen Sporen des **Schmutzbecherlings** machen die Finger bei Berührung schmutzig. Zur Reife wird die Sporenmasse durch den Innendruck der Sporenbehälter in die Luft geschleudert, so dass auch die umgebende Baumrinde mit schwarzem Sporenpulver überzogen sein kann. Früher wurde dieser Holzpilz wegen dieser Eigenschaft zum Färben verwendet.*

*Die **Rötliche Kohlenbeere** ist einer der häufigsten Pilze und in jedem Laubwald zu finden.*

→ Merkmale anders: → **43**

43. Fruchtkörper meist flächig das Laubholz überziehend (oft an der Stirnseite von Lagerholz), Kanten hutartig abgeknickt und wellig verbogen; Fruchtschicht an der Unterseite glatt (Lupe); Fleisch lederig zäh; Weißfäuleerreger; ganzjährig; Sporenpulver weiß, amyloid, Sporen glatt, 6-8 x 2-3 µm: **Zottiger Schichtpilz (Stereum hirsutum)**

Man könnte diesen Pilz auf den ersten Blick auch für eine Schmetterlings-Tramete (s. S. 341 Nr. 32) oder einen anderen Porling halten, da er ähnlich wie diese auf Holz wächst. Die Fruchtschicht ist jedoch glatt, d.h. auch mit der Lupe sind keine Poren zu erkennen. Dadurch unterscheidet er sich von der Familie der Porlingsartigen (Polyporaceae).

→ Gesamter Fruchtkörper flächig dem Holz aufliegend: **Rindenpilze (Corticiaceae)**

*Es gibt verschiedene Pilzgattungen, die als auf dem Holz aufliegender Belag sichtbar werden. Besonders häufig sind die **Zystidenrindenpilze** (Gattung **Peniophora**), sowie der **Rindensprenger (Vuilleminia comedens)**, der auf Laubholz, vor allem Eiche, wächst. Es ist ein sich feucht und schmierig anfühlender Belag, der zum typischen Ablösen und Aufrollen der Rinde führt. Im Gegensatz zu den Schichtpilzen gibt es hier keine abstehenden Pilzteile. Ähnlich den oben genannten Gattungen, liegen auch die feuchten, dünnen „Farbanstriche" der **Wachskrusten** (Gattung **Exidiopsis**) dem jeweiligen Holz auf.*

→ Bis 10 cm hohe, sehr harte und schlanke Fruchtkörper; Geruch und Geschmack metallisch. Die genaue Biologie ist trotz der relativen Häufigkeit unklar, da zwar Abschnürungen rostbrauner Hyphenenden beobachtet werden konnten, jedoch keine Sporen auftreten; Vorkommen ganzjährig, vor allem in der Nähe von Siedlungen. Es wird vermutet, dass er den Lebensraum mit der Steinlaus (Petrophaga lorioti) teilt: **Nagelpilz (Ferreum variabilis)**

*Der **Zottige Schichtpilz** ist sehr variabel und manchmal schwer zu bestimmen. Ein Doppelgänger ist der **Samtige Schichtpilz (Stereum subtomentosum)**, der in Feuchtgebieten auf Weiden und Erlen wächst. Er hat einen gelben Hutrand. Der **Prächtige Schichtpilz (Stereum insignitum)** hat einen lebhaft orangeroten Hutsaum und kommt vor allem in wärmebegünstigten Regionen vor.*

*Auf Buche wächst beispielsweise die **Rosagetönte Wachskruste (Exidiopsis effusa)**, die **Graue Wachskruste (Exidiopsis grisea)** kommt meist auf Weißtannen und die **Kalkfarbene Wachskruste (Exidiopsis calcea)** auf Fichtenholz vor. Jung setzt sich der Pilz aus einzelnen rundlichen Flecken zusammen, mit fortschreitendem Alter bildet sich eine zunehmend geschlossene Fläche.*

*Die taxonomische Stellung des **Nagelpilzes** (Ferreum variabilis) befindet sich durch Unklarheiten im Fortpflanzungsmodus in lebhafter Diskussion.*

11.1 Röhrlingsverwandte (Ordnung Boletales)

Das kennzeichnende Merkmal dieser Gruppe ist die **leicht vom Hutfleisch ablösbare Fruchtschicht***, egal ob diese wie ein Schwamm oder wie Lamellen aussehen. Daher gehören in diese Ordnung nicht nur die* **typischen Röhrlinge** *wie Steinpilze und Maronen, sondern auch ein paar Gattungen, die auf den ersten Blick eher zu den Lamellenpilzen zu passen scheinen.*

Die gesamte Ordnung enthält 4 Familien, von denen nur die Röhrlinge *(Boletaceae)* näher beschrieben werden, da dies die umfangreichste Gruppe ist und sehr viele bekannte Speisepilze enthält, wie beispielsweise Steinpilz, Marone und Gold-Röhrling. Daneben gibt es die Familie der Düsteren und Strubbelkopf-Röhrlinge *(Strobilomycetaceae)* mit zwei Gattungen, die in Mitteleuropa durch jeweils eine Art vertreten ist, den Porphyr-Röhrling und den Strubbelkopf. Die Familie der Kremplingsartigen *(Paxillaceae)* umfasst 5 Gattungen mit insgesamt ca. 10 Arten. Die Familie der Gelbfußartigen *(Gomphidiaceae)* umfasst knapp 10 Arten aus zwei Gattungen.

Der **Steinpilz** *ist ein typischer „Röhrlingsverwandter" mit leicht vom Hutfleisch ablösbarer Fruchtschicht.*

Bei diesen recht unterschiedlich aussehenden Familien zeigt ihre leicht vom Hutfleisch ablösbare Fruchtschicht ihre enge Verwandtschaft zueinander. Die Beschreibung der Verwandtschaftsverhältnisse alleine nach diesem Merkmal kann aber leider auch später wieder zu Verwirrungen führen, wenn es auch innerhalb der Lamellenpilze bei den Ritterlingsartigen *(Tricholomataceae)* um die Rötelritterlinge *(Lepista)* geht, denn auch hier treten Lamellen auf, die sich wie auf einer Seifenschicht auf dem Hutfleisch verschieben lassen. Mit den Röhrlingen sind sie aber keinesfalls verwandt.

Der **Rosenrote Gelbfuß** *wächst häufig zusammen mit dem Kuh-Röhrling, dessen ökologische Ansprüche er teilt. Im Hintergrund sind einige alte Kuh-Röhrlinge zu sehen. Beide Arten gehören zu den Röhrlingsverwandten, jedoch in unterschiedliche Familien: der Kuh-Röhrling ist ein „Echter" Röhrling (Boletaceae), während die Gattung Gelbfuß zu den Gelbfußartigen (Gomphidiaceae) gehört.*

Röhrlingsverwandte (Boletales)

Die Fruchtschicht, egal ob Röhren oder Lamellen, sind nicht fest mit dem Hutfleisch verwachsen.

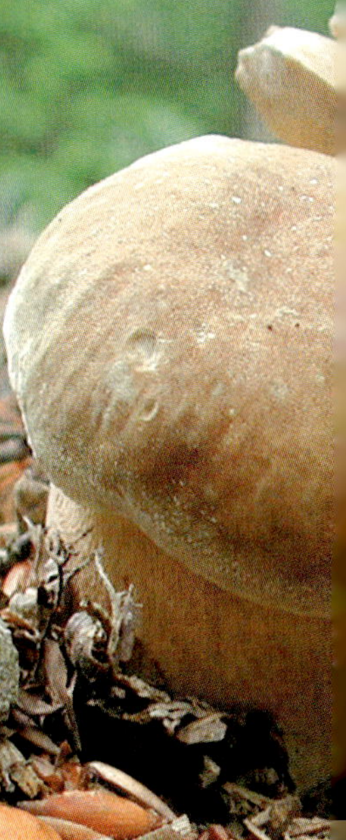

Röhrlinge (Boletaceae)

Die Fruchtschicht ist aus Röhren aufgebaut.

Dickröhrlinge (Boletus) S. 151 / 164

Dickbäuchige Stiele und trockene Hüte.

Mykorrhizapilze

Schmierröhrlinge (Suillus) S. 155 / 161

Schmieriger bis schleimiger Hut mit abziehbarer Huthaut.

Mit oder ohne Ring am Stiel.

Mykorrhiza mit Nadelbäumen.

Filzröhrlinge (Xerocomus) S. 156 / 162

Trockener, filziger oder samtiger Hut.

Kein Ring am Stiel.

Mykorrhizapilze

Raustielröhrling (Leccinum) S. 153 / 159

Flockiger bis rauschuppiger Stie meist schlanker Gestalt.

Mykorrhizapilze

Strubbelkopf- und Düstere Röhrlinge (Strobilomycetaceae) S. 158

Graue bis dunkle Farbe, strubbelige oder filzige Hutoberfläche.

Mykorrhizapilze

Gelbfussartige (Gomphidiaceac) S. 150 / 168

Lamellen entfernt stehend, herablaufend und im Alter durch das schwarzviolette Sporenpulver dunkel gefärbt.

Ringzone vorhanden.

Mykorrhizapilze

Kremplingsartige (Paxillaceae) S. 168

Schmale, herablaufende und oft gegabelte Lamellen.

Hut nicht schleimig und Hutrand meist lange eingerolllt.

Fäulniszersetzer auf Holz oder Erdboden.

Hintergrundbild:
Sommer-Steinpilz
(Boletus reticulatus)

Das **Kuhmaul** *(Gomphidius glutinosus) gehört in die Gattung der Schmierlinge aus der Familie der Gelbfußartigen (Gomphidiaceae). Sie verdanken ihren Namen der schleimig-schmierigen Huthaut und der gelben Fleischfarbe in der Stielbasis. Die Lamellen sind dicklich, weit entfernt stehend und herablaufend und, wie für die Gruppe typisch, leicht vom Hutfleisch trennbar.*

11.1.1 Röhrlinge (Familie Boletaceae)

Insgesamt gehören zu den Röhrlingen 11 Gattungen mit zusammen etwas über 50 Arten. Den Namen Röhrlinge verdankt diese Gruppe ihrer röhren- oder schwammartigen Fruchtschicht, die aus vielen nebeneinander liegenden Röhren zusammengesetzt ist. In jeder von ihnen wird eine unglaublich großen Anzahl von Sporen produziert.

Zwar gibt es auch bei den Porlingen (s. S. 328) eine Fruchtschicht (Hymenium), die aus Röhren aufgebaut ist. Jedoch ist sie bei diesen fest mit dem Fleisch verbunden und lässt sich nicht leicht lösen.

Den **Winter-Porling** *(Polyporus brumalis) könnte man auf den ersten Blick für einen Röhrling halten, da die Fruchtschicht auch hier aus rundlichen Poren aufgebaut ist. Dadurch, dass sie sich nicht leicht vom Fruchtfleisch trennen lässt und der ganze Pilz korkig-zäh ist, lassen sich beide Gruppen gut unterscheiden. Zudem wachsen die Porlinge in der Regel auf Holz und die Röhrlinge auf dem Erdboden.*

11.1.1.1 Dickröhrlinge (Gattung Boletus)

Vermutlich fällt Ihnen zuerst das Bild eines Steinpilzes mit bauchigem Stiel ein, wenn von Dickröhrlingen die Rede ist. Tatsächlich erreichen diese Arten oft imposante Ausmaße. Doch diese Gruppe beinhaltet nicht nur Speisepilze.

Viele der ca. 25 Arten sind wärmeliebend und einige selten geworden. Allen gemeinsam sind die dickbäuchigen Stiele, die oft eine Netzzeichnung oder feine Pusteln aufweisen. Die Hüte sind meist sehr groß und variieren von weißlich-grau bis zu verschiedenen Brauntönen. Das Sporenpulver ist olivocker bis olivbraun und die Sporen länglich-oval bis spindelig und glatt. Der Keimporus ist nicht zu sehen.

Das Fleisch der essbaren Dickröhrlinge ist fest und schmackhaft. Einige Arten bläuen auf Druck und beim Anschneiden, wie beispielsweise der Flockenstielige Hexen-Röhrling, doch trotz dieses ungewöhnlichen Merkmales ist er ein hervorragender Speisepilz. Beim Zubereiten nimmt das dunkel blauschwarz verfärbte Fleisch dann sogar, wie von Zauberhand, wieder seine gelbliche Farbe an.

Gattungsmerkmale am Beispiel des Satans-Röhrlings

*Der **Satans-Röhrling** (Boletus satanas) ist ein typischer Dickröhrling. Er ist einer der wenigen giftigen Röhrlinge. Da er sich nicht durch einen bitteren Geschmack verrät, wie z.B. der Gallen- und der Schönfuß-Röhrling, ist es ratsam, ihn als „Doppelgänger“ der Hexen-Röhrlinge kennen zu lernen. Er ist vor allem durch die helle Hutfarbe, die roten Poren und den roten Stiel gekennzeichnet.*

Die Hauptvegetationszeit der meisten Dickröhrlinge reicht vom Frühsommer bis zum ersten Frost.

*Der **Sommer-Steinpilz** (Boletus reticulatus) ist einer der ersten im Jahr. Man findet ihn von Mai bis August meist in der Nähe von Eichen, mit denen er eine Symbiose eingeht. Daher wird er auch Eichen-Steinpilz genannt.*

Alle Dickröhrlinge sind Mykorrhizapilze, die in Symbiose mit den Wurzeln bestimmten Baumarten leben. Bei der Unterscheidung der verschiedenen Arten der oft sehr ähnlich aussehenden Steinpilze liefern die verschiedenen Baumpartner auch wichtige Hinweise für die Bestimmung. Da aber alle Steinpilze essbar sind, besteht eine Verwechslungsgefahr nur mit Arten aus anderen Gruppen. Für die Unterscheidung der Sektionen gibt es ein paar sichere Merkmale. Für den Anfänger gibt es eine einfache Regel, alle hellhütigen Arten zu meiden, da sie giftig, bitter oder schwer verdaulich sein können. Alle mild schmeckenden Arten ohne Rotfärbung in Poren oder Stiel sind essbar.

Die Fruchtschicht kann verschiedene Farben aufweisen, grundsätzlich sind die Poren bei allen Arten relativ klein. Die etwa 25 Arten können nach der Farbe der Poren in verschiedene Sektionen eingeteilt werden:

Sektion	**Steinpilzverwandte (Edules)**	**Hexen-Röhrlings-verwandte (Luridi)**	**Schönfußröhrlingsverwandte (Calopodes)**
Porenfarbe	Jung weiß, später gelblich bis olivfarben 	rot 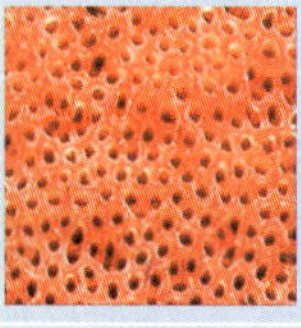	Jung gelbe, später olivfarbene Röhren 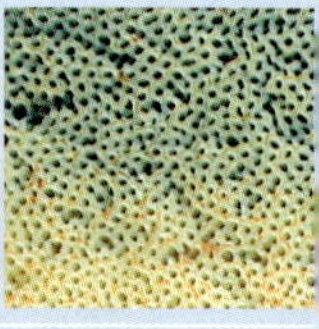
Speisewert	essbar	essbar bis giftig	ungenießbar
Beispiel	Steinpilz	Hexen-Röhrlinge, Satanspilz	Schönfuß-Röhrling

11.1.1.2 Raustielröhrlinge (Gattung Leccinum)

Der Name verrät auch bei dieser Gattung das wichtigste Merkmal, ihren rauschuppigen oder flockigen Stiel. Er entsteht daher, dass die meist etwas dunklere Stielrinde beim Heranwachsen nicht mitwächst und aufreißt. Der Stiel ist meist im Verhältnis zum Hut relativ schlank und hoch.

Die Hutoberfläche dieser großen bis mittelgroßen Röhrlinge ist feinfilzig, oft lebhaft orange bis rot gefärbt (wie bei den Rotkappen) oder mit verschiedenen Brauntönen. Die ca. 20 Arten sind z.T. nur sehr schwer zu bestimmen. Da es in dieser Gruppe keine giftigen Arten gibt, genügt zur Verwendung als Speisepilz das Erkennen der Gattung. Einige Arten sind allerdings selten geworden und sollten geschont werden. Bei den Rotkappen ist die Huthaut ± überhängend und das Hutfleisch bleibt meist lange fest. Bei den „Birkenröhrlingsartigen" wird das Fleisch bald weich und die Röhren sind „übergreifend", d.h. der Schwamm quillt unter der Huthaut hervor.

Gattungsmerkmale am Beispiel der Espen-Rotkappe

*Die **Espen-Rotkappe** (Leccinum aurantiacum / rufum) wächst von Juni bis Oktober unter Zitter-Pappeln, mit denen sie eine Lebensgemeinschaft eingeht. Neben dem Baumpartner sind die rotbrauen Stielschuppen ein gutes Erkennungsmerkmal. Sie ist, wie alle Rotkappen, relativ selten geworden und sollte geschont werden.*

*Der **Hainbuchen-Raustielröhrling** (Leccinum carpini) ist in Mitteleuropa der einzige Vertreter der Raustielröhrlinge mit braunen Hutfarben, dessen Fleisch beim Erhitzen schwärzt (kleines Bild oben). Wie sein Name vermuten lässt, wächst er überwiegend in Lebensgemeinschaft mit Hainbuchen. Er kann jedoch auch einmal mit Hasel vorkommen, wenn keine Hainbuchen vorhanden sind. Mit Eisensulfat verfärbt sich das Fleisch dieser Art grünlich (kleines Bild unten).*

Alle Raustielröhrlinge sind Mykorrhizapilze. Es gibt ca. 40 verschiedene Arten. Da einige von ihnen streng an bestimmte Baumarten gebunden sind, ist der Standort ein wichtiges Merkmal für die Bestimmung. Bei vielen Arten lässt der Artname erkennen, mit welchem Baum eine Lebensgemeinschaft eingegangen wird, so zum Beispiel beim Birkenpilz oder dem Hainbuchen-Raustielröhrling. Die Hauptvegetationszeit ist vom Sommer bis zum Herbst.

Das Fleisch der Rotkappen färbt sich mit Ausnahme der Fichten-Rotkappe durch das Erhitzen schwarz. Für die Bestimmung kann auch Eisensulfat herangezogen werden, das auf dem Fleisch eine grünliche bis graue oder blaugrüne Färbung hervorrufen kann. Dieses Merkmal ist jedoch recht unsicher. Das Sporenpulver ist gelb- bis olivbraun und die Sporen glatt und länglich. Der Schwamm ist in der Regel tief ausgebuchtet bis aufsteigend angewachsen oder manchmal auch fast frei.

*Bei **„den Rotkappen“** ist die Huthaut über den Schwamm übergreifend, während bei **„den Birkenpilzen“** der Schwamm besonders im Alter unter dem Hut hervorquillt.*

11.1.1.3 Schmierröhrlinge (Gattung Suillus)

Die etwa 20 mittelgroßen Arten aus dieser Gruppe haben alle eine schmierige bis schleimige Hutoberfläche, und ihre Huthaut ist ± abziehbar. Sind die Hüte der Schmierröhrlinge bei trockenem Wetter ausgetrocknet, kann man durch erneutes Anfeuchten feststellen, ob es sich um schmierige Hüte handelt. Diese ziehen dann Fäden, wenn mit einem feuchten Finger darauf getippt wird. Oft sind schmierige Hüte auch daran zu erkennen, dass Erde und Pflanzenteile auf dem Hut kleben.

Die Hutfarbe reicht von gelb und hellbraun bis zu den verschiedensten Brauntönen, seltener ist sie weißlich. Die Röhren sind gelblich bis bräunlich. Das essbare Fleisch sollte schnell verarbeitet werden, da es sonst weich und schmierig wird. Die Röhren sind weißlich, gelb, gelborange oder olivbräunlich und das Sporenpulver gelbbräunlich bis olivbraun. Die Sporen sind glatt und spindelig bis länglich. Der Stiel ist zylindrisch und trägt keine Netzzeichnung. Für die Artbestimmung ist es wichtig, ob ein Ring, bzw. Ringreste am Stiel vorhanden sind. Ein weiteres Erkennungsmerkmal für einige Arten sind die Drüsenpunkte (Guttation) an der Stielspitze.

Alle Schmierröhrlinge sind Mykorrhizabildner mit Nadelbäumen, die meisten sind an Kiefer oder Lärche gebunden. Die Hauptvegetationszeit ist Sommer bis Herbst.

Gattungsmerkmale am Beispiel des Butterpilzes

*Der **Butterpilz** (Suillus luteus) galt früher als uneingeschränkt essbar. Inzwischen gehen über seinen Speisewert die Meinungen auseinander (s. S. 82). Er wächst von August bis November unter Kiefern auf Sandböden. Bei diesem Schmierröhrling ist eine Teilhülle vorhanden, die bei den jungen Pilzen schützend vor der Fruchtschicht liegt – ein Merkmal, das bei anderen Arten dieser Gattung fehlt.*

*Der **Sand-Röhrling** (Suillus variegatus) hat die filzigste Huthaut aus dieser Gattung der Schmierröhrlinge und bildet eine Ausnahme. Solche Ausnahmen finden sich leider immer wieder bei der Betrachtung der verwandtschaftlichen Verhältnisse, hier hilft es eher diese Vertreter „auswendig" zu lernen, als die Kriterien nachvollziehen zu können.*

11.1.1.4 Filzröhrlinge (Gattung Xerocomus)

Die ca. 20 Filzröhrlinge sind in ihrer Gestalt den Schmierröhrlingen sehr ähnlich. Es sind mittelgroße Pilze mit ± trockenhütigem, gelbbraunen bis rotbraunen Hut und zylindrischem Stiel. Sie erreichen nicht ganz die Größe der Dickröhrlinge. Die Röhren sind ausgebuchtet angewachsen bis etwas herablaufend und gelb bis olivgelb.

Ein wichtiges Bestimmungsmerkmal ist das Blauen bei Druck auf das Röhrenfutter oder des Fleisches im Anschnitt. Außer dem Schmarotzer-Röhrling (Xerocomus parasiticus), der auf Kartoffelbovisten wächst, gehen alle Arten eine Mykorrhiza mit Bäumen ein. Das Sporenpulver ist oliv-bräunlich und die glatten Sporen länglich-oval bis spindelig. Die Hauptvegetationszeit liegt im Sommer und Herbst.

*Die **Marone** stellt das Gegenstück zum Sand-Röhrling dar. Sie ist der Vertreter mit der schmierigsten Huthaut aus der Gruppe der Filzröhrlinge. Sie besitzt blauendes Fleisch und auf Druck blauendes Röhrenfutter (Lupe). Bei den braun angelaufenen Stellen (kleines Bild oben) handelt es sich um verdorbene Stellen des Pilzes. Hier tritt auch keine Farbreaktion beim Anschneiden mehr ein. Alte Pilze sollten auf keinen Fall gegessen werden.*

Gattungsmerkmale am Beispiel der Ziegenlippe

Die ***Ziegenlippe*** *(Xerocomus subtomentosus) findet man von Juli bis Oktober im Nadel- und Mischwald. Sie kann anderen Filzröhrlingen recht ähnlich sehen. Die gesamte Gattung enthält jedoch nur Speisepilze, so dass die Verwechslung z.B. mit Rotfuß-Röhrlingen oder Maronen keine Folgen nach sich zieht. Das Fleisch blaut nicht oder nur sehr wenig und die gelben Röhren behalten lange ihre leuchtende Farbe.*

Einige Arten lassen sich mit Ammoniak unterscheiden. So zeigt der **Braune Filzröhrling (Xerocomus spadiceus)** im Gegensatz zur Ziegenlippe beispielsweise mit Ammoniak einen blaugrünen Farbumschlag. Die Unterteilung der Arten ist nicht bei allen Autoren einheitlich, und eine genaue Zuordnung ist wegen der Variabilität der Merkmale oft nicht ganz einfach. Für den Speisepilzsammler spielen diese Unterschiede allerdings nur eine unwesentliche Rolle, da alle Arten essbar sind.

Es gibt noch eine Reihe weiterer Gattungen, die den Schmier- oder Filzröhrlingen ähnlich sehen. Viele von ihnen sind relativ selten. Der ***Hohlfuß-Röhrling*** *(Boletinus cavipes) beispielsweise ist nur im Mittel- und Hochgebirge häufiger. Er ist an dem beringten, hohlen Stiel leicht zu erkennen. Daher kommt auch sein Name: lat. cavus = hohl, pes = Fuß.*

Bestimmungsteil

1. Hutunterseite mit Röhren, die ein ± gleichmäßiges Adernetz bilden: **→ 2**

> *Bei 2 geht es weiter mit den „normalen" Arten, die allgemein als „Schwammpilze" bezeichnet werden.*

→ Hutunterseite mit lamellenartigen Strukturen, die Querverbindungen sind, falls vorhanden, weniger ausgeprägt als die vom Stiel zum Hutrand verlaufenden. Ihre leicht vom Hutfleisch trennbare Fruchtschicht weist sie als Verwandte der Röhrlinge aus: **Röhrlingsverwandte aus verschiedenen Familien: → 28**

*Tatsächlich sehen die Pilze aus dieser Gruppe eher wie ganz normale Lamellenpilze aus und man würde sie nicht unbedingt als zu den Röhrlingen gehörig einstufen (s. S. 147). Beim **Kahlen Krempling** kann man besonders am Lamellenansatz eine netzartige Verbindung erkennen.*

2. Pilz von düsterem Aussehen; rötendes oder grünendes und dann schwärzendes Fleisch; **Strubbelkopf und Düstere Röhrlinge (Strobilomycetaceae) → 3**

> *Als Speisepilze sind sie geschmacklich minderwertig. Walter Pätzold, der Leiter der Schwarzwälder Pilzlehrschau, meint dazu: „Sie schmecken so düster wie sie aussehen."*

→ Pilz bräunlich oder lebhaft gefärbt, insgesamt kein düsteres Aussehen: **→ 4**

3. 5-10 cm breiter Hut mit grauen, dachziegelartig abstehenden Schuppen; Röhren jung weißlich und später schwarzbraun, auf Druck zunächst rötend und später schwärzend; unangenehmer Geruch und Geschmack; VII-X; Laub- und Nadelwald; Sporenpulver dunkelbraun; Sporen 10-13 x 9,5-11 µm: **Strubbelkopf (Strobilomyces strobilaceus)**

Strubbelkopf

→ 4-12 cm breiter Hut glatt, grau bis schwarzbraun; Röhren jung graubräunlich und später schwarzbraun (± Hutfarbe); Stiel häufig längsgefasert; Fleisch im Schnitt zunächst grünend oder rötend und später schwärzend; Geruch und Geschmack unangenehm; VI-X; meist im Nadelwald auf sauren Böden; Sporenpulver dunkel-rotbraun, Sporen glatt, 14-20 x 6-8 µm: **Porphyr-Röhrling (Porphyrellus porhyrosporus)**

*Die ohnehin dunklen Röhren des **Porphyr-Röhrlings** werden auf Druck noch dunkler (Lupe).*

4 (2). Gelb- bis orangebräunlicher, 2-5 cm breiter Hut, bei feuchtem Wetter schmierig; Röhren erst orange, später rostbraun, Poren ziemlich grob; schlanker Stiel ± hutfarben mit chromgelber Basis; Geschmack brennend scharf; VIII-XI; Nadel- und Mischwald unter Fichten und Kiefern; Sporenpulver ockerbraun, Sporen glatt, 8-10 x 3-4 µm: **Pfefferröhrling (Chalciporus piperatus)**

→ Merkmale anders: → **5**

5. Stiel rauschuppig oder flockig; Hut mit feinfilziger Oberfläche; Röhren meist tief ausgebuchtet bis aufsteigend angewachsen oder manchmal auch fast frei; Sporenpulver gelb- bis olivbraun, längliche Sporen glatt: **Gattung Raustielröhrling (Leccinum) → 6**

→ Stiel netznervig oder glatt, höchstens feinflockig → **9**

*Der Stiel des **Pfefferröhrlings** zeigt im Anschnitt chromgelbes Fleisch. Durch den nach einigen Sekunden pfefferigen Geschmack ist dieser Röhrling unverwechselbar. Als Würze ist er jedoch nicht brauchbar, da die „Pfefferwirkung" beim Erhitzen verloren geht und der Pilz dann einen unangenehmen Geschmack entwickelt.*

Raustielröhrlinge (Leccinum)

6. Hut braun; Schwamm bei älteren Pilzen unter dem Hut ± hervorquellend: **„Birkenpilze" → 8**

→ Hut rot; Huthaut ± überhängend, Hutfleisch meist lange fest bleibend: **„Rotkappen" → 7**

> *Rotkappen sind festfleischiger und verderben nicht so leicht wie die Birkenpilze. Es sind daher bessere Speisepilze. Sie schwärzen jedoch bei der Zubereitung und sind sehr viel seltener zu finden.*

*Das Fleisch der **Birkenpilze** wird bald weich und die Röhren sind „übergreifend", d.h. der Schwamm quillt bei älteren Pilzen unter der Huthaut hervor. Bei allen Raustielröhrlingen entsteht der raue Stiel dadurch, dass die Stielrinde dem Wachstum des Stieles nicht folgen kann und charakteristisch aufreißt.*

7. Stiel mit schwärzlichen Schuppen, an der Basis oft blaugrünlich verfärbend; Hut 5-15 cm breit, orangerötlich; VI-X; Birkenbegleiter in Heidelandschaften und auf sauren, sandigen Böden; Sporen 12-16 x 4-5 µm: **Birken- / Heide-Rotkappe (Leccinum versipelle) → Seite 362**

→ Stiel mit rotbräunlichen Schuppen; Hut, 5-15 cm breit, rotbräunlich; VIII-X; meist Eichenbegleiter; Sporen 11-15 x 4-5 µm: **Eichen-Rotkappe (Leccinum quercinum / Krombholziella quercina) RL 3**

*Die **Birken-Rotkappe** verfärbt sich an den Druckstellen weniger stark als die Eichen-Rotkappe. Die Verfärbung des Fleisches ist bei beiden Arten zunächst rötlich und später schwärzlich. Auch mit Eisensulfat werden beide Arten dunkel blaugrün.*

8 (6). Fleisch ± unveränderlich; 4-12 cm breiter Hut bräunlich; sehr farbvariabel; Stiel im Verhältnis zur Hutgröße meist relativ lang, Flocken am Stiel schwarz bis graubräunlich; Röhren auf Druck leicht bräunend; VI-X; Birkenbegleiter; Sporen 13-18 x 5-6 µm: **Birkenpilz / Birkenröhrling / Gewöhnlicher Raustielröhrling (Leccinum scabrum / Krombholziella scabra)** → **Seite 364**

Ⓖ

Es gibt eine ganze Reihe von „Birkenpilzen", die alle ± ähnlich aussehen.

*Der **Verschiedenfarbige Raustielröhrling (Leccinum variicolor)** hat einen Hut mit mehr Grauanteilen und eine blaugrüne Stielbasis (Lupe). Das weiße Fleisch rötet beim Anschneiden leicht, mit Eisensulfat wird es gelbgrün, während sich das des Gewöhnlichen Birkenpilzes grau verfärbt.*

→ Fleisch auf Druck und im Anschnitt schwärzend, auch beim Erhitzen; Hut 4-10 cm breit, sehr variabel von gelbbraun bis dunkelbraun; VII-X; im Laub- und Mischwald meist unter Hainbuchen; Sporen 14-18 x 5-6 µm: **Hainbuchen-Raustielröhrling (Leccinum / Krombholziella carpini / griseum)**

Ⓖ

9 (5). Meist massige Pilze mit dickbäuchigen Stielen, oft mit Adernetz am Stiel; Porenmündungen jung weißlich, rot oder gelblich: → **19**

→ Stiele ± zylindrisch und nicht deutlich verdickt; ohne Adernetz; Porenmündungen meist gelblich; Sporenpulver olivbräunlich: → **10**

10. Mittlere bis große Arten mit schmierigem bis schleimigem Hut und ± abziehbarer Huthaut: **Gattung Schmierröhrlinge (Suillus) → 11**

Eine Ausnahme mit nicht klebriger Hutoberfläche ist der Sand-Röhrling (s. S. 156). Trotz seiner filzig-feinkörnigen Hutoberfläche gehört er zu den Schmierröhrlingen. Die Marone (Nr. 18) hingegen, hat eine schmierige Hutoberfläche und gehört dennoch zu den Filzröhrlingen.

Gewöhnlicher Raustielröhrling

Verschiedenfarbiger Raustielröhrling

Das Fleisch des **Hainbuchen-Raustielröhrlings** schwärzt beim Anschneiden

Sand-Röhrling

→ Mittelgroße Pilze mit: ± trockenhütigem, gelbbraunen, rotbraunem oder blutroten Hut; Röhren ausgebuchtet angewachsen bis etwas herablaufend, gelb bis etwas grüngelb: **Gattung Filzröhrlinge (Xerocomus) → 15**

Alle Arten der Gattung Filzröhrling sind so wie die ***Marone*** *(links) essbar, sie sollten jedoch nicht mit den ungenießbar bitteren Gallenröhrlingen (Mitte und rechts) verwechselt werden!*

Schmierröhrlinge (Suillus)

11. Huthaut nicht schmierig, feinkörnig bis filzig, ± semmelfarben; 4-10 cm breiter Hut; Röhren olivgelblich, dunkler als bei den anderen Schmierröhrlingen; ringloser Stiel ± hutfarben; Fleisch manchmal schwach bläuend; VII-XI; im Nadelwald unter Kiefern auf sauren Böden; Sporen 8-10 x 3-4 µm: **Sand-Röhrling (Suillus variegatus)** s. a. S. 369

Der Sand-Röhrling hat jung schon olivbräunliche und nicht gelbe Röhren. Den Namen verdankt dieser Pilz seiner wie besandet wirkenden Huthaut.

Sand-Röhrling

→ Huthaut deutlich schmierig: **→ 12**

12. Stiel ringlos; 3-10 cm breiter Hut orangebräunlich; schmutzig ockerfarbene Röhren ± am Stiel herablaufend; reif relativ rhombisch und weitporig (Lupe); VII-X; Kiefernbegleiter auf sauren Böden; Sporen 7-10 x 3-4 µm: **Kuh-Röhrling (Suillus bovinus) → Seite 368**

Das Fleisch färbt sich bei der Zubereitung fleischrosa bis pinkfarben.

Das Fleisch der **Kuh-Röhrlinge** wird schnell weich und nur junge Pilze sind schmackhaft.

→ Ring am Stiel vorhanden: **→ 13**

13. Hut braun, 4-12 cm breit; Röhren jung leuchtend gelb mit feinen, runden Poren; Stielspitze gelb; VIII-XI; unter Kiefern auf Sandböden; Sporen 7-10 x 3-4 µm: **Butter-Röhrling / Butterpilz (Suillus luteus)**

Die Teilhülle liegt bei jungen Pilzen vor dem Röhrenfutter, später bleibt sie als Ring am Stiel zurück. Den Namen Butterpilz verdankt er seinem gelben Fleisch. Der auf Kalk beschränkte ***Ringlose Butterpilz (Suillus collinitus)*** *hat einen eingewachsen faserigen Hut und eine rosa Stielbasis, der Ring fehlt ihm.*

Der **Butter-Röhrling** hat eine sehr schmierige Huthaut, die vor der Zubereitung abgezogen werden sollte. Bei empfindlichen Personen kann es zu Unverträglichkeiten kommen (s. S. 82).

→ Hut leuchtend gelborange bis rostrot: **→ 14**

14. 4-10 cm breiter Hut, leuchtend gelborange; Röhren leuchtend gelb, im Alter bräunlich; Ring mit schleimiger Ringzone; Fleisch gelblich; VI-X; Lärchenbegleiter ohne besondere Bodenansprüche; Sporen 7-10 x 3-4 µm: **Gold-Röhrling (Suillus grevillei)** **→ Seite 366**

Der **Gold-Röhrling** ist ein typischer Schmierröhrling mit schleimiger Huthaut, sie sollte vor der Zubereitung abgezogen werden. Die Teilhülle bleibt als klebrige Ringzone am Stiel zurück (Lupe).

Ähnlich sind Graue Lärchen-Röhrlinge (Suillus viscidus, s. S. 87) mit grauen Röhren, der Butter-Röhrling (s. a. 155) mit braunerem Hut, der nachfolgend beschriebene Rostrote Lärchen-Röhrling (unten) und der ***Körnchen-Röhrling (Suillus granulatus)*** *ohne Ringzone. Alle Arten sind essbar.*

→ 4-10 cm breiter Hut, orangebräunlich, Haut leicht filzig und nur feucht klebrig; relativ grobe, rost- bis zimtbraune Poren auf Druck rotbraun anlaufend; Stiel mit vergänglichem Ring; Fleisch rötlichgelb; VII-X; unter Lärchen im Gebirge auf Kalk; Sporen 9-12 x 4,5-5,5 µm: **Rostroter Lärchen-Röhrling (Suillus tridentinus)**

Rostroter Lärchen-Röhrling

Filzröhrling (Xerocomus)

15 (10). Auf Kartoffelbovisten wachsend; olivbräunlicher Hut, 2-6 cm breit; Poren relativ grob; VIII-X; Sporen 12-18 x 4,5-6 µm: **Schmarotzer-Röhrling (Xerocomus parasiticus)** RL 3

Der ***Schmarotzer-Röhrling*** *sieht der Ziegenlippe ähnlich. Durch den Befall werden die Kartoffelboviste an der Sporenreife gehindert.*

→ Anderer Standort: **→ 16**

16. Hut rot; 2-7 cm breit; gelbe Röhren bei Druck blauend; gelbes Fleisch beim Anschneiden blauend; Geschmack leicht säuerlich; VI-X; Laub- und Mischwälder; Sporen 9-14 x 4,5-6 µm: **Blutroter Röhrling (Xerocomus rubellus / sanguineus)**

Ähnlich kann der ebenfalls essbare Rotfuß-Röhrling (s. S. 372) mit brauneren Hutfarben aussehen.

Blutroter Röhrling

→ Hut nicht rot: → **17**

17. Fleisch auf Druck ± blauend: → **18**

→ Fleisch nicht blauend; 3-10 cm breiter Hut, olivbräunlich, feinsamtig; gelbe Röhren lange leuchtende Farbe behaltend und auf Druck ebenfalls nur leicht oder gar nicht blauend; VII-X; Nadel- und Mischwald; Sporen 10-13 x 4-5 µm: **Ziegenlippe (Xerocomus subtomentosus)** s. a. S. 373

Im Unterschied zum ebenfalls essbaren Rotfuß-Röhrling (folgende Art) hat er keinen säuerlichen Geschmack, blaut nicht oder nur ganz wenig und die Hutoberfläche reißt nicht ein. Die beiden Arten sind nicht immer leicht zu unterscheiden und können auch mit anderen Filzröhrlingen verwechselt werden. Alle Arten sind jedoch essbar!

18. Stiel besonders zur Basis hin rötlich überlaufen; 3-7 cm breiter Hut in verschiedenen Brauntönen, Huthaut felderig einreißend, an Fraßstellen rot gerandet; gelbliche Röhren auf Druck blauend; Fleisch im Anschnitt schwach blauend, verdirbt schnell; Geschmack säuerlich; VII-XI; Laub- und Nadelwald; Sporen 10-13 x 5-6 µm. **Rotfuß-Röhrling (Xerocomus chrysenteron)** → **Seite 372**

Der ***Falsche Rotfuß-Röhrling (Xerocomus porosporus)*** *lässt sich nur durchs Mikroskop sicher unterscheiden. Er wirkt wie ein „Rotfuß-Röhrling im Trauergewand", ist aber ebenfalls essbar.*

→ Stiel nicht rötlich überlaufen; 5-10 cm breiter Hut kastanienbraun, Oberfläche bei Regen schmierig; Röhren jung weißlich, später gelb und auf Druck blauend; Stiel heller als der Hut und bräunlich gemasert, ohne Netzzeichnung; weißlich bis gelbes Fleisch im Schnitt leicht blauend; VII-XI; unter Kiefern und Fichten auf sauren Böden; Sporen 11-15 x 4-5 µm: **Maronen-Röhrling / Braunkappe / Marone (Xerocomus badius)** → **Seite 370**

Der Schwamm der ***Ziegenlippe*** *ist leuchtend gelb und blaut nicht oder nur sehr leicht. Den Name verdankt sie der samtig-weichen Struktur der Hutoberfläche.*

Die Huthaut der ***Rotfuß-Röhrlinge*** *reißt meist im Alter felderig auf (Bild unten), aber auch hier gibt es eine große Variabilität.*

Die ***Marone*** *ist sehr variabel und kann Steinpilzen (s. S. 161) und anderen Filzröhrlingen ähnlich sehen. Wichtig ist es, ihn sicher vom Gallenröhrling (folgende Art) zu unterscheiden – alle anderen ähnlichen Arten sind ebenfalls essbar.*

19 (9). Röhren im Alter rosa werdend; Fleisch gallebitter schmeckend; 5-15 cm breiter Hut; kompakter Stiel mit dunklem Netzmuster; VI-X; Nadelwald, unter Kiefern oder Fichten; Sporen 12-15,5 x 4-5 µm: **Gallenröhrling (Tylopilus felleus)**

Die Gattung besteht in Mitteleuropa nur aus einer Art, dem Doppelgänger des Steinpilzes. Steinpilze zeichnen sich durch ein weißliches, vor allem im oberen Stielteil befindliches Netz aus. Im Zweifel entscheidet eine Kostprobe: Die Bitterkeit des Gallenröhrlings nimmt man gewöhnlich schon beim Anlecken der Schnittstelle wahr. Als Bittermittel soll der Gallenröhrling in Likören verwendet worden sein.

→ Merkmale anders: → **20**

20. Sporenpulver gelblich; beiger Hut 5-10 cm breit; Röhren cremefarben, auf Druck intensiv blauend; Fleisch intensiv blauend (Name!); VII-IX; Laub- und Nadelwald auf Sandböden; Sporen 9-10,5 x 5-6 µm: **Kornblumen-Röhrling (Gyroporus cyanescens)** RL 3

Ebenso stark blauend sind der Schwarzblauende Röhrling (s. Nr. 25) mit gelben Röhren und die Hexen-Röhrlinge (s. Nr. 23) mit roten Röhren.

→ Sporenpulver olivocker bis olivbraun, glatte Sporen, länglich-oval bis spindelig; **Gattung Dickröhrlinge (Boletus)** → **21**

Dickröhrling (Boletus)

21. Poren jung rot: → **22**

→ Poren jung weißlich oder gelb: → **24**

22. Hut hell; 10-25 cm breit, Fraßstellen gelblich; Röhren auf Druck leicht blauend; Fleisch schwach blauend; Geschmack mild; Stiel rötlich und im oberen Teil oft mit rötlichem Stielnetz; VII-IX; unter Eichen und Rotbuchen auf Kalk; Sporen 10-15 x 5-7 µm: **Satans-Röhrling (Boletus satanas)** RL 2

Das beste Kennzeichen des **Gallenröhrlings** *ist das im Alter rosa werdende Röhrenfutter, beim Steinpilz ist es reif olivgrünlich. Jugendstadien mit weißen Röhren sind durch das Stielnetz zu trennen. Die olivgelbliche Stielfarbe und das grobe, den ganzen Stiel überziehende Netz sind für den Gallenröhrling typisch (Lupe).*

Der **Kornblumen-Röhrling** *gehört in die Gattung der Blassspor-Röhrlinge mit gelblichem Sporenpulver und blassem Röhrenfutter. Sie sehen ansonsten den Dickröhrlingen sehr ähnlich.*

Der **Satans-Röhrling** *ist Magen-Darm-giftig: verursacht roh „satanische" Beschwerden. Ähnlich sind die Hexen-Röhrlinge (s. unten), der giftverdächtige* ***Purpur-Röhrling (Boletus rhodopurpureus)*** *sowie der ungenießbare Schönfuß-Röhrling mit gelben Röhren (s. S. 151).*

→ Hut dunkel; rote Röhren, auf Druck intensiv blauend; gelbes Fleisch im Anschnitt sofort intensiv blau anlaufend: **→ 23**

23. Stiel mit deutlicher Netzzeichnung, besonders im oberen Bereich; Fleisch unter dem Röhrenfutter rötlich (s. S. 361); 5-20 cm breiter Hut; VI-X; Laub- und Nadelwald, Parkanlagen; Sporen 10-15 x 5-7 µm: **Netzstieliger Hexen-Röhrling (Boletus luridus)**

Bei dieser Art sind individuelle Unverträglichkeiten vor allem im Zusammenhang mit Alkohol möglich. Sicher ist es auf jeden Fall, je ca. 3 Tage vor und nach dem Verzehr keinen Alkohol zu trinken (s. 77). Zudem sollte der Pilz unbedingt gut erhitzt werden.

→ Stiel feinflockig; unter dem Röhrenfutter gelb; 5-20 cm breiter Hut; VI-X; Laub- und Nadelwald auf sauren Böden, oft mit Rot-Buchen, Eichen und Fichten; Sporen 11-16 x 5-6 µm: **Flockenstieliger Hexen-Röhrling / Schusterpilz (Boletus erythropus) → Seite 360**

Er ist uneingeschränkt essbar und sehr gut zum Trocknen geeignet. Das Fleisch blaut sehr stark beim Anschnitt und färbt sich in der Pfanne zunächst schwarz.

24 (21). Geschmack bitter; Hut beige, 5-15 cm breit; Röhren gelb und auf Druck blauend; Stiel oben gelber und zur Basis hin kräftig roter gefärbt, auf der ganzen Länge mit roter Netzzeichnung; VII-X; Laub- und Nadelwald der Gebirgslagen, meist unter Rot-Buchen und Fichten auf sauren Böden; Sporen 10-15 x 3,5-5 µm: RL3 **Schönfuß-Röhrling (Boletus calopus)**

Der Name kommt aus dem Griechischen, wobei „Kalos" = schön und „pus" Fuß heißt. Ähnlich, aber mit roten Röhren sind der Satansröhrling (s. S. 151 und Nr. 22) und der seltene Wurzelnde Bitter-Röhrling (Boletus radicans) ohne Rottöne, beides sind keine Speisepilze.

*Der **Netzstielige Hexen-Röhrling** hat eine deutliche Netzzeichnung am Stiel (Lupe).*

*Beim **Flockenstieligen Hexen-Röhrling** ist im Längsschnitt durch den Hut im Gegensatz zum Netzstieligen Hexen-Röhrling (rechts) keine rote Linie zwischen Röhren und Hutfleisch zu sehen. Den Namen Schusterpilz verdankt er der wildlederartigen Oberfläche der Huthaut.*

Schönfuß-Röhrling

→ Geschmack mild: → **25**

25. Gelbe Röhren und gelbes, stark blauendes Fleisch; 3-10 cm breiter Hut bräunlich; Stiel ohne Netzzeichnung; VII-X; Laub- und Nadelwald, Parkanlagen; Sporen 10-16 x 4-6 µm: **Schwarzblauender Röhrling (Boletus pulverulentus)**

→ Fleisch nicht oder nur leicht blauend: → **26**

26. Fleisch leicht blauend; gelblicher Stiel, im oberen Teil mit gelbem Netzmuster und an der Basis zugespitzt (Name!); 5-20 cm breiter Hut kupferbräunlich; Röhren chromgelb, reif oliv, auf Druck leicht blauend; VI-X; Laubwald auf Kalk, besonders mit Eiche und Rot-Buche; Sporen 10-16 x 4-6 µm: **Anhängsel-Röhrling (Boletus appendiculatus)** RL 2

In Südeuropa werden als Mykorrhizapartner Eiche und Buche zunehmend durch die Esskastanie ersetzt.

→ Fleisch nicht blauend: **Steinpilz** → **27**

27. Vergesellschaftung mit Fichte; Stiel mit deutlicher, weißlicher Netzzeichnung, besonders im oberen Teil; 5-25 cm breiter Hut mit heller Linie um den Hutrand; VII-X; Nadel- und Mischwald; Sporen 12-17 x 4,5-6µm: **Steinpilz / Fichten-Steinpilz (Boletus edulis)** → **Seite 358**

Zu verwechseln sind Steinpilze vor allem mit dem bitter schmeckenden Gallenröhrling (s. Nr. 19) mit dunklem Stielnetz, dem giftigen Satans-Röhrling (s. Nr. 22) mit roten Röhren und den essbaren, dickstieligen Maronen (s. Nr. 18).

→ Vergesellschaftung mit Laubbäumen, besonders Eichen; schon ab Mai erscheinend; 5-20 cm breiter Hut ohne weiße Linie um den Hutrand; Netzzeichnung meist auf dem gesamten Stiel; V-VIII; Sporen 13-16 x 4,5-6 µm: **Sommer-Steinpilz / Eichen-Steinpilz (Boletus reticulatus)**

*Durch die schlanke Gestalt könnte man den **Schwarzblauenden Röhrling** auch für einen Filzröhrling halten und mit Marone, Ziegenlippe oder Rotfuß-Röhrling verwechseln (s. Nr. 17-18). Er blaut jedoch noch intensiver als die Hexen-Röhrlinge. Mit diesen kann er aber kaum verwechselt werden, da ihm die rote Farbe fehlt.*

*„Den" Steinpilz gibt es nicht, sondern einige Arten, die sich sehr ähneln. Hier ist der **Fichten-Steinpilz** mit weißem Hutrand und weißer Netzzeichnung zu sehen. Alle Arten sind wohlschmeckend.*

Die Hutdeckschicht ist bei allen Arten recht verschieden. Dies kann man meist schon mit bloßem Auge sehen, mikroskopisch ist es auf jeden Fall zu erkennen. Außerdem sind die begleitenden Baumarten und die Standortansprüche wichtig.

*Der **Sommer-Steinpilz** hat einen helleren Hut. Einen sehr viel dunkleren Hut hat der ebenfalls essbare **Schwarzhütige Steinpilz (Boletus aereus**, kleines Bild). Er wächst weiter im Süden bei Eichen und Ess-Kastanien.*

„Lamellige" Röhrenpilze

28 (1). 4-6 cm breiter Hut, rot- bis dunkelbraun; Lamellen goldgelb, mit vielen Querverbindungen (stark anastomosierende Lamellen), breit angewachsen oder am Stiel herablaufend; Stiel an der Basis mit gelbem Myzelfilz; VII-X; Nadel- und Mischwälder auf sandigen, meist sauren Böden; Sporenpulver grünlichgelb; Sporen glatt, 10,5-12,5 x 3,5-4,5 µm: **Goldblatt (Phylloporus pelletieri / Phylloporus rhodoxanthus / Xerocomus paxillus)**

*Das **Goldblatt** wird als Bindeglied zwischen den Blätterpilzen und den Röhrlingen bezeichnet. Es wurde systematisch schon in die verschiedensten Gattungen eingeordnet, was sich in den vielen wissenschaftlichen Synonymen zeigt.*

→ Merkmale anders: **→ 29**

29. Sporenpulver weißlich bis cremerosa: **→ 30**

→ Sporenpulver dunkel, bräunlich oder schwärzlich: **→ 31**

30. Hut, Stiel und Lamellen ± orange; Hut 2-7 cm breit; Stiel zur Basis hin verjüngend; Lamellen mehrfach gegabelt und herablaufend, Geruch und Geschmack unbedeutend; Nadel- und Mischwald; IX-XI; Sporenpulver weiß, dextrinoid, glatt, 5,5-7 x 3,5-4,5 µm: **Falscher Pfifferling / Afterleistling / Gabelblättling (Hygrophoropsis aurantiaca)**

Die Gattung Afterleistling besteht aus 4 Arten. Es gibt unter ihnen keine Speisepilze. Sie sind geschmacklich minderwertig und schwer verdaulich, bei einigen Autoren werden sie sogar als Magen-Darm giftig eingestuft.

*Der **Falsche Pfifferling** gehört zur Familie der Kremplingsartigen (Paxillaceae). Seinen Namen hat er bestimmt bekommen, weil er schon so manches Mal mit Pfifferlingen verwechselt worden ist. Auch die Vorsilbe „After" im wissenschaftlichen Gattungsnamen bedeutet „aber = das Gegenteil" also „kein echter Pfifferling". Er ist mit den Leistenpilzen (s. S. 312) jedoch nicht einmal verwandt. Die ± gleichmäßig gegabelten Lamellen sind ein gutes Merkmal, sie haben ihm auch den Namen Gabelblättling eingebracht.*

→ Kräftig gelborange bis rötliche Fruchtkörper, meist 8-15 cm groß und büschelig; mit trichterförmigem Hut und wellig eingerolltem Hutrand; Huthaut radial gestreift und satinartig schimmernd; im wärmebegünstigten, mediterranen Klima an Olivenbäumen, in Weinbaugebieten auch an Obstbäumen, Esche, Ess-Kastanie u.a. Laubbäumen; VII-X; Sporenpulver hellgelb, inamyloid, glatt, 5-7 x 5-6 µm: **Leuchtender Ölbaumpilz (Omphalotus illudens / olearius)**

*Unter bestimmten Bedingungen leuchten die frischen Fruchtkörper des **Leuchtenden Ölbaumpilzes** als Umrisslinie. Es gibt auch rote Farbvarianten (kleines Bild).*

31 (29). Sporen dunkeloliv bis schwarz; Stiel mit Ringzone; Mykorrhizapilze mit Nadelbäumen: **Gattungen Gelbfuß (Chroogomphus) und Schmierling (Gomphidius) → 33**

Diese beiden Gattungen gehören in die Familie der Gelbfussartigen (Gomphidiaceae). Beide Gattungen zeichnen sich durch Pilze mit dicklichen, entfernt stehenden, herablaufenden Lamellen und dunklem Sporenpulver aus. Früher hat man nicht zwischen diesen Gattung unterschieden. Heute werden die Arten mit weniger schleimigen Hüten und amyloidem (s. S. 113) Myzel an der Stielbasis als Gelbfüße abgetrennt.

→ Sporenfarbe rost-ockerbraun; Stiel ringlos; Lamellen von ähnlich brauner Farbe wie der Hut und am Stiel ± herablaufend, am Grunde ± netzartig verbunden; Hutrand meist lange eingerollt bleibend (eingekrempelt): **Gattung Krempling (Paxillus) → 32**

32. Auf dem Erdboden wachsend; Mykorrhiza mit verschiedenen Baumarten; 5-10 cm breiter Hut bei nassem Wetter schmierig, jung oft gebuckelt; bei Berührung auffällig braun fleckend; Fleisch beim Anschneiden rotbraun anlaufend; Laub und Nadelwald; VII-X; Sporenpulver rostbraun, 7-11 x 5,5-7 µm: **Kahler Krempling/Speckpilz (Paxillus involutus)**

Vom Genuss dieser Art wird abgeraten, früher galten einige Arten als Speisepilze. Die lebensgefährliche Giftigkeit beim Verzehr roher Kremplinge war schon lange bekannt. Da es aber auch bei ausreichend erhitzten Pilzen ungeklärte Vergiftungsfälle gegeben hat, wird in jedem Fall vom Verzehr abgeraten (s. S. 82).

→ Holzpilz mit samtig-braunem Stiel; auf totem Nadelholz; Hut 5-20 cm breit; VII-X; auf Druck braun fleckend; Sporenpulver rostbraun, 4,5-6 x 3,5-4 µm: **Samtfuß-Krempling (Paxillus atromentosus)**

*Der **Kupferrote Gelbfuss** gehört zu der Gattung der Gelbfüße mit trockenem Hut.*

*Der **Kahle Krempling** ist der häufigste aus seiner Gattung. In Mitteleuropa gibt es 4 Arten. Es sind mittlere bis sehr große Pilze mit zentralem, exzentrischem oder seitlichem Stiel und meist lange eingerollt (eingekrempelt, Lupe) bleibendem Hutrand. Der filzige Hut ist meist braun oder gelbbraun und die Lamellen haben eine ähnliche Farbe wie der Hut. Das Sporenpulver ist ocker- bis rostbraun. Das Fleisch fleckt bei Berührung auffällig braun.*

*Der **Samtfuß-Krempling** ist durch den samtigen Stiel unverwechselbar. Wie für die gesamte Gattung typisch, verfärbt sich das Fleisch bei Berührung braun (Lupe). Früher hat man ihn zum Färben von Wolle verwendet.*

33 (31). 3-8 cm breiter Hut nicht schleimig, orangeocker bis rostbräunlich; ± spitz gebuckelt; Fleisch besonders in der Stielbasis gelb und später dunkelrot verfärbend; Sporenpulver dunkel olivbräunlich; Kiefernbegleiter; VII-X; Sporen glatt, 17-23 x 5,5-7 µm: **Kupferroter Gelbfuss (Chroogomphus rutilus)**

*Ähnlich ist auch der **Filzige Gelbfuß (Chroogomphus helveticus)**. Er kommt vor allem im Gebirge unter Fichten vor und hat einen stärker weinrot anlaufenden Hut.*

→ Schleimig-schmierige Huthaut: → **34**

34. 4-12 cm breiter Hut erst grau und dann bräunlich; durch das schwarzbraune Sporenpulver verfärben sich die anfangs hellen Lamellen im Alter dunkel; Stiel unten chromgelb, mit schleimiger Ringzone; Fichtenbegleiter, vor allem im Gebirge; VIII-X; Sporen glatt, 18-21 x 5,5-6,5 µm: **Kuhmaul / Großer Gelbfuß (Gomphidius glutinosus)**

Durch das dunkelolive Sporenpulver kann man das Kuhmaul, bzw. alle Schmierlinge, gut von den Trichterlingen und Wachsblättlern mit weißem Sporenpulver unterscheiden. Der Frost-Schneckling (Hygrophorus hypothejus (s. S. 209) kann ihm ähnlich sehen, hat aber keine leicht lösbare Fruchtschicht und – als Vertreter der Wachsblättler – weißes Sporenpulver. Er ist ebenfalls essbar.

Alle Gelbfüße sind essbar, das Fleisch verfärbt sich bei der Zubereitung violett-schwärzlich. Die schleimige Huthaut sollte vor der Zubereitung abgezogen werden.

→ 2-5 cm breiter Hut, rosa bis leuchtend rot; schmierig, aber nicht schleimig; Lamellen weiß bis grau, im Alter olivschwärzlich; Kiefernbegleiter, vor allem auf sauren Böden; VII-X; Sporen glatt, 16-21 x 4,5-6 µm: **Rosenroter Gelbfuß (Gomphidius roseus)**

Kupferroter Gelbfuss

*Die dicke Schleimschicht (kleines Bild llinks) auf dem Hut des **Kuhmauls** schützt bei jungen Pilzen die Lamellen. Später bleiben Reste davon am Stiel als schleimige Ringzone zurück. Sie werden durch das dunkelolive Sporenpulver dunkel gefärbt (Lupe). In dem kleinen Foto rechts ist die gelbe Stielbasis zu sehen.*

*Der **Rosenrote Gelbfuss** wächst häufig zusammen mit dem Kuh-Röhrling (s. S. 368), auf dessen Mykorrhiza er parasitiert.*

11.2 Sprödblättler (Russulales/ Russulaceae)

Das Fleisch ist spröde und brüchig.

Mykorrhizapilze

Hintergrundbild:
Zedernholz-Täubling
(Russula badia)

Täublinge (Russula) S. 173

Zylindrischer Stiel.

± brüchige, ± weiße bis gelbliche Lamellen.

Kein Milchsaft.

Sporenpulver weiß, cremefarben bis ockergelb.

Milchlinge S. 185
(Lactarius)

Bei Verletzung Milchsaft absondernd.

Lamellen ± am Stiel herablaufend, nicht gegabelt.

Sporenpulver weiß, cremefarben bis ockergelb.

11.2 Sprödblättler (Ordnung Russulales/ Familie Russulaceae)

Sprödblättler sind eine systematisch eigenständige Pilzgruppe. Diese Eigenständigkeit verdanken sie der Eigenschaft ihres Fleisches und der Lamellen, die – wie der Name bereits vermuten lässt – sehr brüchig sind. Das Fleisch ist nicht wie bei den anderen Pilzfruchtkörpern aus nebeneinander liegenden, langgestreckten Zellen (Hyphen) aufgebaut, sondern vorwiegend aus kugeligen Zellen.

Sie können sich dies so ähnlich wie bei Styroporkügelchen vorstellen. Dieses nur mit dem Mikroskop sichtbare Merkmal kann man nachvollziehen, wenn der Stiel durchgebrochen wird. Wie bei einem Apfel entstehen keinerlei faserige Bruchstellen und das Fleisch lässt sich in jede Richtung genauso leicht brechen.

Das Fleisch bricht ganz ohne Fasern in jede Richtung gleich.

Der Stiel eines Sprödblättlers lässt sich weder verbiegen noch verdrehen und auch der Versuch ihn der Länge nach zu spalten wird scheitern. Bei den Täublingen (Gattung Russula) ist dies besonders ausgeprägt. Wenn Sie mit dem Finger über die Lamellen streichen, brechen diese bei den meisten Arten sofort wie Mandelblättchen. Eine der wenigen Ausnahmen hiervon ist der Frauen-Täubling (Russula cyanoxantha), der dadurch wiederum leicht zu bestimmen ist, wenn erst einmal die richtige Gattung erkannt ist.

In dieser Gruppe gibt es die verschiedensten Farben, von leuchtend gelb, orange, grün oder rot bis hin zu unauffälligeren Beige- und Brauntönen. Daher verrät die Gestalt der Pilze und ihre Eigenschaften mehr über die Verwandtschaft als ihre Farbe. Neben der Brüchigkeit des Fleisches kennzeichnet die Sprödblätter ein zentraler Stiel, der meist relativ zylindrisch und gerade gewachsen ist und nie einen Ring trägt. Das Sporenpulver reicht von weiß über creme bis zu gelb und ist wichtig für die Bestimmung. Die Sporen sind stark ornamentiert, d.h. sie haben eine grobe Oberflächenstruktur. Alle Arten leben als Mykorrhizabildner in Gemeinschaft mit einer oder mehreren verschiedenen Baumarten. Die Begleitbäume spielen daher für die Bestimmung auch eine wichtige Rolle.

Je nachdem, ob bei Verletzungen Milchsaft abgesondert wird oder nicht, werden zwei jeweils sehr artenreiche Gattungen unterschieden, die Milchlinge und die Täublinge.

Das Sporenpulver kann rein weiß aber auch cremefarben, gelb oder ocker gefärbt sein. Hier sind die Sporen und ein Sporenabdruck (links) des ***Ziegelroten Täublings*** *(Russula velenovskyi) zu sehen. Die Sporen sind stark ornamentiert.*

11.2.1 Täublinge (Gattung Russula)

Täublinge sind kleine bis sehr große Pilze, die am besten durch das brüchige Fleisch gekennzeichnet sind, das keinen Milchsaft absondert. Weiterhin ist der ringlose und meist zylindrische Stiel charakteristisch. Die Hüte sind oft lebhaft rot, violett, gelb oder grün gefärbt. Täublinge sind Mykorrhizabildner mit verschiedenen Bäumen.

Mit über 200 Arten ist die Bestimmung der Täublinge eine kniffelige Sache. Es gibt sowohl einige sehr gute Speisepilze als auch giftige Täublinge. Um Täublinge zu kulinarischen Zwecken zu sammeln, genügt jedoch das sichere Erkennen der Gattung, da sie durch eine einfache Regel gut zu trennen sind: **Alle scharf schmeckenden Arten sind ungenießbar oder giftig, die milden Arten sind essbar.** Für die Geschmacksprobe wird ein kleines Stück von Hutfleisch oder Lamellen durchgekaut und wieder ausgespuckt. Der scharfe Geschmack kann allerdings erst nach 1-2 Minuten auftreten! Im Stiel ist der Geschmack häufig weniger intensiv.

Gattungsmerkmale am Beispiel des Braunen Leder-Täublings

*Der **Braune Leder-Täubling** (Russula integra) ist einer der mild schmeckenden und essbaren Arten. Er hat sehr variable, meist bräunliche Hutfarben, die oft mit rötlichen, grünlichen oder violetten Beitönen gemischt sind. Wie die meisten Täublinge hat er eine kompakte Gestalt. Die Lamellen sind durch das satt gelbe Sporenpulver im Alter zunehmend gelblich gefärbt.*

Die Bestimmung ist eine weitaus schwierigere Sache, die ohne Mikroskop nur bei wenigen, charakteristischen Arten zum Ergebnis führen wird. Man kann aber sehr wohl einige der gut kenntlichen Arten erkennen lernen. Einige hiervon sind in diesem Bestimmungsteil beschrieben. Ohne Sporenabdruck ist keine Bestimmung möglich. Um die feinen Farbunterschiede zwischen weiß, creme und gelblich wahrnehmen zu können, ist es wichtig, die Pilze auf reinweißer Oberfläche sporen zu lassen.

Wichtig für die Bestimmung ist weiterhin eine Geschmacksprobe und der Standort. Am sinnvollsten ist es, bereits beim Sammeln zu notieren, mit welchen Begleitbäumen der zu bestimmende Täubling gewachsen ist und ob es ich um einen sauren oder basischen Standort handelt (s. S. 28).

*Der **Erlen-Täubling** (Russula alnetorum) wächst bei Erlen an Rändern von Mooren oder Bachufern auf feuchten Böden. Viele Täublinige sind mit der Wahl ihrer Baumpartner nicht so wählerisch und können mit verschiedenen Baumarten eine Mykorrhiza bilden.*

Weiterhin können makrochemische Reaktionen bei der Bestimmung helfen. Die häufigste Reaktion ist der Farbumschlag des Stielfleisches mit Eisensulfat. Hierzu wird an der Stielrinde gekratzt und die Chemikalie aufgetragen. So können z.B. die Frauen-Täublinge (ohne Farbreaktion) und die Herings-Täublinge mit grüner Farbreaktion unterschieden werden. Brätlings-Täublinge haben neben dem starken Heringsgeruch einen rosa Farbumschlag. Überbewerten sollte man diese Möglichkeit jedoch nicht.

Ein wichtiges mikroskopisches Bestimmungskriterium ist die Huthaut, auch als Hutdeckschicht bezeichnet. Seit sie von Romagnesi vorgestellt wurde hat sie die Bestimmung und Systematik entscheidend beeinflusst. Diese Merkmale stimmen mit der Beschaffenheit der Hutoberfläche überein. Inkrustierte Primordialhyphen, das sind Zellen in der Huthaut mit kristallinen Ausscheidungen oder Pigmenten, haben meist Täublinge mit einer matten, schwer abziehbaren und samtigen Huthaut. Am besten zu sehen sind sie mit Sulfo-Vanillin angefärbt. Täublinge mit einer glatten Huthaut, die sich gut abziehen lässt, haben meist Dermatozystiden, das sind auffällige, meist langgestreckte Zellen auf der Huthaut. Außerdem ist die Größe und Oberflächenstruktur der Sporen wichtig.

Als Bestimmungsliteratur kann Band 6 „Pilze der Schweiz – Russulaceae" (Kränzlin, 2005), „Die Großpilze Baden-Württembergs Band 2" (Kriegelsteiner, 2000) und zum Kennenlernen der bereiften Heringstäublinge der „Tintling" (Brückner, 2000 empfohlen werden.

Wenn Sie sich den Täublingen näher widmen möchten, ist es ratsam, zunächst einige Gruppen erkennen zu können. Dies ist nur eine grobe Übersicht über einige der charakteristischen Gruppen, bei der jedoch lange nicht alle Arten berücksichtigt sind.

Sektion	Geschmack/ Speisewert	Merkmale	Beispielpilz
Heterophyllae Frauen-, Wiesel- und Speise-Täublinge	mild/essbar	Untermischte oder braune Hutfarbe; Sporenpulver weiß bis creme.	 *Frauen-Täubling*
Viridantes Herings- und Brätlings-Täublinge	mild/essbar	Geruch nach Hering; Sporenpulver creme bis ocker.	 *Roter Herings-Täubling*
Polychromae Leder-Täublings-ähnliche	mild/essbar	Stumpfe, ± untermischte Hutfarben; ± hartfleischig; Sporenpulver gelb.	 *Leder-Täubling*
Decolorantes Graustiel-Täublinge	mild/essbar	Fleisch und Stielrinde färbt sich bei Verletzung ± grau; Sporenpulver creme.	 *Gelber Graustiel-Täubling*
Ingratae Stink-, Mandel- und Kamm-Täublinge	ungenießbar	Hut meist schmierig; schmutzig ocker oder ockergrau mit stark gerieftem Hutrand; Sporenpulver weiß bis creme.	 *Kratzender Kamm-Täubling*
Fragiles Spei-Täublings-ähnliche	ungenießbar	Leuchtend roter Hut, weiße Lamellen und weißer Stiel; Sporenpulver weiß bis creme.	 *Buchen Spei-Täubling*
Sanguineae Blut-Täublings-ähnliche	ungenießbar	Hutfarben rot oder schwarzrot bis grünlich, Stiel ± rosa bis lila überhaucht; Sporenpulver creme bis gelb.	 *Stachelbeer-Täubling*
Compactae Hartfleisch-Täublinge, Schwärz-Täublinge, Weiß-Täublinge	keine Speisepilze	Kompakte Pilze in gedeckten Farben, Fleisch rötend, schwärzend oder unveränderlich; Sporenpulver weiß bis creme.	 *Dickblättriger Schwärz-Täubling*

Bestimmungsteil

1. Lamellen dickblättrig; Fleisch erst rötend und dann schwärzend; 8-20 cm breite Hüte weißlich bis graubräunlich (die anfangs hellen Hüte werden unter Lichteinfluss schwärzlich); festes Fleisch; Laub- und Nadelwald; VII-X; Sporenpulver weiß, Sporen feinwarzig, 6,5-8,5 x 5,5-7 µm: **Dickblättriger Schwärz-Täubling (Russula nigricans)**

→ Merkmale anders: → **2**

2. Geschmack mild: → **3**

→ Geschmack unangenehm, bitter oder scharf: → **22**

3. 8-15 cm breiter Hut, jung weiß und bald ockerbräunlich werdend, durch die klebrige Huthaut meist durch Erdpartikel beschmutzt; weiße Lamellen mit blaugrünlichem Schimmer; schärflicher Nachgeschmack; VII-X; Laub- und Nadelwald; Sporenpulver weiß, Sporen warzig, 8-12 x 6,5-9 µm: **Bläulicher Weiß-Täubling/Gewöhnlicher Weiß-Täubling (Russula delica)**

→ Merkmale anders: → **4**

4. Pilz mit Krabben- oder Heringsgeruch; 5-10 cm breiter Hut, leuchtend rot mit meist dunklerer roter Mitte; Lamellen durch das ockerfarbene Sporenpulver cremegelblich; Schneiden oft purpurrot und am Stiel meist ausgebuchtet; Stiel meist rötlich überlaufen; Fleisch im Alter oder beim Reiben bräunend, mit Eisensulfat grün anlaufend; VII-X; Nadelwald unter Kiefern oder Fichten; Sporen grobwarzig, 8-11 x 7-8,5 µm: **Roter Herings-Täubling (Russula xerampelina)**

Es gibt einige Arten von Herings-Täublinge (Sektion Viridantinae), die alle am Fischgeruch und am bräunenden Fleisch erkannt werden können. Der unangenehme Geruch nach Heringslake ist in der abgebrochenen Stielbasis am deutlichsten und nimmt beim Eintrocknen zu, beim Erhitzen verschwindet er jedoch.

*Der **Dickblättrige Schwärz-Täubling** ist nicht giftig, lässt sich aber wegen des muffigen Geschmacks auch nicht als „Speisepilz" bezeichne Er kann mit anderen Schwärz-Täublingen wie z.B. dem **Dichtblättrigen Schwärz-Täubling (Russula densifolia)** verwechselt werden, der aber enger stehende Lamellen hat.*

*Der **Bläuliche Weiß-Täubling** ist ebenfalls ungiftig, kann durch den muffigen Geschmack ebenso wenig als Speisepilz empfohlen werden Die Gestalt erinnert an große, weiße Milchlinge wie z.B. den Wolligen Milchling (Nr. **8**, S. 190), beide werden durch den schmutzigen, mit Erde beladenen Hut häufig als „Erdschieber" bezeichnet. Der relativ seltene **Riesen-Krempentrichterling (Leucopaxillus giganteus**, Bild unten) kann auch ähnlich aussehen.*

→ Pilz ohne Fischgeruch: → 5

5. Sporen reinweiß: → 6

→ Sporen creme bis gelblich: → 11

6. Zartrosafarbener, bis 10 cm breiter Hut, in der Mitte oft ocker ausblassend; Lamellen weiß; Stiel mit Netzmuster; färbt sich mit Sulfovanillin rosa; Geschmack und Geruch unauffällig; VII-X; Laubwälder, vor allem mit Buchen auf sauren Böden; Sporenpulver weiß, Sporen 8 x 6 µm: **Netzflockiger Rosa-Täubling (Russula aurora)**

Der **Netzflockige Rosa-Täubling** ist am Netzmuster am Stiel zu erkennen.

→ Verschiedene, jedoch nie rein rote Hutfarben; mittelgroße bis große Fruchtkörper; **Sektion Heterophyllae:** → 7

Hierher gehört auch der Speise-Täubling mit rötlichen Hutfarben

7. Hut rötlich oder bräunlich: → 8

→ Hut grünlich: → 9

8. Huthaut den Rand nicht ganz erreichend; 5-10 cm breiter Hut fleischrosa bis fleischbraun; weiße Lamellen im Alter rostfleckig; Fleisch fest; VI-X; Laub- und Mischwald; Sporenpulver weiß, Sporen feinwarzig, 6-8 x 5-6,5 µm: **Speise-Täubling (Russula vesca)** → Seite 376

Der **Speise-Täubling** ist einer der wohlschmeckendsten Täublinge, da er festes Fleisch und einen angenehmen Geschmack hat.

*Die roten Hutfarben sind weniger leuchtend als bei den Spei-Täublingen (vgl. Nr. **23**)*

→ 8-15 cm breiter Hut hasel- oder wieselbraun; jung halbkugelig und später in der Mitte leicht vertieft; Huthaut klebrig und leicht vom Hut abziehbar; Lamellen cremegelb; Stiel innen ± hohl gekammert; Fleisch etwas bräunend; VII-IX; in höheren Lagen im Nadelwald auf sauren Böden; Sporenpulver weiß bis cremefarben, Sporen feinwarzig bis netzig, 7-10 x 6-8 µm: **Wiesel-Täubling (Russula mustelina)**

Der **Wiesel-Täubling** hat eine leicht abziehbare Huthaut (Lupe) und einen gekammerten Stiel.

*Sehr guter, festfleischiger und nur selten madiger Speisepilz. Ähnlich sind andere ockergelbe Täublinge und der Braune Leder-Täubling (Nr. **19**, S. 181).*

9 (7). Lamellen weich; 5-15 cm breiter Hut, meist violett, grünlich bis rosa mehrfarbig untermischt; im Alter ausblassend und rostfleckig; VII-X; Laub- und Mischwald, meist Buchenbegleiter; Sporenpulver weiß, Sporen feinwarzig, 7-9 x 6-7 µm: **Frauen-Täubling (Russula cyanoxantha)** **→ Seite 374**

Die weichen Lamellen lassen sich am besten „erfühlen“, wenn Sie mit dem Finger darauf entlangstreichen; bei fast allen anderen Täubling splittern einzelne Stückchen ähnlich wie Mandelblätter ab.

→ Lamellen ± brüchig: **→ 10**

10. Bis 15 cm breiter, grüner bis bronzefarbener Hut; Lamellen am Stielansatz auffällig gegabelt, leicht herablaufend; Stielbasis und Lamellen im Alter oft rostfleckig; Stiel weiß, mit Eisensulfat rosa (kleines Foto); Geruch unauffällig, VII-X; Laubwälder, etwas wärmeliebend; Sporenpulver weiß, Sporen 6,5 x 5 µm: **Grüner Speise-Täubling (Russula heterophylla)**

→ 6-12 cm breiter Hut; grünlich, matte und glanzlose Huthaut felderig aufreißend; Fleisch und Lamellen weiß, später etwas bräunend; Stiel an der Basis häufig rostfleckig; im Laub- und Nadelwald besonders unter Eichen; VII-IX; Sporenpulver weiß, Sporen warzig und leicht netzig, 6-9 x 5-7 µm: **Grünfelderiger Täubling (Russula virescens)** RL 3

11 (5). Sporenpulver cremefarben: **→ 12**

→ Sporenpulver gelb bis ocker: **→ 16**

12. Stiel weiß und ± rötlich überhaucht, jedoch nicht grauend; Gestalt und Habitus ähnlich der Sektion der Heterophyllae; Fleisch mit Eisensulfat ± rosa färbend; Huthaut mit Dermatozystiden (s. S. 116) und ± septierten Haaren; **Sektion Griseinae: → 13**

→ Lamellen und Stiel im Alter ± grauend; milde, oft große und dickfleischige Arten; **Sektion Graustiel-Täublinge (Decolorantes): → 15**

*Der **Frauen-Täubling** ist ein guter Speisepilz. In den Hutfarben ist er aber sehr variabel.*

*Der Geschmack des **Grünlichen Speise-Täublings** kann nach längerem Kauen manchmal leicht bitter werden. Vorsicht vor Verwechslung mit Grünen Knollenblätterpilzen, die auf ähnlichen Standorten vorkommen!*

*Der **Grünfelderige Täubling** ist dem Grasgrünen Täubling (Nr. **14**) und gefelderten Formen des Frauen-Täublings (Nr. **9**) ähnlich, der allerdings durch die elastischen Lamellen abgegrenzt werden kann. Einer der besten Täublinge mit festem Fleisch, der allerdings im Bestand rückläufig ist und daher geschont werden sollte.*

13. 5-12 cm breiter Hut, gelb mit violetten Beitönen, samtige Oberfläche; Stiel violett überhaucht und zur Basis hin zugespitzt; Geruch leicht fischartig; VI-X; Laubwälder auf sauren Böden; Sporenpulver creme; Sporen 9 x 8 µm: **Violettstieliger Pfirsich-Täubling (Russula violeipes)**

Violettstieliger Pfirsich-Täubling

→ Hut nicht gelb, Merkmale anders: → **14**

14. 5-10 cm breiter, blau- bis graugrüner Hut, bereift erscheinend, Fraßstellen ohne roten Rand; Fleisch mit Eisensulfat ± rosa; VI-X; Laub- und Mischwald, besonders Buche und Eiche; Sporenpulver creme, Sporen 6,5-8 x 5,5-6,5 µm: **Blaugrüner Reif-Täubling (Russula parazurea)**

*Diese Art kann mit anderen essbaren Reif-Täublingen verwechselt werden. Der **Papagei-Täubling (Russula ionochlora)** ist unter der Huthaut bzw. an Fraßstellen jedoch rötlich und der **Violette Reif-Täubling (Russula azurea)** hat rein weißes Sporenpulver.*

*Der **Blaugrüne Reif-Täubling** ist unter der Huthaut nicht rötlich gefärbt (Lupe) sondern weißlich und hat an Fraßstellen keine rötliche Umrandung.*

→ 8-12 cm breiter, grasgrüner Hut, zum Rande hin ausblassend, Huthaut glänzend; Stiel weiß und oft an der Basis rostfleckig; VII-X; Laub- und Nadelwald, besonders Birken; Sporenpulver creme, Sporen 6-9 x 5-7 µm: **Grasgrüner Täubling (Russula aeruginea)**

*Ähnlich dem **Grasgrünen Täubling** ist der ebenfalls essbare Grüngefelderte Täubling (Nr. **10**) mit weißem Sporenpulver.*

15 (12). Hut leuchtend gelb; bis 8 cm breit; das Fleisch verfärbt sich besonders am Stiel im Alter gräulich; VII-X; meist in Mooren unter Birken; mit Formalin orange verfärbendes Fleisch; Sporenpulver creme, Sporen 7,5-9 x 6,5-7,5 µm: **Gelber Graustiel-Täubling (Russula claroflava)**

*In diese Gruppe der Graustiel-Täublinge gehört auch der **Orangerote Graustiel-Täubling (Russula decolorans)**, nach dem diese Sektion als Decolorantes bezeichnet wird. Er hat einen rötlicheren Hut und ist ebenfalls essbar.*

Gelber Graustiel-Täubling

→ Hut weinrot, im Alter oft trichterförmig vertieft; Stiel im Alter grauend; VII-X; feuchte Nadelwälder auf sauren Böden; Sporenpulver creme; Sporen 10 x 7,5 µm: **Weinroter Graustiel-Täubling (Russula vinosa)**

16 (11). Geruch nach Jodoform, dies ist beim Abbrechen der Stielbasis besonders deutlich; Hut rötlich-violett mit fast schwarzer Mitte; Hut bei trockenem Wetter fein bereift; VIII-XI; Nadelwald; Sporenpulver satt ocker; Sporen 8-9,5 x 6-7,5 µm: **Jodoform-Täubling (Russula turci)**

→ Ohne Jodoformgeruch: → **17**

17. Hutfarbe weinrot bis violett, auch mit Grün- oder Braunanteilen, jedoch nie rein rote Hüte; **Sektion Leder-Täublingsähnliche (Polychromae)**: → **18**

→ Hutfarbe rot bis orangerot; lebhafter gefärbt als die Polychromae mit violetten oder bräunlichen Beitönen in der Hutfarbe; **Sektion Coccineae**: → **20**

18. Violetter Hut bis 8 cm breit; deutlich gebuckelt; Huthaut glänzend; Stiel weiß; VII-X; Kiefernbegleiter, meist auf Sandböden; Sporenpulver gelb, Sporen 8-10 x 6,5-8 µm: **Buckel-Täubling (Russula amara/caerulea)**

→ Merkmale anders: → **19**

19. 10-20 cm große, ± karminrote Hüte, im Randbereich oft runzelig; Lamellen gelblich mit oft rötlichen Schneiden; Stiel zumindest im oberen Teil rötlich überhaucht; Fleisch mit Phenol rotviolett; VII-X; Laub- und Nadelwald auf kalkhaltigen Böden, oft Buchenbegleiter; Sporenpulver satt gelb bis ocker, Sporen 8-12 x 7-9 µm: **Rotstieliger Leder-Täubling (Russula olivacea)**

Dieser Täubling ist grundsätzlich essbar, kann aber in Verbindung mit Alkohol bei empfindlichen Personen zu allergischen Reaktionen führen.

*Der **Jodoform-Täubling** ist essbar, aber kein guter Speisepilz. Verwechslungen sind vor allem mit den ebenfalls essbaren Reif-Täublingen (Nr. **14**) möglich.*

*Der **Buckel-Täubling** ist essbar, aber es ist wichtig, die bitterlich schmeckende Huthaut abzuziehen. Am selben Standort können auch der Braune Leder-Täubling (Nr. **14**) und der Jodoform-Täubling (s. oben) vorkommen. Durch den Buckel ist diese Art jedoch gut gekennzeichnet.*

*Der **Rotstielige Leder-Täubling** ist ähnlich wie die nachfolgende Art, der Braune Leder-Täubling, in den Hutfarben recht variabel. Ein gutes Kennzeichen sind die in Richtung Hutrand meist rot gefärbten Lamellenschneiden (Lupe). Außerdem unterscheiden sich beide Arten durch den Standort.*

→ 5-12 cm breiter Hut, braun, oft mit rötlichen, grünlichen oder violetten Beitönen; kompakte Gestalt; gelbliche Lamellen; VI-X; Nadelwald; Sporenpulver satt ocker; Sporen 8-11 x 7-9 µm: **Brauner Leder-Täubling (Russula integra)**

*Den Namen verdankt diese Art den lederfarbenen Lamellen; dies ist auch ein gutes Erkennungsmerkmal. Ähnlich sind der Wiesel-Täubling (Nr. **8**) und der **Lederstiel-Täubling (Russula viscida)** mit leicht scharfem Geschmack.*

Brauner Leder-Täubling

20 (17). Leuchtend roter Hut bis 8 cm breit, manchmal orange-gelb gefärbt, da unter der Huthaut, ähnlich wie beim Fliegenpilz, eine gelbe Hutschicht liegt; Lamellenschneide zur Reifezeit auffallend goldgelb; VII-IX; Laub- und Nadelwald auf Kalkböden; Sporenpulver satt gelb, Sporen 7,5-10 x 6-8 µm: **Gold-Täubling (Russula aurea)** RL 3

→ Hut ohne gelber Schicht unter der Huthaut; Merkmale anders: → **21**

*Der **Gold-Täubling** ist an der gelben Lamellenschneide (Lupe) zu erkennen, ansonsten sind die roten Spei-Täublinge sehr ähnlich.*

21. Hut ziegelrot und oft orange ausblassend, bis 8 cm breit; Lamellen im Alter gelblich, Schneide am Außenrand oft rötlich; Stiel weißlich oder schwach überhaucht; VII-X; Laub- und Mischwald, besonders unter Birken auf Sandböden; Sporenpulver ocker, Sporen 6,5-8,5 x 5,5-7 µm: **Ziegelroter Täubling (Russula velenovskyi)**

*Der **Ziegelrote Täubling** sollte nicht mit scharfen Spei-Täublingen verwechselt werden.*

→ Rötlicher Hut bis 12 cm breit, oft orange beigemischt und mit typischem Glanz der Huthaut; VI-X; Kiefern- und Fichtenwald, besonders Moorböden; Sporenpulver ocker, Sporen 8,5-11 x 7-9 µm: **Apfel-Täubling (Russula paludosa)**

Der Stiel dieser Art kann auch leicht grau anlaufen, jedoch niemals so stark wie bei den Graustiel-Täublingen.

Apfel-Täubling

22 (2). Sporenpulver weiß: → **23**

→ Sporenpulver creme bis ocker: → **25**

23. 3-8 cm breiter Hut, leuchtend rot, glänzend, oft rostfleckig ausblassend, dünnfleischig; Lamellen und Stiel weiß; Geruch leicht obstartig; Geschmack scharf; VII-XI; feuchte Nadel- und Laubwälder, gerne mit Fichten; Sporenpulver weiß, Sporen 8,5-11,5 x 6,5-8,5 µm; mit Dermatozystiden (s. S. 116): **Kirschroter Spei-Täubling (Russula emetica)**

*Sehr ähnlich ist auch der **Buchen-Spei-Täubling (Russula mairei)**, dessen Hut im Alter oft gelbliche Flecken bekommt. Er ist ein Buchenbegleiter mit kleineren Sporen von 6,5-8,5 x 5,5-6,5 µm.*

→ Hut gelb, ockerfarben bis orange: → **24**

24. 3-8 cm breiter Hut, ockergelblich und ± gleichfarbig mit Stiel und Lamellen; süßsaurer Geruch; Geschmack sehr scharf und bitter; VIII-X; Buchenbegleiter; Sporenpulver weiß, Sporen 7-9 x 6-7 µm: **Gallen-Täubling (Russula fellea)**

→ 5-10 cm breiter Hut, ockerfarben; Hutrand weit abziehbar; Lamellen weiß, Stiel im Alter gräulich anlaufend; Geruch unauffällig; Geschmack mild bis leicht scharf; VII-XI; Laub- und Nadelwald; Sporenpulver weiß, Sporen 8-10 x 6,5-7,5 µm: **Ocker-Täubling (Russula ochroleuca)**

Je nach Standort gibt es essbare bis ungenießbar scharfe Exemplare. Da jeder Pilz einzeln probiert werden müßte, kann er nicht als Speisepilz empfohlen werden. Scharf schmeckende Pilze können abgekocht etwas milder werden.

25 (22). Hut gelb, ocker bis bräunlich: → **26**

→ Hut rötlich oder violett mit Beitönen: → **27**

26. Bis 5 cm breiter Hut, leuchtend goldgelb, meist mit hellerem Randbereich; Rand kurz gerieft; Geschmack scharf; Geruch leicht obstartig; VII-IX; Buchen- und Eichenbegleiter; Sporenpulver blassocker, Sporen 6,5-8 x 5-6,5 µm: **Sonnen-Täubling (Russula solaris)** RL 3

*Der **Kiefern-Spei-Täubling** (Russula emetica var. sylvestris) ist ebenfalls einer der scharfer Täublinge mit leuchtend roten Hutfarben. Sicher zu trennen sind die Spei-Täublinge nur durch mikroskopische Merkmale.*

*Der **Gallen-Täubling** hat in den Lamellen und am Stiel die gleichen Farben. Ähnliche Täublinge mit diesen Hutfarben haben deutlich hellere Lamellen.*

*Je feuchter der Standort desto grauer ist das Fleisch des **Ocker-Täublings**.*

Sonnen-Täubling

→ 3-8 cm breiter, gelb- bis ockerbräunlicher Hut, feucht schmierig; Rand mit höckeriger Riefung; Lamellen cremefarben und im Alter rostfleckig; Stiel an der Basis mit rostbraunen Flecken; Fleisch nicht sehr fest; Geruch fischartig ranzig; Geschmack mild, aber als Nachgeschmack im Hals kratzend (Name); VI-XI; Laub- und Nadelwald; Sporenpulver cremefarben, Sporen 6-8 x 5-6 µm: **Kratzender Kamm-Täubling (Russula pectinatoides)**

27 (25). Geruch ± obstartig: **→ 29**

→ Geruch nicht obstartig: **→ 28**

28. Hut weinrötlich-violett bis bräunlich, bis 7 cm breit, feinsamtig; Lamellen ocker und oft mit rosa Schneiden; Stiel violett überhaucht; Geruch leicht fischartig (wird auch als Geruch nach Topinambur beschrieben); Fleisch mit Phenol weinrot; VII-X; Laub- und Nadelwald, besonders auf Sandböden; Sporenpulver cremeocker; Sporen 6 x 8 µm: **Samt-Täubling (Russula amoena)**

→ 5-10 cm breiter Hut dunkel rotbraun-weinrot, Mitte oft dunkler; creme- und später hellockerfarbene Lamellen, den Stiel nicht ganz erreichend; Stiel weiß und ± rot überlaufen; Geruch vor allem in der Stielbasis und den Lamellen (zerreiben!) nach Zedernholz (Zigarrenkiste); VI-XI; Nadelwald, gerne mit Kiefern auf Sandböden; Sporenpulver satt gelb-ocker, Sporen 8,5-10,5 x 7-8,5 µm; mit Dermatozystiden (s. S. 116): **Zedernholz-Täubling (Russula badia)**

29 (27). 2-5 cm breiter Hut, trüb violett mit grünen, rosa- oder bräunlichen Mischfarben, Mitte oft ausblassend; Lamellen erst weiß und dann ockergelb; Geruch schwach obstartig; Geschmack fast mild bis scharf; VI-X; Laub- und Mischwald; Sporenpulver cremeocker, Sporen 6,5-9 x 5-6,5 µm: **Vielfarbiger Täubling (Russula versicolor)**

*Die Riefen am Hutrand des **Kratzenden Kamm-Täublings** erinnern an einen Kamm. Ähnlich ist auch der **Camembert-Täubling (Russula amoenolens)** mit typischem Geruch nach Camembert. Der Geschmack ist jedoch schärfer und die Flecken an der Stielbasis mehr weinrötlich. Der **Stink-Täubling (Russula foetens)** ist ebenfalls deutlich scharf und riecht tranig-fischartig, sein Stiel ist gekammert hohl.*

*Der wissenschaftliche Artname des **Samt-Täublings** „amoenus" heißt soviel wie schön oder anmutig. Ähnlich ist der häufigere Violettstielige Pfirsich-Täubling (Nr. **13**).*

*Der **Zedernholz-Täubling** heißt auch „Heimtückischer Täubling" weil die Schärfe erst nach einiger Zeit bemerkbar wird. Er ist einer der schärfsten Täublinge überhaupt. Der Stiel kann unterschiedlich stark rötlich bis bräunlich und manchmal auch dunkel-purpur überhaucht sein. Ähnlich ist der **Weinrote Graustiel-Täubling (Russula vinosa)**, der allerdings in der Stielrinde rußgrau ist, und vor allem beim Reiben am Stiel grau anläuft.*

→ Merkmale anders; meist ± derbfleischige Arten mit ± rötlichen bis violetten Hutfarben, cremeocker Sporenpulver und Dermatozystiden in der Huthaut (s. S. 116); **Sektion Blut-Täublingsähnliche (Sanguineae): → 30**

30. 4-10 cm breiter Hut, blut- bis kirschrot, oft früh verblassend; Geruch schwach obstartig; relativ weichfleischig; Geschmack scharf und bitter; VII-X; im Nadelwald auf sauren Sand- und Moorböden; Sporenpulver cremeocker, Sporen 7,5-9 x 6,5-8 µm: **Blut-Täubling (Russula sanguinea)**

→ Merkmale anders: **→ 31**

31. 5-10 cm breiter, weinrötlicher Hut, mit dunklerem Scheitel und oft gebuckelter Mitte; Lamellen erst blass gelb und später zitronengelb, leicht herablaufend; Stiel auf weißem Grund weinrot überlaufen (daher auch der Name „Säufernase"); Geruch angenehm obstartig, Geschmack sehr scharf; IX-XI; Kiefernbegleiter, besonders in den sandigen Kiefernwäldern des Flachlandes; Sporenpulver hellocker, Sporen 7-9 x 6-7 µm: **Zitronenblättriger Täubling/ Säufernase (Russula sardonia)**

Er wird auch als Tränen-Täubling bezeichnet, da die zitronengelben Lamellen bei feuchter Witterung „tränen" und Guttationströpfchen (s. S. 96) absondern. Ähnlich ist der Stachelbeer-Täubling (s. unten) bei Fichten mit helleren Lamellen.

→ Hut dunkel violett, mit braunen oder grünen Tönen gemischt, 3-7 cm breit; Lamellen weißlich; Stiel meist rot-violett überhaucht; Geruch obstartig nach Stachelbeeren; Geschmack scharf; VII-X; Fichtenbegleiter, besonders Süddeutschland und im Bergland; Sporenpulver hellocker, Sporen 8-10 x 7-9 µm: **Stachelbeer-Täubling (Russula queletii)**

Blut-Täubling

Zitronenblättriger Täubling

In dem kleinen Bild rechts ist eine sehr grüne Form des ***Stachelbeer-Täublings*** *zu sehen, gewöhnlich ist der Hut rötlicher, so dass er dem Zitronenblättrigen Täubling (s. oben) recht ähnlich sieht, der jedoch gelbere Lamellen besitzt. Am auffällig obstartigen Geruch sind auch solche Exemplare zu erkennen. Ähnlich ist der* ***Gedrungene Täubling (Russula torulosa)****, der eine Mykorrhiza mit Kiefern eingeht. Alle Arten sind ungenießbar.*

11.2.2 Milchlinge (Gattung Lactarius)

Die Milchlinge besitzen ebenfalls brüchiges Fleisch und eine ähnliche Gestalt wie die Täublinge. Durch die Milchsaft-führenden Hyphen sind sie jedoch vor allem in den Lamellen weniger brüchig als diese. Durch den an verletzten Stellen austretenden Milchsaft sind sie auch gut von den Täublingen zu unterscheiden. Nur bei sehr trockenem Wetter und alten Pilzen kann die Unterscheidung schwer fallen, wenn der Milchsaft eingetrocknet ist.

Insgesamt sind die Milchlinge weniger bunt als die Täublinge und viele haben konzentrische Ringzonen auf dem Hut. Die Huthaut lässt sich höchstens teilweise abziehen. Die Lamellen sind meist bogig herablaufend und etwas wachsartiger als bei den Täublingen. Der Stiel ist ebenso zylindrisch. Das Sporenpulver reicht von weiß bis zu ockerfarben. Die Sporen haben wie bei den Täublingen eine stark strukturierte Oberfläche, hier sind die Ornamente jedoch meist stärker netzartig miteinander verbunden.

Da Milchlinge mit verschiedenen Bäumen eine Lebensgemeinschaft bilden, ist der Begleitbaum für die Bestimmung wichtig. Grundsätzlich gibt es Arten, die streng an eine Baumart gebunden sind, wie beispielsweise der Fichten-Blutreizker an Fichten und andere, die weniger wählerisch sind und eine Mykorrhiza mit verschiedenen Bäumen eingehen.

Gattungsmerkmale am Beispiel des Goldflüssigen Milchlings

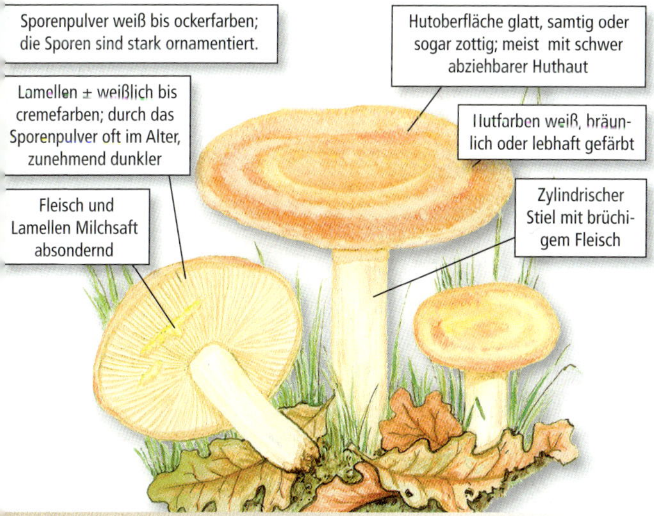

*Der **Goldflüssige Milchling** (Lactarius chrysorrheus) hat eine weißliche Milch, die an der Luft schon nach wenigen Sekunden goldgelb verfärbt. Es ist einer der vielen ungenießbaren Milchlinge mit sehr scharfem, bitteren Geschmack. Wie bei vielen Arten ist der Hut leicht zoniert, d.h. es sind konzentrische Kreise auf dem Hut zu erkennen. Diese Art geht bei uns eine Mykorrhiza mit Eichen ein. Im Süden kommen als Begleitbäume jedoch zunehmend Ess-Kastanien vor.*

Der ***Lachs-Reizker*** *(Lactarius salmonicolor) ist ein leckerer Speisepilz. Es ist einer der essbaren Reizker mit orange-rötlicher Milch unter denen es keine ungenießbaren Arten gibt.*

Wie bei den Täublingen gibt es die Regel, dass alle mild schmeckenden Arten gegessen werden können. Die Trennung ist aber fließend und weniger überzeugend als bei den Täublingen, daher ist es hier sinnvoller, einige lecker schmeckende Milchlinge kennenzulernen und für die Küche zu verwenden. Grundsätzlich sind alle Milchlinge mit orange bis rötlicher Milch essbar. Nur die Arten mit roter Milch werden als Reizker bezeichnet. Sie sind allerdings unterschiedlich gut im Geschmack und es ist zu beachten, dass der Harn nach dem Verzehr rot gefärbt sein kann, was völlig unbedenklich ist. Meine Favoriten sind der Lachs-Reizker und der Echte Reizker, beide sind kross angebraten eine wahre Delikatesse. Bei den Milchlingen mit weißer oder klarer Milch gibt es nur wenige Arten, die ohne spezielle Zubereitung gegessen werden können.

Die Milchbehälter heißen Lactiferen und können unter dem Mikroskop betrachtet werden. Mikroskopisch sind die Hyphen in der Huthaut, ähnlich wie bei den Täublingen, ein wichtiges Bestimmungsmerkmal.

Als Bestimmungsliteratur kann Band 6 „Pilze der Schweiz – Russulaceae" (Kränzlin 2005), „Die Großpilze Baden-Württembergs, Band 2" (Kriegelsteiner, 2000) und zum Kennenlernen der Milchlinge mit orange bis rotbraunen Hutfarben und dem Mohrenkopf und seiner „Nachbarn" sowie Milchlingen mit weißen und gelben Hutfarben den „Tintling" (Kasparek 2000) empfohlen werden.

Der ***Maggipilz*** *(Lactarius helvus) scheint der einzige echte Giftpilz in der Gattung der Milchlinge zu sein. 1949 wurden nach Pilzgenuss in ein Krankenhaus in Leipzig 418 Personen eingeliefert. Die Beschwerden – Erbrechen, Leibschmerzen, Speichelfluss, Schwäche, Schwindelgefühl, Durchfall und Frösteln – traten bei ¾ der Personen bereits 30 Minuten nach der Mahlzeit auf. Über Giftstoff und Wirkungsweise gibt es noch keine genauen Angaben. In geringen Mengen und getrocknet als Würzpulver ist er jedoch ungefährlich (s. Nr.* ***13*** *S. 191).*

Ähnlich wie bei den Täublingen lassen sich auch bei den Milchlingen verschiedene Sektionen mit bestimmten Eigenschaften unterscheiden. Nachfolgend wird eine grobe Einteilung vorgestellt, in der jedoch nicht alle Arten und Gruppen berücksichtigt sind.

Sektion	Geschmack/Speisewert	Beispielpilz
Dapetes **Milch orange-rötlich**	Alle Arten essbar	*Echter Reizker* 
Uvidi **Milch weiß, wird violett**	Keine Speisepilze	*Rosaverfärbender Milchling* 
Fuliginosi **Milch weiß, ± rosa verfärbend**	Außer dem Mohrenkopf alle Arten ungenießbar	*Mohrenkopf* 
Tabidi **Milch weiß, gilbend**	Keine Speisepilze, aber milde Arten ungiftig	*Flatter-Milchling* 
Volemi **Milch weiß, bräunend, mit Fischgeruch**	essbar	*Brätling* 
Tricholomoidei **Hutrand wollig bis filzig**	Keine Speisepilze, ungenießbar bis giftig	*Zottiger Birken-Milchling* 
Pyrogali **Milch unveränderlich weiß**	Keine Speisepilze, ungenießbar bis schwach giftig	*Scharfer Hasel-Milchling* 
Albati **Helle Pilze mit weißer Milch**	Einige Arten nach Vorbehandlung essbar	*Wolliger Milchling* 
Colorati **Milch spärlich oder wasserklar, intensiver Geruch**	Keine Speisepilze außer dem Maggipilz, der als Würzpilz verwendet werden kann	*Maggipilz* 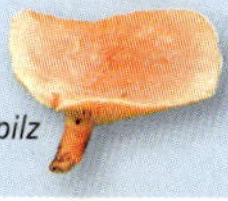

Bestimmungsteil

1. Milch orange bis rötlich; Geschmack mild bis leicht bitter; Sporenpulver weiß; **Sektion Blutreizker (Dapetes);** alle Arten essbar: → **2**

Gewöhnlich wird diese Gruppe mit rötlicher Milch als Reizker bezeichnet und alle übrigen mit weißer und klarer Milch als Milchlinge. Einige Autoren sprechen bei dieser Gruppe auch von Blutreizkern.

→ Milch klar oder weißlich: → **5**

2. Lachsfarbener Hut ganz ohne Grüntöne, bis 10 cm breit; Stiel mit oder ohne Grübchen; Milch orange und dann mennigrot anlaufend; Geschmack leicht bitter; VIII-X; Tannen- und Douglasienbegleiter auf Kalkböden; Sporen 8,5-11 x 6,5-7,5 µm: **Lachs-Reizker (Lactarius salmonicolor)**

→ Farbe des Pilzes mit Grünanteilen: → **3**

3. Milch karottenrot und lange so bleibend; gezonter Hut mit ± orangen Farben und im Alter zunehmenden Grünanteilen, feucht schmierig, bis 10 cm breit; Stiel mit dunkleren, grubigen Flecken und hohl werdend; mild mit leicht bitterem Nachgeschmack; VIII-X; Kiefernbegleiter; Sporen 7-9 x 6-7 µm: **Echter / Edel- Reizker / Kiefern-Blutreizker / (Lactarius deliciosus)** → **Seite 378**

→ Milch weinrot umfärbend; Merkmale anders: → **4**

4. Karottenrote Milch nach ca. 15 Minuten weinrot verfärbend und nach Stunden grün; Stiel ohne Grübchen, hohl werdend; orangerötlich bis lachsfarbener Hut bis 10 cm breit; gezont oder ungezont, im Alter grün werdend; Geschmack leicht bitter; VIII-X; Fichtenbegleiter, häufigster Blutreizker; Sporen 7,5-10 x 6-7,5 µm: **Fichten-Reizker (Lactarius deterrimus)**

Der ***Lachs-Reizker*** *hat frisch karottenrote Milch, die an der Luft dunkler rot wird. Er ist der einzige Reizker, der gar keine Grüntöne aufweist. Da er überwiegend eine Lebensgemeinschaft mit Tannen eingeht, ist er im Norden Deutschlands nicht zu finden.*

Der ***Edel-Reizker*** *wird im Alter und an Fraßstellen nach kurzer Zeit grün (Lupe). Die Milch bleibt allerdings lange unverändert orange.*

Der ***Fichten-Reizker*** *ist der einzige Reizker ohne Grübchen am Stiel. Er enthält mehr Bitterstoffe als die vorher genannten Arten und es empfiehlt sich, ihn scharf anzubraten.*

→ Orangerote Milch nach wenigen Minuten weinrot und am nächsten Tag grün umfärbend; fleischfarben bis braunrötlicher Hut mit deutlichen grünen Farbanteilen, zoniert und konzentrisch gefleckt, bis 10 cm breit; Geschmack leicht bitter und etwas gummiartig; IX-X; Kiefernbegleiter auf Kalkböden; Sporen 8-11 x 7-8,5 µm: **Kiefern-Reizker (Lactarius semisanguifluus)**

Kiefern-Reizker

5 (1). Hut weiß bis cremefarben; ohne bedeutenden Geruch; scharfe Arten, die nach Vorbehandlung essbar sein können; **Sektion Albati: → 6**

→ Hut nicht weißlich: **→ 9**

6. Bis 25 cm breiter Hut mit typischen, rosafarbenen Flecken (Lupe), aber ohne Zonierung auf dem Hut; Lamellen cremefarben und bereits jung mit rosafarbenem Beiton; Stiel gedrungen, Milch weiß und langsam gilbend; Geschmack scharf; VIII-IX; Pappelbegleiter; Sporen 6,5-7,5 x 4,5-5,5 µm: **Rosascheckiger Milchling (Lactarius controversus)**

Der **Rosascheckige Milchling** ähnelt dem Wolligen Milchling (s. nächste Seite), dem jedoch die rosa Flecken fehlen und der einen stärker behangenen Hutrand aufweist.

→ Hut ohne rosafarbene Flecken; Merkmale anders: **→ 7**

7. Lamellen sehr engstehend und herablaufend; cremfarbener Hut bis 15 cm breit; ohne Farbreaktion mit Kalilauge; Geruch unbedeutend; Geschmack der Milch sehr scharf; VI-X; Laubwälder; Sporen 8 x 6 µm: **Pfeffer-Milchling (Lactarius piperatus)**

→ Lamellen nicht besonders eng stehend: **→ 8**

*Trotz des sehr scharfen Geschmacks wird der **Pfeffer-Milchling** nach Vorbehandlung, z.B. siliert oder scharf angebraten, von einigen Personen gerne gegessen. Er ist an den sehr eng stehenden Lamellen gut zu erkennen.*

8. Milch und Fleisch scharf schmeckend, sonst äußerlich nicht vom Wolligen Milchling (folgende Art) zu unterscheiden; Milch mit Kalilauge (KOH) in wenigen Sekunden honiggelb; VIII-X; Laub- und Nadelwald auf Kalkböden; **Scharfmilchender Woll-Milchling (Lactarius bertilloni)**

→ Milch allein mild schmeckend, verursacht pelziges Gefühl auf den Zähnen; ohne Farbreaktion mit Kalilauge; samtiger, weißer Hut mit vertiefter Mitte bis 20 cm breit; Lamellen leicht herablaufend; Stiel ziemlich kurz; Milch langsam gilbend; VIII-XI; Laub- und Mischwald; Sporen 6,5-8 x 5-6 µm: **Wolliger Milchling/ Erdschieber (Lactarius vellereus)**

Der Pfeffer-Milchling (s. oben) ist kleiner und hat enger stehende Lamellen. Der Scharfmilchende Woll-Milchling (s. oben) hat sehr viel schärfere Milch. Wenn nicht darauf geachtet wird, ob der Pilz Milch absondert, kann er auch mit dem Gewöhnlichen Weiß-Täubling (s. S. 174 Nr. 3) verwechselt werden, der gleiche Standorte besiedelt. Auch der Riesen-Krempentrichterling (s. S. 174) ist ähnlich.

*Der **Wollige Milchling** ist nach Vorbehandlung essbar. Der Pfeffer- und der Wollige Milchling wirken entspannend auf Muskeln und Gelenke. Der Name vellereus bedeutet auf lateinisch so viel wie „vliesartig/schafwollig" und bezieht sich auf den rau-filzigen Flaum der Hutoberfläche (Lupe).*

9 (5). Hutoberfläche wollig-filzig, zumindest am Hutrand; keine Speisepilze; **Sektion Tricholomoidei: → 10**

→ Hutoberfläche glatt, schmierig oder samtig, aber nicht mit Haaren: **→ 11**

10. 4-10 cm breiter Hut ± fleischfarben zoniert, fransiger Rand eingerollt, bis 12 cm breit; Milch lange unveränderlich weiß und erst nach langer Zeit blass gelblich; Geschmack sehr scharf; VIII-X; Birkenbegleiter auf sauren Böden; Sporen 8-10 x 6-8 µm: **Zottiger Birken-Milchling (Lactarius torminosus)**

*Ähnlich aber hellhütiger ist der **Flaumige Milchling (Lactarius pubescens)**.*

*Die Gift- und Scharfstoffe des **Zottigen Birken-Milchlings** können durch Abkochen und Wässern entfernt und der Pilz z.B. eingelegt oder siliert gegessen werden.*

→ Hut ± gelblich mit dunklerer Zonierung, bis 20 cm breit, Rand filzig, Oberfläche feucht schmierig; Stiel grubig; Milch weiß und schnell schwefelgelb ; Geruch obstartig; Geschmack bitter und scharf; VII-X; Fichtenwald auf Kalkböden; Sporen 7-9 x 6-7,5 µm: **Grubiger Milchling (Lactarius scrobiculatus)**

*Ähnlich ist der Fransen-Milchling (Lactarius citriolens) und der **Zottige Violett-Milchling (Lactarius repraesentaneus)** mit violett anlaufender Milch.*

*Der **Grubige Milchling** verdankt seinen Namen den dunkleren Gruben auf dem Stiel (Lupe).*

11 (9). Fischgeruch, besonders beim Eintrocknen; bis 15 cm breiter Hut, orangegelb bis orangebräunlich, matt, feinsamtig und runzelig; Lamellen gelblich und an Druckstellen bräunend; gelblicher Stiel oft keulenförmig verdickt; reichlich weiße, klebrige Milch die sich blass braun verfärbt; Geschmack mild; VII-X; Laub- und Nadelwald auf Kalkböden; rundliche Sporen 7,5-10 µm: **Brätling (Lactarius volemus)**

*Der **Brätling** ist ein selten madiger Speisepilz. Sein intensiver Fischgeruch verschwindet beim Kochen, besonders lecker ist er in Fett ausgebraten (Name!).*

→ Kein Fischgeruch: **→ 12**

12. Milch ± wässrig-weißlich oder klar; Geruch würzig nach Liebstöckel (Maggi): **→ 13**

→ Milch weiß bis cremefarben: **→ 14**

13. Ledergelber bis fleischbräunlicher Hut, bis 15 cm breit und ohne deutliche Zonierung; Stiel hohl werdend; Geruch intensiv nach Liebstöckel oder „Maggi"; wasserklare Milch mild und leicht maggiartig schmeckend; VII-X; feuchte und saure Nadelwälder, unter Fichten oder Birken, oft in Mooren; Sporen 7-9 x 6-7 µm: **Bruch-Reizker / Maggipilz / Filziger Milchling (Lactarius helvus)**

*Der **Maggipilz** ist in größeren Mengen Magen-Darm-giftig (s. S. 184). Getrocknet als Gewürzpulver kann er unbedenklich verwendet werden. Neben dem intensiven Geruch nach Liebstöckel (Maggi) ist er durch die wässerige Milch gut gekennzeichnet.*

Der Geruch wird beim Eintrocknen besonders deutlich. Ähnlich riecht auch der kleinere Kampfer-Milchling (s. unten).

→ Dunkel rotbrauner, nicht schmieriger Hut bis 5 cm breit, leicht hygrophan, dünnfleischig und mit kleiner Papille; wässrig-weißliche Milch nicht verfärbend; mild mit leicht bitterem Nachgeschmack; Maggi-Geruch mit zusätzlicher, unangenehmer Komponente nach Blattwanzen; Stiel stärker hohl als beim Maggipilz und zur Basis hin dunkler braun gefärbt; VII-XI; im Laub- und Nadelwald unter Fichten, Kiefern und Rotbuchen; Sporen 6,5-8 x 5,5-6,5 µm: **Kampfer-Milchling / Kleiner Zichorien-Milchling (Lactarius camphoratus)**

*Der Geruch des **Kampfer-Milchlings** wird erst beim Trocknen deutlich. Ähnlich ist der Süßliche Milchling (Lactarius subdulcis), der ebenfalls nach Blattwanzen riecht (s. Nr. **17**), der aber unveränderlich weiße Milch hat.*

14 (12). Milch lange ± unveränderlich weiß bleibend, auf weißem Tuch nicht färbend: **→ 15**

→ Milch veränderlich: **→ 21**

15. Geschmack mild, bei einigen mit unangenehmem Nachgeschmack, aber nicht sofort deutlich scharf oder bitter: **→ 16**

→ Geschmack scharf oder bitter: **→ 19**

16. Geruch nach ± Blattwanzen (würzig mit unangenehmer Komponente): **→ 17**

→ Geruch unauffällig oder anders: **→ 18**

17. Fleischbräunlicher Hut bis 8 cm breit, einfarbig oder leicht zoniert, matte, trockene Huthaut; Stiel ± in Hutfarbe und gegen die Basis hin weiß bereift; einzige Art mit sofort sahnefarbener Milch, die hell grünlichgelb eintrocknet; Geruch an Blattwanzen erinnernd; Geschmack ± mild; VII-X; Eichenbegleiter; Sporen 7,5-9 x 6,5-7,5 µm: **Eichen-Milchling (Lactarius quietus)**

Es ist einer der häufigsten Milchlinge, der durch die gezonte Oberfläche und den Blattwanzengeruch gut gekennzeichnet ist. Der Süßliche Milchling (s. unten) riecht ähnlich, ist aber ungezont und etwas schmächtiger und wächst bei Buchen. Der Goldflüssige Milchling (s. Nr. ***22****) wächst auch unter Eichen, hat aber hellere Farbtöne und üppigere Milch, die rasch gelb umfärbt.*

→ Fleischfarben bis rotbrauner, hygrophaner Hut, bis 7 cm breit; Geruch süßlich-ranzig nach Blattwanzen; Milch ± mild, manchmal leicht bitter; IX-XI; Buchenbegleiter auf sauren Böden; Sporen 8-9,5 x 6,5-7,5 µm: **Süßlicher Milchling (Lactarius subdulcis)**

Ähnlich, aber mit dunkleren Hutfarben ist der Kampfer-Milchling (s. Nr. ***13****). Kommt oft zusammen mit dem Eichen-Milchling (s. oben) vor. Ebenfalls im Buchenwald wachsen außerdem der Orangefuchsige Milchling (Nr.* ***18****) mit leuchtenderen Hutfarben und der* ***Rotgegürtelte Milchling (Lactarius rubrocinctus)*** *mit bitter-schärflichem Fleisch.*

Die frisch weiße Milch des ***Goldflüssigen Milchlings*** *ist bei dem unteren Anschnitt schon nach wenigen Sekunden gelb angelaufen.*

Beim Trocknen wird der unangenehme Geruch des ***Eichen-Milchlings*** *noch deutlicher. Der Geschmack ist realtiv mild, aber mit einer adstringierenden Komponente. Da er nicht giftig ist, kann er nach entsprechender Vorbehandlung durch Wässern oder Silieren gegessen werden. Ihn als Speisepilz zu bezeichnen, erscheint mir deshalb jedoch noch nicht gerechtfertigt. Allerdings habe ich auch schon von einigen Personen gehört, die ihn scharf angebraten durchaus gerne essen. Hier scheint ein eigener Test angebracht zu sein.*

Obwohl er den Namen ***Süßlicher Milchling*** *trägt, sind nicht alle Exemplare mild schmeckend. Wenn sie diesen Pilz essen möchten, ist es ratsam, jeden Fruchtkörper einzeln zu probieren und nur die milden zu verwenden.*

18 (16). Orangerötlich bis orangebräunlicher Hut mit hellerem Rand, nicht gezont aber oft mit helleren Wasserflecken, bis 6 cm breit; Milch mild, weiß und nicht gilbend; IX-X; Fichtenbegleiter in Bergwäldern auf Kalkböden; Sporen 7,5-9,5 x 6,5-7,5 µm: **Milder Milchling (Lactarius mitissimus)**

Im Laubwald gibt es einige ähnlich aussehende Arten mit scharfer bis bitterer Milch.

→ Hut bis 10 cm breit, fuchsigbraun, Mitte und Rand oft heller; Stiel in Hutfarbe; Geruch und Geschmack unangenehm, aber nicht scharf; Milch weiß und nicht gilbend; unter Laubbäumen auf Kalkböden; Sporen 8 x 6,5 µm: **Orangefuchsiger Milchling (Lactarius fulvissimus)**

19 (15) Rotbrauner, matter Hut, bis 8 cm breit und mit kleinem Buckel (Papille) in der Mitte; reichlich unveränderlich weiße Milch, nach kurzer Zeit sehr scharf; Geruch unauffällig; VIII-X; Nadelwald auf sauren Böden; Sporen 7-10 x 5-7 µm: **Rotbrauner Milchling / Paprikapilz (Lactarius rufus)**

Es ist der am weitest verbreitete und bekannteste Milchling vom Flachland bis in die Alpen. Es gibt einige weitere rotbraune Milchlinge; durch den kleinen spitzer Buckel (Lupe), das scharfe Fleisch und die matt rotbraune Farbe sowie den nicht schmierigen Hut ist diese Art jedoch gut gekennzeichnet.

→ Merkmale anders: **→ 20**

20. Bräunlicher, matter Hut mit undeutlicher Zonierung, 3-8 cm breit, Mitte oft schwach gebuckelt; Lamellen gelb bis ockerfarben; Stiel heller als der Hut; nach kurzer Zeit scharfe Milch cremeweiß und nicht verfärbend; Geruch nach Kokosflocken; VIII-X; Nadelwald mit Fichten und Kiefern; Sporen 7-9,5 x 5,5-6,5 µm: **Dunkler Duft-Milchling (Lactarius fuscus)**

Milder Milchling

Orangefuchsiger Milchling

*Der **Rotbraune Milchling** ist nur nach Vorbehandlung essbar. Er wird vor allem in Osteuropa gewässert, gekocht und dann in Speck ausgebraten.*

*Dem **Dunkler Duft-Milchling** ähnlich und ebenfalls ungenießbar sind der unter Birken wachsende **Blasse Duft-Milchling (Lactarius glyciosmus)** und der **Graufleckende Milchling (Lactarius vietus)**, dem der Geruch nach Kokosflocken fehlt.*

→ Leuchtend orangegelber Hut ohne deutliche Zonierung, feucht schmierig, 2-7 cm breit; Stiel hohl werdend; weiße Milch, die sich an der Luft nicht verändert; Geruch obstartig; Geschmack bitter; VIII-X; Lärchenbegleiter in Bergregionen; Sporen 8-9,5 x 6-7 µm: **Lärchen-Milchling (Lactarius porninsis)**

*Ähnlich ist der ebenfalls ungenießbare **Bresadola's Milchling (Lactarius bresadolianus)** mit stärker grau eintrocknender Milch, unter Fichten wachsend.*

*Der **Lärchen-Milchling** hat unveränderlich weiße Milch. Durch seine leuchtenden Hutfarben ist es immer wieder eine Freude diesen Pilz zu entdecken, auch wenn er nicht gegessen werden kann.*

21 (14). Hut ± rotbraun: **→ 22**

→ Hut oliv-, schwarz- oder lederbraun ohne Rotanteile: **→ 24**

22. Geschmack sehr scharf und bitter; fleischrötlicher Hut mit schwacher Zonierung, 3-7 cm breit; Milch schon nach wenigen Sekunden goldgelb verfärbend; VIII-X; Eichenbegleiter, im Süden zunehmend von Esskastanien abgelöst; Sporen 7-9 x 6-7 µm: **Goldflüssiger Milchling (Lactarius chrysorrheus)**

*Chrysorrheus heißt „goldflüssig" und bezieht sich auf die Eigenschaft der Milch. Ähnlich ist der ungenießbare **Scharfe Schwefel-Milchling (Lactarius decipiens)** mit langsamer verfärbender Milch und ungezontem Hut. Der Flatter-Milchling (s. unten) wächst in feuchteren Gebieten.*

Goldflüssiger Milchling

→ Geschmack zunächst mild, später leicht scharf oder bitter werdend: **→ 23**

23. Fleischrötlicher Hut, glatt, bis 5 cm breit und oft wellig verbogen („flatterig"), mit oder ohne Buckel; Stiel ± Hutfarbe und früh hohl werdend; weiße Milch auf weißem Tuch nach weniger als 5 Sekunden gilbend, Geschmack mild aber oft mit schärflichem oder bitterem Nachgeschmack; VI-X; Birkenbegleiter auf feuchten Böden; Sporen 7,5-9 x 6-7 µm: **Flatter-Milchling (Lactarius theiogalus / tabidus)**

*Der Milde Milchling (Nr. **18**) ist ähnlich, hat aber keine gelb verfärbende Milch.*

*Der **Flatter-Milchling** ist nicht giftig, aber ohne besonderen Speisewert und durch den unangenehmen Nachgeschmack zum Verzehr nicht zu empfehlen. Wenn der Pilz keine Milch mehr abgibt, kann ein Stück Hutfleisch in ein Papiertaschentuch ausgedrückt werden, wobei der Fleck dann auch umfärbt.*

→ Milch relativ wässrig, auf weißem Tuch erst nach 30 Sekunden gilbend; rotbrauner Hut im Alter entfärbend, 3-6 cm breit; Lamellen gelbbraun-orange; Stiel mit Hutfarbe und leicht runzelig; Geschmack mild und später etwas bitter; VII-X; Bergnadelwälder; Sporen 8 x 6 µm: **Orangeblättriger Milchling (Lactarius badiosanguineus)**

Orangeblättriger Milchling

24 (21). Geschmack mild; Milch langsam rosabraun (s. Stielbruchstelle in der Lupe) verfärbend; Hut braunschwärzlich mit fein samtiger, oft gerunzelter Oberfläche, 2-6 cm breit, Mitte meist spitz gebuckelt; die weißen, meist runzelig den Stiel herablaufenden Lamellen (Lupe) bilden einen deutlichen Kontrast zur Hutfarbe; Geschmack mild, manchmal leicht bitter im Nachgeschmack; VIII-X; Gebirgsnadelwälder auf sauren Böden; runde Sporen 7,5-10 µm: **Mohrenkopf / Schornsteinfeger (Lactarius lignyotus)** → Seite 380

Eine sich langsam rosa verfärbende Milch haben auch der ***Pechschwarze Milchling (Lactarius picinus)*** *und der* ***Flügelsporige Milchling (Lactarius pterosporus),*** *die jedoch beide scharf schmecken. Der Pechschwarze Milchling hat keinen Buckel und der Stiel ist nicht so dunkel.*

Der ***Rußfarbene Milchling (Lactarius fuliginosus)*** *ist auch ähnlich aber mit einem helleren Stiel und ebenfalls scharfer Milch.*

→ Geschmack scharf: → **25**

Der ***Mohrenkopf*** *wächst in Nadelwäldern in Bergregionen, in Fichtendickungen. Im Flachland kommt er nicht vor.*

25. Olivbrauner bis olivschwarzer Hut mit feucht schmieriger Oberfläche, 5-12 cm breit; weißliche Lamellen zunehmend olivbraun gefleckt; Stiel wie der Hut gefärbt, mit grubigen Flecken; sehr scharfe Milch graubraun eintrocknend (Lupe); VIII-X; Nadel- und Laubwald, häufig mit Fichte und Birke; Sporen 7-8,5 x 6-7 µm: **Olivbrauner / Tannen-Milchling (Lactarius turpis / necator)**

Der ***Olivbraune Milchling*** *ist durch die düsteren Farben leicht kenntlich. Diesem düsteren Aussehen verdankt er auch den Namen „Mordschwamm". Eine weitere Eigenschaft, die ihn unverwechselbar macht, ist die weinrote Reaktion auf der Huthaut mit KOH.*

Alte Exemplare vom Dickblättrigen Schwärz-Täubling (Nr. ***1****, S. 176) können ähnlich aussehen, milchen aber nicht und laufen beim Durchschneiden rot an.*

→ Merkmale anders: → 26

26. Graugrünlicher bis hell olivgrünlicher Hut mit konzentrisch angeordneten Flecken, 3-7 cm breit, schmierig-klebrig; Geschmack nach kurzer Zeit scharf; weiße Milch beim Eintrocknen graugrün fleckend (Lupe); VII-X; Buchenbegleiter auf sauren Böden; Sporen 6-8 x 5-6 µm: **Graugrüner Milchling (Lactarius blennius)**

Auf kalkhaltigen Böden wächst der ähnlich aussehende ***Braunfleckende Milchling (Lactarius fluens)*** *mit auf Druck braun anlaufenden Lamellen.*

Die Hutfarbe des ***Graugrünen Milchlings*** *ist außerordentlich variabel und reicht von ockergrau bis zu olivgrün.*

→ Merkmale anders: → 27

27. 15-20 cm breiter Hut, fleischbraun, violett- bis blaugrau mit silbrigem Reflex, gezont und feucht schleimig; weiße Milch wird langsam gelblich und trocknet dann türkisgrau ein; Geschmack scharf; VIII-X; Laub- und Nadelwald auf feuchten, sauren Böden; Sporen 7,5-9 x 6-7,5 µm: **Nordischer Milchling (Lactarius trivialis)** RL 3

Dem Nordischen Milchling ähnlich ist der ***Ungezonte Violett-Milchling (Lactarius uvidus)****, dessen Milch an der Luft jedoch schnell violett statt gelb und später türkisgrau anläuft.*

Der ***Nordische Milchling*** *ist in der Hutfarbe noch variabler als der Graugrüne Milchling. Meist hat er jedoch einen silbrig-violetten Reflex und dunklere Wasserflecken auf der Huthaut, an denen er zu erkennen ist.*

→ Fleisch- bis lederfarbener Hut, bis 7 cm breit, feucht mit dicker Schleimschicht; Milch weiß und beim Eintrocknen gelblich; Geschmack sehr scharf; VII-X; Nadelwald auf Kalkböden; Sporen 8-10 x 6-7,5 µm: **Graublasser Milchling (Lactarius albocarneus)**

Der bei feuchtem Wetter sehr schleimige Hut erinnert an die Schnecklinge. Es ist der Milchling mit der schmierigsten Huthaut.

Im Gegensatz zu den oben erwähnten Arten gilbt seine Milch, während die der ähnlichen Milchlinge gräulich oder grünlich eintrocknet.

Der ***Graublasse Milchling*** *hat eine stark schleimige Huthaut (Lupe), die in trockenem Zustand seidig glänzt.*

11.3 Lamellenpilze / Faserblättler

Die Lamellenpilze werden, im Gegensatz zu den Sprödblättlern, auch als Faserblättler oder Blätterpilze bezeichnet. Sie bilden zweifellos die größte Gruppe der hier vorgestellten Pilze. Dadurch stößt man bei dem Versuch der Erstellung eines systematisch orientierten und gleichzeitig didaktisch sinnvollen Bestimmungsschlüssels recht schnell an Grenzen. Schon bei dem, was „die" systematische Einteilung betrifft, herrscht eine ähnlich große Vielfalt wie bei den Farben und Formen der Pilze selbst. Bei all den Versuchen, eine sinnvolle Gliederung in Ordnungen und Familien zu erstellen, ist zu bedenken, dass es sich immer um theoretische Versuche des Menschen handelt, das System des besseren Verständnisses wegen in „Schubläden" zu gliedern.

Hintergrundbild:
Buntstieliger Helmling
(Mycena inclinata)

Auch was die deutschen Bezeichnungen für die wissenschaftlichen Namen betrifft, gibt es keine einheitliche Regel. So müsste mein Versuch, hier eine stringente Ordnung zu präsentieren, bereits im Ansatz scheitern. Dies ist ein ***Grundkurs****, er behandelt nicht die vielen Sonderfälle und Ausnahmen, sondern soll ein erstes Rüstzeug bieten, um sich der faszinierenden Pilzwelt zu nähern. Ob in diesem System die „Faserblättler" dann lieber als „Blätterpilze" angesprochen werden wollen, oder es nur einzelne Familien innerhalb einer großen Ordung gibt, oder so wie hier, verschiedenen Ordnungen mit wiederum einzelnen Familien, empfinde ich dabei für die praktische Pilzbestimmung als zweitrangig.*

Gemeinsam ist allen Faserblättlern jedenfalls, dass sie Lamellen aufweisen und ein Grundgewebe aus länglichen Hyphen haben, im Gegensatz zu dem Grundgewebe der Sprödblättler aus kugelförmigen Zellen. Ansonsten sind sie sehr verschiedengestaltig, der Stiel kann zentral oder seitlich ansitzen oder sogar fehlen und von freien bis zu herablaufenden Lamellen gibt es alle Übergänge. Die verschiedenen Pilzgruppen unterscheiden sich vor allem durch die Sporenpulverfarbe und die Velumverhältnisse.

Lamellenpilze / Faserblättler

Lamellenpilze mit ± faserigem Fleisch. Die Einteilung in die verschiedenen Ordnungen und Familien richtet sich in erster Linie nach der Farbe des Sporenpulvers.

Ritterlingsartige (Tricholomatales) ab S. 204

Lamellen angewachsen. Sporenpulver weiß. Mit oder ohne Ring am Stiel. Es gibt sehr viele verschiedene Formen, von kompakten bis hin zu sehr zerbrechlichen Pilzen.

Die Wachsblättler (Hygrophoraceae) haben dicke, wachsartige und entfernt stehende Lamellen.

Rosasporer (Pluteales) ab S. 278

Sporenpulver lachsrosa, rosabraun oder fleischfarben. Kein Ring am Stiel. Lamellen bei den Dachpilzen (Pluteaceae) frei und bei den Rötlingen (Entolomataceae) angewachsen.

Hintergrundbild: **Erlen-Schüppling** *(Pholiota alnicola)* mit einem kleinen Grasfrosch *(Rana temporaria)*.

Braunsporer (Cortinariales) ab S. 247

Lamellen meist ± bräunlich und am Stiel angewachsen. Sporenpulver rostbraun, erdfarben bis dunkelbraun. Schleier (Cortina) meist als spinnwebartiger Schleier ± deutlich sichtbar. Viele verschiedene Farben und Formen.

Freiblättler und Tintlingsähnliche (Agaricales) ab S. 286

Lamellen überwiegend frei und Stiel leicht vom Hutfleisch trennbar (mit Ausnahme einiger Schwarzsporer mit zerbrechlichem Fleisch). Mit oder ohne Ring am Stiel. Sporenpulver bei den Wulstlingsartigen (Amanitaceae) weiß und den Tintlingsartigen (Coprinaceae) und Champignonartigen (Agaricaceae) schwarzbraun.

Bestimmungsteil

1. Pilz in Hut und Stiel gegliedert, meist zentral (mittig) gestielt; Fleisch ± brüchig oder faserig, nicht korkartig: → 2

Dies entspricht dem „typischen" in Hut und Stiel gegliederten Pilz.

→ Pilz meist nicht deutlich in Hut und Stiel gegliedert, seitlich gestielt, konsolenartig an Holz wachsend oder trichterförmig wie einseitig eingerollte Papiertüten; meist zähfleischig: → 6

2. Lamellen zur Reifezeit mitsamt dem Hutfleisch und schwarzem Sporenpulver tintenartig zerfließend. Oder Pilze mit ± zerbrechlichem Fleisch und schwarz bis schwarzbrauem Sporenpulver: Schwarzsporige Folgezersetzer (Coprinaceae) → Seite 299

Bei den Tintlingen zerfließen die Lamellen zur Reifezeit meist mitsamt dem Hutfleisch. In dieser Gruppe gibt es jedoch auch Arten, die nicht zerfließen und keine freien Lamellen haben, es sind meist ± kleine Pilze mit ± zerbrechlichem Fleisch.

→ Merkmale anders: → 3

3. Lamellen frei; Stiel leicht vom Hutfleisch trennbar. Sporenpulver weißlich oder schwärzlich, nicht rosa: Freiblättler (Agaricales) → Seite 299

In diese Gruppe gehören die Wulstlingsartigen mit weißem Sporenpulver, die Champignonartigen mit dunklem Sporenpulver und einem Farbwechsel der Lamellen von rosa zu dunkelbraun je nach Reifezustand, sowie die Schirmlinge und Riesenschirmlinge mit weißem Sporenpulver.

→ Lamellen angewachsen; Hut und Stiel nicht leicht voneinander trennbar. Oder Lamellen frei und Sporenpulver rosabräunlich: → 4

4. Sporenpulver weiß: Ritterlingsartige (Tricholomatales) → Seite 220

Dies ist eine sehr umfangreiche Pilzgruppe mit vielen verschiedenen Gattungen und Arten. In Ausnahmefällen kann das Sporenpulver auch einmal cremefarben bis hellrosa sein (s. Rötelritterlinge S. 215).

*Beim **Schopftintling** zerfließt der Hut mitsamt Sporenpulver und Lamellen zur Reifezeit. In die **Schwarzsporigen Folgezersetzer** gehören jedoch auch Arten mit schwarzbraunem Sporenpulver, deren Hüte nicht zerfliessen, wie beispielsweise das **Weißstielige Stockschwämmchen** (kl. Foto).*

*Bei den **Freiblättlern** erreichen die Lamellen den Stiel nicht. Wenn Sie probieren, den Stiel aus dem Hut zu brechen, löst er sich meist mit einem deutlichen „Knack-Geräusch", und es bleiben keine Reste der Lamellen am Stiel haften.*

*Die **Dachpilze** gehören nicht zu den Freiblättlern, obwohl sie ebenfalls freie Lamellen haben und einen Stiel, der nicht fest mit dem Hutfleisch verwachsen ist. Sie werden durch die Farbe ihres Sporenpulvers in die Gruppe der Rosasporer (s. nächste Seite) eingeordnet. Allerdings können die Lamellen jung auch ganz weiß aussehen. Dann ist es wichtig, für die Bestimmung ein Sporenabwurfpräparat anzufertigen.*

→ Sporenpulver nicht weiß: → **5**

5. Sporenpulver lachsrosa, rosabraun oder fleischfarben: **Rosasporer (Pluteales)** → **Seite 283**

→ Sporenpulver dunkelbraun, rostbraun oder erdfarben; sehr viele Farben und Formen; oft mit spinnwebartigem Schleier: **Braunsporer (Cortinariales)** → **Seite 258**

6 (1). Büschelig wachsende trichter- bis muschelförmige, rotbraune, 3-6 cm breite Hüte, glatt mit eingerolltem Rand und randständigem Stiel; Lamellen am Stiel weit herablaufend und mit gezähnter Schneide; Geruch meist angenehm anisartig; Sporenpulver weiß; totes Laubholz; VIII-XI; Sporenpulver weiß, amyloid, Sporen feinwarzig, 4-5 x 4-5 µm: **Anis-Zähling (Lentinellus cochleatus)**

Der **Anis-Zähling** ist unverwechselbar. Er ist essbar, doch der anisartige Geruch und der im Alter leicht bittere Geschmack sowie das zähe Fleisch sagen nicht jedem zu.

→ Fruchtkörper seitlich gestielt oder konsolenartig an Holz wachsend: → **7**

7. Sporenpulver ± weißlich: → **8**

→ Sporenpulver ± bräunlich: → **12**

8. Fleisch zäh-elastisch; 1-3 cm breite Hüte weißgräulich; muschelförmig und ungestielt auf abgestorbenem Laubholz (selten Nadelholz); Hüte oberseits grobfilzig; Lamellen längsgespalten; ganzjährig; Sporenpulver weiß, inamyloid, Sporen glatt, 5,5-7 x 1,5-2,5 µm: **Spaltblättling (Schizophyllum commune)**

Die Lamellen des **Spaltblättlings** sind gespalten (Lupe). Sie können sich bei Trockenheit Einrollen und so vor Austrocknung schützen. Es ist auch ein gutes Erkennungsmerkmal.

→ Merkmale anders: → **9**

9. Huthaut ohne gelatinöse Schicht; Pilz weichfleischig; 5-20 cm breite, grau bis graubräunliche Hüte ohne Velum, kurz gestielt, seitlich (muschelförmig) an lebenden oder toten Laubhölzern (selten auch Nadelholz) wachsend; Lamellen weißlich und herablaufend; X-XII (II-IV) erscheint erst nach den ersten Nachtfrösten; Sporen inamyloid, glatt, 8-12 x 3-4 µm: **Austern-Seitling (Pleurotus ostreatus)** → **Seite 422**

Der **Austern-Seitling** ist ein sehr guter Speisepilz. Ähnlich sind der ebenfalls essbare ***Rilligstielige Seitling (Pleurotus cornucopiae)*** und der Gelbstielige Muschelseitling (s. Nr. **11**).

→ Huthaut mit gelatinöser Schicht; dachziegelige, übereinander wachsende, muschelförmige Fruchtkörper seitlich an Holz; Stiele winzig oder fehlend; **Gattung Zwergknäuelinge / Muschelseitling (Panellus) → 10**

*Keine Speisepilze. Die etwas ähnlichen Stummelfüßchen (Crepidotus, Nr. **14**), wie auch andere muschelförmige Holzpilze, haben keinen abgesetzten Stiel und kein weißes Sporenpulver.*

10. Bis 10 cm breiter, olivbräunlicher Hut mit kurzem, gelben Stiel seitlich an Laubholz wachsend; IX-XII; Sporen 5-6 x 1-1,5 µm: **Gelbgestielter Muschelseitling (Sarcomyxa serotina/Panellus serotinus)**

→ Kleinere Pilze, Hutfarbe ocker bis weißlich: **→ 11**

11. Bis 2 cm breite Hüte, weiß mit feinfilziger Oberfläche; X-XII; an Nadelholz, besonders Fichte; Sporen 4-5 x 1-1,5 µm: **Milder Muschelseitling / Zwergknäueling (Panellus mitis)**

→ Lamellen ockerfarben, am Grunde mit Querverbindungen; Geschmack nach längerem Kauen scharf; VIII-XI; da sehr lange haltbar, fast das ganze Jahr zu finden; Laubholzstümpfe, besonders Buche und Eiche; Sporen amyloid, elliptisch, 4-5 x 2-2,5 µm: **Herber/Bitterscharfer/ Eichen-Zwergknäueling (Panellus stypticus)**

12 (7). Sporenpulver olivbraun; bis 6 cm breite, ± ockerfarbene Fruchtkörper muschel- bis spatelförmig an totem Nadelholz, besonders Kiefer, auch an Bauholz; Braunfäuleerreger; Rand meist gewellt und lange eingerollt; gegabelte Lamellen mit vielen Querverbindungen; VII-X; Sporen glatt, 5-6 x 3-4 µm: **Muschel-Krempling (Tapinella panuoides / Paxillus panuoides)**

→ Sporenpulver erdbraun; Merkmale anders: **→ 13**

Die gelatinöse Schicht der **Zwergknäuelinge** *läßt sich am besten erkennen, wenn Sie versuchen, die Huthaut mit dem Finger abzuziehen.*

Der **Gelbgestielte Muschelseitling** *ist ein Doppelgänger des Austern-Seitlings, er ist nicht giftig, aber kein guter Speisepilz.*

Milder Muschelseitling

Bitterscharfer Zwergknäueling

13. Bis 3 cm breite Fruchtkörper ± stiellos mit der Hutoberfläche punktförmig Laub- oder Nadelholzzweigen aufsitzend; VIII-X; Lamellen ockerfarben; Sporenpulver erdbraun; Sporen 7 x 3 µm: **Gewöhnliches Stummelfüßchen (Crepidotus variabilis)**

→ Bis 6 cm breite, creme- bis lederfarbene Fruchtkörper, in der Huthaut mit gelatinöser, gummiartig dehnbarer Schicht; VIII-X; an Laubholz; Sporenpulver erdbraun, Sporen glatt, 7-9 x 4,5-6 µm: **Gallertfleischiges Stummelfüßchen (Crepidotus mollis)**

14 (2). Sporenpulver dunkel, bräunlich oder schwärzlich: **Röhrlinge (Boletales)** **→ Seite 167, Nr. 28**

Hier geht es zu den lamellenartigen Röhrenpilzen. Optisch sehen sie aus wie Lamellenpilze, u.a. durch die nicht fest mit dem Hutfleisch verwachsene Fruchtschicht werden sie bei den Röhrenpilzen eingeordnet.

→ Sporenpulver weiß bis cremerosa; meist mittelgroße Pilze mit Ritterlings- oder Trichterlingshabitus (s. S. 212 u. 214); Hüte gräulich, weißlich oder mit violetten Farben, außer dem Fuchsigen Röteltrichterling nicht orange; nicht fest mit dem Hutfleisch verwachsene Lamellen ausgebuchtet angewachsen oder herablaufend; Sporenpulver weiß bis cremfarben oder fleischrosa; bodenbewohnende Folgezersetzer: **Rötelritterlinge und Röteltrichterlinge (Lepista)** **→ Seite 236, Nr. 60**

Auch unter den „Echten Lamellenpilzen" gibt es ein paar Arten mit auf dem Hutfleisch verschiebbaren Lamellen. Sie gehören zu den Ritterlingsartigen; von den „Echten" Ritterlingen und Trichterlingen werden sie durch dieses Merkmal der verschiebbaren Lamellen unterschieden. Selten gibt es noch einige weitere Arten mit diesem Merkmal, sie alle aufzuführen würde die Übersichtlichkeit und den Rahmen des Grundkurses sprengen.

*Das **Gewöhnliche Stummelfüßchen** hat ebenfalls eine gelatinöse Huthaut. Von den Muschelseitlingen (Nr. **10**) unterscheidet es sich durch das braune Sporenpulver und den fehlenden Stiel. Im Bild oben ist die Ober- und auf dem unteren Foto die Pilzunterseite zu sehen.*

Gallertfleischiges Stummelfüßchen

11.3.1 Ritterlingsartige (Tricholomatales)

Lamellen angewachsen. Sporenpulver weiß. Mit oder ohne Ring am Stiel. Sehr viele verschiedene Formen, von kompakten bis hin zu sehr zerbrechlichen Pilzen.

Hintergrundbild:
Kegeliger Saftling
(Hygrocybe conica)

Wachsblättler (Hygrophoraceae) ab S. 208

Dicke, wachsartige und entfernt stehende Lamellen.

Schnecklinge (Hygrophorus) S. 209

Meist fleischige und relativ kompakte Pilze mittlerer Größe mit vorwiegend matter Farbe. Hut und Stiel oft schleimig oder klebrig. Ringlos, höchstens mit schleimiger Ringzone. Lamellen breit angewachsen bis herablaufend.

Mykorrhizapilze.

Saftlinge (Hygrocybe) S. 210

Kleine bis mittelgroße, meist farbintensive Pilze. Hut oft mit kegeligem oder mit spitzem Buckel, glasartig durchscheinend oder eingefettet wirkend. Fleisch meist dünn und gebrechlich. Lamellen schmal angeheftet bis herablaufend. Kein Ring am Stiel. Hut und Stiel oft schleimig.

Mykorrhizapilze, meist in Grasflächen.

Ritterlingsähnliche (Tricholomataceae)

Ritterlinge (Tricholoma) S. 211

Mittelgroße, fleischige Arten mit festem Fleisch und kompakter Gestalt. Hut meist ± halbkugelig und kaum hygrophan. Stiel meist ± zylindrisch und überwiegend ringlos. Lamellen mit „Burggraben" ausgebuchtet angewachsen.

Mykorrhizapilze.

Trichterlinge (Clitocybe) S. 214

± trichterförmige Pilze mit ± herablaufenden Lamellen. Einige Arten mit hygrophanen Hüten. Kein Ring am Stiel.

Bodenbewohnende Fäulniszersetzer.

Rötelritterlinge und Röteltrichterlinge (Lepista) S. 215

Gestalt ähnlich den Ritterlingen oder Trichterlingen, jedoch mit leicht vom Hutfleisch trennbarer Lamellenschicht. Ringloser Stiel. Lamellen ausgebuchtet angewachsen bis herablaufend. Hüte können auch hygrophan sein. Sporenpulver cremefarben bis hellrosa.

Bodenbewohnende Saprophyten, wachsen oft in „Hexenringen".

Hintergrundbild:
Rosshaar-Schwindling
(Marasmius androsaceus)

Rüblinge (Collybia) S. 216

Kleine bis mittelgroße Pilze mit knorpeligem Stiel. Hut ± abgeflacht mit meist glatter Oberfläche, oft hygrophan. Hutfleisch bei vielen Arten sehr dünn. Lamellen ausgebuchtet bis aufsteigend angewachsen.

Bodenbewohnende Fäulniszersetzer.

Schwindlinge (Marasmius) S. 217

Vorwiegend kleine bis sehr kleine Arten. Das zäh-elastische Fleisch lebt ausgetrocknet durch Anfeuchten wieder auf. Hut meist weißlich bis bräunlich, gewölbt, leicht gebuckelt oder genabelt. Hutfleisch meist sehr dünn. Stiel ringlos.

Fäulniszersetzer auf Laub, Humus, Grasstängeln o.ä.

Helmlinge (Mycena) S. 218

Kleine Pilze in den vielfältigsten Farben. Hüte meist glatt und helmförmig bis halbkugelig mit sehr dünnem, zarten Hutfleisch. Meist hygrophan. Oft mit typischem Geruch nach Rettich, Chlor, Nitrat oder Mehl. Lamellen meist bauchig und schmal angeheftet. Einige Arten milchend. Stiel ringlos, dünn und zerbrechlich.

Fäulniszersetzer auf Erdboden, Pflanzenresten, Holz oder Tannenzapfen.

Lacktrichterlinge (Laccaria) S. 219

Kleine bis mittelgroße Pilze mit lila bis rötlichbraunen Farben und hygrophanen Hüten. Lamellen dicklich und entfernt stehend. Ringloser Stiel faserig und an der Basis mit Myzelfilz, im Alter oft hohl und zäh.

Bodenbewohnende Saprophyten.

11.3.1 Ritterlingsartige (Tricholomatales)

Die Ordnung der Ritterlingsartigen ist mit ca. 65 Gattungen eine de größten Pilzgruppen. Alle besitzen als gemeinsames Merkmal wei-ßes Sporenpulver, in Ausnahmefällen kann es einmal cremefarben bi hellrosa sein. Der Stiel ist mit dem Hutfleisch verwachsen und die La-mellen sind nicht frei. Innerhalb dieses Systems werden zwei Familier vorgestellt, die Wachsblättler und die Ritterlingsähnlichen.

11.3.1.1 Wachsblättler (Familie Hygrophoraceae

Die Wachsblättler verraten ihre charakteristische Eigenschaft bereit durch ihren Namen: die dicken, wachsartigen und entfernt stehen den Lamellen. Am besten ist dies festzustellen, wenn die Lameller zwischen den Fingern zerdrückt werden. Es fühlt sich an wie war mes Kerzenwachs.

Diese wachsartige Konsisten verdanken sie den verlänge ten Sporenständerzellen der Lame len (Basidien), einem Merkmal, da nur im Mikroskop zu sehen ist.

Die Gestalt der Pilze ist rech unterschiedlich, allen gemein i der zentrale Stiel und das weiß Sporenpulver. Es gibt 5 Gattur gen, von denen die meisten Arte zu den Schnecklingen und Saftlir gen gehören.

Beim ***Elfenbein-Schneckling*** *(Hygrophorus eburneus) sind die wachsartigen, entfernt stehenden Lamellen gut zu sehen. Er wächst meist bei Buchen auf kalkhaltigen Böden.*

Der ***Orangefarbene Wiesen-Ellerling*** *wurde – so wie alle Ellerlinge (Camarophyllus, Cupho-phyllus) – als eigene Gattung abgegrenzt. Heute werden die Ellerlinge bei den meisten Autoren zu den Saftlingen gestellt. Sie haben meist etwas weniger lebhafte Farben als die Saftlinge und keine schleimige Huthaut. Die Bestimmung und Abgrenzung der einzelnen Arten ist oft schwierig und ohne mikroskopische Merkmale nicht sicher zu treffen.*

11.3.1.1.1 Schnecklinge (Gattung Hygrophorus)

Die knapp 40 Arten der Schnecklinge sind meist fleischige und relativ kompakte Pilze mittlerer Größe mit vorwiegend matter Farbe. Ihren Namen verdanken sie dem meist schleimigen oder klebrigen Hut und Stiel, die Stielspitze ist jedoch nie schleimig. Da es keine Regel ohne Ausnahme gibt, kommen auch Schnecklinge mit gänzlich trockenem Hut und Stiel vor.

Wie für die gesamte Familie typisch, sind die wachsartigen und meist entfernt stehenden Lamellen breit angewachsen oder herablaufend. Der meist ringlose Stiel kann sowohl glatt als auch etwas rillig, punktiert oder genattert sein, es gibt nur wenige Arten mit einer schleimigen Ringzone. Unter den Schnecklingen ist kein Giftpilz bekannt. Einige haben jedoch einen unangenehmen Geschmack, wie beispielsweise der Terpentin-Schneckling. Als einfache Regel kann gelten, dass alle ± grauen Schnecklinge essbar sind.

Das Sporenpulver ist weiß und die glatten Sporen imamyloid. Schnecklinge bilden eine Mykorrhiza mit Laub- und Nadelbäumen. Ihre Hauptwachstumszeit ist der Spätherbst und Winter, wenn sich die meisten anderen Arten bereits zurückziehen, bei günstiger Witterung findet man sie zu jeder Jahreszeit.

Gattungsmerkmale am Beispiel des Frost-Schnecklings

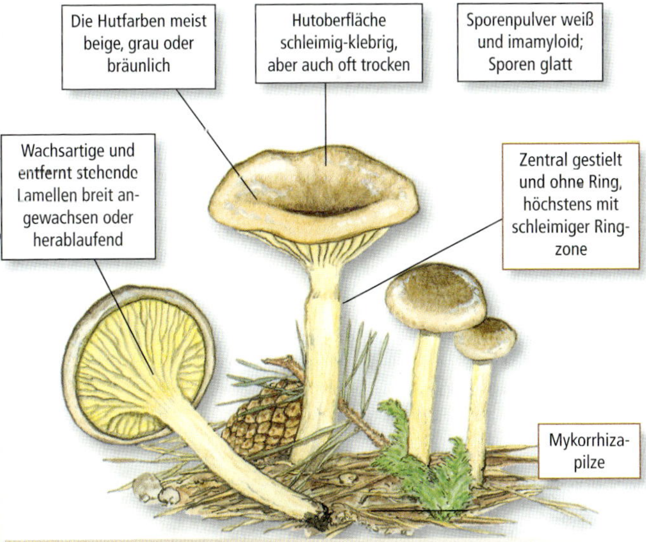

*Der **Frost-Schneckling** (Hygrophorus hypothejus) macht mit seiner klebrigen Huthaut seinem Namen alle Ehre. Auch der Stiel ist jung schleimig. Die Lamellen sind gelb und später orange gefärbt. Im Spätherbst ist es oft ein Massenpilz auf sauren Böden in Kiefernwäldern. Er ist essbar und duch die gelben Lamellen gut gekennzeichnet, jedoch nicht besonders ergiebig.*

11.3.1.1.2 Saftlinge (Gattung Hygrocybe)

Saftlinge findet man typischerweise als bunte Farbflecken in mageren Wiesen zwischen dem Gras; sie vertragen keinen Dünger. Alle ca. 50 Arten sind geschützt und im Bestand bedroht, da die Magerwiesen als Lebensraum an sich selten geworden sind. Sie wachsen in Lebensgemeinschaft mit Gräsern in Mooren und auf ungedüngten Wiesen. In Höhenlagen sind sie weiter verbreitet als im Flachland.

Es sind kleine bis mittelgroße, meist wunderschöne, farbintensive Pilze, oft mit kegeligem Hut oder spitzem Buckel. Ihre Hüte wirken glasartig durchscheinend oder eingefettet und das Fleisch ist in der Regel dünn und gebrechlich, daher werden sie vielfach auch als „Glasköpfe" bezeichnet. Der Stiel ist ebenfalls brüchig und oft hohl. Die Hutoberfläche ist trocken bis schmierig oder schleimig.

Die wachsartig und entfernt stehenden Lamellen sind meist angeheftet, seltener herablaufend. Die Schneiden sind meist sehr schmal und scharf, häufig sind sie ebenfalls intensiv gefärbt.

Es gibt unter den Saftlingen nur wenige schwach giftige Arten, doch sollten auch die essbaren wegen ihrer Seltenheit geschont werden, sie haben ohnehin wenig Fleisch und einen geringen Speisewert. Das Sporenpulver ist weiß und die glatten Sporen inamyloid.

Gattungsmerkmale am Beispiel des Kegeligen Saftlings

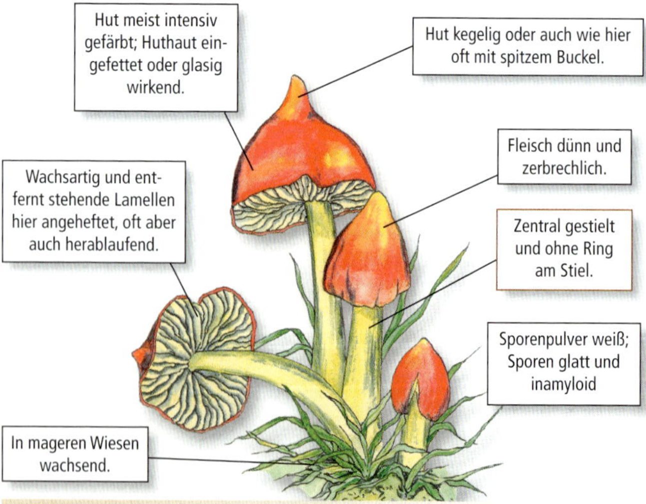

*Der **Kegelige Saftling** (Hygrocybe conica) ist mit seinen intensiven Farben ein typischer Saftling. Im Alter beginnt sich das Fleisch schwarz zu verfärben. Es ist einer der häufigeren Saftlinge; zu finden ist er auf moosigen Wiesen und an grasigen Waldstellen. Er ist einer der leicht Magen-Darm-giftigen Arten dieser Gattung, die Giftstoffe sind noch weitestgehend unbekannt.*

11.3.1.2 Ritterlingsähnliche (Familie Tricholomataceae)

Zu der Familie der Ritterlingsähnlichen gehören über 60 Gattungen. Als Vertreter der Ritterlingsähnlichen besitzen sie weißes Sporenpulver und einen fest mit dem Hutfleisch verwachsenen Stiel sowie angewachsene Lamellen. Damit sind die Gemeinsamkeiten auch schon erschöpft, denn die übrigen Merkmale sind von Gattung zu Gattung sehr verschieden.

Der **Milde Zwergknäueling** *(Panellus mitis) ist einer der wenigen seitlich gestielten Ritterlings-Pilze.*

Der Stiel kann sowohl beringt als auch ringlos sein, und es gibt sogar Gattungen – wie beispielsweise die Muschelseitlinge – mit seitlich ansitzendem Stiel. Die meisten Gattungen sind jedoch zentral gestielt. Entsprechend groß ist auch die Bandbreite in der Lebensweise. Sie reicht von Fäulniszersetzern über Holzpilze und Mykorrhiza bis hin zu Parasiten wie dem Hallimasch.

11.3.1.2.1 Ritterlinge (Gattung Tricholoma)

Ritterlinge sind mit ca. 50 Arten eine relativ umfangreiche Pilzgattung. Meist sind es mittelgroße, fleischige Arten mit festem Fleisch und kompakter Gestalt. Es gibt sowohl essbare als auch giftige Ritterlinge. Wer einige der essbaren Ritterlinge mit grauem Hut für Speisezwecke sammelt, sollte auf jeden Fall den giftigen Tigerritterling (Tricholoma pardinum, s. S. 434) sicher erkennen.

Der Hut kann bei jungen Pilzen anfangs etwas kegelig sein, später bekommt er meist eine halbkugelige Form, die leicht gewölbt bis gebuckelt werden kann. Die Farbpalette ist recht unterschiedlich, hygrophane Arten sind jedoch die Ausnahme. Die Oberfläche des Hutes ist unter den Arten recht variabel und daher ein wichtiges Bestimmungsmerkmal; es kommen sowohl glatte, faserige bis schuppige, wie auch schmierige oder trockene Hüte vor.

Der ungenießbare **Zottige Ritterling** *(Tricholoma vaccinum) ist an dem wollig-filzigen und am Rande zottig behangenem Hut zu erkennen. Die weißlich-fleischfarbenen Lamellen stehen leicht entfernt und werden im Alter rostfleckig. Er kommt besonders bei Fichten auf Kalkböden vor.*

Der Stiel der meisten Ritterlinge ist ± zylindrisch. Da die Mehrzahl der Arten keinen Ring besitzt, sind die wenigen Arten, zu denen auch der Beringte Ritterling (Tricholoma cingulatum) gehört, durch ihren Ring leicht bestimmbar. Der Mausgraue Erd-Ritterling (Tricholoma myomyces) hat auch ein Velum, es bleibt allerdings nicht als Ringzone sondern nur als feine Fasern am Hutrand zurück.

Die Lamellen sind typischerweise ausgebuchtet angewachsen, was – zum Namen Ritterlinge passend – gerne mit einem „Burggraben" um den Stiel herum verglichen wird. Ritterlinge sind bodenbewohnende Mykorrhizapilze, die ab dem Sommer, vor allem aber im Herbst und Spätherbst, zu finden sind. Das weiße Sporenpulver ist inamyloid und die glatten Sporen rundlich bis elliptisch.

Das Fleisch der Ritterlinge ist fest, allerdings im Unterschied zu den Täublingen immer etwas faserig. Einige haben gilbendes oder rötendes Fleisch. Einer der häufigsten mit an Druckstellen langsam gelb anlaufendem Fleisch ist der Gilbende Erd-Ritterling (Tricholoma scalpturatum) mit Mehlgeruch und mittelmäßigem Geschmack. Beim Rötenden Erd-Ritterling (Tricholoma orirubens), der sich genauso langsam, aber rot statt gelb verfärbt, kann allerdings die Verfärbung auch oft ausbleiben.

Insgesamt bietet diese Gattung dem Anfänger außer den Erd-Ritterlingen keine Speisepilze. Alle Ritterlinge mit braunen Hüten sind ungenießbar. Der Grünling (Tricholoma equestre) ist als Speisepilz heute sehr umstritten und der Schwarzfaserige Ritterling (Tricholoma portentosum) sollte nur in den Gebieten gesammelt werden, in denen er häufig vorkommt; dasselbe gilt für den seltenen Seidigen Ritterling (Tricholoma columbetta).

Gattungsmerkmale am Beispiel des Grünlings

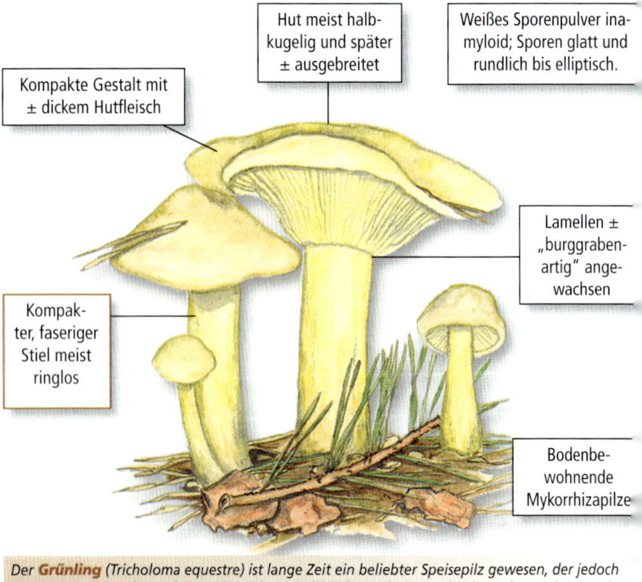

*Der **Grünling** (Tricholoma equestre) ist lange Zeit ein beliebter Speisepilz gewesen, der jedoch durch einige Vergiftungsfälle nicht mehr als solcher betrachtet werden kann (s. S. 82). Er wächst von September bis Oktober im Laub- und Nadelwald, besonders in sandigen Kiefernwäldern.*

Der **Gewöhnliche Weichritterling** *(Melanoleuca melaleuca)* gehört in die Gattung der Weichritterlinge. Sie besitzen sowohl Merkmale der Ritterlinge als auch der Rüblinge. Es sind meist mittelgroße Pilze mit flach gewölbten oder gebuckelten, weißlichen bis bräunlichen Hüten. Die weißen Lamellen sind meist engstehend und ausgebuchtet oder mit einem Zahn herablaufend angewachsen. Auch dadurch stehen sie den Ritterlingen sehr nahe, die meisten Arten sind jedoch weniger kompakt. Der Stiel ist ringlos und das äußere Stielfleisch ist oft dunkel berindet. Das dünnere Hutfleisch und die Konsistenz des Fleisches insgesamt ist dem der Rüblinge etwas ähnlich. Das weiße Sporenpulver ist amyloid und die elliptischen Sporen feinwarzig. Es sind bodenbewohnende Fäulniszersetzer, die vom Frühjahr bis zum Herbst meist an Wegrändern und an grasigen Stellen im Wald zu finden sind. Von den Rötlingen sind sie durch das weiße bis cremefarbene Sporenpulver leicht zu unterscheiden.

Die einzelnen Arten dieser Gattung sind nur sehr schwer und ohne mikroskopische Merkmale so gut wie unmöglich zu bestimmen. Einige Arten werden als Speisepilze bezeichnet, doch ihr Geschmack ist meist nicht besonders gut und das Fleisch ohnehin recht weich, so dass sich die Mühe kaum lohnt diese Gruppe aus kulinarischem Interesse kennen zu lernen.

11.3.1.2.2 Trichterlinge (Gattung Clitocybe)

Trichterlinge sind mit annähernd 70 Arten eine umfangreiche Gattung. Es gibt sowohl welche mit kleinen als auch mit großen Fruchtkörpern. Die Form ist typischerweise trichterförmig, d.h. in der Mitte des Hutes etwas eingesenkt und mit am Stiel ± herablaufenden Lamellen. Es gibt allerdings auch gebuckelte Arten.

Es gibt auch Trichterlinge mit hygrophanen Hüten. Der Stiel ist jedoch immer unberingt.

Der essbare **Ockerbraune Trichterling** *(Clitocybe gibba)* ist an seinem Buckel gut zu erkennen

Viele Arten sind schwer zu bestimmen, ein wichtiges Merkmal ist der Geruch. Beispielsweise lässt sich der essbare Anis-Trichterling an seinem Anisgeruch und den grünlichen Hutfarben gut erkennen. Insgesamt gibt es nur wenige Speisepilze unter den Trichterlingen, die meisten von ihnen sind ungenießbar bis giftig. Vor allem die weißlich-fleischfarben, mittelgroßen bis kleinen Arten enthalten oft das Nervengift Muskarin. Besonders der Feld-Trichterling (Clitocybe dealbata) und der Bleiweiße Trichterling (Clitocybe phyllophila) sollten dem Speisepilzsammler wegen ihrer Giftigkeit bekannt sein. Es gibt einige ähnliche Arten, die als Gruppe an ihren weißen Farben, dem dünnem, elastischem Fleisch und den weißen Lamellen zu erkennen sind.

Ohne Zuhilfenahme mikroskopischer Merkmale ist die Bestimmung vieler Arten aussichtslos. Ein mikroskopisches Gattungsmerkmal sind die Schnallen, die gewöhnlich im gesamten Fruchtkörper zu finden sind.

Das inamyloide Sporenpulver ist weiß bis cremefarben, in Ausnahmefällen blassrosa. Die Sporen sind glatt und elliptisch. Als bodenbewohnende Fäulniszersetzer wachsen die Trichterlinge sowohl im Wald als auch im offenen Gelände auf Wiesen. Einige Arten findet man bereits im Frühjahr, die Hauptvegetationszeit ist jedoch der Herbst.

Im Gegensatz zu den recht ähnlichen und essbaren Röteltrichterlingen sind die Lamellen mit dem Hutfleisch fest verbunden.

Gattungsmerkmale am Beispiel des Feld-Trichterlings

*Der **Feld-Trichterling** (Clitocybe dealbata) ist einer der giftigen weißen Trichterlinge. Er enthält in größern Mengen das Nervengift Muskarin, das zu Schweißausbrüchen, Sehstörungen, Magen-Darm-Problemen und in schweren Fällen sogar zum Tod führen kann (s. S. 75).*

11.3.1.2.3 Rötelritterlinge (Gattung Lepista)

Die Stellung der Rötelritterlinge ist umstritten. Einige Autoren zählen diese gut 10 Arten zu den Trichterlingen. Andere wiederum führen sie als eigene Gattung. Da es in dieser Gruppe keine giftigen Arten gibt, ist es sinnvoll, sich diese Gruppenmerkmale einzuprägen, egal ob sie systematisch einzeln oder zu den Trichterlingen gestellt werden.

Die Vertreter dieser Gruppe besitzen als gemeinsames Merkmal die leicht vom Hut trennbare Lamellenschicht. Dies können Sie prüfen, indem Sie versuchen, die Lamellenschicht auf dem Hutfleisch zu verschieben. Ansonsten weisen sie sowohl Merkmale der Trichterlinge als auch der Ritterlinge auf, d.h. sie haben einen ringlosen Stiel, der mit dem Hut verwachsenen ist. Die Lamellen können sowohl ausgebuchtet angewachsen bis herablaufend sein. Je nachdem welche Merkmale überwiegen, werden die Vertreter dieser Gruppe als Rötelritterlinge oder auch als Röteltrichterlinge bezeichnet. Es gibt unter ihnen mittlere bis große Arten. Die Farben enthalten oft violette Anteile, aber auch graue oder rötliche. Die Hüte können schwach hygrophan sein. Das Sporenpulver ist cremefarben bis hellrosa und die meist rauen Sporen sind inamyloid und rundlich-elliptisch. Da die Sporen der Trichterlinge glatt sind, kann man beide Gattungen so anhand der Sporen unterscheiden. Von den recht ähnlichen Weichritterlingen unterscheiden sie sich durch das inamyloide Sporenpulver, das bei diesen amyloid ist.

Alle Arten sind bodenbewohnende Saprophyten und einige bilden große Hexenringe. Die Hauptvegetationszeit ist der Herbst.

Gattungsmerkmale am Beispiel des Lilastiel-Rötelritterlings

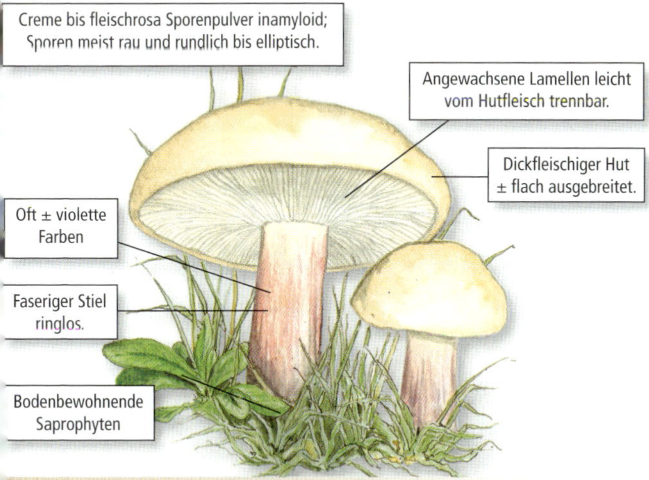

*Der **Lilastiel-Rötelritterling** (Lepista personata) ist ein guter Speisepilz. Er wächst vor allem auf Grasflächen und bildet im Spätherbst oft große Hexenringe. Verwechseln kann man ihn allenfalls mit ebenfalls essbaren Vertretern aus der Gattung der Rötelritterlinge.*

11.3.1.2.4 Rüblinge (Gattung Collybia)

Die meisten der ca. 25 Arten aus der Gattung der Rüblinge sind kleine bis mittelgroße Pilze. Ihr wissenschaftlicher Name Collybia kommt aus dem Griechischen von „kollybos = kleine Geldmünze" und bezieht sich entweder auf die Hutform oder den geringen „Geldwert" dieser Pilze. Der Hut hat meist eine elastische, glatte Oberfläche, und ist bei vielen Arten hygrophan.

Er ist im Gegensatz zu den von der Gestalt her oft etwas ähnlichen Helmlingen (Mycena) viel stärker abgeflacht und meist nur leicht gewölbt. Das Hutfleisch ist bei vielen Arten sehr dünn und dadurch sind auch die essbaren Arten, wie beispielsweise der Waldfreund-Rübling, wenig ergiebig. Die meisten Arten sind ungenießbar, ausgesprochene Giftpilze gibt es in dieser Gruppe jedoch nicht.

Der Stiel ist knorpelig berindet; damit ist gemeint, dass sich die äußere Schicht knorpelig anfühlt und sehr weit verbiegen lässt, während im Inneren des Stieles eine wattige Schicht vorliegt. Im Alter wirken die Stiele dadurch manchmal hohl. Dadurch ist der Stiel ebenfalls ein gutes Unterscheidungsmerkmal zu den Helmlingen, die einen zerbrechlichen, auch bei jungen Pilzen bereits hohlen Stiel haben. Der Stiel eines Rüblings lässt sich oft komplett um seine eigenen Achse verdrehen, während dieser Versuch bei einem Helmling fehlschlägt, da dieser meist sofort bricht. Die Stielbasis ist wichtig für die Artbestimmung. Je nachdem ob sie einen striegeligen Myzelfilz aufweist oder nicht, werden verschiedene Arten und Sektionen unterschieden.

Die Lamellen sind ausgebuchtet bis aufsteigend angewachsen und scheinen fast frei zu sein. Meist haben sie eine weißliche, gelbliche oder bräunliche Farbe. Das Sporenpulver ist weiß bis cremefarben und inamyloid, die glatten Sporen können sowohl rundlich als auch elliptisch sein.

Als Fäulniszersetzer wachsen die meisten Rüblinge auf dem Erdboden, es gibt jedoch auch ein paar Holzpilze unter ihnen. Die Hauptvegetationszeit ist Sommer bis Herbst, einige wachsen jedoch bereits im Frühjahr.

Gattungsmerkmale am Beispiel des Waldfreund-Rüblings

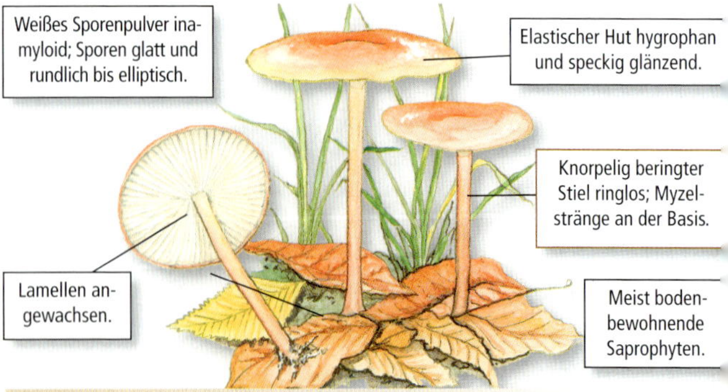

*Der **Waldfreund-Rübling** (Collybia dryophila) ist einer der farbveränderlichsten und variabelsten Pilze (s. S. 126). Da das Hutfleisch nur sehr dünn und wenig ergiebig ist, ist dieser Pilz trotz seines vielversprechenden Namens nur ein mittelmäßiger Speisepilz. Er wächst von Mai bis November im Laub- und Nadelwald.*

11.3.1.2.5 Schwindlinge (Gattung Marasmius)

*Schwindlinge sind vorwiegend kleine bis sehr kleine Pilze. Außer dem Nelken-Schwindling gibt es keine Speisepilze in dieser Gruppe, und die meisten der ca. 20 Arten sind ungenießbar. Die Knoblauch-Schwindlinge kann man als Würzpilz verwenden. Eine Besonderheit dieser Gruppe ist, dass das zäh-elastische Fleisch, auch vollständig ausgetrocknet, nach einem Regenguss wieder frisch aussieht – physiologisch jedoch **nicht** ist.*

Der meist weißlich bis bräunliche Hut ist gewölbt, leicht gebuckelt oder genabelt. Die Hutoberfläche ist meist matt und am Rand gerieft, das Hutfleisch ist sehr dünn. Die Lamellen sind entweder schmal angeheftet oder kurz vor dem Stiel halsbandartig verwachsen (Kollar). Der ringlose Stiel kann sowohl zäh-elastisch als auch rosshaarartig oder nadelsteif sein. Die meisten Schwindlinge wachsen saprophytisch auf totem Pflanzenmaterial wie moderndem Laub, Humus oder Grasstängeln, selten auch auf kleinen Ästen. Das Substrat spielt eine wichtige Rolle für die Bestimmung. Das weiße Sporenpulver ist inamyloid und die glatten Sporen elliptisch.

Die oft ähnlichen Rüblinge (Collybia) und Zwergschwindlinge (Marasmiellus) haben nicht die Eigenschaft des Fleisches nach Trockenheit erneut „aufzuleben". Die Rüblinge haben zudem weicheres Fleisch und einen glatteren Hut. Die Hutoberfläche der Schwindlinge ist meist matt und oft gerieft. Die Haarschwindlinge (Crinipellis) können ebenso wie die Schwindlinge nach dem Eintrocknen auch wieder ihre ursprüngliche Form annehmen. Sie unterscheiden sich durch eine abweichende Beschaffenheit der Oberflächen. An Hut und Stiel sind dickwandige, braune, haarförmige Elemente die zusammenkleben und feine Haarschüppchen bilden. Außerdem sehen einige Nabelinge den Schwindlingen recht ähnlich, obwohl diese meist durch den Nabel gekennzeichnet sind. Es gibt ein paar kleine und zierliche Arten, die sich nur mikroskopisch eindeutig trennen lassen.

Gattungsmerkmale am Beispiel des Echten Knoblauch-Schwindlings

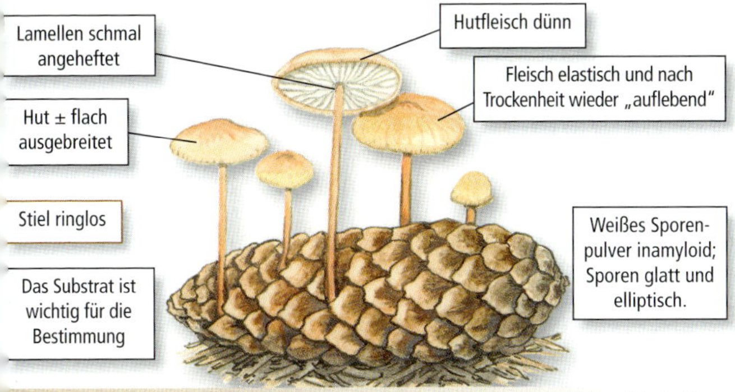

*Der **Echte Knoblauch-Schwindling** (Marasmius scorodonius) wird auch als Küchen-Schwindling bezeichnet, da er als Gewürzpilz und Knoblauchersatz verwendet werden kann. Er kann auch gut getrocknet und zu Pulver zermahlen werden. Er ist oft auf Fichtenzapfen zu finden, wächst jedoch auch auf verschienen anderen Pflanzenresten und auf Nadelhumus. Er ist kurzstieliger und kleiner als der Große und der Saitenstielige Knoblauch-Schwindling (s. S. 231 Nr. 46).*

11.3.1.2.6 Helmlinge (Gattung Mycena)

Helmlinge sind eine sehr große Gattung mit über 100 Arten. Es sind sehr kleine bis kleine Pilze in den vielfältigsten Farben. Die meist glatten Hüte sind helmförmig bis halbkugelig und haben ein sehr dünnes und zarthäutiges Hutfleisch. Die meisten Arten sind hygrophan und besonders im feuchten Zustand scheinen die Lamellen randlich durch, so dass sie gerieft aussehen.

Die Lamellen sind meist bauchig und schmal angeheftet oder mit Zahn etwas herablaufend. Die Lamellenscheide kann gefärbt sein, was ein wichtiges Merkmal für die Artbestimmung darstellt. Der ringlose Stiel ist dünn und verhältnismäßig lang, hohl und zerbrechlich. Die Gattung enthält keine Speisepilze, und einige Arten enthalten Muscarin und sind giftig.

Viele Helmlinge haben einen charakteristischen Geruch nach Rettich, Chlor, Nitrat oder Mehl, die Nitrose-Helmlinge z.B. riechen nach „Hallenbad". Einige Arten sind milchend, d.h. sie sondern besonders in der Stielbasis eine weiße, gelbe oder rötliche Flüssigkeit ab. Dies ist auch ein wichtiges Merkmal für die Bestimmung. Arten, die weder milchen noch einen charakteristischen Geruch haben, sind oft ohne Mikroskop nicht zu bestimmen. Das inamyloide Sporenpulver ist weiß und die glatten Sporen elliptisch. Helmlinge wachsen einzeln oder gesellig als Fäulniszersetzer auf dem Erdboden, auf Pflanzenresten, Holz oder Fichtenzapfen. Die Hauptvegetationszeit liegt im Herbst.

Gattungsmerkmale am Beispiel des Gelboragemilchenden Helmlings

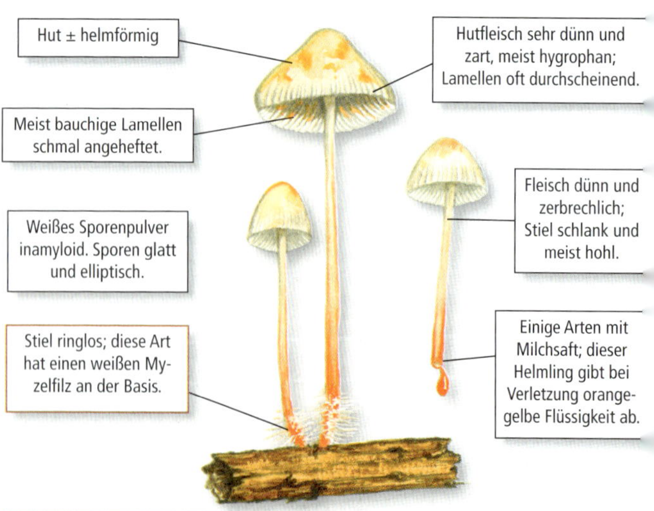

*Der **Gelborangemilchende Helmling** (Mycena crocata) sondert vor allem im unteren Stielteil safranfarbene Milch ab. Der Hut hat auch oft safranfarbene Flecken. Man findet ihn von August bis Oktober auf Laubholz in Kalkgebieten.*

11.3.1.2.7 Lacktrichterlinge (Gattung Laccaria)

Lacktrichterlinge sind kleine bis mittelgroße Pilze mit lila bis rötlichbraunen Farbtönen. Sie werden deshalb auch als Bläulinge bezeichnet. Die Gattung besteht aus ca. 10 Arten. Die Hüte sind hygrophan und verblassen bei Trockenheit sehr stark. Die Hüte sind meist genabelt, manchmal aber auch gewölbt und randlich ± durchscheinend gerieft. Im Alter ist der Hut zunehmend wellig verbogen, oft mit aufgeworfenem Rand.

Die dicklichen und entfernt stehenden Lamellen sind ein gutes Erkennungsmerkmal. Sie haben die selbe Farbe wie der Hut und sind am Stiel ± herablaufend bis breit oder schwach ausgebuchtet angewachsen. Der ringlose Stiel ist faserig und an der Basis mit einem Myzelfilz überzogen. Im Alter wird er hohl und zäh.

Unter den Lacktrichterlingen ist keine giftige Art bekannt. Das Fleisch ist essbar, jedoch nicht sehr ergiebig. Allerdings ist besonders der Violette Lacktrichterling eine hübsche Farbergänzung für viele Speisen. Das weiße bis blass-cremefarbene Sporenpulver ist inamyloid, und die Sporen sind rund und stachelig.

Als bodenbewohnende Saprophyten wachsen die Lacktrichterlinge auch gerne zwischen Torfmoosen. Die Schnitzlinge erinnern an Lacktrichterlinge, haben jedoch braunes Sporenpulver.

Gattungsmerkmale am Beispiel des Rötlichen Lacktrichterlings

*Der **Rötliche Lacktrichterling** (Laccaria laccata) hat fleisch- oder lachsrötliche Hut- und Stielfarben. Er wächst meist auf feuchten Böden in Laub- und Nadelwäldern sowie Gartenanlagen. Wie alle Vertreter aus dieser Gattung ist er essbar, jedoch wenig ergiebig.*

Bestimmungsteil

1. Lamellen dick, wachsartig und entfernt stehend; Sporenpulver weiß: **Wachsblättler (Hygrophoraceae) → 83**

Die Lamellen können so wie hier gefärbt, aber auch weiß sein. In dieser Gruppe gibt es die Saftlinge mit meist lebhaft gefärbten Hüten, sowie die Ellerlinge und Schnecklinge mit weißlichen Farben.

→ Merkmale anders; Sporenpulver aber auch weiß: → 2

2. Zentral (mittig) gestielte Pilze auf Holz oder auf dem Erdboden: → 3

→ Muschelförmige Fruchtkörper, seitlich an Holz wachsend; Stiele winzig oder fehlend; Huthaut mit gelatinöser Schicht; Sporen amyloid; keine Speisepilze; **Gattung Zwergknäuelinge/ Muschelseitling (Panellus): → S. 202 Nr. 11 und 12**

3. Ockergelbe bis rötliche Huthaut mit körnigem, abwischbaren Belag, diese Velumflocken über den Hutrand überstehend; Hut 2-5 cm breit; rostbrauner Stiel ebenfalls körnig-mehlig mit aufsteigendem Ring; Saprophyten in Nadel- und Mischwäldern; IX-XI; Sporen amyloid, 5-6,5 x 3-4 µm: **Amiant-Körnchenschirmling (Cystoderma amiantinum)**

Die Gattung der Körnchenschirmlinge (Cystoderma) ist in ihrer systematischen Einordnung nicht unumstritten, da sie sowohl Merkmale der Ritterlings-Pilze (Tricholomataceae, s. S. 211) als auch solche der Egerlingsartigen (Agaricaceae, s. S. 293) aufweist. Der Fruchtkörper ähnelt dem der Schirmlinge, er ist jedoch oft lebhaft orange bis rötlich gefärbt. Im Gegensatz zu den Schirmlingen sind die weißlichen Lamellen allerdings nicht frei, sondern kurz angewachsen.

→ Merkmale anders: → 4

4. Auf Holz oder Zapfen wachsend: → 5

Pilze auf vergrabenem Holz sehen oft so aus, als ob sie auf der Erde wachsen.

*Der **Kirschrote Saftling** (Hygrocybe coccinea) besitzt die für die Gruppe der Wachsblättler typischen wachsartigen Lamellen. Das Erkennen dieser Lamellenstruktur setzt einige Erfahrung voraus. Beim Zerdrücken der Lamellen zwischen den Fingern fühlen sich die Lamellen der Wachsblättler tatsächlich wie lauwarmes Kerzenwachs an.*

*Die zimt- bis ockerfarbenen Lamellen des **Herben Zwergknäuelings** (Panellus stypticus) täuschen leicht darüber hinweg, dass er weißes Sporenpulver besitzt und zu den Ritterlings-Pilzen gehört.*

*Nur der **Amiant-Körnchenschirmling** und der Starkriechende Körnchenschirmling sind relativ häufig und auch ohne mikroskopische Merkmale gut zu erkennen. Ansonsten lassen sich die meisten Arten ohne Mikroskop nicht sicher bestimmen. Die Hutoberfläche ist trocken und hat einen körnigen, abwischbaren Belag. Im Mikroskop zeigt sich, dass der Belag aus rundlichen bis ovalen Zellen, den sog. Sphaerozysten aufgebaut ist. Die Gattung enthält keine Speisepilze.*

→ Nicht auf Holz oder Zapfen: → 16

5. Auf Zapfen wachsend: → 6

→ Auf Holz wachsend: → 7

6. Im Frühjahr auf Fichtenzapfen wachsend; bis 3 cm breiter Hut, braun, selten weißlich; Geschmack würzig pilzartig; IV-V, selten auch im Spätherbst; Sporen inamyloid, glatt, 5-7 x 3-4 µm: **Fichtenzapfen-Nagelschwamm / Fichten-Zapfenrübling (Strobilurus esculentus)**

→ Nie im Frühjahr wachsend; bis 2 cm breiter Hut rot- bis beigebraun; sehr eng stehende Lamellen; Stiel feinflockig und im unteren Teil mit Myzelsträngen; IX-XI; auf Zapfen von Fichten und Kiefern; Sporen amyloid, glatt, 3-4 x 1,5-2 µm: **Mäuseschwanz-Rübling (Baeospora myosurus / Collybia conigena)**

Er unterscheidet sich von den Nagelschwämmen (Strobilurus) auch durch den bereiften Stiel und das amyloide Sporenpulver. Das amyloide Sporenpulver ist ein Gattungsmerkmal.

7 (5). Ring am Stiel; mittelgroße Pilze in gelb- bis rötlichbraunen Farben mit dunkleren, abwischbaren Schuppen auf dem Hut, Stiel faserig-schuppig, **Gattung Hallimasch (Armillaria):** → 8

→ Stiel ringlos: → 9

8. 3-10 cm breiter, ockerfarbener Hut mit vielen Hutschuppen; IX-XI; in Büscheln auf totem oder lebendem Laub- und Nadelholz; Sporen 7-9 x 5-6 µm: **Gewöhnlicher Hallimasch (Armillaria ostoyae)** → Seite 382

→ Hut dunkler gelb mit weniger Schuppen und weißeren Lamellen; Ring unterseits gelblich: **Honiggelber Hallimasch (Armillaria mellea)**

Diese Art ist etwas seltener, hat aber einen identischen Speisewert wie der Gewöhnliche Hallimasch. Die Unterscheidung einzelner Arten ist in der Diskussion.

*Der gesamte Zapfen wird vom Myzel des **Fichtenzapfen-Nagelschwamm** durchzogen. Ähnlich ist der ungenießbar bitter schmeckende Bittere Kiefern-Zapfenrübling (Strobilurus tenacellus), der aber auf Kiefernzapfen wächst.*

Mäuseschwanz-Rübling

*Der **Gewöhnliche Hallimasch** ist roh tödlich giftig und muss vor dem Verzehr abgekocht bzw. mindestens 20 Minuten erhitzt werden.*

9 (7). Kleine, zarte Pilze mit glockig-kegeligem Hut und bauchigen, schmal angehefteten Lamellen; durch das dünne Hutfleisch wirken die Lamellen oft durchscheinend, bzw. der Hut gerieft; dünner und sehr langer, gebrechlicher und meist hohler Stiel; einige Arten mit Milchsaft: **Gattung Helmling (Mycena) → 21**

→ Merkmale anders: **→ 10**

10. Vorwiegend kleine bis sehr kleine Arten (wenn Hut bis zu 4 cm breit, dann mit starkem Knoblauchgeruch); das zäh-elastische Fleisch lebt nach Regenguss optisch (nicht physiologisch) wieder auf; Hut gewölbt, leicht gebuckelt oder auch genabelt, weißlich bis bräunlich; Sporen inamyloid: **Gattung Schwindlinge (Marasmius) → 44**

In dieser Gattung gibt es Pilze auf Holz und solche auf dem Erdboden. Das Substrat liefert daher ein wichtiges Bestimmungsmerkmal.

→ Merkmale anders: **→ 11**

11. Hut mit Orange- oder Rottönen, nicht rein braun-grau: **→ 12**

→ Braun-graue Farbtöne: **→ 14**

12. Hut größer als 2 cm: **→ 13**

→ Ca. 1 cm breiter, genabelter Hut, orange mit deutlich gerieftem Rand; weit herablaufende, entfernt stehende, gelbliche Lamellen; rotbrauner, ringloser Stiel; VII-X, selten im Frühjahr; rasig wachsend auf meist bemoosten Fichtenstrünken; Sporen 5,5-8 x 3-4 µm: **Geselliger Glöckchennabeling (Xeromphalina campanella/Omphalina campanella)**

13. Bis 5 cm breiter, klebriger Hut mit orangener, gelatinöser Huthaut; dünnfleischig; Lamellen weiß bis gelblich; Stiele zäh, besonders im unteren Teil braun- bis schwarzsamtig; XI-III; an Laubholz, besonders Weide und Pappel; Sporen 7-10 x 3-4 µm: **Gewöhnlicher Samtfußrübling (Flammulina velutipes) → Seite 388**

Der **Rosablättrige Helmling** ist ein typischer Vertreter aus seiner Gattung. Er wächst auf Holz, es gibt jedoch auch viele Arten, die auf dem Erdboden wachsen.

Geselliger Glöckchennabeling

Die zähen Stiele des **Gewöhnlichen Samtfußrüblings** sind nicht zum Verzehr geeignet, ansonsten ist er ein guter Speisepilz, der durch die Erscheinungszeit gut gekennzeichnet ist. Ähnlich sind Schwefelköpfe (s. S. 251) oder der ebenfalls essbare Weißblättrige Samtfussrübling.

→ Gelbe Lamellen und gelbes Fleisch bei holzbewohnenden ritterlingsähnlichen Pilzen; Hut 5-15 cm breit, violettrötlich, trocken, filzig bis schuppig; Lamellen mit flockiger Schneide (Lupe!); VI-IX; an totem Nadelholz; Sporen inamyloid, 6,5-8 x 4,5-5,5 µm: **Rötlicher Holzritterling (Tricholomopsis rutilans)**

14 (11). Ca. 5 cm breiter Hut, dunkelbraun bis stahlgrau mit trichterartig vertiefter Mitte; weit herablaufende Lamellen grauweißlich, etwas entfernt stehend und typisch gegabelt, am Grunde Queradern; langer Stiel ohne Ring; X-XI; in Laub- und Nadelwälder auf dem Erdboden oder an Holzstückchen; Sporen amyloid, glatt, 8-11 x 5-6,5 µm: **Kaffeebrauner Gabeltrichterling (Pseudoclitocybe cyathiformis)** s. auch Nr. **51**

Ein mikroskopisches Unterscheidungsmerkmal zu der Gattung der Trichterlinge (Clitocybe) sind die schnallenlosen Hyphen (buckelähnliche Ausstülpungen) bei den Gabeltrichterlingen.

→ Merkmale anders; Sporen inamyloid: **→ 15**

15. Hellbrauner Hut, bis 12 cm breit; Huthaut trocken mit Radialstreifen; Lamellen entfernt stehend und ausgebuchtet angewachsen; stumpfe Stielbasis mit Myzelsträngen (Rhizomorphen); VI-X; stark vermorschtes Laubholz; Sporen glatt, 7-9 x 6-8 µm: **Gewöhnliches Breitblatt / Breitblättriger Rübling (Megacollybia / Oudemansiella platyphylla)**

→ Bis 10 cm breiter Hut, rotbräunlich bis lederfarben; schleimige Huthaut mit meist runzeliger Oberfläche; Stiel spindelförmig mit langgezogener Wurzel; VI-X; Laubwald, besonders auf Buchenwurzeln; Sporen glatt, 13-15 x 9,5-11,5 µm: **Schleimiger Wurzelrübling/Wurzelnder Schleimrübling (Xerula/Oudemansiella radicata)**

*Der **Rötliche Holzritterling** ist essbar aber wenig schmackhaft.*

*Eine Besonderheit des **Kaffeebraunen Gabeltrichterlings** sind die Lamellen, die sich beim Auseinanderziehen in der Mitte teilen.*

*Das **Gewöhnliche Breitblatt** ist essbar, als Speisepilz aber wenig empfehlenswert.*

*Der **Wurzelnde Schleimrübling** (s. a. S. 104) ist kein guter Speisepilz.*

16 (4). Kleine bis mittelgroße Pilze von zarter, dünnhäutiger oder zerbrechlicher Gestalt, Stiel nicht dicker als 1 cm und Hut bis 5 cm breit: → **17**

→ ± kompakte Gestalt: → **50**

17. Hut klein und dünnhäutig, genabelt, hygrophan, durchscheinend gerieft; Lamellen weit herablaufend; Stiele ziemlich lang und zäh; gequetscht nach Honig riechend; VI-X; zwischen Moosen und auf feuchten Wiesen: **Gewöhnlicher Heftelnabeling (Rickenella fibula)**

→ Merkmale anders: → **18**

18. Mittelgroße bis kleine Pilze mit rötlichen oder violetten Farben, bei Trockenheit weißlich ausblassend; Lamellen breit, dicklich, wachsartig, entfernt und ± herablaufend, breit bis schwach ausgebuchtet angewachsen; Stiel faserig, an der Basis mit Myzelfilz: **Gattung Lacktrichterling (Laccaria)** → **19**

→ Lamellen nicht entfernt stehend: → **20**

19. Hut violett, 1-5 cm breit; Lamellen und Stiel ± Hutfarbe; VII-XI; Laub- und Nadelwald, gerne zwischen Moosen; Sporen rund und stachelig, 7-10 µm: **Violetter Lacktrichterling (Laccaria amethystina)** → **Seite 390**

→ Hut fleisch- oder lachsrötlich, 1-5 cm breit; Lamellen und Stiel ± Hutfarbe; VI-XI; Laub- und Nadelwald, Gartenanlagen; Sporen rund und stachelig, 7-10 µm: **Rötlicher Lacktrichterling (Laccaria laccata)**

*Auf feuchten Standorten mit Torfmoos kommt der ebenfalls essbare **Moor-Lacktrichterling (Laccaria affinis)** vor. Schnitzlinge erinnern an Lacktrichterlinge, haben aber braunes Sporenpulver.*

20 (18). Kleine, zarte Pilze mit glockig-kegeligem Hut und bauchigen, schmal angehefteten Lamellen; dünner, langer, gebrechlicher, meist hohler, ringloser Stiel: Gattung **Helmling (Mycena)** → **21**

→ Merkmale anders: → **38**

Wichtiger als die genaue Maßangabe ist das Erscheinungsbild, hier geht es bei den Arten weiter, die nicht dem Ritterlings- oder Trichterlingstyp entsprechen, die auch bei kleineren Exemplaren einen im Verhältnis zur Hutgröße ± breiten Stiel haben. Die etwas größeren Arten haben entweder einen zähen Stiel wie die Schwindlinge (s. S. 217) oder einen knorpelig berindeten Stiel wie z.B. die Rüblinge (s. S. 216).

*Der **Gewöhnliche Heftelnabeling** ist ein winziger Pilz. Wie alle Nabelinge, hat er entfernte, weit herablaufende Lamellen, die aussehen wie eine „Fallschirmverspannung". Einige Nabelinge sind flechtenbildend.*

*Der **Violette Lacktrichterling** darf nicht mit kleinen, violetten Schleierlingen oder dem Rettich-Helmling (s. Nr. **37**) verwechselt werden.*

Rötlicher Lacktrichterling

Helmlinge (Mycena)

21 (20 und 9). Auf Holz wachsend: → **22**

→ Nicht auf Holz wachsend: → **30**

22. Besonders in der Stielbasis Milchsaft absondernd: → **23**

→ Ohne Milchsaft: → **25**

23. Fleisch safranfarbene Milch absondernd; ca. 2 cm breiter Hut, beigegrau mit dunklerem Scheitel und oft mit safranfarbenen Flecken; Stiel jung rötlich und später rotbraun; VIII-X; auf Laubholz in Kalkgebieten; Sporen 8-10 x 4,5-6 µm: **Gelborangemilchender Helmling (Mycena crocata)** s. a. S. 218

Kommt oft zusammen mit dem Saitenstieligen Knoblauch-Schwindling (s. Nr. 46) vor.

→ Fleisch rötliche Milch absondernd: → **24**

24. Ca. 1 cm breite rosabräunliche bis lederfarbene Hüte mit dunklerer Mitte, durchscheinend gerieft; Lamellenschneiden braunrot gefärbt; schwach rettichartiger Geruch; wässrigen, rosafarbigen Saft ausscheidend; VII-X; in Laub- und Nadelwäldern meist auf im Erdboden verborgenem Holz; Sporen 7,5-10,5 x 4,5-5 µm: **Purpurschneidiger Helmling (Mycena sanguinolenta)**

→ Bis 3 cm breiter Hut fleischrötlich bis purpurbräunlich; blutroten Saft ausscheidend; VIII-X; meist auf Laub-, seltener auf Nadelholz; Sporen 8-10 x 5-7 µm: **Großer Blut-Helmling (Mycena haematopus)**

25 (22). Ca. 2 cm breiter Hut, gelbgrünlich bis gelbbräunlich, wie auch der Stiel mit gummiartigem Belag überzogen; IX-XI; im Laub- und Nadelwald auf Holz und am Erdboden; Sporen 8-10 x 4-5,5 µm: **Dehnbarer Helmling (Mycena epipterygia)**

→ Hut und Stiel ohne gummiartigen Belag: → **26**

Gelborange-milchender Helmling

Purpurschneidiger Helmling (s. auch Nr. 31)

Großer Blut-Helmling

Dehnbarer Helmling

26. Geruch unangenehm chlor- bis salpeterartig; bis 1,5 cm breiter Hut, graubraun; VII-X; in Laub- und Nadelstreu meist auf vergrabenem Holz; Sporen 7,5-9 x 4,5-6 µm: **Grauer Nitrat-Helmling (Mycena leptocephala)**

*Einen ähnlichen Geruch hat der **Nitrat-Helmling (Mycena alcalina / stipata),** der je nach Autor in verschiedene Unterarten unterteilt wird und vorwiegend an abgestorbenem Nadelholz vorkommt.*

→ Geruch nicht unangenehm chlor- bis salpeterartig: → **27**

Grauer Nitrat-Helmling

27. Silbergrauer Stiel, längsrillig (Lupe!); 2-4 cm breiter Hut, graubraun bis silbergrau, bereift und oft runzelig; schmal angeheftete Lamellen, grauweißlich; VIII-XI; auf Laub- und Nadelholz; Sporen 8-10 x 5,5-7 µm: **Rilligstieliger Helmling (Mycena polygramma)**

→ Stiel nicht längsrillig: → **28**

*Durch die Längsrillen auf dem Stiel (Lupe) ist der **Rilligstielige Helmling** von allen anderen Helmlingen gut zu unterscheiden.*

28. Lamellen weißlich mit rot- bis schwarzbrauner Schneide; bis 2 cm breiter Hut, rosa- bis lilabräunlich bis weißlich mit dunklerem Scheitel, durchscheinend gerieft; IX-X; meist auf Fichtenholz; Sporen 8-12 x 5,5-7,5 µm: **Rotschneidiger Helmling (Mycena rubromarginata)**

→ Lamellenschneide nicht dunkler gefärbt als die Lamellenfläche: → **29**

Rotschneidiger Helmling

29. Ca. 3 cm breite Hüte, grau- bis beigebraun mit dunklerer Mitte; Stiel mit weißlicher Spitze, darunter gelbbraun und zur Basis hin dunkelbraun gefärbt; Geruch gurkenartig; VIII-X; meist büschelig an Laubholz, vor allem alte, trockene Eichenstubben; Sporen 8-11 x 5,5-6 µm: **Buntstieliger Helmling (Mycena inclinata)**

Er ist dem Rosablättrigen Helmling (s. folgende Art) ähnlich, der jedoch nicht diesen auffällig gefärbten Stiel besitzt. Außerdem fehlt ihm der Geruch nach Gurken und er hat keinen rosafarbenen Reflex in den Lamellen.

Buntstieliger Helmling

→ Bis 6 cm breiter Hut, hellbraun; Lamellen mit rosa Reflex, am Grunde aderig verbunden; Stiel ± Hutfarbe; V-XI; in Büscheln an Laub- und Nadelholz; Sporen 9-12 x 6,5-9 µm: **Rosablättriger Helmling (Mycena galericulata)**

*Einzeln wachsende, große Exemplare des **Rosablättrigen Helmlings** können dem Schleimigen Wurzelrübling (s. Nr. **15**) ähnlich sehen.*

30 (21). Fleisch besonders in der Stielbasis Milch absondernd: → **31**

→ Keine Milch absondernd: → **32**

31. Fleisch wässrigen, rosafarbigen Saft ausscheidend; ca. 1 cm breite rosabräunliche bis lederfarbene Hüte mit dunklerer Mitte, durchscheinend gerieft; Lamellenschneiden braunrot gefärbt; schwach rettichartiger Geruch; VII-X; in Laub- und Nadelwäldern meist auf im Erdboden verborgenem Holz; Sporen 7,5-10,5 x 4,5-5 µm: **Purpurschneidiger Helmling (Mycena sanguinolenta)** *Bild s. auch Nr.* **24**.

Purpurschneidiger Helmling

→ Weiße Milch absondernd; bis 2 cm breiter Hut, graubräunlich; VIII-XI; Laub- und Nadelwald, meist gesellig wachsend; Sporen amyloid, 9-12 x 4-6 µm: **Weißmilchender Helmling (Mycena galopus)**

*Durch die weiße Milch ist der **Weißmilchende Helmling** gut gekennzeichnet.*

32 (30). Hut gummiartig überzogen: → **33**

→ Hut und Stiel ohne gummiartigen Überzug: → **34**

33. Ca. 2 cm breiter Hut, gelbgrünlich bis gelbbräunlich, wie auch der Stiel mit gummiartigem Belag überzogen; IX-XI; im Laub- und Nadelwald auf Holz und am Erdboden; Sporen 8-10 x 4-5,5 µm: **Dehnbarer Helmling (Mycena epipterygia)** *Bild s. Nr.* **25**

→ Ca. 1 cm breiter Hut, graubräunlich, ohne Gelbanteile, mit gummiartigem Überzug; Lamellen herablaufend; Stiel klebrig aber ohne dehnbaren Überzug; IX-XI; meist gesellig in Nadelstreu; Sporen 11 x 5,5 µm: **Klebriger Helmling (Mycena vulgaris)**

*Der schlüpfrige Stiel und die herablaufenden Lamellen sind ein gutes Erkennungsmerkmal des **Klebrigen Helmlings.***

34 (32). Lamellenschneide auffällig dunkler gefärbt: → **35**

→ Lamellenschneide nicht auffällig dunkler gefärbt: → **36**

35. 1-2 cm breiter Hut, gelbbraun; Lamellen gelbgrau mit kräftig orange gefärbter Schneide; VIII-X; im Bergwald auf Nadelstreu; Sporen 7-9 x 3,5-5 µm: **Feuriger / Orangeschneidiger Helmling (Mycena aurantiomarginata)**

Ohne die weiße Sporenpulverfarbe zu beachten, kann er mit Häublingen (braunes Sporenpulver) verwechselt werden.

→ Ca. 1 cm breite Hüte, zartrosa, gerieft; rosafarbene Lamellen mit dunklerer Schneide (Lupe!); VIII-XI; meist größere Gruppen, im Nadelwald meist auf Fichtennadeln; Sporen 7-10 x 3-5 µm: **Rosa Helmling (Mycena rosella)**

36 (34). Bis 2 cm breite Hüte, zitronengelb, durchscheinend gerieft; Geruch und Geschmack schwach rettichartig; VII-X; auf Nadeln oder Blattresten; Sporen 6-7,5 x 4 µm: **Zitronengelber Helmling (Mycena flavoalba)**

→ Hut nicht gelb: → **37**

37. Bis 5 cm breiter Hut, ± violett; Lamellen weiß; Stiel ± Hutfarbe; Geruch und Geschmack rettichartig; VII-X; Laub- und Nadelwald; Sporen 6-8 x 3-4 µm: **Rettich-Helmling (Mycena pura)**

In Farbe und Gestalt sehr veränderlicher Pilz, der durch den Geruch aber gut gekennzeichnet ist.

→ Bis 5 cm breiter Hut, beige bis fleischbräunlich, typisch rostbräunlich gefleckt; ziemlich zerbrechliche Stiele mit striegeliger Basis; Geruch und Geschmack leicht nach Rettich; IX-XI; Laub- und Nadelwald, meist in großen Gruppen am Erdboden; Sporen 9-12 x 4-5 µm: **Rostiger Helmling (Mycena zephirus)**

Orangeschneidiger Helmling

Rosa Helmling

*Der **Rettich-Helmling** ist Magen-Darm-giftig. Er kann den Violetten Lacktrichterlingen recht ähnlich sehen.*

Rostiger Helmling

38 (20). Ca. 5 cm breiter Hut, dunkelbraun, samtig, am Rand mit abstehenden Borsten; Stiel behaart, ockerbraun, ringlos; VIII-X; Nadelwald auf Kalkböden; Sporen glatt, 8-10 x 7,5-9,5 µm: **Schwarzhaariger Wurzelrübling (Xerula/ Oudemansiella melanotricha)** RL 2

*Ähnlich ist der im Laubwald wachsende **Braunhaarige Wurzelrübling (Xerula pudens).***

→ Merkmale anders: → **39**

39. Kleine bis mittelgroße Pilze mit knorpelig berindetem Stiel („schweinsöhrchenartig"), dieser innen wattig, dadurch im Alter hohl (im Gegensatz dazu sind die Stiele der Helmlinge auch jung bereits hohl, s. S. 218); Hut ± flach gewölbt, erlangen nach dem Eintrocknen und erneuten Benetzen nicht wieder die alte Form (im Gegensatz zu den Schwindlingen, s. unten); Sporen inamyloid: **Rüblinge (Collybia)** → **40**

→ Vorwiegend kleine bis sehr kleine Arten; das zäh-elastische Fleisch lebt nach Regenguss optisch (nicht physiologisch) wieder auf; Hut gewölbt, leicht gebuckelt oder auch genabelt, weißlich bis bräunlich; Sporen inamyloid: **Schwindlinge und Stinkschwindling (Marasmius und Micromphale)** → **44**

Ähnlich den Rüblingen, aber der Hut ist matt und oft gerieft, während die Rüblinge einen glatten, klebrigen Hut und weiches Fleisch haben.

Schwarzhaariger Wurzelrübling

*Der **Spindelige Rübling** (Collybia / Gymnopus fusipes) ist ein typischer Vertreter aus der Gattung der Rüblinge. Derzeit ist in der Diskussion, diese Gattung in die Blasssporrüblinge (Gymnopus) und Rosasporrüblinge (Rhodocollybia) aufzuteilen.*

In diesem Grundkurs wird die einheitliche Bezeichnung Rübling (Collybia) für die Gattung beibehalten, im wissenschaflichen Namen werden jedoch beide Synonyme aufgelistet.

Rüblinge (Collybia)

40. Geschmack bitter oder scharf: → **41**

→ Geschmack mild: → **42**

41. Cremeweißer Hut mit im Alter rostfarbenen Flecken, bis 8 cm breit; rilliger Stiel oft verdreht; Geruch aromatisch; Geschmack bitter; VIII-XI; Nadel-, selten Laubwald; einzeln oder in Gruppen; Sporenpulver blass creme; Sporen 5-6 x 4-5 µm: **Gefleckter Rübling (Collybia/ Rhodocollybia maculata)**

Gefleckter Rübling

→ 2-6 cm breiter Hut, rotbräunlich bis braungelblich; Lamellen gelbbräunlich und meist kollar-artig (s. S. 100) am Stiel verwachsen; Stiel besonders im unteren Teil striegelig; Geschmack brennend scharf (Name!); VIII-XI; meist in Buchenlaub; Sporen 7-9 x 3,5-4,5 µm: **Brennender Rübling (Collybia peronata / Gymnopus peronatus)**

Ohne den Standort zu berücksichtigen, kann der ***Brennende Rübling*** *mit den essbaren Nelken-Schwindlingen (s. S. 386) verwechselt werden..*

42 (40). 2-4 cm breite Hüte fleischbräunlich, hygrophan; Lamellen eng stehend, durch Zystiden an den Schneiden fein bewimpert; behaarter Stiel zur Basis hin dunkler, oft büschelig verwachsen und Hexenringe bildend; VII-XI; Laub- und Nadelwald; Sporen 6-10 x 2,5-3,5 µm: **Knopfstieliger Rübling (Collybia/ Gymnopus confluens)**

Ähnlich mit glattem Stiel ist der ***Büschelige Rübling (Collybia / Gymnopus acervatus).***

→ Merkmale anders: → **43**

Der Hut des ***Knopfstieligen Rüblings*** *hinterlässt beim Abziehen am Stiel eine knopfartige Verdickung zurück (Name!).*

43. Sehr farbveränderlicher, hygrophaner Hut, beige- bis schokoladenbraun, bis 6 cm breit, Oberfläche speckig glänzend; knorpelig berindeter Stiel unten aufgeblasen, ± Hutfarbe; VIII-XI; Laub- und Nadelwald; Sporen 5,5-7,5 x 2,5-3,5 µm: **Horngrauer Rübling (Rhodocollybia / Collybia butyracea var. asema)**

Der Horngraue Rübling ist einer der beiden Speisepilze der gesamten Gattung. Bei verschiedenen Autoren werden verschiedene Farbvarianten abgetrennt, von denen einer wegen der eingefettet wirkenden Huthaut auch als Butter-Rübling bezeichnet wird.

Horngrauer Rübling

→ Sehr farbveränderlicher, hygrophaner Hut, beigebraun bis fleischrötlich oder gelblich, 2-6 cm breit; knorpelig berindeter, glatter, kahler Stiel ± Hutfarbe, Basis mit Myzelsträngen, unten nicht aufgeblasen; V-XI; Laub- und Nadelwald, Grasplätze; Sporen 4,5-6 x 2-3 µm: **Waldfreund-Rübling (Collybia dryophila / Gymnopus dryophilus)**

Der ***Waldfreund-Rübling*** *ist der zweite Speisepilz der gesamten Gattung (s. S. 216).*

Schwindlinge (Marasmius)

44 (39 und 10). Über 1 cm breiter Hut: → **45**

→ Hut bis 1 cm breit: → **47**

45. Geruch knoblauchartig: → **46**

→ Geruch angenehm würzig, leicht holzartig; bis 4 cm breite, lederfarbene, hygrophane Hüte mit durchscheinend gerieftem Rand; Lamellen dicklich und entfernt stehend; Stiel sehr zäh und biegsam mit striegeliger Basis; V-XI; Grasflächen, Wegränder; Sporen 7-9 x 4-5,5 µm: **Nelken-/Feld-Schwindling (Marasmius oreades)** → **Seite 386**

Dieser Speisepilz kann mit dem Brennenden Rübling (s. Nr. **41***) oder giftigen, kleinen Trichterlingen verwechselt werden (s. Nr.* **59***).*

Nelken-Schwindling

46. Ca. 3. cm breiter Hut, bräunlich, hygrophan und trocken lederfarben ausblassend; Lamellen eng stehend; Stiel dunkelbraun mit hellerer Spitze; Geruch aufdringlich knoblauchartig und Geschmack knoblauchartig und brennend scharf; X-XI; Laubwald, meist auf verrottenden Blättern, gerne unter Eichen; Sporen 7-10 x 4-5 µm: **Großer Knoblauch-Schwindling (Marasmius prasiosmus)**

Dieser Pilz ist Magen-Darm-giftig, er stinkt mehr als der ***Echte Knoblauch-Schwindling (Marasmius scorodonius,*** *s. S. 217) mit dessen Knoblaucharoma, aber ohne die Schärfe.*

Großer Knoblauch-Schwindling

→ Bis 4 cm breiter Hut, dunkel graubraun, hygrophan, Stiel schwarzbraun; Geruch aufdringlich knoblauchartig und Geschmack knoblauchartig und brennend scharf; VIII-XI; an Buchenholz auf Kalkböden; Sporen 7-10 x 5,5-7 µm: **Saitenstieliger / Langstieliger Knoblauch-Schwindling (Marasmius alliaceus)**

Der aufrechte und sehr steife Stiel erinnert an die Saiten eines Musikinstruments, daher kommt der Name.

Saitenstieliger Knoblauch-Schwindling

47 (44). Geruch, besonders beim Zerdrücken der Pilzchen, nach fauligem Kohl; Hut fleischfarben; Lamellen ± Hutfarbe, entferntstehend; Stiel rot- bis schwarzbraun; VI-XI; auf abgefallenen Fichtennadeln; Sporen 5-7 x 3-3,5 µm: **Nadel-Stinkschwindling / Zwergschwindling (Micromphale perforans)**

*Ähnlich sind der Rosshaar- und der Halsband-Schwindling (s. Nr. **48** und **49**), jedoch ohne den unangenehmen Geruch.*

→ Geruch nicht nach faulem Kohl: **→ 48**

48. Sehr entfernt stehende Lamellen, um den Stiel zu einem Collar verwachsen; fallschirmartiger, weißlicher, etwa 1 cm breiter Hut, gefurcht, gerieft; hornartiger Stiel schwarzbraun und glänzend; V-X; auf Pflanzenresten und Holz; Sporen 7,5-9,5 x 3,5-4,5: **Halsband-Schwindling (Marasmius rotula)**

*Ähnlich aber etwas kleiner und auf den Blattadern von Blättern wachsend, ist das **Käsepilzchen (Marasmius bulliardii)**.*

→ Lamellen um den Stiel nicht zu einem Collar verwachsen: **→ 49**

49. Bis 1 cm breiter Hut fleischfarben mit dunklerer Mitte, dünnhäutig und radialrunzelig; entfernt stehende Lamellen fleischfarben; Stiel schwarzbraun, glänzend und an ein Rosshaar erinnernd; VII-XI; meist im Nadelwald auf Pflanzenresten; Sporen 5,5-7 x 3-4 µm: **Rosshaar-Schwindling (Marasmius androsaceus)**

*Etwas ähnlich ist der Nadel-Stinkschwindling mit Geruch nach fauligem Kohl (s. Nr. **47**).*

→ Bis 1 cm breite Hüte weißlich mit fleischbräunlicher Mitte und radialrunzeligem Rand; Stiel feinflockig; VI-X; meist in Gruppen an Ästen von Laubholz, selten Nadelholz; **Ästchen-Zwergschwindling/Ast-Schwindling (Marasmius/Marasmiellus ramealis)**

Durch das Wachstum auf einer einzelnen Nadel und den Geruch ist der **Nadel-Stinkschwindling** unverwechselbar.

Halsband-Schwindling

Rosshaar-Schwindling

*Die Wuchsform des **Ästchen-Zwergschwindlings** ist ein gutes Erkennungsmerkmal.*

50 (16). Ritterlingshabitus; mittelgroße Arten mit festem Fleisch; Lamellen meist ausgebuchtet, angewachsen (wirkt wir ein „Burggraben" um den Stiel) oder breit angewachsen: **→ 62**

→ Trichterlingshabitus; Lamellen ± am Stiel herablaufend und Hut meist trichterförmig vertieft: **→ 51**

51. Ca. 5 cm breiter Hut, dunkelbraun bis stahlgrau mit trichterartig vertiefter Mitte; weit herablaufende Lamellen grauweißlich, etwas entfernt stehend und typisch gegabelt, am Grunde Queradern; langer Stiel ohne Ring; X-XI; in Laub- und Nadelwälder auf dem Erdboden oder kleinen Holzstückchen; **Kaffeebrauner Gabeltrichterling (Pseudoclitocybe cyathiformis)** s. a. Nr. **14**

→ Merkmale anders: **→ 52**

52. Lamellen fest mit dem Hutfleisch verbunden; Sporen inamyloid, glatt: **Gattung Trichterling (Clitocybe) → 53**

→ Leicht vom Hut trennbare Lamellenschicht: **Gattung Rötelritterlinge und Röteltrichterlinge (Lepista) → 60**

Die Lamellen sind bei dieser Pilzgruppe wie auf Seife verschiebbar.

*Die ausgebuchtet angewachsenen Lamellen der Ritterlinge werden oft mit einem Burggraben verglichen. Hier ist der **Erd-Ritterling** zu sehen.*

Kaffeebrauner Gabeltrichterling

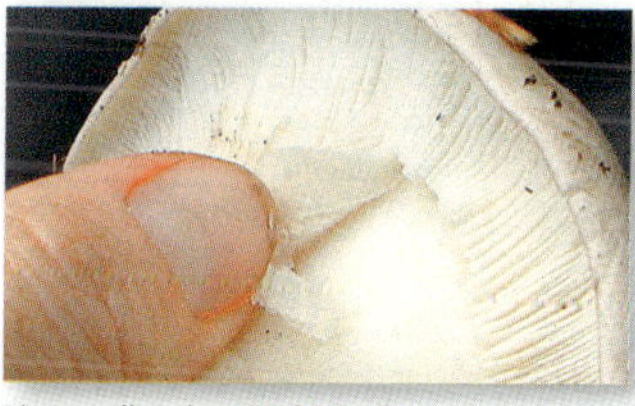

*Die Lamellen der **Rötelritterlinge** sind nicht fest mit dem Hutfleisch verbunden.*

Trichterling (Clitocybe)

53. Hut mit deutlich fühlbarem Buckel in der Mitte: **→ 54**

Dieses Merkmal lässt sich tatsächlich oft besser mit dem Finger erfühlen als sehen.

→ Hut ohne Buckel: **→ 55**

54. 10-25 cm breiter, beige bis ockerrötlicher Hut mit „brustwarzenförmigem" Buckel, langem eingerollten Rand und aromatischem Geruch mit Bittermandelkomponente; Stiel relativ lang, längsfaserig-rissig; IX-XI; Laub- und Nadelwald auf Kalkböden, oft Hexenringe bildend; Sporen 6-8 x 5-6 µm: **Mönchskopf (Clitocybe geotropa) → Seite 392**

*Der **Mönchskopf** ist eigentlich leicht erkennbar, evtl. kann er aber mit dem ebenfalls essbaren Riesen-Krempentrichterling (Leucopaxillus giganteus) oder dem Ockerbraunen Trichterling (s. folgende Art) verwechselt werden.*

→ 3-8 cm breiter Hut, leder- bis rötlich-ockerfarben und in der Mitte meist mit kleinem, fühlbaren Buckel; Lamellen deutlich herablaufend und teilweise gegabelt; Geruch schwach nach Bittermandel; VI-IX; Laub- und Nadelwald, meist an lichten Wegrändern und Waldstellen; Sporen 5-7 x 3-4 µm: **Ockerbrauner Trichterling (Clitocybe gibba)**

*Verwechslung möglich mit dem ebenfalls essbaren **Kerbrandigen Trichterling (Clitocybe costata)** und dem Fuchsigen oder **Wasserfleckigen Rötelritterlingen** (Lepista flaccida, Nr. **61** und **L. gilva**), beide ebenfalls essbar.*

*Der **Ockerbraune Trichterling** ist durch den Buckel in der Hutmitte gut gekennzeichnet.*

55 (53). Geruch anisartig: → **56**

→ Geruch nicht anisartig: → **57**

56. Hygrophaner Hut, ± blaugrünlich, bis 8 cm breit; Lamellen cremefarben bis leicht grünlich; VIII-XI; Laub- und Nadelwald; Sporen 6-7 x 3-4 µm: **Grüner Anis-Trichterling (Clitocybe odora)** **→ Seite 394**

Ausgeblasste Pilze können mit dem giftigen Weißen Anistrichterling (s. folgende Art) verwechselt werden.

Grüner Anis-Trichterling

→ Hygrophaner Hut, weißlich bis cremefarben, dünnfleischig und mit genabelter Mitte, 2-4 cm breit; IX-XI; im Laub- und Nadelwald meist an grasigen Stellen; Sporen 6,5-8,5 x 3,5-4,5 µm: **Weißer Anis-Trichterling / Duft-Trichterling (Clitocybe fragrans)**

Giftig durch das enthaltene Muskarin.

Weißer Anis-Trichterling

57 (55). Hut und Stiel ± weißlich bis cremefarben: → **58**

→ Hut und Stiel ± bräunlich: → **59**

58. Stiel keulenförmig verdickt; bis 8 cm breiter Hut, graubräunlich; Lamellen cremefarben und weit herablaufend; VII-XI; Laub- und Nadelwald; Sporen 6-8 x 3,5-5µm: **Keulenfuß-Trichterling (Clitocybe clavipes)**

*Der **Keulenfuß-Trichterling** ist Magen-Darm-giftig.*

→ **Graubrauner Stiel mit flockiger Oberfläche und Myzelfilz an der Basis, nicht keulenförmig verdickt; bis 4 cm breiter, hygrophaner Hut, besonders jung mehlartig bestäubt, darunter graubraun; Lamellen beige bis graubraun; Geruch und Geschmack ranzig-mehlig; VIII-XI; Nadelwald; Sporen ± rundlich, 2,5-3,5 µm: Mehl-Trichterling (Clitocybe ditopa)**

Es gibt einige ähnliche Trichterlinge, eine Verwechslung ist vor allem mit dem ***Gerieften Mehl-Trichterling (Clitocybe vibecina)*** *und dem* ***Staubfüßigen Trichterling (Clitocybe metachroa)*** *möglich. Letzterem fehlt der Mehlgeruch.*

Die mehlartige Bereifung des ***Mehl-Trichterlings*** *ist bei feuchten Hüten kaum zu erkennen.*

Staubfüßiger Trichterling

59 (57). **3-8 cm breiter Hut, firnisartig bereift, ohne fleischfarbene Zonierung; Stiel und Lamellen weißlich und später cremefarben; Geruch süßsäuerlich; IX-X; Laub- und Nadelwald, oft Hexenringe bildend; Sporen 4-5 x 2,5-3,5 µm: Bleiweißer Trichterling / Firnis-Trichterling (Clitocybe phyllophila/ cerussata)**

Die Bereifung des Hutes sieht aus wie mit einem Anstrich versehen. Der Pilz enthalt Muskarin und das Verspeisen führt zu Magen-Darm-Problemen, die in Ausnahmefällen tödlich sein können.

Es gibt mehrere Arten weißer Trichterlinge, die Muskarin enthalten und auf jeden Fall gemieden werden sollten (s. a. folgende Art). Als Gruppe sind sie an dem dünnen, elastischem Fleisch und den weißen Lamellen zu erkennen.

Bleiweißer Trichterling

→ **Jung reinweißer Hut, firnisartig bereift und mit fleischfarbener Zonierung, im Alter zunehmend fleischfarben, 2-5 cm breit; Lamellen gedrängt, gerade angewachsen; Geruch schwach süßsäuerlich; VIII-X; Grasland, Wegränder; Sporen 4-5,5 x 2,5-3,5 µm: Gift- / Feld-Trichterling (Clitocybe dealbata / rivulosa)**

Durch Muskarin giftig (s. S. 74).

Feld-Trichterling

Rötelritterlinge und Röteltrichterlinge (Lepista)

60 (52 und 67). 5-15 cm breiter Hut, grau bis graubraun; Lamellen gedrängt; Geruch und Geschmack süßlich-mehlartig; IX-XI; Laub- und Nadelwald, meist in großen Hexenringen; Sporen glatt, 5-8 x 3-4 µm: **Nebelkappe / Nebelgrauer Röteltrichterling / Rötelritterling (Lepista nebularis)** → **Seite 396**

Essbar, aber häufig unverträglich; auf jeden Fall abkochen und nur junge Pilze verwenden. Nicht mit dem giftigen Riesen-Rötling (s. S. 435) verwechseln!

→ Hut nicht grau: → **61**

61. 4-10 cm breiter Hut, violett bis violettbräunlich, trocken verblassend; Fleisch violettlich; Geruch angenehm würzig; IX-XI, bisweilen auch im Frühjahr; Laub- und Nadelwald, Parkanlagen; Sporen leicht rau, 6-8 x 4-5 µm: **Violetter Rötelritterling (Lepista nuda)** → **Seite 398**

Der Verzehr soll blutdrucksenkende Eigenschaften haben; Verwechslg. mögl. mit anderen, ebenfalls essbaren Rötelritterlingen (Lilastiel-, Blassblauer- und Lilafarbener Rötelritterling) sowie dem giftigen Lila Dickfuß (s. S. 269 Nr. **41***).*

→ Fuchsbräunlicher Hut, bis 8 cm breit; relativ dünnfleischig; Lamellen gedrängt und deutlich herablaufend; IX-XI; Laub- und Nadelwald, meist in Hexenringen; runde Sporen glatt, 3-5 µm: **Fuchsiger Röteltrichterling (Lepista flaccida)**

62 (50). Frühjahrspilz mit ± Ritterlingshabitus (kompaktfleischig); cremefarbener Hut, 3-10 cm breit; Lamellen meist ausgebuchtet; Stiel ringlos; Geruch typisch mehlartig; IV-VI; Laub- und Mischwälder, Parkanlagen, Rasenflächen; Sporenpulver weiß, inamyloid, Sporen glatt, 4-6 x 2,5-3,5 µm: **Mai-Ritterling / Maipilz (Calocybe gambosa)** → **Seite 384**

Nebelkappe

Violetter Rötelritterling

Fuchsiger Röteltrichterling

Der **Mai-Ritterling** *darf nicht mit dem giftigen Ziegelroten Risspilz (s. S. 439) verwechselt werden. Ähnlich ist auch der* **Veilchen-Rötelritterling (Lepista irina,** *kleines Bild), der auch essbar ist und im Herbst wächst.*

→ Merkmale anders: → **63**

63. Cremeweißer Hut mit im Alter rostfarbenen Flecken, bis 8 cm breit; rilliger Stiel oft verdreht; Geruch aromatisch; Geschmack bitter; VIII-XI; Nadel-, selten Laubwald; einzeln oder in Gruppen wachsend; Sporen 5-6 x 4-5 µm: **Gefleckter Rübling (Collybia maculata)**

*Der **Gefleckte Rübling** gehört in die Gruppe der Rüblinge (s. Nr. **39**), wird aber wegen des ritterlingsähnlichen Habitus hier auch vorgestellt. Dieser kleine Pilz wuchs direkt auf dem Hut eines normal gewachsenen Pilzes (s. auch Nr. **41**).*

→ Merkmale anders: → **64**

64. Frühjahr, selten Herbst; ca. 10 cm breiter Hut, fleischbräunlich; Lamellen creme- bis fleischfarben; II-V; Laub- und Nadelwald, Parkanlagen; Sporen 7-9,5 x 4,5-6 µm: **Frühlings-Weichritterling (Melanoleuca cognata)**

Frühlings-Weichritterling

→ Merkmale anders: → **65**

65. Meist büschelig wachsende, ringlose Arten; Sporen inamyloid; **Gattung Rasling (Lyophyllum):** → **66**

Es ist eine heterogene Gattung in der auch Arten vorkommen, deren Fleisch bei Verletzung schwärzt, bzw. zuerst rötet oder blaut. Die Pilze in der Gruppe der Schwärzlinge sind seltener und wachsen einzeln. Auch in anderen, selteneren Gattungen können büschelig wachsende Arten vorkommen.

→ Merkmale anders: → **67**

66. 3-8 cm breiter Hut weiß und jung bereift; Geruch nach den Blüten des Hohlen Lärchensporns; meist büschelig wachsend; VIII-X; feuchte Wiesen und Wegränder; Sporen glatt, 5,5-7,5 x 3-4 µm: **Weißer Rasling (Lyophyllum connatum)**

*Das Lyophyllin des **Weißen Raslings** wirkt mutagen (s. S. 81). Durch die blauviolette Farbreaktion mit Eisensulfat unterscheidet er sich von weißen Trichterlingen..*

→ 3-15 cm breiter Hut, bräunlich mit kahler Huthaut; Stiel schmutzig weißlich und büschelig verwachsen; IV-V und IX-XI; Laub- und Mischwälder, Grasland; rundliche Sporen glatt, 5-6,5 µm: **Büschel-Rasling / Brauner Rasling (Lyophyllum decastes)**

Essbar und ergiebig, zähe Stiele abschneiden.

Brauner Rasling

67 (65). Lamellen in der Regel fest mit dem Hutfleisch verbunden, meist ausgebuchtet angewachsen: **Gattung Ritterlinge (Tricholoma) → 68**

Der „Burggraben" (s. S. 100) ist nicht bei allen Arten deutlich zu erkennen. Beim Schwefel-Ritterling sind die Lamellen ausgebuchtet angewachsen (Lupe).

→ Leicht vom Hut trennbare Lamellenschicht (wie auf Seife verschiebbar: **Gattung Rötelritterlinge und Rötelrichterlinge (Lepista) → 60**

Ritterlinge (Tricholoma)

68. Hut gelblich, gelbgrün oder weißlich bis cremefarben: **→ 69**

→ Hut bräunlich oder gräulich: **→ 73**

69. Geruch und Geschmack unangenehm: **→ 70**

→ Geruch und Geschmack nicht unangenehm: **→ 71**

70. Geruch und Geschmack aufdringlich schwefelartig (nach Leuchtgas oder Karbid); 3-8 cm breiter, schwefelgelber, seidiger Hut; Stiel und Lamellen ± Hutfarbe; Fleisch gelb, mit Eisensulfat grün; VII-X; Laub- und Nadelwald; Sporen 9-12 x 5-7 µm: **Schwefel-Ritterling (Tricholoma sulfureum)**

→ Geruch unangenehm süßlich; Geschmack erst bitter und dann brennend scharf; cremeweißer bis lederfarbener Hut, 3-8 cm breit, matt und trocken; Lamellen dicklich; relativ schlanker Stiel oft rostfleckig; IX-X; Laub- und Mischwald; Sporen 5,5-7 x 3,5-4 µm: **Strohblasser Ritterling (Tricholoma album / lascivum / pseudoalbum)**

71 (69). Weißer, in der Mitte oft ockerfarbener Hut, 5-10 cm breit, dünnfleischig, seidige Oberfläche; seidiger Stiel längsfaserig und an der Basis oft blaugrün gefleckt; VIII-X; Laub- und Mischwälder; Sporen 5-6 x 4-5,5 µm: **Seidiger Ritterling (Tricholoma columbetta)**

*Der **Schwefel-Ritterling** ist durch seinen intensiven Geruch sehr gut gekennzeichnet. Er ist ein Doppelgänger des Grünlings, dieser hat jedoch weißes Fleisch und nicht den unangenehmen Geruch.*

*Dem **Strohblassen Ritterling** ähnlich sind der **Lästige Ritterling (Tricholoma inamoenum)** und der als nächster Pilz beschriebene, essbare Seidige Ritterling.*

*Der **Seidige Ritterling** wird wegen seiner reinweißen Farben auch Friedenstaube (lat. „Columbetta" = Täubchen) genannt und galt als Symbol für Reinheit. Besonders ähnlich sind der **Lästige Ritterling (Tricholoma inamoenum)** und der Strohblasse Ritterling (s. vorherige Art).*

Es ist ein guter Speisepilz, der aber leicht mit Knollenblätterpilzen, anderen Ritterlingen oder auch Trichterlingen verwechselt werden kann.

→ Hut nicht weiß, Merkmale anders: → **72**

72. 4-10 cm breiter Hut, gelb, grüngelb bis grünlich-braun, schmierige Huthaut oft sandig; Lamellen gelblich; Fleisch weiß; Geruch und Geschmack angenehm mehlartig; IX-XI; Laub- und Nadelwald, besonders in sandigen Kiefernwäldern; Sporen 6-8 x 3,5-5 µm: **Grünling / Echter Ritterling (Tricholoma equestre / flavovirens / auratum)** RL 3

Der Speisewert ist umstritten (s. S. 83). Außerdem ist dieser Pilz in vielen Regionen selten geworden und sollte daher geschont werden.

Ähnlich sind der Grüngelbe Ritterling (Tricholoma sejunctum, s. folgende Art) und der Schwefel-Ritterling (s. Nr. ***70****).*

→ 3-8 cm breiter, olivgrüner bis graugrüner Hut schmierig; weißliche Lamellen oft mit gelblicher Schneide; Geruch mehlartig; Geschmack je nach Exemplar mild bis bitter; IX-X; Laub- und Nadelwald; Sporen 5-7 x 4-5,5 µm: **Grüngelber Ritterling (Tricholoma sejunctum)** RL 3

73 (68). Hut mit überwiegend grauen Farben: → **74**

→ Hut mit überwiegend braunen Farben: → **80**

74. Fleisch rötend: → **75**

→ Fleisch gilbend oder unveränderlich: → **76**

75. 4-8 cm breiter Hut, gräulich mit schwarzgrauen, feinschuppigen Fasern auf der trockenen Huthaut, Rand etwas heller; Lamellen und Fleisch beim Antrocknen rosa verfärbend; Geruch und Geschmack mehlartig; IX-XI; Laubwald, meist unter Buchen auf Kalkböden; Sporen 5-6,5 x 4-5 µm: **Rötender Ritterling (Tricholoma orirubens)** RL 3

Der ***Grünling*** *ist lange Zeit ein beliebter Speisepilz gewesen. Er kann jedoch nicht mehr uneingeschränkt empfohlen werden, da es Vergiftungsfälle gegeben hat.*

Die Aussagen zum Speisewert des ***Grüngelben Ritterlings*** *sind uneinheitlich und schwanken je nach Autor von „essbar" bis „ giftig" – daher ist eher Vorsicht geboten.*

Der ***Rötende Ritterling*** *ist essbar aber geschützt. Das Röten des Fleisches ist oft erst am nächsten Tag sichtbar (Lupe) und bei frischen Pilzen kaum zu erkennen. Es gibt einige ähnliche Ritterlinge deren Fleisch gilbt, statt zu röten (s. Nr.* ***76****).*

→ Sehr veränderlicher Pilz mit 4-10 cm breitem, grau, grünlich, weißlich oder schwärzlichem Hut, dunkle Formen stets mit hellerem Hutrand; weißliche Lamellen dicklich und entfernt stehend; Fleisch rötet nach einiger Zeit; Geruch nach Seifenlauge, besonders nachdem der Pilz einige Zeit liegt; Geschmack mehlartig-muffig; IX-XI; Laub- und Nadelwald; Sporen 5-6 x 3-4 µm: **Seifen-Ritterling (Tricholoma saponaceum)**

Der **Seifen-Ritterling** enthält roh blutzersetzende Stoffe (Hämolysiene) und erzeugt auch erhitzt Übelkeit und Erbrechen. Einige andere Ritterlinge können diesem sehr variablen Pilz ähnlich sehen, ein gutes Erkennungsmerkmal sind aber immer das rötende Fleisch und der Geruch nach Seifenlauge.

76 (74). Huthaut ± schmierig: **→ 77**

→ Huthaut trocken, schuppig oder ± glatt: **→ 78**

77. 4-10 cm breiter Hut ± grau mit meist schwärzlicher Radialstreifung, schmierig; Lamellen weißlich mit grüngelbem Reflex; Geruch und Geschmack mehlartig; IX-XII; Nadelwald auf Sandböden; Sporen 5-6 x 4-5 µm: **Schwarzfaseriger Ritterling / Schnee-Ritterling (Tricholoma portentosum)** RL 3

*Ähnlich sind der **Brennende Ritterling (T. virgatum)**, der **Schärfliche Ritterling (T. sciodes)** und der **Graublättrige Ritterling (T. luridum).***

Der **Schwarzfaserige Ritterling** ist essbar, aber geschützt. Den Namen Schnee-Ritterling hat er bekommen, weil er oft noch im Dezember erscheint.

→ 3-8 cm breiter, oliv- bis graugrüner, schmieriger Hut; weißliche Lamellen oft mit gelblicher Schneide; Geruch mehlartig; Geschmack mild bis bitter; IX-X; Laub- und Nadelwald; Sporen 5-7 x 4-5,5 µm: **Grüngelber Ritterling (Tricholoma sejunctum)** RL 3

Bild und Speisewert s. Nr. **72**

78 (76). 4-10 cm breiter Hut, stahlgrau bis graubräunlich mit fleischiger Mitte und konzentrischer, dunklerer Schuppung; weißliche Lamellen jung tränend; Geruch und Geschmack mehlartig; Fleisch unveränderlich weiß; VIII-X; Laub- und Nadelwald auf Kalkböden; Sporen 8-10 x 5,5-7 µm: **Tiger-Ritterling (Tricholoma pardinum / pardalotum / tigrinum)** **→ Seite 434;** RL 3

*Der Tiger-Ritterling ist stark giftig und sollte jedem Sammler bekannt sein, der Ritterlinge als Speisepilze sammelt. Der essbare Erd-Ritterling (s. Nr. **79**) ist dünnfleischiger und ohne Mehlgeruch. Ähnlich ist auch der ebenfalls giftige **Schärfliche Ritterling (T. sciodes).***

→ Schuppen feiner, Merkmale anders: **→ 79**

79. 3-8 cm breiter Hut, gelblichgrau bis dunkelgrau, dünnfleischig, trocken und Rand oft heller; Lamellen grau-weißlich und etwas entfernt stehend; weißliches Fleisch sich nicht verfärbend; Geruch und Geschmack unauffällig; IX-XI; Nadel- und Mischwald auf Sand- und Kalkböden unter Kiefern; Sporen 5-8 x 4-5 µm: **Erd-Ritterling (Tricholoma terreum)**

Im Spätherbst ist es oft ein Massenpilz. Ritterlinge mit grauen Hüten sollten aber dennoch nur Kenner sammeln, da viele Arten nur schwer zu unterscheiden sind und der stark giftige Tiger-Ritterling (s. Nr. ***78*** *und S. 434) dazu gehört.*

→ Bis 6 cm breiter Hut, silbergrau bis bräunlichgrau, dünnfleischig, trocken und mit kleinem Buckel; weißliche Lamellen und Fleisch beim Reiben und im Alter gilbend; Geruch und Geschmack ranzig-mehlartig; V-XI; Laub- und Nadelwald, Parkanlagen; Sporen 5-6 x 3-4 µm: **Gilbender Erd-Ritterling / Silbergrauer Ritterling (Tricholoma scalpturatum / argyraceum)**

Ähnlich, jedoch nicht gilbend, ist der Erd-Ritterling (s. oben). Der Rötende Ritterling (s. Nr. ***75****) verfärbt sich genau so langsam, aber rot statt gelb. Der* ***Brennende Ritterling (T. virgatum)*** *und der* ***Schärfliche Ritterling (T. sciodes)*** *sind ungenießbar scharf. Der essbare* ***Schwarzschuppige Ritterling (T. atrosquamosum)*** *wirkt insgesamt dunkler.*

80 (73). 3-8 cm breiter, rotbrauner Hut wollig-filzig und am Rand zottig behangen; Lamellen weißlich-fleischfarben, etwas entfernt stehend und im Alter rostfleckig; Stiel bräunlich, hohl werdend; Fleisch alt bräunend; Geruch erdig; Geschmack bitter; VIII-X; Nadelwald, besonders Fichten auf Kalkböden; Sporen 5-6,5 x 4,5-5 µm: **Bärtiger / Zottiger Ritterling (Tricholoma vaccinum)**

Der ***Erd-Ritterling*** *ist ein sehr variabler Pilz, dessen Fleisch weder gilbt noch rötet. Er ist essbar aber nicht besonders schmackhaft.*

Gilbender Erd-Ritterling

Der ***Zottige Ritterling*** *kann mit dem Feinschuppigen Ritterling (s. Nr.* ***81****) und evtl. anderen braun gefärbten Ritterlingen verwechselt werden.*

→ Hut nicht rotbraun, Merkmale anders: **→ 81**

81. 3-8 cm breiter, bräunlicher Hut, in winzige Schüppchen aufbrechend, Mitte gebuckelt; Lamellen cremefarben und im Alter rostfleckig; Stiel bräunlich mit hellerer Spitze und feinschorfiger Oberfläche; weißes Fleisch in der Stielbasis bräunend; Geruch unauffällig; Geschmack mild bis bitter; IX-XI; Nadelwald, meist unter Kiefern auf Sandböden; Sporen 5-8 x 4-5 µm: **Feinschuppiger Ritterling (Tricholoma imbricatum)**

Verwechslungen mit anderen braunen Ritterlingen sind möglich, wie z.B. dem giftigen ***Weißbraunen Ritterling (T. striatum),*** *dem Gelbblättrigen Ritterling (s. Nr.* **82***), dem kleineren und dünnfleischigeren Bärtigen Ritterling (s.Nr.* **80***) sowie dem ungenießbar bitteren* ***Lärchen-Ritterling (T. psammopus).***

→ Merkmale anders: **→ 82**

82. Fleisch in Hut und Stiel gelblich; 4-8 cm breiter Hut gelbbraun bis rotbraun, schmierig und mit leichter Rippung am Rand; Lamellen blass gelb und später bräunend, im oberen Teil heller, gelb anlaufend bei Ankratzen; Geruch und Geschmack mehlartig; VIII-X; in Mischwäldern meist unter Birken; Sporen 5-7 x 4-5 µm: **Gelbblättriger Ritterling (Tricholoma fulvum / flavobrunneum)**

→ Fleisch in Hut und Stiel weißlich, im Anschnitt oft leicht rötend; 3-8 cm breiter Hut, kastanienbraun, mit schmieriger, glänzender Huthaut; Lamellen cremefarben und bald rostfleckig und oft schwärzend, dann wie angebrannt aussehend, alte Pilze können sich völlig schwarzbraun verfärben (Name!); Geschmack je nach Exemplar und Standort mild bis bitter; VIII-IX; Laubwald, meist auf Kalkböden unter Buchen; Sporen 5-7 x 4-5,5 µm: **Brandiger Ritterling (Tricholoma ustale)**

Mild schmeckende Exemplare des ***Feinschuppigen Ritterlings*** *sind essbar.*

Der ***Gelbblättrige Ritterling*** *ist abgekocht essbar. Das beste Erkennungsmerkmal sind die gelben Lamellen, die Sie erkennen, wenn der Pilz der Länge nach durchgeschnitten wird.*

Milde Exemplare des ***Brandigen Ritterlings*** *sind essbar, jedoch nicht besonders schmackhaft. Ähnlich sind der* ***Weißbraune (T. striatum),*** *der* ***Pappel- (T. populinum)*** *und der* ***Getropfte Ritterling (T. pessundatum)*** *mit einem dunkel gesprenkelten Hut. Ein äußerlich identisch aussehender Ritterling mit im Stiel gelbem und im Hut weißlichem Fleisch kann als* ***Blassfleischiger Fichten-Ritterling (T. pseudonictitans)*** *abgetrennt werden.*

Wachsblättler (Hygrophoraceae)

83 (1). Meist lebhaft gefärbte und glasig wirkende Pilze mit kegeligem Hut oder spitzem Buckel; kleine, zerbrechliche Fruchtkörper; es gibt jedoch auch einige weißliche oder fleischfarbene Arten unter ihnen; Standort meist auf mageren Wiesen: **Gattung Saftling (Hygrocybe)** → **84**

> *Ohne mikroskopische Merkmale ist die Bestimmung der meisten Saftlinge schwierig.*
>
> *Als Speisepilze kommt diese Gruppe nicht in Frage, da es meist sehr seltene Arten sind. Der Kegelige Saftling ist sogar giftverdächtig.*

→ Lamellen meist am Stiel herablaufend oder zumindest breit angewachsen; bei feuchtem Wetter schmierige Hüte, Hutfarben meist weniger intensiv gefärbt als bei den Saftlingen. Sie sind zudem weniger zerbrechlich und haben nicht so eine „glasige" Erscheinung; Stiel trocken oder schmierig: **Gattung Schneckling (Hygrophorus)** → **88**

84. Hut ± leuchtend rot: → **85**

→ Hutfarbe nicht rot: → **87**

85. Orangerotlicher, 2-7 cm breiter Hut, im Alter schwärzend; gelbliche Lamellen, VI-X; moosige Wiesen und grasige Waldstellen; Sporen 8-11 x 6-7,5 µm: **Kegeliger Saftling (Hygrocybe nigrescens / conica)**

→ Pilz nicht schwärzend: → **86**

86. Hutfleisch rot; Lamellen breit angewachsen; bis 6 cm breiter Hut; IX-X; feuchte Wiesen; Sporen 7,5-10 x 4,5-5,5 µm: **Kirschroter Saftling (Hygrocybe coccinea)**

→ Hutfleisch weiß; Lamellen schmal angewachsen oder mit Zahn herablaufend; bis 12 cm großer Hut; VIII-X; Wiesen und Weiden; Sporen 8-11 x 5-6 µm: **Größter Saftling (Hygrocybe punicea)** RL 3

Bei einigen Autoren wird der ***Kegelige Saftling*** *in zwei Arten unterteilt. Da sie jedoch nicht eindeutig voneinander abzugrenzen sind, wird auf diese Unterscheidung hier verzichtet. Rote Saftlinge sind meist nur nach mikroskopischer Untersuchung eindeutig zu bestimmen. Das Schwärzen bei Verletzungen und im Alter ist an den Lamellen und dem Hutfleisch (Lupe) ebenso zu sehen wie am Stiel.*

Kirschroter Saftling

Größter Saftling

87 (84). Cremerosa Hut, bis 5 cm breit; schleimiger Hut und Stiel im Alter grün anlaufend, besonders an der Stielspitze und an den Lamellen; Lamellen am Stiel herablaufend; IX-X; Heiden, Moore, Halbtrockenrasen; Sporen 5,5-7,5 x 4-5 µm: **Zäher Saftling (Hygrocybe laeta)**

Eine gewisse Ähnlichkeit hat der Papagei-Saftling (Hygrocybe psittacina) mit ausgebuchtet angehefteten Lamellen und auffälligeren Farben. Sie können auch gleiche Standorte besiedeln. Grüne Färbung ist sonst bei Saftlingen selten.

→ Weißer, bis 4 cm breiter Hut, mit nur leicht schmieriger Oberfläche; Lamellen herablaufend; IX-XI; Wiesen und Weiden; Sporen 7-11 x 4-5,5 µm: **Weißer Saftling (Hygrocybe virginea / Camarophyllus niveus)**

Die grüne Farbe des Stieles und die herablaufenden Lamellen (Lupe) machen den ***Zähen Saftling*** *auch dann kenntlich, wenn sonst kein Grün vorhanden ist. Eine grüne Färbung ist sonst bei Saftlingen selten.*

Schnecklinge

88 (83). Erscheint von Januar bis Mai; 10-15 cm breiter Hut, zuerst weißlich und später grau mit leicht bläulich oder grünlichem Schimmer; Fleisch weiß und angenehm riechend; kompakter Stiel ca. 4 cm hoch und 1 cm breit; I-V; im Gebirge in Laub- und Nadelwäldern, oft auf Kalk; Sporen 8 x 5 µm: **März-Schneckling (Hygrophorus marzuolus)** RL 3

→ Nicht im Frühjahr wachsend: → 89

89. Hut weißlich, orange oder mit purpurnen Farben: → 90

→ Hut beigebräunlich bis grünbraun: → 93

90. Hut weiß bis cremefarben: → 91

→ Hut nicht reinweiß oder creme: → 92

91. Mattweißer Hut, bis 7 cm breit; Geruch nach der Raupe des Weidenbohrers (säuerlich unangenehm, ähnlich Topinambur); VIII-X; bei Buchen und Hainbuchen auf Kalkböden; Sporen 8 x 5 µm: **Starkriechender Schneckling (Hygrophorus cossus)**

Der ***Weiße Saftling*** *ist leicht kenntlich durch die weiße Farbe und den etwas klebrigen Hut.*

Der ***Starkriechende Schneckling*** *kann mit dem ebenfalls essbaren Elfenbein-Schneckling (s. folgende Art) verwechselt werden, der schleimiger ist und einen schlankeren Stiel hat.*

→ Elfenbeinfarbener, bis 6 cm breiter Hut mit schleimiger Huthaut; Stiel unterhalb der Spitze schleimig und zur Basis hin zugespitzt; Geruch nach der Raupe des Weidenbohrers (säuerlich unangenehm, jedoch etwas obstartiger als die vorherige Art); IX-XI; Laubwald, meist bei Buchen auf kalkhaltigen Böden; Sporen 7-9 x 4-6 µm: **Elfenbein-Schneckling (Hygrophorus eburneus)**

Der Geruch des ***Elfenbein-Schnecklings*** *verschwindet bei der Zubereitung.*

92. Weißlicher Hut mit purpurroten Flecken, alt auch gelbfleckig; 3-8 cm breit; Geschmack bitter; VIII-X; Fichtenwälder auf Kalkböden; Sporen 8-10 x 5-6 µm: **Rasiger Purpur-Schneckling (Hygrophorus erubescens)**

Ähnlich ist der seltene ***Gefleckblättrige Purpur-Schneckling (Hygrophorus russula)*** *mit mildem Geschmack, der in Laubwäldern vorkommt.*

Rasiger Purpur-Schneckling

→ Bis 10 cm breiter Hut mit „morgenrötlichen“ Farbtönen, leicht klebrig; Stiel an der Basis oft gelbfleckig; Geruch süßlich; Geschmack leicht bitter; VIII-X; bei Weißtannen auf Kalkböden; Sporen 8-10 x 4,5-6 µm: **Orange-Schneckling (Hygrophorus pudorinus)** RL 2

Ähnlich ist der ***Isabellrötliche Schneckling (Hygrophorus poetarum)*** *mit mildem Geschmack.*

Orange-Schneckling

93 (89). Graubrauner, fast trockener Hut, bis 5 cm breit; sich in dunkle, pustelartige Schüppchen auflösend, Rand oft gekerbt; Stiel dunkel punktiert; geruchlos; IX-XI; Nadelwald, besonders Fichten; Sporen 7-10 x 4,5-6 µm: **Schwarzpunktierter Schneckling (Hygrophorus pustulatus)**

An den pustelartigen Drüsenkörnchen am Stiel ist diese Art gut zu erkennen. Ähnlich ist der Wohlriechende Schneckling (s. Nr. ***96****) mit intensivem Marzipan- oder Mandelseifengeruch.*

Schwarzpunktierter Schneckling

→ Stiel ohne pustelartige Drüsenkörnchen: **→ 94**

94. Hut mit ± olivfarbenen Anteilen: → **95**

→ Hut heller braun bis graubraun, ohne Olivtöne: → **96**

95. Lamellen gelb und später orange; 5-7 cm breiter Hut lebhaft olivgrau (oft mit Orangetönen); Stiel blass bis gelblich und jung schleimig; X-XII; im Spätherbst oft in Massen auf sauren Böden in Kiefernwäldern; 7-8,5 x 4,5 µm: **Frost-Schneckling (Hygrophorus hypothejus)**

Der **Frost-Schneckling** ist essbar, aber nicht sehr ergiebig. Da er auftritt, wenn andere Speisepilze zurückgehen, lohnt es sich trotzdem, ihn kennenzulernen. Die gelben Lamellen machen ihn unverwechselbar. Ähnlich und auch essbar, aber an Lärche gebunden, ist der **Lärchen-Schneckling (Hygrophorus lucorum)**, der gleichmäßiger gelb gefärbt und weniger schmierig ist. Eine Verwechslung ist auch mit dem Kuhmaul (s. S. 169, Nr. **34**) möglich, das aber leicht vom Hutfleisch ablösbare Lamellen und dunkles Sporenpulver besitzt.

→ Lamellen weißlich; olivbräunlich genatterter, schleimiger Stiel; 5-8 cm breiter, gebuckelter Hut, oliv- bis rehbraun, randlich oft ausblassend und marmoriert erscheinend; VIII-XI; in moosreichen Fichtenwäldern meist zwischen Heidelbeeren; Sporen 12-16 x 7-8,5 µm: **Natternstieliger Schneckling (Hygrophorus olivaceoalbus)**

Ähnlich unter Laubbäumen ist der etwas dunklere ***Zweifarbige Schneckling (Hygrophorus persoonii).***

96 (94). Bräunlicher Hut mit hellerem Rand, bis 6 cm breit; heller Stiel im unteren Teil bräunlich; IX-XI; Nadelwald auf Kalkböden; Sporen 6-8 x 3,5-5 µm: **Braunscheibiger Schneckling (Hygrophorus discoideus)**

Braunscheibiger Schneckling

→ Hellgrau, beige bis graubrauner Hut, bis 8 cm breit, leicht schleimig; Stiel flockig, jedoch nicht dunkel punktiert; Geruch nach Bittermandeln; IX-X; mit Fichten auf Kalkböden; Sporen 7-10 x 4,5-6 µm: **Wohlriechender Schneckling (Hygrophorus agathosmus)**

Durch den Geruch ist diese Art trotz der variablen Hutfarben gut gekennzeichnet.

Wohlriechender Schneckling

11.3.2 Braunsporer (Cortinariales)

Dieser großen Pilzgruppe sind das bräunliche Sporenpulver, das faserige Fleisch und die angewachsenen Lamellen gemein.

Die Familie der Schleierlingsartigen (Cortinariaceae) zeichnet sich durch eine spinnwebartig feine Hülle (Cortina) aus, die den Pilz als spinnwebartigen Schleier umschließt, und bei jungen Fruchtkörpern besonders gut zwischen Hut und Stiel zu sehen ist. Die meisten Arten sind ringlos und am Stiel sind nur die Reste des feinen Schleiers zu sehen. Es gibt unter ihnen sehr viele verschiedene Farben und Formen. Es sind Fäunlinszersetzer und Mykorrhizabildner, die meist auf dem Erdboden zu finden sind.

In die Familie der Träuschlingsartigen (Strophariaceae) gehören viele auf Holz wachsende Arten. Auch diese große Gruppe zeichnet sich durch vielfältige Wuchsformen aus.

Hintergrundbild:
Grünspan-Träuschling
(Stropharia aeruginosa)

Träuschlingsartige (Strophariaceae)

Schwefelköpfe (Hypholoma) S. 251

Meist büschelig auf totem Holz wachsende, kleine bis mittelgroße, ± schwefelgelbe Pilze. Glatter, hygrophaner Hut ± gewölbt und oft etwas gebuckelt. Hutrand jung oft mit Velumresten behangen. Lamellen angewachsen. Stiel ringlos. Sporenpulver dunkelbraun bis schwarz.

Meist Fäulniszersetzer auf totem Holz.

Träuschlinge (Stropharia) S. 250

Kleine bis große, fleischige Arten mit schleimiger, z.T. schuppiger Hutoberfläche und oft behangenem Hutrand. Stiel mit Ring. Breit angewachsene Lamellen mit violettem Reflex. Sporenpulver dunkel graubraun-violett.

Saprophyten auf Erde, Holz, Dung.

Schüpplinge (Pholiota) S. 252

Meist büschelig auf totem und lebendem Holz wachsende, kleine bis mittelgroße Pilze. Halbkugeliger bis gewölbter Hut schuppig und selten auch schleimig. Jung gelbliche und später bräunliche Lamellen angewachsen. Stiel beringt und im unteren Teil oft schuppig. Sporenpulver ocker- bis rostbraun.

Schleierlingsartige (Cortinariaceae)

Schleierling S. 253 (Cortinarius)

In der Regel farbenfrohe Pilze mit, je nach Untergattung, ganz verschiedener Gestalt. Fruchtkörper von einem feinen, spinnwebartigen Schleier (Cortina) umgeben. Angewachsene Lamellen ± rostfarben. Sporenpulver zimt- bis rostbraun.

Fälbling S. 257 (Hebeloma)

Mittelgroße Pilze mit falben, eintönigen Farben. Huthaut oft schmierig. Ausgebuchtet angewachsene Lamellen milchkaffeebraun und bei vielen Arten tränend. Ringlose Stiele häufig mit Resten des Schleiers. Geruch oft rettichartig oder süßlich nach Kakao oder Marzipan. Sporenpulver lehmbraun. Keine Speisepilze.

Mykorrhizapilze.

Risspilz (Inocybe) S. 256

Kleine bis mittelgroße Pilze mit ± braunen Farben. Hüte oft radial einreißend. Hut meist kegelig. Angewachsene Lamellen ± graubraun. Ringloser Stiel häufig knollig verdickt. Oft mit auffälligem Geruch. Sporenpulver erdbraun. Viele Gift- und keine Speisepilze.

Mykorrhizapilze.

11.3.2.1 Träuschlingsartige (Strophariaceae)

Die deutschen Begriffe für die Pilzfamilien sind nicht einheitlich festgelegt und so werden die Träuschlingsartigen auch als „braunsporige Folgezersetzer" bezeichnet. Es gibt ganz vielfältige Wuchsformen in den 10 Gattungen dieser Familie, sowohl große wie auch kleine Pilze, mit und ohne Ring, so dass die gemeinsamen, optisch leicht feststellbaren Merkmale mit der braunen Sporenpulverfarbe schon fast erschöpft sind.

Die Lamellen sind am Stiel angewachsen und reif bei den meisten Arten dunkelbraun, z.T. sind sie charakteristisch gescheckt. Der Hut kann farbig oder bräunlich sein. Es gibt Arten mit deutlich klebrig-schmieriger Huthaut, aber auch hygrophane, kahle Hüte, mit und ohne Velumresten. Die meisten Arten sind giftig oder giftverdächtig (Rauschmittel) und es gibt kaum Speisepilze unter ihnen.

11.3.2.1.1 Träuschlinge (Gattung Stropharia)

Träuschlinge sind kleine bis große, fleischige Arten mit klebriger bis schleimiger und oft mit Flocken besetzter Hutoberfläche und behangenem Hutrand. Der Kultur-Träuschling verdient als einziger Pilz aus dieser Gruppe wirklich den Namen Speisepilz. Viele der etwa 15 Arten haben eine schwach haluzinogene Wirkung.

Die breit angewachsenen Lamellen sind graubraun und haben meist einen leicht violetten Schein. Der Stiel ist trocken oder schmierig und trägt einen Ring. Bei einigen Arten kann dieser Ring jedoch nur flüchtig sein, d.h. die Teilhülle ist nur schwach entwickelt und im Alter ist der Ring nicht mehr zu sehen, oder es bleiben nur wenige Reste von ihm am Stiel zurück. Unterhalb des Ringes ist der Stiel häufig mit Schuppen besetzt und die Stielspitze ist bei vielen Arten gerieft. Das Fleisch riecht zerdrückt grasartig. Das Sporenpulver ist sehr dunkel graubraun und hat einen ähnlich violetten Beiton wie die Lamellen zur Reifezeit. Die Sporen sind glatt. Träuschlinge sind Saprophyten auf Erde, Holz oder Dung und ihre Hauptvegetationszeit ist der Herbst.

Gattungsmerkmale am Beispiel des Grünspan-Träuschlings

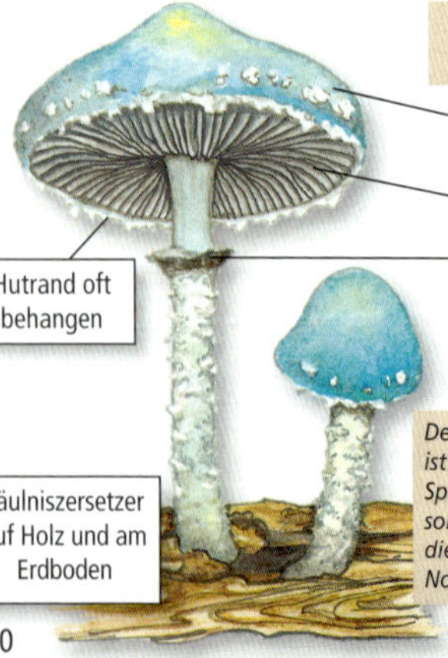

Der ***Grünspan-Träuschling*** *(Stropharia aeruginosa) ist nicht giftig, kann aber auch nicht als guter Speisepilz bezeichnet werden. Die klebrige Huthaut sollte auf jeden Fall abgezogen werden. Man findet diesen wunderschönen Pilz von September bis November auf totem Laub- und Nadelholz.*

11.3.2.1.2 Schwefelköpfe (Gattung Hypholoma)

Schwefelköpfe verdanken ihren Namen der an Zündhölzer erinnernden Wuchsform der jungen Fruchtkörper. Es sind knapp 20, meist auffällig büschelig wachsende Arten von kleinen bis mittelgroßen Pilzen. Nur der Graublättrige Schwefelkopf ist ein Speisepilz, die übrigen Arten sind ungenießbar bis Magen-Darm giftig.

Der Hut ist ± gewölbt und manchmal etwas gebuckelt. Er hat eine glatte Oberfläche, die jung oft mit Velumresten am Rand behangen ist. Die Lamellen sind schmal angeheftet bis relativ breit und etwas ausgebuchtet angewachsen. Der Stiel ist immer ringlos; dies ist ein gutes Unterscheidungsmerkmal zu den Schüpplingen und Träuschlingen. Das Sporenpulver ist meist schwärzlichviolett und nur bei einigen wenigen kleinen Torfmoos bewachsenden Arten rostbraun. Die Sporen sind glatt. Schwefelköpfe wachsen auf totem Holz und auf Torf. Ihre Hauptvegetationszeit ist der Herbst, sie können jedoch auch schon im Frühjahr sowie in warmen Perioden bis in den Winter zu finden sein.

Gattungsmerkmale am Beispiel des Grünblättrigen Schwefelkopfes

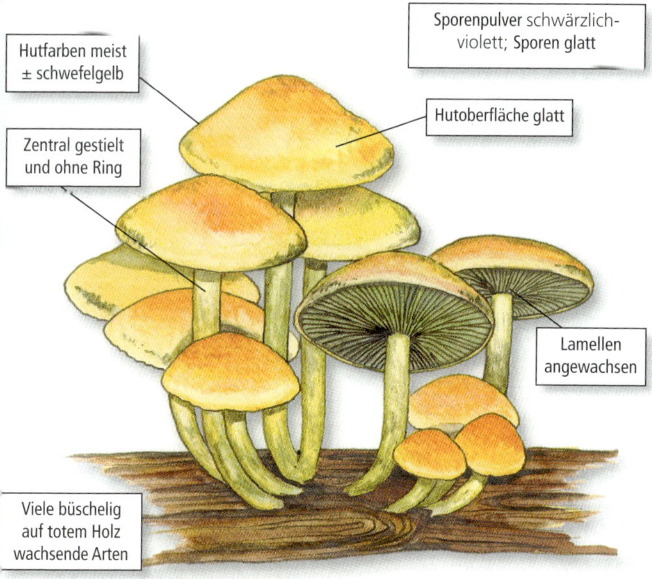

*Der **Grünblättrige Schwefelkopf** (Hypholoma fasciculare) schmeckt ungenießbar bitter. Es ist der Doppelgänger des essbaren und schmackhaften Graublättrigen Schwefelkopfes. Während der Grünblättrige Schwefelkopf auf totem Laub- und Nadelholz wächst, ist der Graublättrige Schwefelkopf wählerischer: Er kommt nur auf totem Nadelholz vor und ist daher leider nicht ganz so häufig zu finden wie sein ungenießbarer Doppelgänger.*

11.3.2.1.3 Schüpplinge (Gattung Pholiota)

Schüpplinge wachsen an Holz. Einige der etwa 30 Arten sind aggressive Wundparasiten, die sich von verletzten Stellen lebender Bäume aus im gesamten Stamm ausbreiten. Der Hut ist halbkugelig bis gewölbt und manchmal etwas buckelig. Die Oberfläche kann sowohl schuppig als auch trocken oder klebrig sein.

Die Lamellen sind meist etwas ausgebuchtet bis ± gerade oder schwach herablaufend angewachsen. Jung sind sie blass cremefarben bis gelblich und im Alter durch das Sporenpulver dunkler. Die Sporenfarbe ist heller als bei den vorherigen Gattungen und kann sowohl milchkaffeebraun, als auch stumpf-braun bis tongrau sein. Die elliptischen Sporen sind glatt.

Der Stiel ist beringt oder weist zumindest Haarschleierreste auf. Im unteren Teil ist er oft schuppig. Für die Bestimmung ist auch der Geschmack des Fleisches wichtig. Mikroskopisch ist es entscheidend, wo und ob Chrysozystiden (s. S. 116) vorhanden sind. Schüpplinge wachsen meist büschelig auf Holz, selten auch auf der Erde. Die Hauptvegetationszeit ist im Herbst.

Gute Speisepilze aus dieser Gruppe sind nur das Japanische Stockschwämmchen (Pholiota nameko), das bei uns nur als Zuchtpilz vorkommt und das Gewöhnliche Stockschwämmchen. Das Gewöhnliche Stockschwämmchen wird je nach Autor auch in eine eigene Gattung Kuehneromyces gestellt und wäre somit gar kein Schüppling.

Gattungsmerkmale am Beispiel des Sparrigen Schüpplings

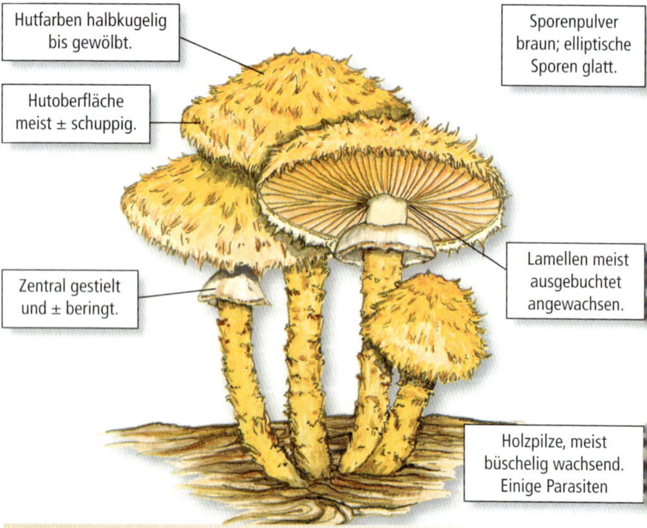

*Der **Sparrige Schüppling** (Pholiota squarrosa) ist wegen seines bitteren Geschmackes ungenießbar. Durch seine struppig schuppige Huthaut und leuchtend beige-orangene Farbe ist es einer der auffälligsten und schönsten Schüpplinge. Er ist meist an lebenden Pappeln zu finden.*

Der ungenießbare **Beringte Flämmling** (*Gymnopilus junonius*) aus der Gattung der Flämmlinge gehört in die Familie der Schleierlingsartigen. Wie alle Vertreter dieser Gruppe besitzt er eine spinnwebartige Gesamthülle, sie ist jedoch nur bei jungen Pilzen gut zu sehen.

11.3.2.2 Schleierlingsartige (Cortinariaceae)

Auf lateinisch heißt „Cortina" Vorhang oder Haarschleier und bezeichnet das wichtigeste, gemeinsame Merkmal dieser Familie. Diese den Pilz als spinnwebartigen Schleier umschließende Hülle (Cortina) ist bei älteren Pilzen oft nicht mehr zu sehen. Die Lamellen sind angewachsen und fest mit dem Hutfleisch verbunden. Das Sporenpulver ist ± rostbraun.

Bei dem jungen **Erdigriechenden Schleimkopf** (*Cortinarius variecolor*) ist die Cortina gut zu sehen, während sie beim ausgewachsenen Exemplar links nur noch als feiner Rest am Stiel und Hutrand zu erahnen ist.

Die ***Farbstoffe*** *(Anthrachinone) der* ***Hautköpfe*** *sind sehr intensiv und können zum Färben benutzt werden. In diesem Farbring sind die verschiedenen Farbtöne verschiedener Arten zu sehen.*

11.3.2.2.1 Schleierling (Gattung Cortinarius)

Die Gattung der Schleierlinge ist mit über 400 Arten die artenreichste Mitteleuropas – und gleichzeitig eine der schwierigsten und faszinierendsten. Die Fruchtkörper sind von einer Hülle (Cortina), einem vollständigen, feinen und sehr zarten Schleier umgeben, der leicht übersehen werden kann. Das Sporenpulver ist zimt- bis rostbraun und die Sporen rundlich oval und ± warzig.

Die Fruchtkörper weisen viele Farben auf. Durch die große Vielfalt der Formen und Farben ist die Gattung in einzelne Untergattungen aufgeteilt, die wiederum in zahlreiche Sektionen aufgegliedert sind. Schon alleine dadurch, dass diese Einteilungen je nach Autor verschieden sind, ist zu erkennen, dass die Zuordnung nicht unproblematisch ist. In diesem Grundkurs werden in der nachfolgenden Tabelle 7 Untergattungen vorgestellt. Bei einigen Arten bereitet bereits die Zuordnung der Untergattungen Schwierigkeiten.

Gattungsmerkmale am Beispiel der Schleiereule

Die ***Schleiereule*** *(s. Nr.* ***32*** *S. 266) ist einer der schönsten Schleierlinge, der dazu auch sehr gut schmeckt. Er ist jedoch in den meisten Gebieten selten geworden und sollte geschont werden.*

Untergattung	Merkmale	Beispielpilz
Cortinarius **Schleierlinge**	Hut filzig bis schuppig, nicht hygrophan, meist violette Farben.	 *Violetter Schleierling*
Dermocybe **Hautköpfe**	Hut trocken, glatt bis feinschuppig, oft wie die Lamellen intensiv gefärbt. Farben (Anthrachinone) in Alkohol löslich.	 *Blutroter Hautkopf*
Leprocybe **Rauköpfe**	Hut trocken, hygrophan, meist gelbe, orange, rote bis rotbraune Farben (keine alkohollöslichen Antrachinone). Oberfläche samtig, filzig oder schuppig. Lamellen ± in Hutfarbe.	 *Braunnetziger Raukopf*
Phlegmacium **Schleimköpfe und Klumpfüße**	Hut (aber nicht der Stiel) feucht schmierig oder schleimig. Viele stattliche Arten mit verdickter Stielbasis. Oft violette Farbanteile in Stiel und Lamellen. Das Fleisch wird mit KOH gelb bis gelbbraun, in Guajac blau.	 *Reihiger Klumpfuß*
Sericeocybe **Dickfüße, Seidenköpfe**	Huthaut trocken. Viele Arten mit verdickter Stielbasis. Keine Farbreaktion mit Laugen (z.B. KOH)	 *Graubrauner Seidenkopf*
Myxacium **Schleimfüße**	Hut **und** Stiel feucht schmierig oder schleimig. Fleisch und Huthaut von bitterem Geschmack.	 *Heide-Schleimfuß*
Telamonia **Gürtelfüße, Wasserköpfe**	Hut hygrophan, überwiegend mit brauen und violetten Farben. Farbreaktion mit Laugen (z.B. KOH).	 *Dunkelbrauner Gürtelfuß*

11.3.2.2.2 Risspilze (Gattung Inocybe)

Die Gattung Risspilz umfasst über 150 Arten. Es sind kleine bis mittelgroße Pilze mit meist schmutzig braunen, graubraunen, erd-/tabakbraunen oder weißlichen Farben. Ihren Namen verdanken sie der Eigenschaft der Pilzhüte beim Aufschirmen radial einzureißen. Der wissenschaftliche Gattungsname setzt sich aus dem griechischen „Inos" für „Faser" und „cybe" für"Kopf" zusammen.

Dieses Merkmal ist bei einigen Arten mit stark radialfaserigen Hüten besser zu sehen als bei anderen. Der Hut ist meist kegelig, später auch gebuckelt und oft mit lange eingebogenem oder etwas nach unten geknicktem Rand. Die Hutoberfläche kann auch schuppig sein. Die Lamellen sind schmal angeheftet bis breit angewachsen und immer ± ausgebuchtet. Jung sind sie meist blass und zur Reifezeit stets ± graubraun mit verschiedenen, oft gelb bis oliven Beitönen. Der unberingte Stiel ist teilweise oder ganz bereift und die Basis ist häufig knollig verdickt. Das Sporenpulver ist erd- bis tabakbraun. Die ovalen Sporen sind glatt oder grobhöckerig.

Der Geruch spielt bei der Bestimmung eine wichtige Rolle, denn viele Arten von ihnen riechen intensiv z.B. nach Bittermandel, Sperma, Jasmin, Erde oder überreifem Obst. Fast alle Risspilze enthalten Muskarin und sind mehr oder weniger stark giftig. Speisepilze gibt es in dieser Gattung nicht. Die meisten Arten sind ohne Berücksichtigung mikroskopischer Merkmale nicht zu bestimmten. Da die Caulozystiden (Sterile Zellen von auffälliger Gestalt im Stielbereich) am Stiel bei der mikroskopischen Bestimmung wichtig sind, sollten die Fruchkörper möglichst so gesammelt werden, dass der Stiel nicht gedrückt und die Zystiden abgewischt werden. Bei einigen Arten sind sie auch schon mit guter Lupe und 10facher Vergrößerung sichtbar.

Es sind Mykorrhizabildner in Wäldern und Wiesen. Die Hauptvegetationszeit ist vom Sommer bis zum Herbst, einige wachsen jedoch bereits im Frühjahr.

Gattungsmerkmale am Beispiel des Kegeligen Risspilzes

Der ***Kegelige Risspilz*** *(Inocybe rimosa) enthält Muskarin und ist giftig. Er wächst von Juni bis Oktober im Laub- und Nadelwald sowie auf Wiesen.*

11.3.2.2.3 Fälblinge (Gattung Hebeloma)

Die Gattung der Fälblinge besteht aus ca. 50 Arten. Ihrem Namen nach sind es Pilze mit falben, eintönigen Farben. Der wissenschafliche Name setzt sich aus dem griechischen Wort „hebe" für „Flaum" und „loma" für „Rand" oder „Saum" zusammen und bezieht sich auf den meist mit Schleierresten behangenen Hutrand. Besonders bei jüngeren Fruchtkörpern ist das flaumige Haarkleid am Hutrand gut zu sehen.

Ihrer Gestalt nach sehen einige Arten den Ritterlingen ähnlich. Auch der Lamellenansatz ist bei vielen ritterlingsartig angewachsen. Bei den kleineren Arten, die ihrer Erscheinung nach eher den Risspilzen ähneln, sind die Lamellen meist schmaler angeheftet. Viele Fälblinge haben schmierige, klebrige Hüte. Die Stiele sind trocken und können Reste des Schleiers (der Cortina) aufweisen, sie können aber auch fehlen. Beringte Stiele sind die Ausnahme. Auch bei dieser Gruppe liefert der Geruch wichtiges Merkmale für die Bestimmung. Er ist oft rettichartig oder süßlich nach Kakao oder Marzipan. Das Sporenpulver ist lehmbraun und die Sporen in der Regel warzig.

Die Lamellen sind reif typisch milchkaffeebraun. Besonders frische und junge Fruchtkörper sondern an den Lamellen bei vielen Arten milchweiße Tröpfchen ab. Dies wird als „tränend" bezeichnet. Hier bilden sich dann durch das daran haftende, Sporenpulver bräunliche Punkte. Bei trockenen Pilzen sind dann nur noch die Punkte zu sehen und die Tropfen können fehlen.

Die Lamellenschneide ist meist durch arttypische Zystiden weißlich bewimpert. Dies ist im Mikrokop gut zu sehen. Ohne Berücksichtigung mikroskopischer Merkmale sind die meisten Arten nicht zu bestimmen. Bei der mikroskopischen Bestimmung ist auch die Beschaffenheit der Hutdeckschicht wichtig. Es sind Mykorrhizapilze die meist im Wald wachsen.

Gattungsmerkmale am Beispiel des Kleinen Rettich-Fälblings

*Der **Kleine Rettich-Fälbling** (Hebeloma crustuliniforme) ist schwach giftig. Die jung tränenden Lamellen hinterlassen beim Eintrocknen braune Punkte. Seinen Namen verdankt er dem rettichartigen Geruch.*

Bestimmungsteil

1. Sporenpulver dunkelbraun bis schwärzlich: **Braunsporige Folgezersetzer (Strophariaceae) → 48**, S. 272

Die Unterscheidung zwischen diesen beiden Gruppen ist nicht immer einfach, im Zweifelsfall ist es besser, beide Wege auszuprobieren.

→ Sporenpulver rostbraun bis erdfarben: **→ 2**

2. 1-2 cm breiter, hygrophaner Hut, rotbräunlich bis ockerfarben mit feucht durchscheinendem und gerieften Rand; Geruch und Geschmack unauffällig; Schneiden etwas weißflockig; oben hellerer und ± hutfarbener Stiel brüchig, bepudert wirkend und im Alter hohl; V-X; meist außerhalb der Wälder in Wiesen und an Wegrändern; Sporenpulver rostbraun; Sporen glatt, 9,5-12 x 4,5-6 µm: **Ockerfarbiges Samthäubchen (Conocybe sienophylla)**

Ohne Zuhilfenahme mikroskopischer Merkmale ist die Abtrennung der Gattung Samthäubchen (Conocybe) zu anderen kleinen, braunen Pilzen aus der Gattung der Schleierlinge, Häublinge oder Risspilze schwierig. Unter dem Mikroskop betrachtet, sind für diese Gruppe die kopfigen Zystiden (s. S. 116) typisch, die an den Lamellen, sowie teilweise auch am Stiel und Hut auftreten.

→ Merkmale anders: **→ 3**

3. Sporen lehm- bis ockerbräunlich oder erdfarben ohne starke Rotanteile: **→ 4**

→ Sporen ± rostbraun: **→ 15**

4. Bis 4 cm breiter Hut, cremeweißlich bis beige mit dunklerer Mitte, anliegend behaarter Oberfläche und bewimpertem Hutrand (Lupe!); Lamellen herablaufend; Stiel unberingt; IX-XI; Laub- und Nadelwald; Sporenpulver lehmbräunlich, warzig, 4-5 x 3-4 µm: **Bewimperter Filzkrempling (Ripartites tricholoma / Paxillus tricholoma)**

→ Merkmale anders: **→ 5**

*Das **Ockerfarbige Samthäubchen** ist eine der etwa 20 Arten aus dieser Gattung. Es sind kleine, zierliche, meist ockerfarbene Pilze mit ± glocken- bis kegelförmigem, hygrophanem Hut. Der Stiel kann so wie hier ringlos oder auch beringt sein.*

Die Bestimmung der einzelnen, äußerlich sehr ähnlichen Arten dieser Gattung erfordert mikroskopische Merkmale. Auf Wiesen gibt es insgesamt viele Samthäubchen und Häublinge, die sich sehr ähneln und nur mit dem Mikroskop zu bestimmen sind. Es sind Fäulniszersetzer auf Erde, Dungplätzen und in Wiesen.

*Der **Bewimperte Filzkrempling** ist am bewimperten Hut gut zu erkennen. Das Merkmal ist jedoch nur bei jungen Pilzen gut sichtbar, ältere ähneln den Nabelingen oder kleinen Trichterlingen, die aber beide weißes Sporenpulver besitzen. Systematisch werden sie entweder zu den Kremplingsartigen (Paxillaceae) gestellt oder sogar den Ritterlingsartigen (Tricholomataceae).*

5. Schmutzig braune, grau-, erd-bis tabakbraune oder weißliche Pilze mit einer Vielfalt von Gerüchen (Bittermandel, Sperma, Jasmin, Erde, überreifes Obst etc.). Sporenpulver tabak- / erdbraun: **Gattung Risspilze (Inocybe) → 6**

Die einzelnen Arten sind oft nur mikroskopisch sicher zu bestimmen. Die Gattung enthält keine Speisepilze, fast alle Arten enthalten den Giftstoff Muskarin. Ein gutes Merkmal ist der radial einreißende Hut, den aber wiederum nicht alle Arten der Gattung haben.

*Der Schleier der **Risspilze** ist oft nur als Rest am Hutrand zu sehen, hier lohnt ein genauer Blick mit der Lupe! Hier ist der **Erdblättrige Risspilz** zu sehen.*

→ Fruchtkörper mit falben, eintönigen Farben, Hüte schmierig, Stiele trocken, mit oder ohne Cortinaresten, selten beringt; Geruch rettichartig oder süßlich nach Kakao, Marzipan o.ä.; Sporen lehmbräunlich; Lamellen reif typisch milchkaffeebraun, oft tränend, Lamellenschneide durch arttypische Zystiden meist weißlich bewimpert; Mykorrhizapilze: **Gattung Fälbling (Hebeloma) → 11**

Die Gattung enthält keine Speisepilze: Durch Absonderung von milchweißen Tröpfchen erscheinen die Lamellen besonders an frischen und jungen Fruchtkörpern oft tränend. Später bilden sich dann durch das anhaftende Sporenpulver rotbraune Punkte, die auch noch bei trockenem Wetter zu sehen sind, wenn die Tropfen eingetrocknet sind.

*Der **Tonblasse Fälbling** hat tränende Lamellen. Bei älteren Pilzen bleiben dunkle Flecken auf den trockenen Lamellen zurück (Lupe).*

Risspilze (Inocybe)

6. Relativ stattliche Pilze mit einem meist über 4 cm breitem Hut: **→7**

→ Zierlichere Pilze mit maximal 4-5 cm breitem Hut: **→ 9**

7. 3-8 cm breiter Hut, weißlichbeige bis graugrünlich; Fleisch unter dem Hutbuckel grünlich; Geruch süßlich obstartig oder nach Lärchensporn; VII-X; Laub- und Nadelwald, auf Kalkböden, meist bei Eichen und Buchen; Sporen glatt, 7-9 x 4,5-6 µm: **Grüngebuckelter Risspilz (Inocybe corydalina)**

→ Pilz ohne grüne Farbanteile; Geruch und Merkmale anders: **→ 10**

*Der **Grüngebuckelte Risspilz** ist giftig, er enthält neben Muskarin evtl. auch Psilocybin.*

8. 3-8 cm breiter Hut, beige bis braun, kegelig, glatt oder überreift, radialrissig; spermatischer Geruch; VI-X; Laub- und Nadelwald sowie Wiesen; Sporen glatt, 9-13 x 6-8 µm: **Kegeliger Risspilz (Inocybe rimosa / fastigiata)**

→ 5-10 cm breiter, kegeliger Hut, erst weißlich bis strohfarben und später ziegelrot anlaufend; vor allem an verletzten Stellen, kahle Huthaut ohne Velumspuren und radialrissig; Stiel und Fleisch ebenfalls rötend; Geruch jung obstartig und später spermatisch; V-VII; Laub- und Mischwälder auf Kalk; Sporen glatt, 10-12 x 6-7,5 µm: **Ziegelroter Risspilz (Inocybe erubescens / patouillardii)** **→ Seite 439**

9 (6). Hut weiß, alt schwach gilbend, bis 4 cm breit, jung Huthaut seidig glänzend; Geruch spermatisch; V-XI; Laub- und Nadelwald, meist in Gruppen; Sporen glatt, 6,5-10,5 x 4,5-6 µm: **Erdblättriger/Seidiger Risspilz (Inocybe geophylla)**

→ Hut nicht weiß: **→ 10**

10. Bis 5 cm breiter Hut, bräunlich mit hellerem Randbereich und flockig-filziger, später radialfaseriger Huthaut; Geruch nur im Alter spermatisch; VI-X; Laub- und Nadelwald; Sporen glatt, 9-11,5 x 5,5-6,5 µm: **Flockiger Risspilz (Inocybe flocculosa/ gausapata)**

Es gibt noch weitere Arten mit wolliger bis flockiger Huthaut, die jedoch nur anhand mikroskopischer Merkmale zu unterscheiden sind.

→ Bis 2 cm breiter Hut, beigefarben mit rötlich braunem Scheitel und haarigem Hutfilz; Geruch schwach spermatisch; VI-X; Laubwald unter Buchen auf Kalkböden; Sporen höckerig mit großem Öltropfen; 6,5-8 x 4,5-6 µm: **Graugezonter Risspilz (Inocybe petiginosa)**

*Der **Kegelige Risspilz** ist durch Muskarin giftig. Er ist sehr variabel und wird in zahlreiche Varietäten unterteilt. Auf trockenen Standorten ist er meist heller gefärbt als auf feuchten.*

*Der Hut des **Erdblättrigen Risspilzes** reißt nur sehr selten radial ein.*

*Der **Flockige Risspilz** ist sehr veränderlich.*

*Der **Graugezonte Risspilz** ist durch die abgesetzten Hutfarben gut zu erkennen.*

Fälbling (Hebeloma)

11 (5). Relativ stattliche Pilze mit einem meist über 5 cm breiten Hut: → **13**

→ Hut meist kaum breiter als 4 cm: → **12**

12. Bis 5 cm breiter Hut, cremefarben mit dunklerem Scheitel; Geruch schwach rettich- und kakaoartig; Geschmack bitter; IX-XI; Mischwälder; Sporen warzig, 11-14 x 6-7,5 µm: **Weißfleischiger Fälbling (Hebeloma leucosarx)** RL 3

→ 2-4 cm breiter Hut, beige mit dunklerer Mitte; Lamellen nicht tränend; Stiel nach unten hin dunkler; Geruch rettichartig; Geschmack bitter; VIII-XI; Nadelwald; feinwarzige Sporen, 8-10 x 5-6 µm: **Dunkelscheibiger Fälbling (Hebeloma mesophaeum)**

13 (11). Lamellen jung tränend und beim Eintrocknen braune Punkte hinterlassend; 5-8 cm breiter Hut, cremefarben bis lederbräunlich; weißer Stiel feinflockig; Geruch rettichartig, Geschmack bitter; IX-XI; Laub- und Nadelwald, Parkanlagen; Sporen warzig, 11-12,5 x 5,5-7 µm: **Tonblasser Fälbling / Kleiner Rettich-Fälbling (Hebeloma crustuliniforme)**

→ Lamellen nicht tränend: → **14**

14. 5-10 cm breiter Hut beige; Lamellen eng stehend, nicht tränend; Stiel ± Hutfarbe; Geruch kakaoartig, Geschmack ± bitter; VIII-X; Laub- und Nadelwald auf Kalkböden; Sporen warzig, 9-11 x 5,5-7 µm: **Bräunender / Kakao-Fälbling (Hebeloma senescens / edurum)**

→ 6-12 cm breiter Hut, fleisch- bis ockerbraun; Stiel feinflockig bis genattert und bald hohl werdend; Geruch nach Rettich; Geschmack bitter; VIII-X; Laub- und Nadelwald, meist unter Buchen auf Kalkböden; Sporen warzig, 10-13 x 6-8 µm: **Rettich-Fälbling (Hebeloma sinapizans)**

*Der **Weißfleischige Fälblling** ist zierlicher als der Tonblasse Fälbling (s. Nr. **13**).*

Dunkelscheibiger Fälbling

*Das Crustulinol des **Tonblassen Fälblings** erzeugt vorübergehende Magen-Darm-Störungen. Ebenso giftig und ähnlich ist der Rettich-Fälbling. Er besitzt jedoch keine tränenden Lamellen.*

Kakao-Fälbling

15 (3). Zarte, dünnhäutige, hygrophane Pilze; Hut oft ± helmförmig; Stiel mit oder ohne Ring; Saprophyten oft auf Holz: **Gattung Häubling (Galerina) → 16**

Die Bestimmung der ca. 50 Arten umfassenden Gattung ist schwer und ohne Zuhilfenahme mikroskopischer Merkmale meist aussichtslos. Beim Sammeln ist darauf zu achten, den Stiel nicht zu drücken, damit sichtbar bleibt, ob am Stiel ein Ring vorhanden ist. Bei alten Exemplaren kann dieses Merkmal auch verloren gehen. Hier ist das Substrat auch für die Bestimmung wichtig. Zu verwechseln sind sie vor allem mit der Gattung Samthäubchen, aber auch die Abtrennung zu den Risspilzen und Trompetenschnitzlingen ist oft schwierig.

→ Merkmale anders: **→ 17**

16. 1-5 cm breiter Hut, ockerbräunlich, hygrophan, Rand oft mit Schleierresten; Geruch schwach mehlartig; Stiel weißfaserig; IX-XI; meist auf Nadelholz; Sporenpulver rostbraun, feinwarzig, 7-10 x 4,5-6,5 µm: **Gift- / Nadelholz-Häubling (Galerina marginata)**

Bis 1 cm breiter Hut kegelig-glockig, honigfarben, durchscheinend gerieft; ringloser, bereifter Stiel ± Hutfarbe; Geruch und Geschmack leicht rettichartig; VI-XI; in Feuchtgebieten zwischen Moosen; Sporenpulver rostbraun, feinwarzig, 10-13 x 5,5-8 µm: **Atkinsons Häubling (Galerina atkinsoniana / vittiformis)**

17 (15). Pilze auf Holz oder Holzstückchen am Erdboden wachsend: **→ 18**

→ Pilze nicht auf Holz wachsend: **→ 21**

18. 1-3 cm breiter, hygrophaner Hut, fleisch- bis rotbräunlich; Lamellen mit flockiger Schneide; hohler Stiel ohne Ring, flockig überfasert; VI-VIII; auf am Boden liegenden Holzstückchen; Sporen 6-8 x 3,5-5,5 µm: **Gewöhnlicher Trompetenschnitzling (Tubaria furfuracea)**

→ Merkmale anders: **→ 19**

Der **Gift-Häubling** *ist stark giftig und ein Doppelgänger des essbaren Stockschwämmchens (s. S. 406 und 440), von dem es vor allem durch den weißfaserigen Stiel (Lupe) zu unterscheiden ist.*

*Dem **Atkinsons Häubling** ähnlich ist der ebenfalls zwischen Torfmoosen wachsende **Torfmoos-Häubling (Galerina sphagnorum)**.*

*Dem **Gewöhnlichen Trompetenschnitzling** ähnlich ist der im Winter wachsende **Winter-Trompetenschnitzling (Tubaria hiemalis)**.*

19. Gelbes Fleisch, gelb bis rostbraune Lamellen und Sporenpulver; Hüte gelbfuchsig, trocken, kahl bis faserschuppig; Stiel faserig und nur selten beringt; auf totem Holz wachsend: **Gattung Flämmlinge (Gymnopilus) → 20**

Alle Arten der Gattung sind ungenießbar bitter.

→ Hutoberfläche schuppig, trocken oder klebrig; Stiel flüchtig beringt oder mit Haarschleierresten, im unteren Teil oft schuppig; Lamellen etwas ausgebuchtet oder ± gerade bis schwach herablaufend angewachsen, jung blass bis gelb; Sporenfarbe milchkaffeebraun, stumpf-braun bis tongrau; meist büschelig auf Holz: **Gattung Pholiota (Schüpplinge) → 55**

20. 2-5 cm breiter Hut, gold- bis orangegelb; eng stehende Lamellen meist rostfleckig; gelblicher Stiel weißlich überfasert; ± faserige Ringzone; Geschmack bitter; VIII-XI; meist auf Kiefern, aber auch anderem Nadelholz; Sporen 6,5-8,5 x 4-5,5 µm: **Geflecktblättriger / Faserigberingter Flämmling (Gymnopilus penetrans)**

→ 5-15 cm breiter Hut, gelbocker mit faserig-schuppiger Huthaut; kompakte Gestalt; Stiel mit häutigem Ring (Lupe); Geruch beim Anschneiden rettichartig; Geschmack bitter; VIII-X; Laub-, selten Nadelholz, meist vergesellschaftet mit Buche; Sporen 7,5-10,5 x 4,5-6 µm: **Beringter Flämmling (Gymnopilus junonius / spectabilis)**

21 (17). Stiel mit Ring; 5-10 cm breiter Hut, ockergelb, mit reifartigem Überzug; Lamellen mit gekerbter Schneide breit angewachsen; VIII-X; Nadelwald auf sauren Böden, oft bei Kiefern zwischen Heidekraut; Sporenpulver rostbraun, warzig, 10-13 x 7,5-8,5 µm: **Zigeuner / Reifpilz (Rozites caperatus) → Seite 402**

→ Stiel ohne Ring, höchstens mit Haarschleierresten: **→ 22**

*Der **Gefleckblättrige Flämmling** ist ungenießbar bitter und schon ein paar von ihnen können eine Mahlzeit verderben. Die Lamellen sind meist unregelmäßig gefärbt (Lupe). Ähnlich sind **Tannen-Flämmlinge (Gymnopilus sapineus)** auf Tannenholz und evtl. Schwefelköpfe (s. Nr. **51**).*

*Der **Beringte Flämmling** ist ungenießbar bitter. Schüpplinge können ähnlich aussehen, besonders der am Erdboden wachsende **Glimmer-Schüppling (Phaeolepiota aurea).** Er gehört allerdings in die Familie der Egerlingsartigen.*

*Der **Zigeuner** ist essbar, aber leider oft madig und in vielen Regionen selten geworden.* **RL 3**

22. 1-5 cm breiter Hut, goldgelb, im Alter verblassend, Rand gerieft; weißgelbe Lamellen eng stehend; weißlicher Stiel mit Flocken besetzt bis genattert, hohl und gebrechlich; V-XI; auf Kuh- und Pferdemist sowie gedüngten Böden; Sporenpulver rostbraun, Sporen glatt, 12-15 x 7,5-9 µm: **Gold-Mistpilz (Bolbitius vitellinus)**

→ Merkmale anders: **→ 23**

*Der Name des **Gold-Mistpilzes** bezieht sich auf das Substrat auf dem der Pilz häufig zu finden ist. Bolbiton bedeutet „großer Kuhfladen". Wie bei allen Dungbewohnern ist die Größe des Pilzes sehr vom Nahrungsangebot abhängig. Die Gattung der Mistpilze gehört in eine eigene Familie, die Mistpilzartigen (Bolbitiaceae).*

23. Ca. 2 cm breiter Hut, hygrophan, rost- bis dunkel kastanienbraun; Lamellen beige bis rostbraun, breit angewachsen; bräunlicher Stiel; Geschmack mild; VII-XI; Feuchtgebiete bei Erlen; Sporen feinwarzig, 9-13 x 5-75 µm: **Kahler Erlenschnitzling (Alnicola scolecina / Naucoria scolecina)**

*Diese Art unterscheidet sich vom ebenfalls häufigen **Honiggelben Erlenschnitzling (Alnicola melinoides / Naucoria escharoides)** durch den filzigen Hut und den bitteren Geschmack.*

→ Merkmale anders: **Gattung Schleierlinge (Cortinarius) → 24**

Für die Bestimmung kann die Farbe des Schleiers wichtig sein, der bei aufgeschirmten Pilzen am Stiel zu sehen ist. Bei der Beurteilung der Farbe ist es wichtig, den Stiel von unten zum Hut hin zu betrachten, da sonst eher die rostbraune Sporenfarbe begutachtet wird.

*Der **Kahle Erlenschnitzling** ist einer der knapp 15 Arten aus der Gattung. Die meisten sind nur mikroskopisch sicher zu unterscheiden. Es sind kleine, meist bräunliche Pilze, die an feuchten Standorten meist in einer Lebensgemeinschaft mit Erlen wachsen.*

Schleierlinge (Cortinarius)

24. Hut und Stiel schmierig bis schleimig, wenn nur undeutlich, dann Huthaut bitter: **Schleimfüße (Myxacium) → 25**

→ Stiel trocken: **→ 27**

25. Bräunlicher Stiel durch den helleren Schleimüberzug bandartig genattert (Lupe); Hut oliv- bis rotbraun, 3-10 cm breit; Lamellen jung violett und später rostbraun; Laub- und Mischwald; Sporen warzig, 10-15 x 7-8 µm: **Natternstieliger Schleimfuß (Cortinarius trivialis)**

Natternstieliger Schleimfuß

→ Schleimiger Stiel nicht bandartig genattert: **→ 26**

26. 3-8 cm breiter Hut, goldbräunlich; Lamellen ocker bis rostbraun; Stiel mit Schleimüberzug, im unteren Teil bräunend; VIII-X; sandige Kiefernwälder; Sporen 10-14 x 5,5-7 µm: **Heide-Schleimfuß (Cortinarius mucosus)** RL 3

→ 3-8 cm breiter, oliv- bis ockerbrauner Hut mit stumpfem Buckel, feucht stark schmierig; Fleisch weißlich-cremefarben; Lamellen hell grauviolett und später rostbraun; Stiel mit hellviolettem, schleimigem Velum überzogen; Geruch in der Stielbasis stark nach Honig; Geschmack mild; VIII-X; montane Nadelwälder auf sauren Böden; Sporen 12-16 x 7-9 µm: **Honig-Schleimfuß (Cortinarius stillatitius)**

27 (24). Schmieriger bis schleimiger Hut aber trockener Stiel; kompakte Gestalt: **Schleimköpfe und Klumpfüße (Phlegmacium) → 28**

→ Hut auch feucht nicht schmierig: **→ 35**

28. Geschmack des Fleisches bitter; 3-8 cm breiter Hut, düster braun mit oliv-Ton; schleimige Huthaut; Lamellen olivgrau und etwas entfernt stehend; Stiel etwas heller als der Hut mit bläulich-violettem Reflex in der Spitze; Velum bräunlich; Geruch leicht nach Rettich; Geschmack bitter; VIII-X; Laub- und Nadelwald; Sporen 7,5-9 x 5,5-7 µm: **Bitterer Schleimkopf (Cortinarius infractus)**

*Ähnlich sieht auch der **Olivbraune Raukopf (Cortinarius cotoneus)** aus, er hat jedoch eine filzige Hutoberfläche.*

→ Fleisch nicht bitter: **→ 29**

29. Hutfarbe gelb, gelbbraun bis ocker, meist ohne violetten Reflex: **→30**

→ Hutfarbe bräunlich, dunkelbraun, violettbraun, wenn hellbräunlich bis lederfarben, dann besonders bei jungen Pilzen mit violettem Beiton: **→ 32**

*Dem **Heide-Schleimfuß** ähnlich sind der ebenfalls essbare Blaustiel-Schleimfuß (Cortinarius muscigenus) mit bläulich schleimigem Velum und der ungenießbar bittere **Bitterste Schleimfuß (Cortinarius vibratilis)**.*

Honig-Schleimfuß

*Der **Bittere Schleimkopf** ist farblich sehr variabel, er wirkt jedoch immer irgendwie düster. Es werden mehrere Varietäten unterschieden, die alle am bitteren Geschmack erkennbar sind.*

30. Lamellen gelb ohne violetten Reflex; 4-6 cm breiter, gelber Hut mit schleimiger Oberfläche und oft etwas bräunlicherer Mitte; gelber Schleier; Fleisch gelb, mit KOH rosafarben; Geruch unangenehm pfefferartig; Geschmack ± seifenartig; gelbliche Lamellen mit meist gekerbten Schneiden; Stiel mit stumpf gerandeter Knolle; VIII-X; Buchenwälder auf Kalkböden; Sporen 10-12 x 6 µm: **Leuchtendgelber / Gelber Klumpfuß (Cortinarius splendens)** RL 2

→ Lamellen mit violettem Beiton: → **31**

31. 5-10 cm breiter Hut, ockerbräunlich mit gelb- bis grünlichen Beitönen und schleimiger Huthaut; Lamellen bläulich-violett und später mehr rostfarben; Stiel blass bläulich bis lederfarben; Schleier weißlich-violett; Knolle nicht abgesetzt; Fleisch mit KOH bräunlich; VIII-X; im Nadelwald besonders unter Fichten; Sporen 7-8 x 4,5-5,5 µm: **Reihiger / Knollenloser Klumpfuß (Cortinarius glaucopus)**

→ 4-10 cm breiter Hut, ockerbräunlich, feucht schmierig; Lamellen blauviolett; weißer Stiel jung mit weißem Velum überzogen, keulenförmig und nach unten verdickt; Fleisch weiß; VII-X; Laub- und Nadelwald auf Kalkböden; Sporen 10-12 x 5-6 µm: **Ziegelgelber Schleimkopf (Cortinarius varius)**

32 (29). Kompakter Pilze mit 8-20 cm breitem, braunvioletten Hut, blauweiße Schleierreste auf dem Hut bleibend, Hutrand lange umgebogen; weißliches, im Stiel bläuliches Fleisch, mit KOH bräunlich; Geruch und Geschmack angenehm; Lamellen violett-rostbraun; keuliger, nicht gerandet-knolliger Stiel mit wollig-fädigem Velum überzogen, die bei älteren Pilzen mehrere Gürtelzonen bilden; VII-X; Laubwälder auf Kalkböden; Sporen 17 x 9 µm: **Schleiereule/ Blaugestiefelter Schleimkopf (Cortinarius praestans)** s. S. 254

*Der **Gelbe Klumpfuß** wächst in Buchenwäldern. Ähnlich, aber in Nadelwäldern wachsen der **Dottergelbe Klumpfuß (C. vitellinus)** mit unangenehmem und der **Strohgelbe Klumpfuß (C. elegantior)** mit unauffälligem Geruch.*

*Der **Reihige Klumpfuß** ist einer der häufigsten und vielgestaltigsten Schleierlinge. Der **Blaublättrige Schleimkopf (C. cyanophyllus)** ist ähnlich und ebenfalls essbar.*

*Die charakteristischen Merkmale des **Ziegelgelben Schleimkopfes** sind die violetten Lamellen und der keulige, weiße Stiel. Der **Blaublättrige Schleimkopf (Cortinarius cyanophyllus)** ist ähnlich und ebenfalls essbar.*

*Der **Violettblättrige Schleimfuß (Cortinarius delibutus)** hat zwar eine bitter schmeckende Huthaut und einen schleimigen Stiel, ist aber essbar, wenn die Huthaut entfernt wird.*

→ Pilz kleiner; Merkmale anders: → 33

33. 5-9 cm breiter Hut, dunkel olivgrünlich bis dunkel oliv mit schwarzbraunen, eingewachsenen Fasern, feucht schmierige Oberfläche; Fleisch grüngelb, mit KOH hellbraun; Geruch pfefferartig; Geschmack mild bis leicht pfefferartig; Lamellen senf- bis braungelb, Schneiden gekerbt; Stiel mit gerandeter Knolle; IX-XI; Nadel- und Mischwald meist bei Tannen; Sporen 9-11 x 5-6,5 µm: **Schwarzgrüner Klumpfuß (Cortinarius atrovirens)**

→ Hut mit violettem Reflex und heller; Merkmale anders: → 34

34. 4-8 cm breiter, bräunlicher Hut, besonders jung mit violettem Reflex; weißliches Fleisch im Stiel bläulich, mit KOH gelb; Geruch und Geschmack erdig; Lamellen grauviolett und später bräunlich; Stiel blass blauviolett mit silbrigem Schimmer; VIII-X; montane Nadelwälder auf mineralreichen Böden, meist mit Fichten; Sporen 9-11 x 5-6 µm: **Erdigriechender Schleimkopf (Cortinarius variecolor)**

→ Bis 10 cm breiter Hut, rotbräunlich mit violettem Reflex und schleimiger Huthaut; Lamellen violett und später rostbraun; Schleier violett; Stiel mit abgerundeter Knolle; Fleisch violett, beim Anschneiden purpurfarben anlaufend, mit Lugol weinrötlich; IX-XI; in montanen Laub- und Nadelwäldern; Sporen 8-11 x 4,5-5,5 µm: **Purpurfleckender Klumpfuß (Cortinarius purpurascens)** RL 3

35 (27). Hygrophane Pilze oft mit gezontem Stiel; Hut und Lamellen mit überwiegend braunen und violetten Tönen; das Fleisch reagiert bei Kontakt mit Laugen (KOH) mit schwarzer bis schwarzbrauner Verfärbung; junge Lamellen braun und Stiel dann weiß oder rot oder graubraun beringt oder gegürtelt: **Telamonia (Gürtelfüße oder Wasserköpfe):** → 36

*Der **Schwarzgrüne Klumpfuß** hat ein leuchtend gelben Myzel (Lupe). Ähnlich ist der **Grünlings-Klumpfuß (Cortinarius citrinus)** in Kalkbuchenwäldern.*

*Der **Erdigriechende Schleimkopf** kann wegen seines unangenehm erdigen Geruches kaum als Speisepilz bezeichnet werden, obwohl er essbar ist. Sehr ähnlich ist der ebenfalls essbare **Verfärbende Schleimkopf (Cortinarius nomorensis)**, der im Laubwald vorwiegend bei Rot-Buchen und Hainbuchen auf Kalkböden vorkommt. Auch die Schleiereule (Nr. 32) kann ähnlich aussehen.*

*Der **Purpurfleckende Klumpfuß** ist im Flachland relativ selten. In Gebirge kommt er regional jedoch häufiger vor. Er ist sowohl auf kalkhaltigen wie auch auf sauren Böden zu finden.*

→ Hut nicht hygrophan, meist seidig glänzend; oft mit verdickter Stielbasis: → 39

36. Hut ± dunkelbraun: → **37**

→ Hut beige bis rotbraun: → **38**

37. 3-8 cm breiter, dunkelbrauner Hut, leicht hygrophan; Lamellen violett- bis zimtbraun und entfernt stehend; Stiel ± Hutfarbe meist durch grauweißen Schleier ± genattert; Geruch erdig, Geschmack rettichartig; VIII-X; montaner Nadelwald auf sauren Böden; Sporen 8-11 x 5,5-7,5 µm: **Dunkelbrauner Gürtelfuß (Cortinarius brunneus)**

→ 3-7 cm breiter Hut braun, hygrophan, jung mit violettem Reflex; violettlicher Stiel durch den weißen Schleier genattert; Fleisch besonders im Stiel violett; Geruch unauffällig bis schwach rettichartig; IX-XI; Nadelwald auf sauren Böden; Sporen 8-10 x 5-6 µm: **Falscher Rettich-Gürtelfuß (Cortinarius evernius)**

*Den Velumgürtel sieht man am besten, wenn der Lichteinfall von oben kommt. Mit starkem Rettichgeruch ist der **Violette Rettich-Gürtelfuß (Cortinarius scutulatus)** ähnlich.*

38 (36). 1-2 cm breiter, hygrophaner, braunbeiger Hut, jung mit weißem Velum überzogen; Fleisch creme- bis ockerbraun; Geruch nach Jodoform; Geschmack leicht rettichartig; ockerbrauner Stiel mit weißlichem Velum überfasert; VIII-X; Nadelwälder; Sporen 7,5-10,5 x 4,5-6 µm: **Spitzer Wasserkopf (Cortinarius acutus)**

→ 3-5 cm breiter, hygrophaner, rötlicher Hut; Lamellen zinnober- und später braunrot; Fleisch orange- bis bräunlichrot; Geruch und Geschmack leicht rettichartig; VIII-X; montane Laubwälder auf sauren Böden; Sporen 7,5-10 x 4,5-5,5 µm: **Zinnoberroter Wasserkopf (Cortinarius cinnabarius)**

*Der **Dunkelbraune Gürtelfuß** ist ein sehr veränderlicher Pilz, der leicht mit anderen braunen Schleierlingen verwechselt werden kann.*

Spitzer Wasserkopf

*Der **Zinnoberrote Wasserkopf** wird bei einigen Autoren auch in der Untergattung Dermocybe geführt, die aber keine hygrophanen Hüte aufweisen.*

39 (35). 4-15 cm breiter Hut, dunkelviolett mit filzig-schuppiger Huthaut; violette Lamellen mit flockiger Schneide (Lupe!); Stiel violett genattert; Geruch nach Zedernholz (Zigarrenkiste); VIII-X; im Laub- und Nadelwald vor allem im Gebirge; Sporen 12-15,5 x 7-9 µm: **Violetter Schleierling / Dickfuß (Cortinarius violaceus)** RL 3

→ Merkmale anders: → **40**

40. Huthaut seidig bis glimmerig und meist mit bläulich-violetten Farbanteilen; Stiel häufig zur Basis hin verdickt; mit Laugen (KOH) im Fleisch keine Reaktion oder höchstens eine bräunliche Verfärbung: **Dickfüße (Sericeocybe)** →**41**

→ Merkmale anders; Pilze oft mit kräftigen gelb bis rötlichen Farben in den Lamellen, der Huthaut, oder dem Fleisch: → **42**

41. Bis 8 cm breiter Hut, violettbraun mit seidiger Huthaut; Lamellen jung violett und später rostbraun; Fleisch jung violett, später weißlich; Stiel besonders im oberen Teil violettlich; VIII-X; Laub- und Nadelwald meist auf sauren Böden; Sporen 7,5-9 x 6-7 µm: **Braunvioletter / Graubrauner Seidenkopf (Cortinarius anomalus)**

→ Bis 10 cm breiter Hut, violett und gräulich ausblassend, dickfleischig, seidig glänzende Huthaut; Lamellen ocker und später rostbraun; Stiel ± Hutfarbe; safrangelbes Fleisch, Geruch nach Azetylen oder Birnenschnaps; VIII-XI; montane, saure Fichtenwälder; Sporen 8-10 x 5-6 µm: **Safranfleischiger / Lila Dickfuß (Cortinarius traganus)**

*Ähnlich ist der **Bocks-Dickfuß (Cortinarius camphoratus)** mit aufdringlich unangenehmem Geruch nach Ziegenbock (Name!) und einer amethystähnlichen Fleischfarbe.*

42 (40). Hut trocken, glatt bis feinschuppig, ebenso wie die Lamellen oft intensiv gefärbt: **Hautköpfe (Dermocybe)** → **43**

*Der **Violette Schleierling** ist durch seine intensiv violette Farbe und die violetten Lamellen (Lupe) gekennzeichnet. Verwechslungsmöglichkeit besteht mit dem giftigen Lila Dickfuß (C. traganus, s. Nr. **41**).*

Braunvioletter Seidenkopf

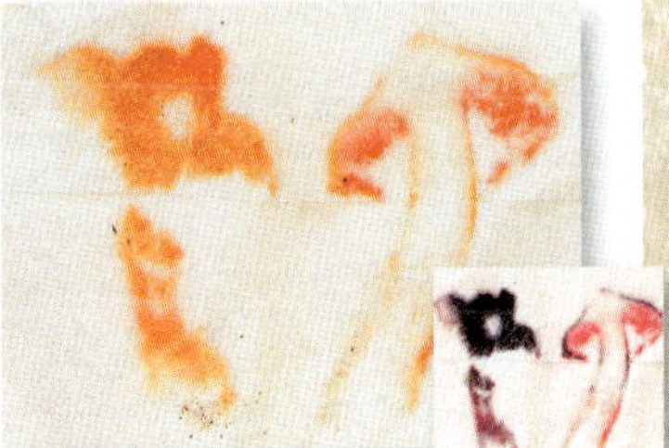

*Die Untergattung der **Hautköpfe** ist gekennzeichnet durch intensive Farben. Diese Farbstoffe, die Anthrachinone, können mit Alkohol (Spiritus) gelöst werden, indem der Pilz der Länge nach aufgeschnitten und zwischen ein mit Spiritus benetztes Taschentuch gepreßt wird. Hier ist der Abdruck eines **Blutroten Hautkopfes** zu sehen. Da diese Farbstoffe einen Indikatorumschlag besitzen, können sie mit Lauge umgefärbt werden (kleines Bild, s. S. 117). Jeder Hautkopf hat eine andere Antrachinon-Zusammensetzung.*

→ Hut samtig, filzig, schuppig, grün, gelb, orange- bis rotbraun, Lamellen meist ± gleichfarben wie der Hut, keine Reaktion mit Spiritus. Hutoberfläche samtig, filzig-schuppig. Z.T. tödlich giftige Schleierlinge ohne deutlichen Schleier und ohne Anthrachinone (nur leicht gelb durch Flavomanin); das Fleisch reagiert mit Laugen (KOH) schwarzbraun, ein mikroskopisches Merkmal sind die Hyphen der Hutdeckschicht, die im Durchschnitt über 7-10 µm breit sind: **Rauköpfe (Leprocybe) → 46**

43. Lamellen ± rötlich: **→ 44**

→ Lamellen zimtgelb bis orange: **→ 45**

44. 2-5 cm breiter Hut blut- bis braunrot; Lamellen kirsch- bis blutrot; Fleisch blutrot; Geruch leicht rettichartig; Geschmack bitterlich; VIII-X; Nadelwald auf feuchten Böden; Sporen 6,5-8 x 4,5-5 µm: **Blutroter Hautkopf (Cortinarius sanguineus)**

→ 2-5 cm breiter, ± zimtfarbener Hut, feinfilzig; Lamellen zinnober- bis blutrot; stiel gelblich; Fleisch gelblich; Geruch und Geschmack rettichartig; VIII-X; Nadelwald; Sporen 6,5-8 x 4,5-5 µm: **Blutblättriger Hautkopf (Cortinarius semisanguineus)**

*Verwechselt werden kann er mit der vorherigen Art, sowie dem Zimt-Hautkopf (s. Nr. **45**) und dem **Purpurroten Hautkopf (C. purpureus)**.*

45 (43). 2-5 cm breiter Hut, zimtgelblich mit feinfilziger Huthaut; Lamellen jung zitronengelb, später rostgelb; Stiel gelb mit ebenfalls gelblichem Schleier überfasert; Fleisch gelblich; Geruch rettichartig, nach Jodoform oder fehlend; IX-XI; Nadel- und Mischwald; Sporen 7-9 x 4,5-5 µm: **Gelbblättriger Hautkopf (Cortinarius croceus)**

Dem Zimt-Hautkopf (s. folgende Art) sehr ähnlich. Die lebhaft gelben Lamellen sind ein gutes Erkennungsmerkmal, die Hutfarben sind variabel.

*Die Anthrachinone des **Blutroten Hautkopfes** erzeugen Verdauungsstörungen. Ähnlich sind der **Rotbraune Hautkopf (C. cruentus)** mit größeren Sporen und der **Purpurrote Hautkopf (C. purpureus)** mit gelbem Stiel sowie der Blutblättrige Hautkopf mit zimtfarbenem Hut.*

*Der **Blutblättrige Hautkopf** ist einer der häufigsten Hautköpfe. Er ist durch den Kontrast der roten Lamellen mit dem zimtfarbenen Hut gut zu erkennen.*

*Der **Gelbblättrige Hautkopf** ist einer der häufig ten Pilze in jungen Fichten- und Kiefernbeständen*

→ Ca. 3 cm breiter Hut, zimtfarben, meist mit stumpfem Buckel, glatte bis samtige Oberfläche; Lamellen jung leuchtend orange und später braun-orange, breit angewachsen; Geruch schwach rettichartig; Geschmack bitter; olivgelber Stiel braun überfasert; VII-X; Gebirgsnadelwälder auf sauren Böden; Sporen 5-5-8 x 4-5 µm: **Zimt-Hautkopf (Cortinarius cinnamomeus)**

46 (42). Hut orangebräunlich; Lamellen zimtgelb bis rostbräunlich: → **47**

→ Hut und Lamellen ± olivgelblich; bis 5 cm breiter Hut olivgelblich bis olivbräunlich mit feinen, dunklen Schuppen; Lamellen olivgrünlich; Stiel gelblich mit relativ deutlicher Ringzone; Fleisch grüngelblich; Geruch und Geschmack leicht rettichartig; IX-X; Laub- und Mischwald; Sporen 6-8 x 4,5-5,5 µm: **Braunnetziger Raukopf (Cortinarius melanotus)**

47. Laubwald; 3-8 cm breiter Hut, orangebräunlich mit filzig-samtiger Huthaut und oft breit gebuckelter Mitte; Lamellen orangegelb und später rostbraun, Fleisch blass gelblich und ohne Anthrachinon; kaum sichtbarer Schleier; Geruch schwach rettichartig; VIII-X; Laubwald, meist unter Eichen, wärmeliebend; Sporen 9-12 x 5,5-7 µm: **Orangefuchsiger Raukopf (Cortinarius orellanus)** → **Seite 437**; RL 3

→ Nadelwald; 3-8 cm breiter Hut, orangebräunlich mit meist spitz gebuckelter Mitte und feinfilziger Oberfläche; Lamellen zimt- bis rostbräunlich, Stiel ± Hutfarbe und durch strohgelbes Velum genattert; Fleisch gelblich und im Stiel mehr bräunlich; Geruch besonders beim Anschneiden schwach rettichartig; VIII-X; Nadelwald auf sauren Böden; Sporen 8,5-11,5 x 6,5-9 µm: **Spitzgebuckelter Raukopf (Cortinarius rubellus / speciosissimus)** → **Seite 436**

Zimt-Hautkopf

Braunnetziger Raukopf

*Der **Orangefuchsige Raukopf** ist tödlich giftig. Er führte 1956 zu vielen Erkrankungen und 19 Todesfällen in Polen, wodurch die Giftwirkung erst bekannt wurde. Die Inkubationszeit beträgt bis zu 14 Tagen und führt zu irreversiblen Nierenschäden (s. S. 73).*

Der Spitzgebuckelte Raukopf ist ebenfalls tödlich giftig. Beide Arten unterscheiden sich vor allem durch den helleren, mehr messingfarbenen Stiel mit kaum erkennbaren Schleierresten beim Orangefuchsigen Raukopf, während der Stiel des Spitzgebuckelten Raukopfes gelblich gegürtelt bis genattert ist.

48 (1). Pilze auf Holz wachsend: → **49**

→ Pilze nicht auf Holz wachsend: → **62**

49. 4-10 cm breiter Hut, jung hell und später bräunlich und vom Rand her beige ausblassend; eng stehende Lamellen, erst weißlich und später braun, Geruch und Geschmack angenehm; relativ festfleischig; Stiel mit oberseits gerieftem Ring; V-X; büschelig an Laubholz, besonders Pappel, in wärmebegünstigten Gebieten; Sporenpulver tabakbraun, Sporen 8,5-12 x 5-6 µm: **Südlicher Ackerling / Schüppling (Agrocybe cylindracea / aegerita)**

→ Merkmale anders: → **50**

50. Stiel ringlos (im Unterschied zu den Träuschlingen und Schüpplingen); kleine bis mittelgroße, teils büschelig wachsende Arten; Hut ± gewölbt, oft etwas gebuckelt, glatte Oberfläche, Rand jung oft mit Velumresten behangen; Sporenfarbe schwärzlich violett; auf totem Holz: **Gattung Schwefelköpfe (Hypholoma)** → **51**

→ Ring vorhanden, zumindest flüchtig beringt oder mit Haarschleierresten: → **54**

51. Geschmack mild; 2-6 cm breiter, ockergelblicher Hut, Rand oft heller und mit Velumresten; Lamellen grau und gänzlich ohne grüne Farbtöne; Stiel blass gelb; IX-X (IV-V); büschelig auf totem Nadelholz; Sporen 6,5-8 x 4-5 µm: **Grau/Rauchblättriger Schwefelkopf (Hypholoma capnoides)** → **Seite 404**

→ Geschmack bitter: → **52**

52. 1-4 cm breiter, hygrophaner Hut ockergelblich, am Rand oft heller und mit weißlichen Velumresten behangen; Lamellen gelbgräulich mit helleren Schneiden; Stiel weißfaserig bis genattert; Geschmack bitter; IX-XI; gesellig aber nicht büschelig auf totem Nadelholz; Sporen 7-9 x 4-5 µm: **Geselliger Schwefelkopf (Hypholoma marginatum)**

→ Merkmale anders, meist büschelig wachsende Pilze: → **53**

*Der **Südliche Ackerling** wurde schon von den Römern gezüchtet, indem sie reife Lamellen über Pappelholz gerieben haben. In Italien und Japan ist er nach wie vor sehr beliebt und wird „industriell" kultiviert. Er braucht eine konstante Temperatur über 18 Grad und eine hohe Luftfeuchtigkeit.*

*Diese Art wächst auf Holz, während die meisten anderen Ackerlinge auf der Erde wachsen (vgl. Nr. **65**). In der Gattung sind keine Giftpilze bekannt.*

*Der **Graublättrige Schwefelkopf** ist der einziger Speisepilz der Gattung.*

Geselliger Schwefelkopf

53. 2-6 cm breiter Hut, ockergelblich, am Rand oft heller und mit Velumresten behangen; Lamellen gräulich mit ebenfalls grüngelben Farbtönen; Stiel blass gelb; Geschmack stark bitter; V-XI; büschelig auf totem Laub- und Nadelholz; Sporen 6-8 x 4-4,5 µm: **Grünblättriger Schwefelkopf (Hypholoma fasciculare)**

→ 3-10 cm breiter Hut ± ziegelrot, am Rand oft heller und stärker mit grüngelben Velumresten behangen; Lamellen gräulich bis grüngrau; Stiel blass gelb; Geschmack bitter; VIII-XI; büschelig auf totem Laubholz; Sporen 6-8 x 3,5-4,5 µm: **Ziegelroter Schwefelkopf (Hypholoma sublateritum)**

54 (50). Sporenfarbe milchkaffeebraun, stumpf-braun bis tongrau; Hut schuppig, trocken oder klebrig; Stiel flüchtig beringt oder mit Haarschleierresten, im unteren Teil oft schuppig; Lamellen etwas ausgebuchtet, ± gerade bis schwach herablaufend angewachsen, jung blass bis gelb; Substrat meist büschelig auf Holz: **Gattung Pholiota (Schüpplinge) → 55**

→ Sporenfarbe dunkel graubraun mit violettem Beiton; Hut mit schleimiger, z.T. schuppiger Hutoberfläche und oft behangenem Hutrand; Stiel trocken oder schmierig, meist mit Ring (z.T. nur flüchtig), unterhalb des Ringes häufig Schuppen, Stielspitze meist gerieft; Lamellen breit angewachsen, graubraun, oft mit violettem Schein: **Gattung Träuschling (Stropharia) → 60**

55 (19 und 54). 2-6 cm breiter Hut stark hygrophan, dattel- bis gelbbraun, Rand leicht gerieft; Lamellen gerade bis schwach herablaufend angewachsen; Stiel beringt, im unteren Teil braunschuppig; IV-XI; büschelig vorwiegend auf totem Laubholz, im Gebirge auch auf Nadelholz; Sporenpulver dunkel rostbraun, Sporen 6,5-8 x 3,5-4,5 µm: **Stockschwämmchen (Pholiota/Kuehneromyces mutabilis)** → **Seite 406**

*Da der **Grünblättrige Schwefelkopf** sowohl an Laub- als auch an Nadelholz wächst, ist er der häufigste Vertreter aus der Gattung.*

*Der **Ziegelrote Schwefelkopf** ist der größte der büschelig wachsenden Schwefelköpfe.*

*Das **Stockschwämmchen** ist ein ausgezeichneter Speisepilz. Es darf aber nicht mit Gift-Häublingen verwechselt werden (Nr. **16**, s. auch S. 440).*

→ Merkmale anders: → **56**

56. Hut cremebeige bis weißlich: → **59**

→ Hut ± leuchtend gelb-orange bis ockerbraun: → **57**

57. Huthaut trocken; 5-10 cm breiter Hut, ockergelb mit sparrig abstehenden Schuppen besetzt; Lamellen blassgelb und später rostbraun; schuppiger Stiel mit Ringzone; Geschmack bitter; IX-XI; meist an lebenden Pappeln; Sporen 7,5-9,5 x 5-6 µm: **Sparriger Schüppling (Pholiota squarrosa)**

Er wird als Doppelgänger des Hallimaschs bezeichnet (s. S. 382).

→ Huthaut wenigstens feucht klebrig: → **58**

58. 3-8 cm breiter Hut, gelbbraun, oft mit rostigen Flecken, Huthaut feucht klebrig, bis auf feine weiße Velumflocken meist kahl; gelblicher Stiel mit oder ohne Ringzone; VIII-X; auf totem Laubholz, meist Erle; Sporen 7,5-11 x 4-5,5 µm: **Erlen-Schüppling (Pholiota alnicola)**

*Von den Schwefelköpfen unterscheidet er sich wie alle Schüpplinge durch den beringten Stiel und das hellere Sporenpulver. Der ähnliche **Nadel-Schüppling (Pholiota spumosa)** wächst auf Nadelholz. Außerdem besitzt er ebenso wie der ähnliche **Weiden-Schüppling (Pholiota conissans)** kleinere Sporen.*

→ 5-10 cm breiter Hut, ockergelblich, mit schmieriger Huthaut und leicht abwischbaren, dunkleren Schuppen; Geruch und Geschmack angenehm; Stiel mit faseriger Ringzone; IX-XI; an lebenden Laubbäumen, oft mehrere Meter über dem Erdboden; Sporen 7-10 x 4,5-6 µm: **Hochthronender Schüppling / Goldfell-Schüppling (Pholiota cerifera / aurivella)**

Zu Namen und Aufteilung in eine oder mehrere Arten gibt es bei verschiedenen Autoren unterschiedliche Ansätze.

*Der **Sparrige Schüppling** verdankt seinen Namen den sparrig abstehenden Schuppen auf der Huthaut.*

Erlen-Schüppling

*Der **Goldfell-Schüppling** wird in einigen Büchern vom Schleimigen Schüppling (Pholiota adiposa) unterschieden. Auch in Bezug auf den Speisewert gehen die Meinungen auseinander und schwanken von essbar bis zu ungenießbar.*

59 (56). 5-15 cm breite Hüte, beigefarben mit dunklerer Mitte und wolligen, braunweißen Schuppen besetzt, bei feuchtem Wetter leicht klebrig; Geschmack bitter; Stiel mit faseriger Ringzone; VIII-X; an totem Pappelholz; Sporen 6,5-10 x 5-6 µm: **Pappel-Schüppling (Pholiota populnea/ desturens)**

→ 3-10 cm breiter Hut hellbraun bis fleischfarben mit weißlichem Rand, Huthaut schleimig mit im Schleim schwimmenden, weißlichen Schuppen; Stiel weißlich mit schleierartiger Ringzone ähnlich wie bei den Schleierlingen; Geschmack leicht rettichartig; IX-XI; an Laub- und Nadelholz; Sporen 6-8 x 3,5-4,5 µm: **Tonweißer Schüppling (Pholiota lenta)**

*Er ist essbar aber wenig schmackhaft. Ähnlich aussehende Schleierlinge kommen nicht auf Holz vor und haben rostbraunes Sporenpulver. Der **Weißflockige Schüppling (Pholiota lubrica)** hat ebenfalls einen sehr schleimigen Hut, ist jedoch mehr braun gefärbt. Er ist ebenfalls essbar aber auch nur als Mischpilz verwendbar.*

60 (54 und 64). 3-8 cm breiter Hut, blaugrün mit weißen Velumflocken, von der Mitte her ockerbräunlich ausblassend, Huthaut schleimig; Lamellen reif dunkelviolett mit hellerer Schneide; beringter Stiel ± Hutfarbe; IX-XI; am Boden und auf totem Laub- und Nadelholz; Sporen 7-9 x 4-5,5 µm: **Grünspan-Träuschling (Stropharia aeruginosa)**

*Er ist essbar, aber kein guter Speisepilz; die klebrige Huthaut sollte auf jeden Fall abgezogen werden. Verwechslungen sind mit dem **Blauen Träuschling (Stropharia caerulea)** möglich, dessen Ring weniger ausgeprägt ist und der meist nicht direkt an Holz, sondern auf lichten, nährstoffreichen Waldstellen vorkommt. Er hat einen identischen Speisewert.*

Pappel-Schüppling

*Der **Tonweiße Schüppling** ist einer der Schüpplinge mit der schleimigsten Huthaut. Sie sollte auf jeden Fall entfernt werden, wenn der Pilz gegessen wird, er kann aber ohnehin allenfalls im Mischgericht verwendet werden.*

*Der **Grünspan-Träuschling** ist einer der farbenprächtigsten Pilze unserer Wälder, der eine märchenhafte Atmosphäre verbreitet.*

→ Hut nicht blaugrün: → **61**

61. 2-5 cm breiter Hut, ockerfarben, klebrige Huthaut mit feinen, weißen Velumresten behangen; Lamellen oft ähnlich wie bei den Düngerlingen gescheckt, mit hellerer Schneide; häutiger, relativ tief sitzender Ring, darunter faserschuppiger Stiel; VIII-XI; am Boden und auf vergrabenem Totholz, besonders Buche; Sporen 12-14 x 7-8,5 µm: **Schuppiger Träuschling (Stropharia squamosa)**

→ 5-20 cm breiter Hut, grau- bis rotbraun, ± trockene Huthaut felderig aufbrechend; Lamellen mit violettem Reflex; Stiel mit grobgezähntem, gerieften Ring; VI-X; Holzhäcksel, gedüngte Böden; Kulturpilz auf Stroh; Sporen 10-14 x 6,5-8 µm: **Rotbrauner Riesen-/Kultur-Träuschling/Braunkappe (Stropharia rugosoannulata)**

62 (48). Zierliche Pilze, überwiegend auf gedüngten Böden; hygrophaner Hut meist halbkugeligen bis spitzgebuckelt mit klebrig-schmieriger Huthaut und randlich mit Velumresten behangen; Stiel meist ringlos; Lamellen angeheftet, reif fast schwarzbraun, z.T. gescheckt; Sporenpulver dunkelbraun: **Gattung Kahlkopf (Psilocybe):** → **63**

Die Kahlköpfe sind vor allem dadurch bemerkenswert, dass einige Arten Halluzinogene enthalten und als Rauschmittel verwendet wurden. Speisepilze gibt es in dieser Gattung nicht. Die meisten Kahlköpfe sind ohnehin klein bis winzig.

→ Merkmale anders: → **64**

63. 1-2 cm breiter Hut, ocker- bis olivgelb, spitzkegelig mit meist kleiner heller Spitze auf dem Hutbuckel, Huthaut schmierig; Stiel blassgelb; Stiel wie Hut im Alter oft bläulich anlaufend; VIII-X; gedüngte Wiesen, gerne Schafweiden; Sporenpulver dunkelbraun bis schwarzbraun, Sporen glatt, 12-15 x 6,5-8 µm: **Spitzkegeliger Kahlkopf (Psilocybe semilanceata)**

*Der **Schuppige Träuschling** ist giftverdächtig. Ähnlich können auch Ackerlinge (Nr. **65**) aussehen, deren Sporenpulver jedoch nicht so dunkel gefärbt ist.*

*Der **Rotbraune Riesen-Träuschling** ist ein beliebter Kulturpilz.*

*Der **Spitzkegelige Kahlkopf** ist durch Psilocybin giftig (s. S. 78).*

→ 0,5-3 cm breiter Hut, ocker- bis olivgelb mit klebriger Huthaut und oft behangenem Rand; Lamellen gescheckt wie bei den Düngerlingen (Panaeolus, s. S. 290); Stiel weißlich gelb, manchmal mit schwacher Ringzone; IV-X; auf Mist, Äckern oder gedüngten Stellen; Sporenpulver dunkel- bis schwarzbraun, Sporen glatt, 10,5-15 x 6,5-8,5 µm: **Mist-Kahlkopf (Psilocybe coprophila)**

Ähnlich ist der etwas größere ***Dung-Kahlkopf (Psilocybe merdaria)*** *mit wurzelndem Stiel (s. S. 104).*

Mist-Kahlkopf

64 (62). Sporenfarbe dunkel graubraun mit violettem Beiton; Stiel trocken oder schmierig, oft mit oberseits gerieftem Ring (z.T. nur flüchtig), unterhalb des Ringes häufig Schuppen, Stielspitze meist gerieft; Lamellen breit angewachsen, graubraun, oft mit violettem Reflex; schleimige, z.T. schuppige Hutoberfläche und oft behangener Hutrand: **Gattung Träuschlinge (Stropharia) → 60**

→ Sporenfarbe rost- bis tabakbraun; Sporen glatt; Stiel trocken, mit oder ohne Ring; Hut kahl; einige hygrophane Arten: **Gattung Ackerling (Agrocybe) → 65**

65. Hut 1-3 cm breit, ockergelb; Lamellen ausgebuchtet angewachsen; Geruch und Geschmack mehlig-ranzig; V-IX; grasige Standorte; Sporen 10-14 x 8-9 µm: **Halbkugeliger Ackerling (Agrocybe semiorbicularis / pediades)**

Der ***Glänzende Ackerling (Agrocybe splendida)*** *ist recht ähnlich, hat jedoch eine stärker glänzende Huthaut und wächst auf gedüngten Standorten.*

Der ***Halbkugelige Ackerling*** *ist sehr variabel und einer der häufigsten Wiesenpilze. Durch den mehlig-ranzigen Geruch und Geschmack ist er gut zu erkennen.*

→ Hut 3-10 cm, creme- bis beigefarben; Rand mit Velumresten behangen; Lamellen breit angewachsen; Stiel mit faseriger Ringzone; VI-VIII; Äcker, Weiden, Parkanlagen; Sporen 9-12 x 6-7 cm: **Rissiger Ackerling (Agrocybe dura)**

Ähnlich und ebenfalls häufig ist der ungenießbare ***Voreilende Ackerling (Agrocybe praecox)*** *mit bräunlicherem Hut und bitterem Geschmack.*

Rissiger Ackerling

11.3.3 Rosasporer (*Pluteales*)

Sporenpulver lachsrosa, rosabraun oder fleischfarben. Lamellen im Alter rosa bis fleischbräunlich. Stiel mit faserigem Fleisch und ohne Ring.

Dachpilze (Pluteaceae) ab S. 280

Kein Ring am Stiel.

Lamellen frei und Stiel leicht vom Hutfleisch trennbar.

Holzpilze.

Rötlinge (Entolomataceae) ab S. 281

Kein Ring am Stiel.

Lamellen angewachsen und Stiel und Hutfleisch fest miteinander verbunden.

Hintergrundbild:
Löwengelber Dachpilz
(Pluteus leoninus)

11.3.3.1 Dachpilzartige (Pluteaceae)

Die Familie der Dachpilzartigen setzt sich aus zwei Gattungen zusammen. Dachpilze und Scheidlinge. Beide haben freie Lamellen, der Hut lässt sich leicht vom Hutfleisch lösen und der Stiel ist ringlos. Die Lamellen sind jung weißlich und später durch das rosabräunliche Sporenpulver ebenfalls fleischfarben bis rotbraun gefärbt.

Während die Dachpilze auf Holz wachsen, gibt es auch Scheidlinge, die als Fäulniszersetzer auf dem Erdboden vorkommen. Beide Gattungen unterscheiden sich durch die fehlende Scheide der Dachpilze. Scheidlinge haben immer eine Gesamthülle, die den jungen Pilz umschließt und später als Scheide an der Stielbasis zurückbleibt.

*Die **Scheidlinge** (Gattung Volvariella) gehören in die Familie der Dachpilzartigen. Sie haben alle Merkmale der Dachpilze und einige der 12 heimischen Arten wachsen ebenfalls auf Holz. Zusätzlich besitzen sie jedoch immer eine Gesamthülle, die den jungen Fruchtkörper umhüllt und später als Scheide am Stiel zurück bleibt.*

11.3.3.1.1 Dachpilze (Gattung Pluteus)

Ihren Namen verdankt diese Gattung den meist dachartig abgeflachten Hüten. Die Hutoberfläche ist oft runzelig und bei den meisten Arten bräunlich. Die freien Lamellen sind jung weißlich und nehmen mit zunehmender Sporenreife im Alter eine rosa bis fleischbräunliche Farbe an. Der faserige Stiel ist ringlos und nicht fest mit dem Hutfleisch verbunden.

Viele der gut 30 Arten innerhalb dieser Gattung sehen sich sehr ähnlich und sind nur mit Zuhilfenahme mikroskopischer Merkmale bestimmbar. Dabei sind dann vor allem die Strukturen von Hutdeckschicht und Lamellenzystiden wichtig. Die glatten Sporen sind elliptisch.

*Der **Löwengelbe Dachpilz** ist einer der wenigen farbenprächtigen Arten der Gattung.*

Gattungsmerkmale am Beispiel des Schwarzschneidigen Dachpilzes

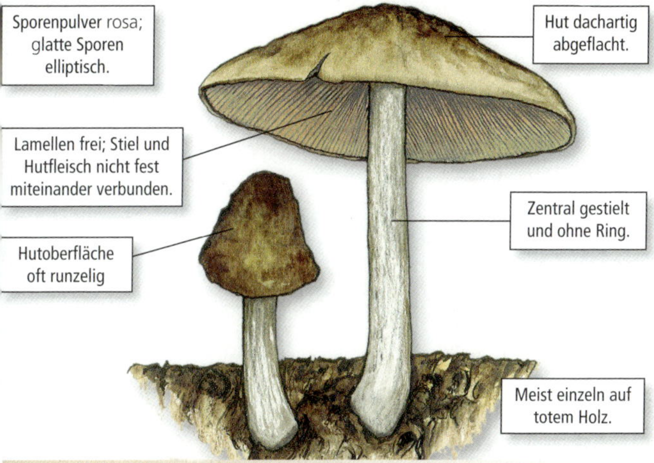

*Der **Schwarzschneidige Dachpilz** (Pluteus atromarginatus) ist dem Rehbraunen Dachpilz (Pluteus cervinus) sehr ähnlich. Er hat dunklere Hutfarben und die Lamellenschneiden sind schwarz, daran ist der sicher zu erkennen. Während der Rehbraune Dachpilz auf Laub- und Nadelholz wächst, ist diese Art mit identischem Speisewert auf Nadelholz beschränkt.*

11.3.3.2 Rötlingsverwandte (Entolomataceae)

In die Familie der Rötlingsverwandten gehören 3 Gattungen, die Rötlinge (Entoloma), Räslinge (Clitopilus) und Tellerlinge bzw. Bitterlinge (Rhodocybe).

Ihr verbindendes Merkmal sind die angewachsenen Lamellen, der ringlose Stiel und das fleischrötliche Sporenpulver. Die beiden letztgenannten Gattungen sind mit weniger als 10 Arten im Gegensatz zu den Rötlingen mit über 200 Vertretern sehr klein.

*Der **Würzige Tellerling** (Rhodocybe gemina) ist essbar. Er kann am ehesten mit den ebenfalls essbaren Rötelritterlingen verwechselt werden, die jedoch cremeweißes Sporenpulver besitzen.*

Mehl-Räsling
(s. S. 400)

11.3.3.2.1 Rötlinge (Gattung Entoloma)

Rötlinge sind mit über 200 heimischen Arten eine sehr umfangreiche Pilzgruppe mit kleinen bis großen Fruchtkörpern. Ihren Namen verdanken sie dem rosabraunen Sporenpulver. Dadurch erscheinen die jung meist weißlichen Lamellen im Alter rosabräunlich. Ein weiteres Merkmal der zum Teil nur mit dem Mikroskop bestimmbaren Arten ist der fest mit dem Hutfleisch verwachsene Stiel.

Der meist hygrophane Hut ist trocken und kahl und nur selten schuppig. Die Farben sind meist irgendwie grau oder bräunlich, es gibt aber auch einige bläuliche unter ihnen. Da die essbaren Arten der Gattung nur schwer von giftigen auseinander zu halten sind, können sie nur geübten Pilzkennern empfohlen werden. Für die Bestimmung ist die Hutform und oft die Farbe des Stieles entscheidend.

Durch die große Variabilität der Formen und Farben wird die Gattung in einzelne Untergattungen aufgeteilt. Die Untergattung der Rötlinge (Entoloma) wird aus größeren ritterlingsähnlichen Arten mit meist ausgebuchtet angewachsenen Lamellen gebildet. Zierliche Formen mit kegelig-glockigen Hüten und aufsteigend angewachsenen Lamellen gehören zu den Glöcklingen (Nolanea) und solche mit genabeltem Hut zu den Zärtlingen (Leptonia). Die meisten Arten wachsen als Fäulniszersetzer auf dem Erdboden, selten kommen auch Arten auf Holz vor.

Bei der mikroskopischen Betrachtung ist vor allem die Beschaffenheit der Huthaut wichtig. Sie ist am besten im Hutzentrum als Radialschnitt zu beurteilen. Die vieleckig-höckerigen Sporen der Rötlinge erleichtern die Diagnose bei Vergiftungen. Besonders der Riesen-Rötling (s. S. 435) sollte den Speisepilzsammlern bekannt sein.

Gattungsmerkmale am Beispiel des Stahlblauen Rötlings

*Der giftige **Stahlblaue Rötling** (Entoloma nitidum) wächst in Nadelwäldern. Durch die intensiven Farbtöne von Hut und Stiel ist es einer der auffälligsten Vertreter aus seiner Gattung.*

Bestimmungsteil

1. Lamellen frei; Stiel und Hutfleisch nicht fest miteinander verbunden: → 2

→ Lamellen nicht frei: → 6

2. Stiel beringt; weißer, 5-10 cm breiter Hut; Scheitel oft bräunlich; Lamellen jung weiß und später rosa; entsprechend ist das Sporenpulver zunächst weiß und dann rosa (eine außergewöhnliche Erscheinung); schlanker Stiel mit häutigem Ring; VI-XI; Wiesen, Gärten und Parkanlagen; Sporen glatt, 8-10 x 5-6 µm: **Rosablättriger Egerlingsschirmling (Leucoagaricus leucothites)**

Egerlingsschirmlinge ähneln einerseits den Champignons, anderseits auch den Knollenblätterpilzen und Riesenschirmlingen. Sie haben trockene, meist weißliche Hüte und einen beringten Stiel. Diese Gattung gehört nicht zu den Rötlingen, sondern zu den Freiblättlern (Agaricaceae), da das Sporenpulver aber einen rötlichen Farbton haben kann, wird sie hier mit aufgeführt.

→ Stiel ringlos: **Dachpilzartige (Pluteaceae)** → 3

3. An der Stielbasis weiße, häutige Scheide (Volva) als Reste der Gesamthülle (des Universalvelums); weiß-gräulicher Hut, 5-15 cm breit, bei feuchtem Wetter schmierig; rettichartiger Geruch und Geschmack; V-X; Äcker, Parkanlagen, gedüngte Böden; Sporen glatt, 12-16 x 7-9 µm: **Großer Scheidling (Volvariella speciosa / gloiocephala)**

→ Stiel ohne Scheide (ohne Velum); Holzpilze: **Gattung Dachpilz (Pluteus)** → 4

Ihren Gattungsnamen verdanken sie den dachartig abgeflachten Hüten. Es sind keine Giftpilze bekannt, allerdings sind einige Arten ungenießbar. Im Gegensatz zu den Rötlingen sind die Lamellen frei und die ebenfalls rötliches Sporenpulver besitzenden Scheidlinge haben eine Scheide am Stiel, die den Dachpilzen fehlt.

*Bei den **Dachpilzen** sind die Lamellen frei, und da das Hut- und Stielfleisch nicht fest miteinander verbunden sind, lässt sich der Stiel aus dem Hut brechen, ohne dass Reste der Lamellen an ihm haften bleiben.*

*Der **Rosablättrige Egerlingsschirmling** gehört in die Gattung der Egerlingsschirmlinge; die meisten Arten in dieser Gattung sind essbar. Da bei ihnen die Verwechslungsgefahr mit Knollenblätterpilzen sehr groß ist, können sie nicht als Speisepilze empfohlen werden und sollten nur von sehr sicheren Pilzkennern gegessen werden.*

*Der **Große Scheidling** ist jung von einer Gesamthülle umgeben, die später als Scheide an der Stielbasis zurück bleibt. Diesem Merkmal verdankt die Gattung ihren Namen. Unter den Scheidlingen sind keine Giftpilze bekannt, aber es besteht die Verwechslungsgefahr mit Knollenblätterpilzen.*

4. Hut mit gelben Tönen, 2-6 cm breit und samtig; Stiel weißlich und nur im unteren Teil gelblich bis ockerfarben; Lamellen mit gelber Schneide; VII-X; auf Laub- und Nadelholz; Sporen glatt, 6-8 x 5-6,5 µm: **Löwengelber Dachpilz (Pluteus leoninus / luteomarginatus)**

→ Hut bräunlich: **→ 5**

5. Stiel weißlich, 4-12 cm breiter Hut, bräunlich, seidig schimmernd und feucht etwas klebrig; Geschmack und Geruch leicht nach Rettich; V-XI; abgestorbenes Laub- und Nadelholz; Sporen glatt, 6-8 x 4,5-5,5 µm: **Reh- / Hirschbrauner Dachpilz (Pluteus cervinus)**

Er ist essbar aber nicht schmackhaft. Durch das rotbraune Sporenpulver und die enger stehende Lamellen ist er vom Breitblättrigem Schleimrübling mit weißem Sporenpulver zu unterscheiden.

→ Stiel gelblich; Fleisch gelb; 3-6 cm breiter, brauner Hut; VI-X; meist auf Laubholz; Sporen glatt, 5,5-7,5 x 4,5-6,5 µm: **Gelbstieliger Dachpilz (Pluteus romellii)**

6 (1). Lamellenschicht leicht vom Hut trennbar (wie auf Seife verschiebbar), ausgebuchtet angewachsen oder herablaufend; mittelgroße Pilze mit Ritterlings- oder Trichterlingshabitus (s. 93); Hüte gräulich, weißlich oder mit violetten Farben, außer dem Fuchsigen Röteltrichterling nicht orange; Sporenpulver weiß bis cremefarben oder fleischrosa; bodenbewohnende Folgezersetzer: **Rötelritterlinge und Röteltrichterlinge (Lepista) → Seite 215 und S. 233 Nr. 52**

Diese Gattung gehört nicht zu den Rötlingen, sondern zu den Ritterlingsartigen (Tricholomataceae, s. S. 204), da das Sporenpulver aber einen rötlichen Farbton haben kann, wird sie hier mit aufgeführt.

→ Lamellenschicht fest mit dem Hutfleisch verwachsen: **→ 7**

Löwengelber Dachpilz

Der ***Rehbraune Dachpilz*** *ist die häufigste Art und wächst auch bei Trockenheit.*

Gelbstieliger Dachpilz

Bei der Gattung ***Rötelritterling*** *lässt sich die Lamellenschicht auf dem Hutfleisch verschieber*

7. 4-10 cm breiter Hut, weiß und oft trichterförmig vertieft; Lamellen herablaufend, jung weiß und später rosafarben; Geruch und Geschmack mehlartig; VII-X; Laub- und Nadelwald; Sporen längsrippig, 9-12 x 4,5-6 µm: **Mehl-Räsling (Clitopilus prunulus) → Seite 400**

Der essbare **Mehl-Räsling** darf nicht mit giftigen Trichterlingen mit weißem Sporenpulver verwechselt werden!

→ Merkmale anders: **Gattung Rötlinge (Entoloma) → 8**

8. Hutfarbe bläulich; bis 4 cm breiter Hut; Fleisch unter der Huthaut blau; Stiel ± Hutfarbe; Geruch und Geschmack mehlartig; VII-X; Nadelwälder; Sporen eckig, 7-8,5 x 6-8 µm: **Stahlblauer Rötling (Entoloma nitidum)** s. S. 282

→ Hutfarbe ohne blaue Farbtöne: **→ 9**

9. Hut breiter als 5 cm: **→ 10**

→ Hut kleiner als 5 cm, grau- bis rötlichbraun, hygrophan, seidig glänzend; Lamellen mit Zahn herablaufend; Geruch nitrös und später mehlartig; Geschmack mild; VII-X; feuchte Laubwälder, Moore, Sumpfwiesen; Sporen eckig, 8-11 x 6,5-8,5 µm: **Seidenhütiger Rötling (Entoloma sericatum)**

*Der giftige **Seidenhütige Rötling** und der **Voreilende Rötling (Entoloma plebejum)** sowie der ebenfalls giftige **Frühlings-Rötling (Entoloma vernum)** und einige andere Arten sehen ähnlich aus und sind nur anhand mikroskopischer Merkmale sicher bestimmbar.*

10. Bis 10 cm breiter Hut, graubräunlich, Mitte oft gebuckelt; Geruch und Geschmack mehlartig; IV-V; Auwälder, Parkanlagen, oft unter Rosengewächsen; Sporen 8-11 x 6,5-9 µm: **Schild-Rötling (Entoloma clypeatum)**

→ 5-15 cm breiter Hut, ± lederfarben; Lamellen gelblich; Geruch und Geschmack mehlartig; VIII-X; Laubwald auf Kalkböden, wärmeliebend; Sporen 8-10 x 7-8,5 µm: **Riesen-Rötling (Entoloma sinuatum/lividum) → Seite 435; RL 3**

*Die gelblichen Lamellen sind ein gutes Bestimmungsmerkmal. Höchstens Nebelkappen und **Schlehen-Rötlinge (Entoloma sepium)** können mit ihm verwechselt werden.*

*Der **Schild-Rötling** ist gut erhitzt essbar. Er hat besonders jung einen dicken Buckel, der an die Schutzschilde antiker griechischer Soldaten erinnert (Name). Er darf nicht mit dem giftigen **Niedergedrückten Rötling (Entoloma rhodopolium)** verwechselt werden, der keinen Geruch nach Mehl hat und dessen Hutrand nicht rissig ist. Der ebenfalls giftige **Frühlings-Rötling (Entoloma vernum)** kommt auch im Frühjahr unter Rosengebüsch vor, ist jedoch viel kleiner, dunkler und insgesamt nicht so kompakt. Ähnlich ist auch der essbare **Schlehen-Rötling (Entoloma sepium)**.*

11.3.4 Freiblättler und Tintlingsartige (Agaricales)

Lamellen überwiegend frei und Stiel leicht vom Hutfleisch trennbar (mit Ausnahme einiger Schwarzsporer mit zerbrechlichem Fleisch). Mit oder ohne Ring am Stiel. Faseriges Fleisch.

Aus dieser Ordnung werden 3 verschiedene Familien vorgestellt.

Hintergrundbild:
Steifstieliger Mürbling
(Psathyrella conopilus)

Schwarzsporer (Coprinaceae) S. 290

Sporenpulver schwärzlich. Fleisch faserig oder brüchig.

Tintlinge (Coprinus) S. 291

Lamellen und schwärzliches Sporenpulver zur Reifezeit mit dem Hutfleisch zerfließend.

Hut oft gerippt oder gerieft.

Fäulniszersetzer, einige Arten auf Holz wachsend.

Faserlinge (Psathyrella) S. 292

Sporenpulver und Lamellen im Alter schwärzlich.

Fleisch meist zerbrechlich.

Hut ausgebreitet bis glockenfömig, nicht gerippt oder gerieft.

Kein Ring am Stiel.

Fäulniszersetzer, einige Arten auf Holz wachsend.

Champignonartige (Agaricaceae) S. 293

Lamellen frei, Stiel leicht aus dem Hutfleisch trennbar.

Sporenpulver und Lamellen weiß oder schwarzbraun.

Teilhülle vorhanden, d.h. Stiel mit Ring.

Egerlinge (Agaricus) S. 293

Sporenpulver schwarzbraun.

Lamellen jung weiß, dann rosa und später schwarzbraun.

Stiel mit Ring.

Fäulniszersetzer am Erdboden.

Riesenschirmlinge S. 295 (Macrolepiota)

Sporenpulver und Lamellen weiß.

Stiel mit Ring.

Ring verschiebbar.

Hut schuppig.

Fäulniszersetzer.

Schirmlinge (Lepiota) S. 296

Sporenpulver und Lamellen weiß.

Stiel mit Ring.

Ring nicht verschiebbar.

Hut schuppig.

Fäulniszersetzer.

Wulstlingsartige (Amanitaceae) S. 297

Lamellen frei, Stiel und Hutfleisch leicht trennbar.

Sporenpulver und Lamellen weiß.

Gesamthülle vorhanden.

Wulstlinge (Amanita) S. 297

Sporenpulver und Lamellen weiß.

Gesamt- und Teilhülle (Ring) vorhanden.

Stiel knollig verdickt.

Mykorrhizapilze.

Streiflinge S. 298 (Amanitopsis)

Sporenpulver und Lamellen weiß.

Gesamthülle vorhanden, Teilhülle (Ring) fehlt.

Hutrand gerieft.

Mykorrhizapilze.

Hintergrundbild: Der **Fliegenpilz** *(Amanita muscaria) gehört zu den Wulstlingen*

11.3.4 Freiblättler und Tintlingsartige (Agaricales)

Aus dieser Ordnung werden 3 verschiedene Familien vorgestellt. Ihr gemeinsames Merkmal sind die freien Lamellen und der nicht fest mit dem Hutfleisch verbundene Stiel. Doch hier gibt es – wie leider überall – Ausnahmen. Unter den Schwarzsporern (Coprinaceae) gibt es einige Arten mit zerbrechlichem Fleisch und angewachsenen Lamellen.

Auch in Bezug auf die Sporenpulverfarbe gibt es zwei Möglichkeiten, entweder schwärzlich oder weiß. Die Wulstlingsartigen (Amanitaceae) haben weißes Sporenpulver und die Schwarzsporer (Coprinaceae) – wie ihr Name vermuten lässt – schwarzes. Innerhalb der Famile der Champignonartigen (Agaricaceae) gibt es Gattungen mit schwarzbraunem sowie welche mit weißem Sporenpulver. Auch in Bezug auf das Vorhandensein einer Gesamt- und/oder Teilhülle gibt es alle Varianten: Ganz ohne bei den Mürblingen (Psathyrella), nur mit Teilhülle bei den Champignonartigen (Agaricaceae) und mit Gesamt- und Teilhülle bei den Wulstlingen (Amanita).

11.3.4.1 Schwarzsporer (Coprinaceae)

Die Schwarzsporer haben ihrem Namen gemäß schwärzliches Sporenpulver. In dieser Familie gibt es 4 Gattungen, die Tintlinge bilden darunter mit annähernd 100 Arten die größte Gruppe. Bei den meisten zerfließt zur Reifezeit der ganze Hut mitsamt dem Sporenpulver zu einer dunklen, tintenartigen Flüssigkeit. Früher hat man diese „Tinte" tatsächlich zum Schreiben verwendet.

Zu den Faserlingen gehören immerhin etwa 80 Arten, während die Düngerlinge (Panaeolus) etwa 10 enthalten. Der Tränende Saumpilz (s. S. 311, Nr. 35) ist der einzige heimische Vertreter aus der Gattung der Saumpilze (Lacrymaria).

*Der **Glocken-Düngerling** (Panaeolus sphinctrinus) gehört in die Gattung der Düngerlinge. Die Pilze dieser Gattung haben kleine bis mittelgroße Fruchtkörper und einen langen, dünnem Stiel. Die Lamellen reifen ungleichmäßig heran, so dass sie wie marmoriert aussehen. Es gibt keine Speisepilze in dieser Gruppe, einige Arten enthalten Psilocybin und sind giftig.*

11.3.4.1.1 Tintlinge (Gattung Coprinus)

Die knapp 100 Arten der Tintlinge sind kleine bis mittelgroße, gebrechliche Pilze, die häufig in Büscheln oder großen Gesellschaften wachsen. Der Hut ist walzenförmig bis glockig oder kegelförmig und oft gefaltet-gerieft.

Viele Arten haben jung eine Hülle (Velum), die für die Bestimmung wichtig ist und bei älteren Fruchtkörpern fehlt. Beim Specht-Tintling ist sie besonders schön zu sehen, da sie als weiße Flocken auf dem schwarzen Hut zurückbleibt. Die Lamellen können anfangs weißlich sein, später werden sie von unten her durch das schwarze Sporenpulver dunkel und zerfließen in den meisten Fällen schließlich mitsamt dem Hutfleisch. Der Stiel ist bei einigen Arten leicht vom Hutfleisch trennbar. Viele Tintlinge sind nur mit dem Mikroskop bestimmbar. Es sind Fäulniszersetzer auf Erde, Holz, Brandstellen oder Mist.

*Der **Gesäte Tintling** (Nr.31) kann als verbindende Art zwischen den Tintlingen und Faserlingen angesehen werden, da seine Lamellen nicht zerfließen, er aber sonst alle Merkmale eines Tintlings aufweist.*

Einige Arten wachsen auch in Gewächshäusern und andere wiederum haben so zarte Fruchtkörper, dass sie sich nur in feuchtwarmen Nächten bei Windstille entwickeln und am Folgetag durch die Sonneneinstrahlung und Luftbewegung schon wieder zergehen und zerfließen. Die Arten mit sehr zerbrechlichen, vergänglichen Fruchtkörpern müssen nach dem Aufsammeln sofort bestimmt werden. Eine Konservierung ist nur in Konservierungsflüssigkeit aus Formalin, Essigsäure und Ethanol möglich und nicht als Exsikat. Die Vegetationszeit beginnt bereits im Frühjahr und dauert bis zum Herbst an.

Gattungsmerkmale am Beispiel des Grauen Falten-Tintlings

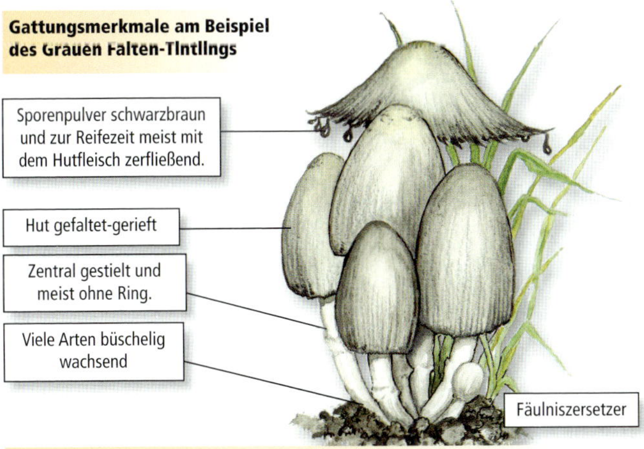

*Der **Graue Falten-Tintling** (Coprinus atramentarius) wächst meist büschelig auf vergrabenem Holz. Er ist giftig in Verbindung mit Alkohol (s. S. 77) und wenn er gegessen wird, sollte jeweils 2-3 Tage vor und nach der Mahlzeit auf jeglichen Alkohol verzichtet werden.*

11.3.4.1.2 Faserlinge – Zärtlinge – Mürblinge (Gattung Psathyrella)

Wie die verschiedenen deutschen Namen zeigen, ist es eine sehr vielgestaltige Gattung. Ihr Fleisch ist zerbrechlich und mürbe und die meisten der etwa 80 kleinen bis mittelgroßen, zerbrechlichen Pilze sind nur mit dem Mikroskop bestimmbar und spielen in der Küche keine Rolle.

Die Lamellen sind fast frei, ausgebuchtet oder breit und gerade angewachsen. Sie zerfließen nicht und sind im Unterschied zu den zu Düngerlingen (Panaeolus) einheitlich gefärbt und nicht scheckig. Durch das schwarzbraune Sporenpulver nehmen sie zumindest im Alter eine dunkle Farbe an. Der weißlich bis bräunliche Hut kann glockig-kegelig bis flach gewölbt und bisweilen sogar etwas gebuckelt sein. In der Regel ist er glatt und hygrophan. Es gibt aber auch ein paar Arten mit faserig bis schuppigem Hut und der Hutrand kann mit Velumresten behangen sein. Bei einigen Arten ist jung ein faseriges Velum sichtbar.

Der überwiegend ringlose Stiel ist ebenfalls gebrechlich und oft recht lang. Oft ist er ± leicht vom Hutfleisch trennbar. In dieser Gattung gibt es ausschließlich Fäulniszersetzer. Sie wachsen gewöhnlich im Herbst einzeln oder gesellig auf dem Erdboden, aber auch auf Holz, Brandstellen oder Dung. Einige Arten sind unterirdisch mit Holz verbunden und bei der Entnahme aus dem Substrat ist es wichtig, vorsichtig den gesamten Stiel auszugraben. Man sollte auch darauf achten, ob an der Stielbasis Hyphenstränge vorhanden sind. Einen interessanten Artikel über diese Pilzgruppe hat Kasparek in der Zeitschrift „Der Tintling" (Nr. 17, Heft 5/99) veröffentlicht.

Gattungsmerkmale am Beispiel des Schokoladenbraunen Faserlings

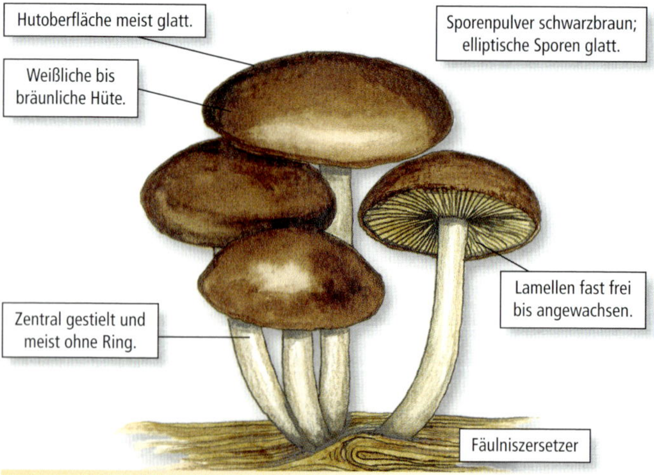

Der essbare ***Schokoladenbraune Faserling*** *(Psathyrella spadicea) wächst meist büschelig an totem Laubholz. Er kann mit dem ebenfalls essbaren Wässrigen Mürbling (Nr. 36) verwechselt werden, der jedoch eine hellere Hut- und Stielfarbe besitzt.*

*Der **Rosablättrige Egerlingsschirmling** (s. Nr. 9) gehört in die Gattung der Egerlingsschirmlinge. Mit ihren meist weißlichen Hüten und dem beringten Stiel ähneln sie sehr den Champignons. Da sie aber im Gegensatz zu diesen weißes Sporenpulver besitzen, besteht eine große Verwechslungsgefahr mit Knollenblätterpilzen.*

11.3.4.2 Champignonartige (Agaricaceae)

Unter den 11 Gattungen in dieser Familie gibt es sowohl welche mit schwarzbraunem als auch solche mit weißem Sporenpulver. Allen gemeinsam sind die freien Lamellen und der leicht vom Hutfleisch trennbare, beringte Stiel. Von der folgenden Familie der Wulstlingsartigen unterscheiden sie sich durch die fehlende Gesamthülle, die dort immer ausgebildet ist.

11.3.4.2.1 Champignons – Egerlinge (Gattung Agaricus)

Die Champignons werden auch als Egerlinge bezeichnet. Mit über 50 Arten ist dies eine realtiv umfangreiche Gattung, die sowohl winzige als auch sehr große Pilze umfasst. Allen gemein sind die freien Lamellen und der nicht fest mit dem Hutfleisch verbundene Stiel. Ein sehr wichtiges Merkmal zur Unterscheidung vor allem von den tödlich giftigen, weißsporigen Knollenblätterpilzen ist das dunkle Sporenpulver.

Dadurch haben die Lamellen auch sehr junger Pilze schon einen rosafarbenen Farbton und mit zunhmender Sporenreife wechselt die Lamellenfabe über rosa zu schwarzbraun. Außerdem besitzen sie keine Gesamthülle.

Der Hut ist meist weiß, kann aber auch bräunlich oder rötlich sein. Die dunkel schwarzbraunen Sporen sind elliptisch bis rundlich und glatt. Als Fäulniszersetzer wachsen die Champignons auf Erde oder Mist, sowohl im Wald wie auf Wiesen. Einige Arten sind beliebte Zuchtpilze. Die Vegetationszeit beginnt bereits im Sommer nach den ersten ergiebigen Regenfällen und setzt sich bis zum Herbst fort, vereinzelt sind im Frühjahr auch schon Champignons zu finden.

Leider sind nicht alle Champignons essbar und es ist nicht immer einfach die einzelnen Arten zuzuordnen. Zur Unterscheidung der giftigen von den bekömmlichen Arten gibt es eine Regel: eine starke, chromgelbe Verfärbung beim Kratzen an der Stielbasis oder am Hutrand sowie Karbolgeruch weisen in die Gruppe der giftigen Karbolegerlinge. Der Geruch ist nicht immer deutlich, beim Kochen wird er allerdings aufdringlicher. Auch einige weitere unangenehm riechende Arten gelten als ungenießbar. Sicher sind diese durch die Schäffer-Reaktion zu trennen, bei der kreuzweise Anilin und Salpetersäure auf dem Hut verstrichen werden (s. S. 4 und S. 118).

In der folgenden Übersicht ist die eine Einteilung in die einzelnen Gruppen vorgestellt. Darüber hinaus gibt es die Sektion der Zwerg-Egerlinge (Minores). Sie sind essbar, aber zu klein um als Speisepilze bezeichnet zu werden.

Sektion	Speisewert	Merkmale	Beispielpilz
Rubescentes Rötende Egerlinge	essbar	± rötendes Fleisch (hierher gehören auch die sich nicht verfärbenden Arten)	*Wald-Champignon* 
Xanthodermatei Karbol-Egerlinge	unbekömmlich bis giftig	gilbendes Fleisch (chromgelb), oft mit Karbolgeruch, Schäffer negativ (s. S. 4 und 118)	*Karbol Champignon* 
Flavescentes Gilbende Egerlinge	essbar	gilbendes Fleisch; Schäffer positiv (s. S. 4 und 118)	*Schiefknolliger Anis-Champignon* 

Gattungsmerkmale am Beispiel des Wald-Champignons

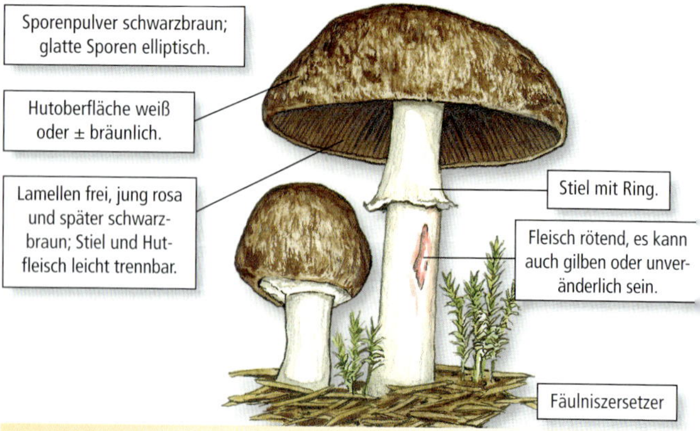

Der ***Wald-Champignon*** *(Agaricus silvaticus) gehört zu den Champignons mit rötendem Fleisch. Aus dieser Gruppe sind alle Arten essbar und schmackhaft.*

11.3.4.2.2 Riesenschirmlinge (Gattung Macrolepiota)

Ihr Name verspricht nicht zuviel: Die etwa 10 Arten der Riesenschirmlinge sind tatsächlich große bis sehr große, auffällige Pilze. Ihr Hut ist stets braunschuppig. Das Fleisch verfärbt sich bei einigen Arten rötlich. Die weißen Lamellen sind frei und häufig durch einen Ringwulst (Kollar) vom Stiel getrennt (s. S. 100).

Alle Arten besitzen einen hohlen, beringten Stiel. Der Ring ist beweglich, dieses Merkmal ist vor allem an älteren Fruchtkörpern sichtbar. Bei jüngeren Exemplaren lässt sich dies nachvollziehen, indem der Ring vom Stiel gelöst und beim Anziehen darauf geachtet wird, ob eine feste Verbindung zwischen Ring und Stiel besteht. Dieses Merkmal ist in sofern wichtig, um diese Gattung von der folgenden, den Schirmlingen, abzugrenzen. Unter ihnen gibt es einige Giftpilze, sie besitzen jedoch immer einen fest mit dem Stiel verbundenen Ring. Die Stieloberfläche ist blass bis braun und bei einigen Arten genattert. Die Basis ist meist knollig verdickt. Das weiße Sporenpulver ist dextrinoid und die glatten Sporen sind elliptisch. Es sind Fäulniszersetzer, die auf der Wiese, im Wald und auch auf Kompost wachsen können, die Hauptvegetationszeit liegt im Sommer bis Herbst.

Bei der Zubereitung der Riesenschirmlinge sollte beachetet werden, sie nicht zu fettig zu braten (s. S. 62 und 70).

Gattungsmerkmale am Beispiel des Safran-Riesenschirmlings

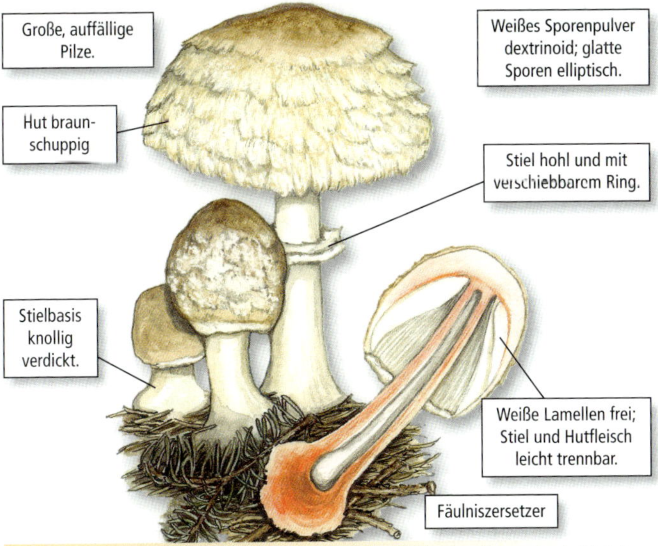

*Der **Safran-Riesenschirmling** (Macrolepiota rachodes) verdankt seinen Namen dem bei Verletzungen safranfarben anlaufenden Fleisch, er ist ein guter Speisepilz, der paniert besonders lecker schmeckt, aber nicht zu fettig frittiert werden sollte.*

11.3.4.2.3 Schirmlinge (Gattung Lepiota)

Schirmlinge sind kleine bis mittelgroße Pilze. Es gibt keine essbaren Vertreter unter ihnen und die Mehrzahl der etwa 60 Arten sind ohne Berücksichtigung mikroskopischer Merkmale nicht zu bestimmen. Der Hut ist jung überweigend glockig oder kegelig und später ausgebreitet gewölbt und meist gebuckelt.

Die helle Hutoberfläche ist mit ± bräunlichen Schuppen besetzt. Die Schuppen können bei einigen Arten abwischbar sein. Der Hutrand ist nie gerieft. Dies ist ein Unerscheidungsmerkmal zu der Gattung der Faltenschirmlinge (Leucocoprinus), die durch ihren gerieften bis gefalteten Hutrand etwas an Tintlinge erinnern, zum anderen aber auch den Schirmlingen ähnlich sehen können.

***Körnchenschirmlinge** (Cystoderma) können Schirmlingen ähnlich sehen, sie besitzen jedoch angewachsene Lamellen.*

Die freien Lamellen sind weißlich bis blass ocker, oft stehen sie gedrängt. Der Stiel ist immer beringt oder weist zumindest eine schleierartige Ringzone auf, die – im Gegensatz zu den Riesenschirmlingen – nicht beweglich ist. Einige Arten haben einen charakteristischen Geruch.

Das weiße Sporenpulver ist dextrinoid und die glatten Sporen sind ± elliptisch. Es gibt mehrere Unterkategorien, je nachdem, ob die Sporen spindelig, projektilförmig oder elliptisch sind. Schirmlinge sind Fäulniszersetzer am Erdboden, meist wachsen sie an humusreichen, feuchten Stellen. Die Hauptvegetationszeit ist vom Sommer bis zum Herbst.

Gattungsmerkmale am Beispiel des Stink-Schirmlings

*Der **Stink-Schirmling** (Lepiota cristata) ist an seinem unangenehmen Geruch, der an Gummi, Leuchtgas oder Kartoffelboviste erinnert, zu erkennen. Ohne ein Mikroskop ist er nach optischen Kriterien kaum von anderen Schirmlingen zu unterscheiden.*

11.3.4.3 Wulstlingsartige (Amanitaceae)

Aus der Familie der Wulstlingsartigen entfällt der größte Anteil auf die Wulstlinge und Streiflinge, die zusammen etwa 50 Arten ausmachen. Die weniger als 10 Arten der Schleimschirmlinge (Limacella) unterscheiden sich von ihnen durch ihren schmierigen oder klebrigen Hut.

Gemeinsam sind allen Vertretern dieser Gruppe die freien Lamellen, der leicht vom Hutfleisch trennbare Stiel, das weiße Sporenpulver und die weißen Lamellen. Außerdem besitzen alle Arten eine Gesamthülle. Je nach Beschaffenheit reißt diese beim heranwachsenden Pilz in einzelne Flocken auf oder bleibt insgesamt an der Knolle als Scheide zurück.

11.3.4.3.1 Wulstlinge (Gattung Amanita)

Eine sehr bildhafte Umschreibung für die Merkmale dieser Gattung mit vielen tödlich giftigen Arten bezeichnet die Gesamthülle (Velum universale) der Knollenblätterpilze als „Todeskelch" und die Teilhülle (Velum partiale) ihrer Funktion als Schutz der Lamellen entsprechend als „Leibwache".

Die Wulstlinge sind mit etwas Übung sehr gut als solche zu erkennen. Es sind mittlere bis große Pilze mit auffälligen Eigenschaften. Sie haben immer sowohl eine Gesamt- als auch eine Teilhülle, d.h. der Stiel trägt immer einen Ring. Die weißen Lamellen sind frei und die Stielbasis ist knollig verdickt

Es gibt einige ausgezeichnete Speisepilze unter ihnen, wie beispielsweise den vor allem in Italien geschätzten Kaiserling, aber auch tödlich giftige Vertreter, wie z.B. den Grünen Knollenblätterpilz.

Gattungsmerkmale am Beispiel des Kaiserlings

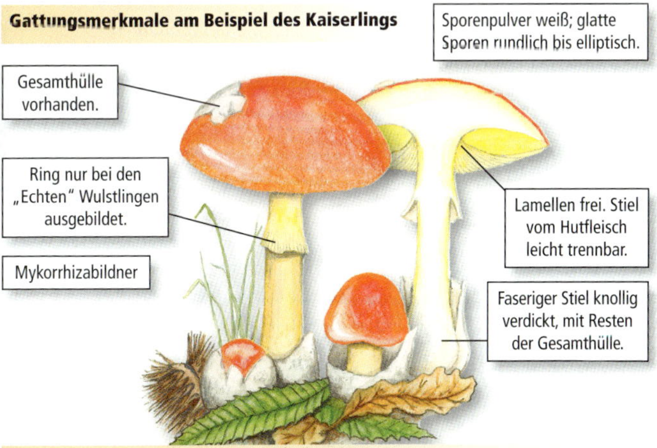

*Der **Kaiserling** (Amanita caesarea) ist roh essbar und wird als König der Pilze bezeichnet. Er ist auch in Südeuropa eine Rarität geworden. Er wächst bei Eichen und Kastanien und kann mit dem Fliegenpilz verwechselt werden, der jedoch nicht die in der Gattung einzigartigen, gelben Lamellen hat.*

Viele Arten sind recht farbenfroh. Von anderen Familien mit bunten Hutfarben, wie beispielsweise den Täublingen kann man sie neben den typischen „Familienmerkmalen“ auch durch ihre Huthaut unterscheiden: Wird sie abgezogen, so löst sie sich immer tortenstückartig vom Fleisch, während sie bei den Täublingen unregelmäßig abreißt. Alle Vertreter sind Mykorrhizabildner mit den verschiedensten Baumarten.

Die glatten Sporen sind rundlich bis elliptisch und das weiße Sporenpulver kann sowohl amyloid als auch inamyloid sein (s. S. 113), was daher ein Bestimmungsmerkmal darstellt. Die Arten mit deutlich gerieftem Hutrand besitzen meist inamyloide Sporen und die mit ungerieftem Hutrand amyloiden Sporen.

Je nachdem, wie die Gesamthülle beschaffen ist, werden einzelne Gruppen abgetrennt, die in der nachfolgenden Tabelle dargestellt sind. Bei einigen Arten bleibt die Gesamthülle als Flocken auf dem Hut, wie z.B. beim Fliegenpilz, dem wohl bekanntesten Vertreter aus dieser Gruppe. Sie kann aber auch an der Knolle zurück bleiben. Dazwischen gibt es alle Übergänge.

Sektion	Merkmale	Beispielpilz
Typ 1	Velum am Scheitel aufreißend.	 **Grüner Knollenblätterpilz**
Typ 2	Velum reißt in der Mitte auf, Velumreste am Hut, „halbe Volva“ am Stiel.	**Gelber Knollenblätterpilz** 
Typ 3	Velum platzt rundherum auf, Reste gleichmäßig verteilt.	 **Fliegenpilz**
Typ 4	Velum platz unten auf, grobe Hutflocken, rudimentär oder fehlend am Stiel	**Grauer Wulstling** 

*Der **Graue Streifling** (Amanita vaginata) gehört in die Untergattung der Streiflinge (Amanitopsis). Sie werden auch als Scheidenstreiflinge bezeichnet, wobei dieser Name ihre beiden wichtigsten Merkmale angibt: Den gerieften Hutrand und die meist tief im Boden verborgene Scheide (Gesamthülle). Im Gegensatz zu den „Echten“ Wulstlingen tragen sie niemals einen Ring am Stiel. Es sind keine guten Speisepilze, es gibt unter ihnen aber auch keine stark giftigen Arten.*

Bestimmungsteil

1. Sporenpulver weiß: → 8

→ Sporenpulver dunkelbraun bis schwarzpurpurn: → 2

2. Fleisch ± zerbrechlich; bei den Tintlingen zerfließen die Lamellen zur Reifezeit meist mitsamt dem Hutfleisch: **Schwarzsporige Folgezersetzer (Coprinaceae) → 27**

In diese Gruppe gehören die Tintlinge (Coprinus) und Faserlinge (Psathyrella). Wie diese Namen verraten, handelt es sich um Pilze mit zerbrechlichem Fleisch oder zur Sporenreife zerfließendem Hut.

*Der **Halm-Faserling** (Psathyrella typhae) ist ein kleiner Pilz aus der Gattung der Faserlinge. Zudem besitzt er ungewöhnlich helles Sporenpulver. Gewöhnlich sind in dieser Gruppe Pilze vereint, die schwarzbraunes Sporenpulver besitzen und die, wenn der Hut nicht mitsamt dem Sporenpulver zerfließt, sehr zerbrechlich sind. Wenigstens in diesem Punkt passt der auf abgestorbenen Stängeln von Sumpfpflanzen wachsende Pilz in die Kategorie. Die geriefte Hutoberfläche zeigt die Ähnlichkeit mit Arten aus der Gruppe der Tintlinge. Die Lamellen sind schmal angeheftet.*

→ Fleisch faserig aber nicht zerbrechlich; kompakte Pilze; Lamellen jung bereits rosa, im Alter durch das purpur- bis dunkelbraune Sporenpulver schwarzbräunlich, aber niemals zerfließend; Stiel mit Ring: **Gattung Champignon / Egerling (Agaricus) → 3**

3. Fleisch ± rötend; 4-10 cm breiter Hut, bräunlich und ± schuppig; VII-X; Laub- und Nadelwälder; Sporen glatt, 4,5-6 x 3-4 µm: **Wald-Champignon (Agaricus silvaticus)**

*Der **Wald-Champignon** ist der häufigste der rötenden Egerlinge und höchstens mit anderen, auch rötenden Arten zu verwechseln. Dadurch gibt es unter ihnen, im Gegensatz zu den gilbenden Arten, keine gefährlichen Doppelgänger.*

→ Fleisch nicht rötend, ± gilbend oder unveränderlich: → 4

4. Fleisch weder rötend noch gilbend (nur in Ausnahmefällen sehr schwach); weißer Hut, 5-10 cm breit, seidig bis leicht schuppig; Stiel zur Basis hin zugespitzt; angenehm pilzartiger Geruch; V-X; Wiese, Gärten, Weiden, Parkanlagen; Sporen glatt, 7-10 x 5-6 µm: **Wiesen-Champignon (Agaricus campestris)**
→ Seite 412

Der Standort, die fehlende Farbveränderung des Pilzes und der leicht vergängliche Ring kennzeichnen diese Art, die keinen ausgeprägten Geruch besitzt.

Wiesen-Champignon

→ Fleisch deutlich gilbend; Merkmale anders: → 5

5. Geruch unangenehm karbolartig (nach Tinte oder Desinfektionsmittel), besonders an der Knolle beim Ankratzen chromgelb anlaufend (Lupe); Schäffer negativ (siehe S. 4 und 118); weißlicher Hut 5-10 cm breit; Stiel oft an der Basis knollig verdickt; V-X; Laub- und Nadelwälder, Parkanlagen; Sporen glatt, 5,5-6,5 x 3,5-4,5 µm: **Karbol-Champignon (Agaricus xanthoderma)**

Das Gift kann Verdauungsstörungen und Magen-Darm-Probleme hervorrufen. Die Reaktionen auf den Genuss von Karbol-Champignons ist individuell sehr unterschiedlich und gleichzeitiger Alkoholgenuss kann die Giftwirkung verstärken. Der Geruch wird beim Erhitzen deutlicher.

Karbol-Champignon

→ Geruch anis- oder champignonartig, nicht unangenehm; Schäffer positiv (siehe S. 4 und 118): → 6

6. 10-25 cm breiter Hut, auch jung bräunlich, im Alter angedrückt faserschuppig (Lupe), gilbend; Stiel ohne Knolle; Geruch anis- bis mandelartig; VIII-X; Nadel- und Mischwälder; Sporen glatt, 7-9 x 4,5-6 µm: **Riesen-Champignon (Agaricus augustus)**

Diese Art ist auch durch die Größe gekennzeichnet. Der vielleicht nicht jederman zusagende Geruch verliert sich bei der Zubereitung.

Riesen-Champignon

→ Hut ohne Schuppen, weißlich: → 7

7. Stielbasis verdickt und meist abgewinkelt; 6-12 cm breiter Hut weißlich; Geruch anisartig; VII-X; Laub- und Nadelwald; Sporen glatt, 6-7,5 x 4-5,5 µm: **Schiefknolliger Anis-Champignon (Agaricus essettei)**

*Diese Art ist recht ergiebig und ein guter Speisepilz, der bei der Zubereitung seinen anisartigen Geruch weitestgehend verliert. Sehr ähnlich ist der, ebenfalls im Wald wachsende und ebenfalls essbare **Dünnfleischige Anis-Champignon (Agaricus silvicola)** mit kleineren Sporen von 5-6 x 3,5-4 µm.*

Schiefknolliger Anis-Champignon

Dünnfleischiger Anis-Champignon

300

→ **Stiel zylindrisch oder leicht knollig, jedoch nicht mit abgewinkelter Basis; Geruch anisartig; 5-15 cm breiter Hut mit abgeflachtem Scheitel; V-X; Äcker, Weiden, Parkanlagen; Sporen glatt, 6,5-8 x 4,5-5,5 µm: Weißer / Gewöhnlicher Anis-Champignon / Schaf-Champignon (Agaricus arvensis)**

8 (1). Gesamthülle vorhanden; Stiel mit oder ohne Ring (Teilhülle, s. 89); Stielbasis ± knollig verdickt: **Wulstlinge (Amanitaceae) → 16**

Die Gesamthülle kann bei ausgewachsenen Pilzen entweder als abwischbare Flocken auf der Hutoberfläche sichtbar sein, oder an der Stielbasis als Scheide zurückbleiben (s. Bild rechts). Daher ist es für die Beurteilung sehr wichtig, den Pilz insgesamt mit der kompletten Stielbasis aus dem Boden zu entfernen, da dieses Merkmal sonst leicht übersehen wird. Am besten sichtbar ist es an jungen Pilzen.

→ Keine Gesamthülle vorhanden, Teilhülle (Ring am Stiel) vorhanden oder fehlend: **→ 9**

9. Weißer, 5-10 cm breiter Hut; Scheitel oft bräunlich; Lamellen jung weiß und später rosa; entsprechend ist das Sporenpulver zunächst weiß und dann rosa, eine sehr außergewöhnliche Erscheinung, die bei anderen Arten nicht auftritt; schlanker Stiel mit häutigem Ring (Lupe); VI-XI Wiesen, Gärten und Parkanlagen; Sporen glatt, 8-10 x 5-6 µm: **Rosablättriger Egerlingsschirmling (Leucoagaricus leucothites)**

Die Gattung Egerlingsschirmling ähnelt einerseits den Champignons, andererseits auch den Knollenblätterpilzen und Schirmlingen. Die meisten Arten dieser Gattung sind zwar essbar, die Verwechslungsgefahr mit Knollenblätterpilzen oder anderen, teils ebenfalls sehr giftigen Schirmlingen, ist durch das ebenfalls weiße Sporenpulver jedoch sehr groß.

→ Merkmale anders: **→ 10**

*Der **Gewöhnliche Anis-Champignon** ist dem Schiefknolligen Anis-Champignon sehr ähnlich, doch während dieser hauptsächlich im Wald wächst, kommt der Schaf-Champignon überwiegend auf Wiesen vor. Der ebenfalls essbare Wiesen-Champignon (Nr. 4) hat nicht den anisartigen Geruch und gilbt nicht so stark.*

*Beim Sammeln von Champignons besteht eine Verwechslungsgefahr mit Knollenblätterpilzen! Besonders mit dem **Grünen Knollenblätterpilz**, bei dem die Gesamthülle nur als Scheide am Stiel zurück bleibt und auf dem Hut keine Flocken zu sehen sind. Er ist tödlich giftig und kommt auch in einer rein weißen Form vor.*

Rosablättriger Egerlingsschirmling

10. Große Pilze mit verschiebbarem Ring: **Gattung Riesenschirmlinge (Macrolepiota) → 11**

→ Mittelgroße bis kleine Pilze; Ring ± vorhanden aber nicht verschiebbar: **Gattung Schirmlinge (Lepiota) → 12**

In dieser Gattung gibt es keine Speisepilze, aber einige sehr giftige Arten.

Der **Ring** der Riesenschirmlinge (links) ist nicht fest mit dem Stielfleisch verbunden, sondern am Stiel beweglich. Der Stiel der Schirmlinge kann so wie im Bild rechts hängend sein, aber auch aufsteigend oder nur als schleierartige Ringzone. Er ist jedoch in keinem Fall am Stiel verschiebbar.

11. Fleisch nach Verletzung rötend; Stiel ± ungenattert; 10-15 cm breiter Hut, geschuppt; VIII-XI; Nadel- und Mischwald, oft in Hexenringen; Sporen 9-15 x 7-8 µm: **Safran-Riesenschirmling / Rötender Riesenschirmling (Macrolepiota rachodes)** s. a. S. 295 und 415

Safran-Riesenschirmling

→ Fleisch nicht rötend; Stiel genattert (Lupe); 10-30 cm breiter Hut, geschuppt; Geruch und Geschmack angenehm nussartig; VII-XI; Waldränder, Lichtungen, Wiesen; Sporen 14-20 x 9-12 µm: **Parasolpilz / Großer Riesenschirmling (Macrolepiota procera)** **→ Seite 414**

Der Parasolpilz ist ein ausgezeichneter Speisepilz, der besonders paniert gebraten eine Delikatesse ist. Die zähen Stiele können als Würzpulver getrocknet und gemahlen werden. Der Ring ist auch roh schmackhaft.

Parasolpilz

12 (10). Hut 10-15 cm, vor allem in der Mitte mit spitzkegeligen, abwischbaren Schuppen; Lamellen oft gegabelt und Lamellenschneiden fein gewimpert; Stiel unterhalb des dünnen Ringes ähnlich geschuppt wie der Hut, knollig verdickte Stielbasis; säuerlicher Geruch; VIII-X; Laubwälder, Parkanlagen; Sporen 8-9 x 2,5-3,5 µm: **Spitzschuppiger Schirmling (Lepiota aspera)**

Dieser Schirmling ist einer der größten aus der Gattung und am ehesten mit einem etwas klein geratenen Riesenschirmling zu verwechseln. Durch den angewachsenen Ring (Lupe) ist er jedoch gut zu erkennen. Er ist Magen-Darm-giftig.

Spitzschuppiger Schirmling

→ Hut kleiner, Merkmale anders: **→ 13**

13. Geruch unangenehm, an Gummi, Leuchtgas oder Kartoffelboviste erinnernd; Stiel angedrückt seidig und an der Basis oft weinrötlich gefärbt, Ring meist nur undeutlich; Hut 2-6 cm breit mit feinen, rotbraunen Schuppen auf weißer Huthaut; V-XI; Laub- und Nadelwälder, auch auf Grasflächen; Sporen 6-8 x 2,5-3,5 µm: **Stink-Schirmling (Lepiota cristata)**

→ Geruch unauffällig oder angenehm: **→ 14**

14. Stiel stark wollig gestiefelt, 4-6 cm breiter Hut, die glatte, bräunliche Hutmitte ist klar abgegrenzt und von Schuppen umgeben; Geruch unauffällig bis angenehm würzig; VIII-X; vor allem an Wegrändern in Laub- und Nadelwäldern; Sporen 13-16 x 5,5-6,5 µm: **Wolliggestiefelter Schirmling (Lepiota clypeolaria)**

→ Stiel glatt bis leicht schuppig aber nicht wollig gestiefelt; Geruch leicht fruchtartig: **→ 15**

15. Hut 2-4 cm breit, mit rotbraunen, zusammenhängenden Schuppen; VIII-X; Gebüsch, Buchenwälder auf Kalkböden, Sporen 11-13 x 3,5-4,5 µm: **Kastanienbrauner Schirmling (Lepiota castanea)**

Diese Art wird je nach Autor als giftig bis ungenießbar bezeichnet.

→ Hut 5-8 cm, mit fleischrosa bis weinroten Schuppen; fleischrosa genatterter Stiel; VII-X; unter Laubbäumen, wärmeliebend und in Deutschland selten: **Fleischrötlicher Schirmling (Lepiota helveola)** **→ Seite 441;** RL 3

*Dies ist eine der giftigsten Pilzarten überhaupt und potenziell tödlich giftig! Ebenfalls stark giftig ist der **Fleischbräunliche Schirmling (Lepiota brunneoincarnata)**, der ebenfalls in Süd- und Westeuropa häufiger ist.*

*Der **Stink-Schirmling** ist durch seinen unangenehmen Geruch gekennzeichnet.*

*Der **Wolliggestiefelte Schirmling** kann mit dem **Gelbflockigen Wollstiel-Schirmling (Lepiota ventriosospora)** verwechselt werden, der auch einen wolligen Stiel besitzt. Er hat jedoch ein gelbes Velum. Der **Weiße Wollstiel-Schirmling (Lepiota alba)** ist rein weiß.*

Kastanienbrauner Schirmling

16 (8). Hutrand deutlich gerieft, Stiel immer ringlos: **Gattung Streifling / Scheidenstreifling (Amanitopsis) → 17**

Die Gattung wird als Amanitopsis bezeichnet, doch im Namen als Amanita geführt. Alle bekannten Arten sind gut erhitzt essbar, doch die meisten wenig schmackhaft. Achtung vor Verwechslung mit Knollenblätterpilzen, denen auch einmal der Ring fehlen kann!

→ Stiel mit Ring: → 19

17. Hut grau bis graubraun, 4-8 cm breit, Rand gerieft; Stiel zerbrechlich, hohl, weiß; VIII-X; Laub- und Nadelwald; runde Sporen 8-12 µm: **Grauer Streifling (Amanita vaginata)**

Essbar, aber ohne kulinarische Bedeutung; auf jeden Fall gut erhitzen.

→ Hut orange oder braunrot: → 18

18. Orange bis safrangelber Hut, 6-12 cm breit, Rand gerieft; Stiel ähnlich gefärbt wie der Hut und genattert, mit Phenol weinrote Färbung (Lupe); Scheide innen und außen weiß; VIII-X; Eichenbegleiter; rundliche Sporen 8-13 µm: **Orangegelber Streifling (Amanita crocea)**

→ Rotbrauner Hut, 4-8 cm breit, Rand gerieft; Stiel glatt, weiß und ungenattert, mit Phenol schokoladenbraun; Scheide innen bräunlich und außen oft rotfleckig; VI-X; im Laub- und Nadelwald, besonders bei Birken und Kiefern in sauren, feuchten Wäldern; rundliche Sporen 8-12 µm: **Fuchsiger / Rotbrauner Streifling / Stolze Dame (Amanita fulva)**

19 (16). Gesamthülle (Velum) am Scheitel aufreißend und an der Stielbasis zurückbleibend; Hut ohne Flocken: → 26

→ Gesamthülle platzt rundherum auf und hinterlässt Flocken (Hüllreste) auf dem Hut: → 20

Achtung, die Flocken können durch starke Regenfälle abgewaschen werden (s. S. 126)!

Grauer Streifling

Orangegelber Streifling

Der **Fuchsige Streifling** ist essbar, schmeckt jedoch unangenehm und sollte lange gegart werden, kaum Eigenschaften, die ihn zu einem empfehlenswerten Speisepilz machen.

20. 5-15 cm breiter Hut, rot mit deutlicher gelber Linie in der Huthaut darunter, weiße Flocken, gleichmäßig verteilt; VIII-XI; Laub- und Nadelwald; Sporen 9-12 x 6-9 µm: **Fliegenpilz (Amanita muscaria)**

Die nach dem Genuss des Fliegenpilzes möglichen Tobsuchtsanfälle haben zu der Theorie geführt, dass die sagenhafte „Berserkerwut" auf den Genuss dieses Pilzes zurück zu führen ist. Da ein Teil der psychoaktiven Substanzen nicht im Körper abgebaut wird, hat man früher den Urin der Berauschten wieder getrunken um einen neuerlichen Rausch zu erzeugen. Seinen Namen verdankt er der Tatsache, dass in Milch gelegte Stücke zum Anlocken und Töten der Fliegen verwendet wurden.

→ Merkmale anders: → 21

21. Hut hell, gelblich oder weißlich: → 22

→ Hut dunkel, braunrot bis dunkelbraun: → 23

22. Stielbasis mit deutlich abgesetzter Knolle; Geruch nach Kartoffelkeimen; die Gesamthülle reißt in der Mitte auf und hinterlässt sowohl Flocken auf dem 4-10 cm breiten Hut sowie auch an der Stielbasis; VIII-XI; Nadel- und Laubwald, gerne bei Kiefern auf Sandböden; rundliche Sporen 8-13 µm: **Gelber Knollenblätterpilz (Amanita citrina)**

Sehr helle Exemplare (kleines Bild) sind rein weiß und können vor allem mit der Albinoform des Grünen Knollenblätterpilzes (Amanita phalloides var. verna) verwechselt werden. Am Geruch ist dieser Pilz jedoch immer zu erkennen.

→ Stiel meist tief im Boden, mit weniger scharf abgesetzter Knolle; Geruch unauffällig; Hut 4-8 cm breit, lachsfarben, Hutrand meist gerieft; Ring leicht vergänglich; VII-10; Laubwälder, Waldränder; Sporen 9-5-13 x 6-8 µm: **Isabellfarbener / Kammrandiger Wulstling (Amanita eliae)**

Fliegenpilz

*Der **Gelbe Knollenblätterpilz** enthält Bufotenin, eine Substanz, die auch im Drüsensekret der Kröten vorkommt.*

*Der **Isabellfarbene Wulstling** sieht aus wie ein Scheidenstreifling, trägt jedoch einen Ring am Stiel.*

23 (21). Fleisch an verletzten Stellen und in den Madengängen rötlich; Gesamthülle unten aufbrechend und grobe Hutflocken auf dem 5-15 cm breiten Hut und der Stielbasis hinterlassend, am Stiel können sie auch fehlen; Knolle nicht scharf abgesetzt, langsam in den Stiel übergehend; Ring deutlich gerieft (Lupe), Hutrand ungerieft; VI-X; Laub- und Nadelwälder, Parkanlagen; Sporen 9-12 x 6-9 µm: **Perlpilz (Amanita rubescens)** → **Seite 416**

Perlpilz

→ Fleisch nicht rötlich an Fraßstellen und Madengängen: → **24**

24. Knolle nicht scharf abgesetzt, langsam in den Stiel übergehend; ± unregelmäßig verteilte Velumflocken; Hut 5-15 cm breit; Ring oberseits gerieft, Hutrand ungerieft; VII-X; Nadel-, selten Laubwald; Sporen 8-10 x 5-8 µm: **Grauer Wulstling (Amanita excelsa)**

Grauer Wulstling

Essbar, aber Vorsicht vor Verwechslung mit anderen Wulstlingen, besonders dem Pantherpilz.

→ Knolle deutlich abgesetzt; Merkmale anders: → **25**

25. 5-10 cm breiter Hut; Ring oberseits glatt, Hutrand deutlich gerieft; Knolle stark abgesetzt „Bergsteigersöckchen" (kleines Bild); VII-X; Laub- und Nadelwälder; Sporen 8-11 x 7-8,5 µm: **Pantherpilz (Amanita pantherina)** → **Seite 442**

Pantherpilz

→ 5-8 cm breiter; porphyrbrauner Hut mit violettgrauen Flocken; genatterter Stiel mit gerieftem Ring; VII-X; Nadelwälder auf sauren Böden; rundliche Sporen 7-10 µm: **Purpurbrauner Wulstling (Amanita porphyria)**

Ohne die Hutfarbe wäre er dem Gelben Knollenblätterpilz sehr ähnlich, allerdings ohne dessen charakteristischen Geruch. Weiterhin ist er mit dem Perlpilz, dem Pantherpilz und dem Grauen Wulstling zu verwechseln.

Purpurbrauner Wulstling

26 (19). Hut grün, 4-12 cm breit, ohne Velumflocken aber mit Hüllresten an der scharf abgesetzten Knolle; Ring gerieft; Geruch unangenehm süßlich; VII-X; bei Eichen- und Buchen; Sporen 8-10 x 7-9 µm: **Grüner Knollenblätterpilz (Amanita phalloides) → Seite 443**

*Der **Weiße Knollenblätterpilz (Amanita phalloides var. verna)** hat identische Merkmale, bis auf die weiße (statt der grünen) Hutfarbe. Er heißt auch Frühlings-Knollenblätterpilz, da er in Südeuropa bereits im Frühjahr erscheint. Er ist seltener als sein grüner Verwandter.*

→ Hut weiß, ohne Velumflocken, lange kegelförmig bleibend (Name!), 5-10 cm breit, klebrige Huthaut; Stiel flockig genattert mit schwach ausgeprägtem Ring und knolliger Basis mit Velumresten; Geruch rettichartig und im Alter zunehmend unangenehm süßlich; VII-X; Laub- und Nadelwald auf sauren Böden; rundliche Sporen 7-10 µm: **Spitzkegeliger / Kegelhütiger Knollenblätterpilz (Amanita virosa)**

27 (2). Sporenpulver zur Reifezeit mitsamt dem Hutfleisch zerfließend; Lamellen jung weiß bis gräulich: **Gattung Tintlinge (Coprinus) → 28**

→ Lamellen nicht mitsamt dem Hutfleisch zerfließend: **→ 33**

28. Bis 15 cm hoch und 5 cm breiter, walzenförmiger Pilz: **→ 29**

→ Pilze kleiner, wenn walzenförmig, dann nicht über 10 cm hoch: **→ 30**

29. Weißer Hut mit abstehenden, ebenfalls weißen Schuppen besetzt; im Alter rosa verfärbend und schließlich schwarz zerfließend; weißer, brüchiger Stiel mit Ring; Geruch und Geschmack angenehm pilzartig; V-XI; nährstoffreiche Wiesen und Wegränder; Sporen glatt, 10-15 x 6-8 µm: **Schopf-Tintling (Coprinus comatus) → Seite 410**

Als einzige Art der Gattung uneingeschränkt essbar.

Der **Grüne Knollenblätterpilz** ist äußerst giftig. Er verursacht die meisten tödlichen Pilzvergiftungen.

Der **Spitzkegelige Knollenblätterpilz** ist ebenso giftig wie sein „weißer Verwandter", da er jedoch sehr viel seltener ist, führt er nicht zu so vielen Vergiftungsfällen.

Der **Schopf-Tintling** ist unverwechselbar und ein ausgezeichneter Speisepilz. Der einzige Nachteil ist, dass er rasch verdirbt und auf jeden Fall am selben Tag, an dem er gesammelt wird, zubereitet werden muss.

→ Hut schwarzbraun, mit weißen Schuppen (Velumresten) besetzt und daher einem Vogelgefieder ähnlich; brüchiger Stiel weiß und zur Basis hin leicht verdickt; VIII-X; meist Laubwald auf Kalkböden; Sporen glatt, 14-18 x 10-12 µm: **Specht- / Elster-Tintling (Coprinus picaceus)**

Der Speisewert ist unbekannt – vermutlich weil die schon jung schwarzen Fruchtkörper wenig zum „Anbeißen" einladen. Es gibt keine Verwechslungsmöglichkeit.

Specht-Tintling

30 (28). Auf Laubholz wachsend: → **31**

→ Am Erdboden oder auf vergrabenem Holz wachsend: → **32**

31. Bis 2 cm breiter Hut, beigefarben mit kahler Huthaut; Lamellen entfernt stehend; weißer Stiel fein bereift; V-X; in dichten Rasen wie gesät (Name) an totem Laubholz; Sporen 7-10 x 4-5 µm: **Gesäter Tintling (Coprinus disseminatus)**

Dieser Tintling steht im Verdacht in Verbindung mit Alkohol (s. S. 77) giftig zu wirken, so dass beim Verzehr des Pilzes jeweils 2-3 Tage vor und nach der Pilzmahlzeit auf jeglichen Alkoholgenuss verzichtet werden muss.

Bei dieser Art zerfließen die Lamellen nicht, früher wurden sie daher zu den Zärtlingen (Psathyrella, S. 292) gestellt.

Gesäter Tintling

→ 2-4 cm breite Hüte, beigebräunlich und mit glimmerigen Körnchen überzogen (besonders jung); Lamellen eng stehend; V-XI; büschelig auf Laubholz; Sporen glatt, 7-10 x 5-6 µm: **Glimmer-Tintling (Coprinus micaceus)**

*Auch der Glimmer-Tintling galt lange Zeit als giftig in Verbindung mit Alkohol (s. S. 77). Er kann dem **Weiden-Tintling (Coprinus truncorum)** mit unbekanntem Speisewert und dem **Kleinen Rauspor-Tintling (Coprinus silvaticus)** sehr ähnlich sein. Von letzterem unterscheidet er sich durch die ornamentierten Sporen.*

Der **Glimmer-Tintling** verdankt seinen Namen der glimmerigen Bereifung des Hutes (Lupe).

32 (30). Bis 5 cm hoher Hut, fingerhutförmig, gräulich und jung dicht mit haarigem Filz bedeckt, später kahl werdend; weißer Stiel ebenfalls wollig-filzig (Lupe); V-XI; auf gedüngtem Boden, Mist und Kompost; Sporen glatt, 9-13 x 6-7,5 µm: **Struppiger Tintling (Coprinus cinereus / macrocephalus / fimetarius)**

→ 4-8 cm breiter Hut, grau bis graubraun und eingefaltet wirkend; Oberfläche meist kahl; Lamellen jung grau, eng stehend; ringloser Stiel im unteren Teil mit knotenartiger Verdickung (Name); V-XI; Laub- und Mischwälder, auch auf vergrabenem Holz, meist büschelig, aber auch einzeln wachsend; Sporen glatt, 8-10 x 4,5-6 µm: **Grauer-Falten- / Knoten-Tintling (Coprinus atramentarius)**

33 (27). Lamellen einheitlich gefärbt und nicht scheckig; zerbrechliche Pilze meist mit hygrophanem Hut; meist ohne Ring am Stiel: **Gattung Faserling, Mürbling, Saumpilz (Psathyrella) → 34**

→ Marmorierte Lamellen; **Gattung Düngerling (Panaeolus): → 36**

Die gescheckten Lamellen sind Ausdruck unterschiedlicher Sporenreife und ein Gattungsmerkmal. Dem Namen entsprechend, wachsen die meisten Arten auf Dung oder gedüngten Plätzen.

34. Auf Holz wachsend: **→ 35**

Achtung! Das Holz kann auch im Erdboden vergraben und dadurch nicht direkt erkennbar sein.

→ Nicht auf Holz wachsend: **→ 38**

35. Hut bräunlich, hygrophan: **→ 36**

→ Hut cremefarben bis ockerbraun: **→ 37**

36 (33). Hut ± stark mit weißen Velumresten behangen, 2-5 cm breit, Rand fein gerieft; zerbrechlicher Stiel weißlich; VIII-XI; büschelig auf Laubholzstümpfen, meist Buche; Sporen glatt, 5,5-6,5 x 3-3,5 µm: **Wässriger Mürbling / Weißstieliges Stockschwämmchen (Psathyrella piluliformis) → Seite 408**

*Der **Struppige Tintling** ist filzig behaart. Ähnlich ist die kleinere **Hasenpfote (Coprinus lagopus)** und der **Warzigsporige Tintling (Coprinus echinosporus)**.*

Der Falten-Tintling ist giftig in Verbindung mit Alkohol (s. S. 77). In der Pilzheilkunde wird ihm eine schleimlösende und verdauungsfördernde Wirkung nachgesagt.

*Ähnlich sind der **Große Rauspor-Tintling (Coprinus alopecia)** mit grobwarzigen Sporen und der kleinere und schlankere **Spitzkegelige Tintling (Coprinus acuminatus)**. Beide stehen im Verdacht, in Verbindung mit Alkohol giftig zu sein.*

Die Sporenreife ist wie bei allen Tintlingen mit einem Farbwechel der Lamellen von unten zum Scheitel des Hutes hin verbunden (kleines Foto).

Weißstieliges Stockschwämmchen

→ Hut ohne Velumspuren, 2-5 cm breit, typisch kegelig, feucht durchscheinend gerieft; verhältnismäßig langer Stiel, gelbweißlich; VIII-X; im Laubwald auf Ästen oder im Laub; Sporen 12-17 x 6,5-9,5 µm: **Steifstieliger Mürbling/ Lederbrauner Faserling (Psathyrella conopilus/subatrata)**

Steifstieliger Mürbling

37 (35). Hut hygrophan, cremefarben bis ockerbraun, 2-6 cm breit, wie sein Name vermuten lässt, ist der Rand mit weißen Schleierresten behangen (Lupe); Lamellen jung weißlich und später dunkel mit ± violettem Reflex; ringloser Stiel weißlich und brüchig; V-X; auf totem und oft im Boden vergrabenem Laubholz; Sporen glatt, 6,5-8,5 x 4-5 µm: **Behangener Faserling/ Lilablättriger Saumpilz (Psathyrella candolleana)**

Diese Art ist verwechselbar mit dem Weißstieligen Stockschwämmchen (s. Nr. 36), hat jedoch einen helleren Hut.

Behangener Faserling

→ Hut nicht hygrophan, cremefarben, Oberfläche anliegend geschuppt, 2-6 cm breit; weißlicher Stiel mit faseriger Ringzone und oft mit gelblichem Myzel an der Basis; IX-XI; auf totem Laubholz, besonders Buche; Sporen 8-9,5 x 3,5-4,5 µm: **Langstieliger Faserling (Psathyrella cotonea)**

*Ähnlich aber dunkler gefärbt, ist der **Fleckige Mürbling (Psathyrella maculata)**.*

Langstieliger Faserling

38 (34). 5-20 mm breiter, hygrophaner Hut, beigefarben, feucht durchscheinend gerieft, ohne Velumspuren; weißlicher Stiel bereift, zerbrechlich; VII-IX; auf Wildschweinkot; Sporen 5,5-7,5 x 3-4 µm: **Wildschweinkot-Zärtling (Psathyrella berulinensis)**

Auf diesem „Standort" gibt es keine Verwechslungsmöglichkeit.

→ Hut mit Velumspuren, Standort nicht auf Wildschweinkot: → 35

Wildschweinkot-Zärtling

35. 3-10 cm breiter Hut, ockerbräunlich, nicht hygrophan, mit feinfilziger Oberfläche und behangenem Rand; Lamellen jung wässrige Tröpfchen absondernd (Lupe) und daher gescheckt aussehend; am faserigen Stiel im Alter durch die Sporen dunkle Ringzone; Fleisch sehr brüchig; VI-X; nährstoffreiche, grasige Wegränder und Waldstellen; Sporen grobwarzig, 8,5-10,5 x 5-6,5 µm: **Tränender Saumpilz (Psathyrella / Lacrymaria lacrymabunda)**

→ 2-4 cm breiter, hygrophaner Hut, beigefarben mit weißlichen Velumresten besetzt; weißer Stiel faserflockig; V-IX; Laub- und Mischwald; Sporen 7-9 x 3,5-4 µm: **Beifuß-Zärtling (Psathyrella artemisiae / squamosa)**

36 (33). 1-5 cm breiter Hut, graubräunlich, kaum hygrophan, Rand mit weißlichen Velumresten; Lamellen marmoriert (Lupe); Stiel ± Hutfarbe; V-X; auf Dung und allen Arten tierischer Exkremente oder auf gedüngten Wiesen; ± rhombische Sporen glatt, 15-18 x 8-10 µm: **Glocken-Düngerling (Panaeolus sphinctrinus / papilionaceus)**

→ 2-6 cm breiter, hygrophaner Hut, fleisch- bis rotbräunlich, meist gebuckelt, ohne Velumspuren; Stiel ± Hutfarbe; V-X; meist büschelig direkt auf Mist oder auf gedüngten Wiesen und Parkanlagen; rhombische Sporen glatt, 11-14 x 7,5-10 µm: **Dunkelrandiger / Gegürtelter Düngerling (Panaeolus cinctulus / subbalteatus)** Bild s. S. 79

Diese Art ist durch Psilocybin giftig (s. S. 78). Die Bezeichnung „gegürtelt", verdankt dieser Pilz der Eigenschaft, vom Scheitel her bei Trockenheit stark auszublassen und dann wie gegürtelt auszusehen. Er ist durch seine Größe und das büschelige Wachstum gut gekennzeichnet. Ähnlich ist der ***Dunkle Düngerling (Panaeolus fimicola)****, der jedoch nicht direkt auf Dung zu finden ist.*

Der ***Tränende Saumpilz*** *wird mit einer traurigen Nonne verglichen, die unter ihrem Schleier in Tränen vergeht. Er hinterlässt auf Geschirr, Messern und Gabeln schwärzliche Flecken.*

Neben dem ***Beifuß-Zärtling*** *gibt es noch ein paar Zärtlinge mit weißen Schleierresten auf dem Hut, die ohne mikroskopische Hilfe nicht zu unterscheiden sind.*

Der ***Glocken-Düngerling*** *ist ein typischer Dungpilz. Ähnlich ist der* ***Grauweiße Faserling (Psathyrella marcescibilis),*** *der jedoch nicht auf Dung wächst und der* ***Spitze Düngerling (Panaeolus acuminatus)*** *mit kleineren Sporen.*

11.4 Leistenpilze (Cantharellaceae)

Mittelgroße ± trichterförmige Pilze mit lamellenähnlichen, am Stiel herablaufenden Leisten.

Leistlinge (Cantharellus) S. 313

Trichterförmige Pilze mit am Stiel herablaufenden Leisten.

Hintergrundbild:
Starkriechender Leistling
(Cantharellus lutescens)

11.4 Leistenpilze (Cantharellaceae)

Die Gestalt der Leistenpilze ist überwiegend trichterförmig und der Hut unregelmäßig wellig verbogen. Auf der Unterseite der Fruchtkörper befinden sich meist weit am Stiel herablaufende, ± stark ausgeprägte leistenähnliche Adern, die sog. Leisten, denen diese Gruppe ihren Name verdankt. Sie sind meist dicklich und entfernt stehend und oft runzelig und/oder gegabelt

Das Fleisch ist fest bis elastisch oder häutig und meist ± zäh. Die Farben können wie beim Pfifferling leuchtend orange sein, aber auch grauschwarz wie beispielsweise bei der Totentrompete. In dieser Gruppe gibt es viele ausgezeichnete Speisepilze.

11.4.1 Leistlinge (Cantharellus)

In Mitteleuropa gibt es weniger als 10 Arten. Es sind Pilze mittlerer Größe mit deutlich in Hut und Stiel gegliederter Form. Das cremegelbe Sporenpulver ist inamyloid und die elliptischen Sporen glatt. Alle Arten aus dieser Gruppe gehen eine Lebensgemeinschaft mit verschiedenen Baumarten ein.

Gattungsmerkmale am Beispiel des Trompeten-Pfifferlings

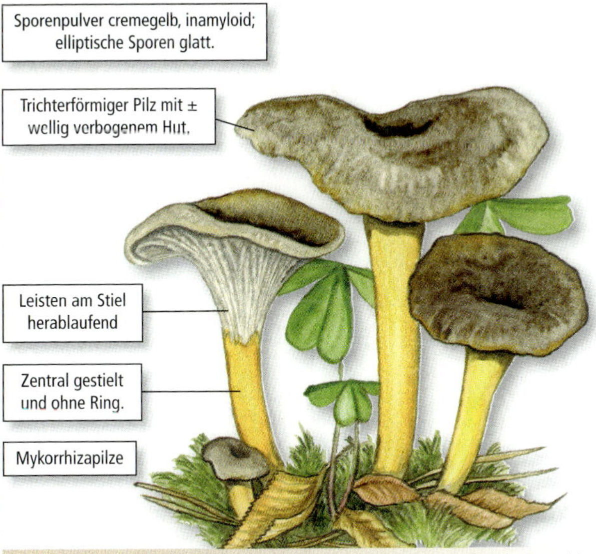

*Der **Trompeten-Pfifferling** (Cantharellus tubaeformis) ist ein guter Speisepilz. Er erreicht aber nicht ganz die Qualität eines Pfifferlings, da er weniger würzig schmeckt und dünnfleischiger ist. Man findet ihn auf moosigen und feuchten Böden in Laub- und Nadelwäldern.*

Bestimmungsteil

1. Goldgelber, bis 10 cm großer Pilz mit meist wellig verbogenem Hutrand und mehrfach gegabelten Leisten; Stiel vollfleischig und wie der Hut gefärbt; Fleisch blassgelb mit angenehm aromatischem Geruch und mildem, später pfefferig werdenden Geschmack; VI-X; meist auf moosreichen Böden in Laub- und Nadelwäldern; Sporenpulver cremegelb; Sporen 7-10 x 4-5,5 µm: **Echter Pfifferling (Cantharellus cibarius)** → **Seite 418**

→ Merkmale anders: → **2**

2. Pilz ± deutlich in Hut und Stiel gegliedert; ± dünnfleischig; 2-6 cm breiter Hut, gelbbraun; Stiel hohl und meist etwas kräftiger gelb als der Hut; Leisten oft sehr flach und graugelb; Geruch und Geschmack mild; VIII-X; meist auf moosigen und feuchten Böden in Laub- und Nadelwäldern; Sporenpulver cremegelb; Sporen 8,5-11 x 7-9 µm: **Trompeten-Pfifferling / Durchbohrter Leistling (Cantharellus tubaeformis)**

→ Hut und Stiel der meist tüten- bis trichterförmigen Fruchtkörper ± ineinander übergehend: → **3**

3. Schwarz- bis graubrauner Fruchtkörper mit undeutlich längsadriger bis glatter Unterseite, 2-6 cm breit; dünnfleischig mit hohlem Stiel; XIII-XI; meist in Laubwäldern auf Kalk- und Lehmböden unter Buchen und Eichen, im Flachland selten; Sporenpulver weiß, inamyloid, Sporen glatt, 10-14 x 7-8,5 µm: **Toten- / Herbst-Trompete (Craterellus cornucopioides)** RL 3

*Ähnlich gefärbt, aber mit deutlich ausgeprägten Leisten, sind der ebenfalls essbare **Graue Leistling (Cantharellus cinereus)** und der **Vollstielige Leistling/ Krause Kraterelle (Pseudocraterellus sinuosus / Craterellus crispus)** mit vollfleischigem, ± hutfarbenen Stiel. Der Name leitet sich von dem lateinischen Wort crater = Kleiner Kessel ab.*

*Der **Pfifferling** ist ein sehr guter Speisepilz. Sein Doppelgänger, der Falsche Pfifferling/ Gabelblättling (s. S. 167, Nr. **30** und S. 419) hat nicht diesen aromatischen Geschmack und Geruch und gleichmäßiger gegabelte Lamellen.*

*Der **Trompeten-Pfifferling** ist ein guter Speisepilz, der sich im Gegensatz zum Pfifferling gut trocknen lässt. Die Farben sind sehr veränderlich. Ähnlich, aber stärker nach Mirabellen duftend, ist der ebenfalls essbare **Starkriechende Leistling/ Gelbe Kraterelle (Cantharellus lutescens),** der vorwiegend in Gebirgswäldern wächst und einen stärker gelb-orange gefärbten Stiel hat.*

*Die **Toten-Trompete** ist ein gut zum Trocknen geeigneter Würz- und Speisepilz.*

→ Merkmale anders: → 4

Die folgenden Arten sind von ihrer systematischen Stellung her keine Leistlinge, werden wegen ihres leistenähnlichen Aufbaus hier jedoch mit aufgeführt.

4. 5-10 cm breite, dickfleischige Fruchtkörper mit lila bis fleischbräunlicher, kahler und glatter Oberfläche; die Fruchtschicht ist lila bis fleischviolett und trägt runzelige Adern, die trichterförmig herablaufen; VIII-X; Laub- und Nadelwald auf Kalkböden; Sporenpulver ocker, Sporen feinwarzig, 9-12 x 4-5,5 µm: **Schweinsohr (Gomphus clavatus)** RL 2

Das Schweinsohr aus der Familie der Gomphaceae sieht ein bisschen aus wie ein Leistenpilz und vor allem jung auch wie eine Keule. Verwandtschaftlich gehört es jedoch zu den Korallenpilzen.

Es ist essbar und hat einen pfifferlingsähnlichen Geschmack, da es jedoch nur lokal häufiger ist, sollte es besser auch dort geschont werden. Ältere Exemplare können einen bitteren Geschmack bekommen.

Schweinsohr

→ Rotbraune, büschelig wachsende, trichter- bis muschelförmige, 3-6 cm breite Hüte mit eingerolltem Rand und randständigem Stiel; Lamellen herablaufend, gezähnte Schneide (Lupe); Geruch meist angenehm anisartig; VIIII-XI; totes Laubholz; Sporenpulver weiß, amyloid, rundliche Sporen feinwarzig, 4-5 µm: **Anis-Zähling (Lentinellus cochleatus)** s.a. S. 201 Nr. 7

Dieser Pilz ist unverwechselbar und essbar. Er hat relativ zähes Fleisch und kann im Alter einen leicht bitteren Geschmack annehmen.

Systematisch gehört er in eine eigene Familie die Lentinellaceae. In Mitteleuropa ist es eine sehr kleine und unbedeutende Gruppe, da sie kaum Gattungen und Arten enthält.

Anis-Zähling

11.5 Bauchpilze (Gasterales)

Die Sporenmasse wird im Innern des Fruchtkörpers gebildet.

Jung ± kugelförmige Pilze, die später bauchig bleiben oder verschiedene Formen entwicklen.

Hintergrundbild:
Halskrausen-Erdstern
(Geastrum triplex)

Stäublinge und Kartoffelboviste (Lycoperdaceae, Sclerodermataceae) S. 319

Jung kugelförmige Pilze, deren Sporenmasse im Innern des Fruchtkörpers gebildet wird. Zur Reifezeit öffnet sich der Pilz am Scheitel und entlässt die Sporen in die Luft.

Erdsternartige (Geastraceae)

Jung kugelförmige Pilze; zur Reifezeit bricht die äußere Schicht sternförmig auf und gibt den Innenkörper mit der Sporenmasse frei. Dieser öffnet sich am Scheitel und entlässt die Sporen in die Luft.

Ruten- und Blumenpilze (Phallaceae und Clathraceae)

Pilze mit Hexenei-Stadium. Aus einem eiartigen Gebilde entwickeln sich Fruchtkörper, deren Sporenmasse durch ihren unangenehmen Geruch Insekten zur Sporenverbreiteung anlocken.

Nestlingsartige (Nidulariaceae)

Winzige, vogelnestartige, jung kugelförmige Pilze. Im Innern werden linsenförmig bis rundliche Körperchen gebildet, die die Sporen enthalten.

11.5 Bauchpilze (Gasterales)

Das gemeinsame Merkmal dieser Pilzgruppe ist die im Inneren des Pilzfruchtkörpers gebildete Sporenmasse. Der Pilz ist zumindest im jungen Zustand von einer einfachen oder doppelten Haut (Peridie) umgeben. Die Masse des „Bauches“, in dem sich die Sporenständerzellen (Basidien) entwickeln, wird als Gleba bezeichnet.

Es gibt viele verschiedene Formen, wie sich die Pilze später entwickeln. Bei den „Staubpilzen“ verwandelt sich die Sporenmasse in pulverigen Sporenstaub, der mit dem Wind verbreitet wird. Hierzu gehören die Familien der Boviste und Stäublinge (Lycoperdaceae) sowie der Kartoffelboviste (Sclerodermataceae) und Erdsterne (Geastraceae). Die Nestpilze (Nidulariaceae) sind trotz ihrer winzigen Form ganz besonders faszinierend. Sie gleichen kleinen Becherchen oder Töpfchen und bilden in ihrem Inneren rundliche Sporenpakete, die wie Eier in einem Nest liegen.

Die Blumen- und Rutenpilze (Clathraceae und Phallaceae) haben wiederum eine eigene Entwicklung. Die meisten Vertreter dieser Pilzfamilien wachsen in tropischen Gebieten. Ihr gemeinsames Merkmal ist das „Hexenei-Stadium“, d.h. der eigentliche Fruchtkörper wächst im Inneren eines eiähnlichen Gebildes heran. Aus dem Mittelteil, dem Receptaculum, entsteht später der Stiel und der Hut. Darauf befindet sich die Sporenmasse, die Gleba. Umgeben ist das Ganze von einer Gallertschicht, die das Hexenei vor Austrockung schützt und einer doppelten, weißlichen Außenhülle (Volva). Wenn sich das Hexenei öffnet, entfaltet sich ein ruten-, gitter- oder tintenfischähnlicher Fruchtkörper, der mit der Sporenmasse überzogen ist. Hier werden die Sporen im „Bauch“ des Fruchtkörpers gebildet, liegen aber beim reifen Pilz frei an der Oberfläche.

Gattungsmerkmale am Beispiel der Stinkmorchel

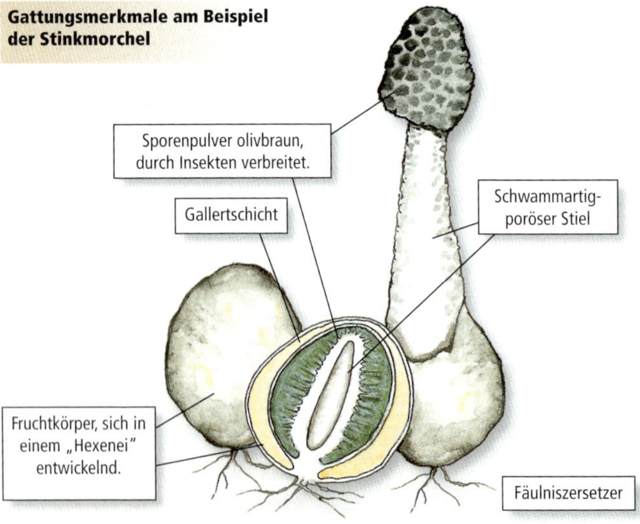

*Die **Stinkmorchel** (Phallus impudicus) lockt mit ihrer aasartig riechenden Sporenmasse Insekten an, die ihre Sporen verbreiten. Sie ist ab Mai bis in den Spätherbst in Laub- und Nadelwaldern weit verbreitet. Das „Hexenei“ ist sogar essbar und riecht und schmeckt jung rettichartig.*

Der **Gestreifte Teuerling** (Cyathus striatus) gehört zu den Nestpilzen. In Schweden heißen sie auch „Brotkorbpilze“, wobei an einen Brotkorb mit Semmeln gedacht wird. Das „Körbchen“, ist die Außenwand (Peridie). Sie ist bei jungen Fruchtkörpern durch eine Haut verschlossen, die sich erst zur Reifezeit öffnet und die „Eier“ (Peridiolen) freigibt. Es sind kleine, linsenförmige Körper, die nicht stäuben.

11.5.1 Stäublinge (Gattung Lycoperdon)

Diese bei Berührung stäubenden Fruchtkörper sind nicht nur für Kinder spannend. Wenn die Sporenmasse im Innern der ± kugelförmigen Pilze reif ist, öffnet sich die Außenhaut am Scheitel und es genügt ein Regentropfen um eine Wolke von Sporenstaub zu entlassen.

Die Stäublinge sind ± birnenförmig und jung weißlich, mit zunehmender Reife wird auch die Außenhaut braunbeige. Die Außenhaut ist oft mit Stacheln oder winzigen Noppen besetzt. Während sich im oberen Kopfteil die Sporenmasse entwickelt, bilden sich im unteren Stielteil keine Sporen. Das Sporenpulver ist olivbraun und die rundlichen Sporen glatt bis feinwarzig. Alle 14 Arten der Stäublinge sind im jungen Zustand essbar, es gibt nur ein paar unter ihnen, die einen unangenehmen Geruch haben und daher nicht als Speisepilze empfohlen werden können. Zu beachten ist allerdings, dass das Fleisch jung und noch sehr fest und reinweiß ist. Später färbt sich das Sporenpulver und somit auch die Pilzkörper erst gelbgrün und dann olivbraun. Alle Arten sind Fäulniszersetzer, die meisten auf dem Erdboden, es gibt aber auch einige wenige Holzpilze unter ihnen.

Der **Birnen-Stäubling** (Lycoperdon pyriforme) ist durch seinen Standort auf totem Laub- oder Nadelholz gut zu erkennen. Er ist einer der wenigen nicht empfehlenswerten Stäublinge, der einen unangenehm metallischen – an Kartoffelboviste erinnernden Geruch hat.

Von der Gattung der Boviste (Bovista) unterscheiden sie sich durch die stärker birnenförmige Wuchsform und den damit einhergehenden sterilen Fußteil. Bei der auch knapp 10 Arten umfassenden Gattung der Boviste fehlt der Fußteil, in dem keine Sporenmasse produziert wird. Diese Arten sind jedoch genau so wie die Stäublinge jung essbar.

Die knapp 10 Arten der Gattung der giftigen Kartoffelboviste haben auch sehr jung bereits eine schieferfarbene Innenmasse, die rasch schwarz wird. Das Sporenpulver ist noch dunkler olivbraun und die rundlichen Sporen netzig oder stachelig. Die meisten Arten haben eine derbe Außenhaut. Gut zu erkennen sind sie zudem an ihrem unangenehmen Geruch, der sehr charakteristisch ist und am ehesten als stechend-metallisch beschrieben werden kann.

Gattungsmerkmale am Beispiel des Flaschen-Stäublings

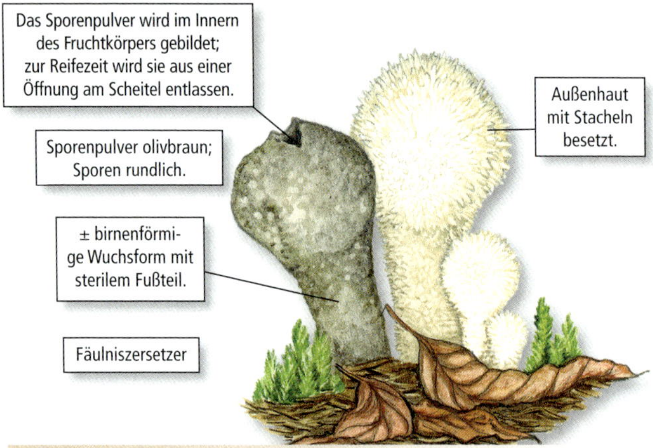

Der ***Flaschen-Stäubling*** *(Lycoperdon perlatum) ist ein typischer Waldpilz. Die jungen, noch festfleischigen und rein weißen Fruchtkörper sind essbar.*

Der ***Halskrausen-Erdstern*** *(Geastrum triplex) gehört zur Familie der Erdsternartigen. Bei ihnen ist die Außenhaut wesentlich stabiler als bei den Stäublingen und zusätzlich durch Fasern verstärkt. Zur Reifezeit reißt sie sternförmig auf. Die aufbrechenden Seitenlappen rollen sich um und heben so die Sporenkugel empor. Die Staubkugel öffnet sich schließlich am Scheitel und gibt die Sporen frei. Es gibt in Mitteleuropa knapp 20 Arten, einige sind weltweit verbreitet. Eine Besonderheit dieser Art ist, dass sich ein Teil der Außenschicht beim Aufbrechen nicht mit umbiegt und als „Halskrause" um die Sporenmasse stehen bleibt.*

Bestimmungsteil

1. Aus einem runden, eiähnlichen Gebilde bildet sich ein Fruchtkörper mit porösem Stiel oder mehreren Armen: → 2

→ Kein Hexenei-Stadium: → 4

2. 10-15 cm breiter Fruchtkörper mit 4-5 leuchtend roten Armen, sich aus einem eiförmigen Gebilde entwickelnd; Geruch aas- bis kotartig, zum Anlocken der Insekten, welche die Sporenmasse verbreiten; VII-X; Laub- und Nadelwald; Sporen 5-6 x 2-2,5 µm: **Tintenfischpilz (Clathrus archeri)**

*Der **Gitterling (Clathrus ruber)** mit ähnlichen Farben und ähnlicher Entwicklung bildet eine rötlich-fleischfarbene Gitterkugel, er ist eine wärmeliebende, bei uns seltene, aber im Mittelmeergebiet recht häufige Art.*

→ Merkmale anders: → 3

3. 10-20 cm hoher Fruchtkörper weißlich; die auf dem Hut gebildete, olivbräunliche, aasartig riechende Sporenmasse wird durch Insekten (Aaskäfer, Fliegen u.a. Insekten) verbreitet; V-XI; Laub- und Nadelwald; Sporen 3,5-4,5 x 1,5-2 µm: **Stinkmorchel (Phallus impudicus)**

Die Dünen-Stinkmorchel (Phallus hadriani) hat ein sich an der Luft rosa bis violett verfärbendes Hexenei und kommt außerhalb des Waldes vor, sie ist sehr viel seltener und geschützt.

→ 5-10 cm hoher, kaum fingerdicker Pilz mit orangefarbener Spitze, anfangs mit olivgrüner Sporenmasse bedeckt; Geruch nach Kot; längliches Hexenei 1-2 cm breit; VII-X; Laub- und Mischwald, am Boden oder auf vermorschtem Holz; Sporen 4-5 x 1,5-2 µm: **Gewöhnliche Hundsrute (Mutinus caninus)**

*Kein Speisepilz. Ähnlich ist die **Himbeerrote Hundsrute (Mutinus ravenelii)** mit himbeerroter Spitze unter der Sporenmasse.*

*Der **Tintenfischpilz** ist eine unverwechselbare, aus Australien eingeschleppte Art, die sich immer mehr ausbreitet.*

*Das „Hexenei" der **Stinkmorchel** riecht und schmeckt jung rettichartig und ist essbar.*

Gewöhnliche Hundsrute

4 (1). Fruchtkörper zur Reifezeit sternförmig aufbrechend; in der Mitte befindet sich eine Kugel mit der Sporenmasse, die sich zur Reifezeit am Scheitel öffnet und die Sporen entlässt; jung als zwiebelförmiges Gebilde im Boden; Sporenpulver braun: → **5**

→ Fruchtkörper zur Reifezeit nicht sternförmig aufbrechend: → **7**

5. 3-8 cm breiter Fruchtkörper, ockerbräunlich mit hellerer Staubkugel; Außenschicht 7-15fach aufgespalten; VIII-X; lichte Wälder, Dünen, sandige Böden; rundliche Sporen 8-11 µm: **Wetterstern (Astraeus hygrometricus)** RL 3

→ Merkmale anders: **Gattung Erdstern (Geastrum)** → **6**

Der Unterschied dieser Gattung zu den vorhergehenden ist das Vorhandensein einer inneren, sterilen Mittelsäule (Columella), auf der die „Sporenkugel" liegt. Der Name dieser Gattung leitet sich von den griechischen Wörtern für Erde und Stern = „aster" ab.

6. 2-5 cm breiter, beigefarbener Pilz, Außenschicht 5-10fach aufgespalten; Öffnung bewimpert; VIII-X; Laub- und Nadelwald, besonders in Fichtennadelstreu; rundliche Sporen 2,5-3,5 µm: **Gewimperter Erdstern (Geastrum sessile / fimbriatum)**

→ 4-10 cm breiter beigefarben bis rotbräunlicher Pilz, Außenschicht 5-7fach aufgespalten, mit „Halskrause"; fransig bewimperte Öffnung von einem Hof (abgesetzter, kreisförmiger Bereich um die Öffnung, s. Lupe) umgeben; VIII-X; Laub- und Mischwald; rundliche Sporen 3,5-5 µm: **Halskrausen-Erdstern (Geastrum triplex)**

7 (4). Aus einem jung kugelförmigen Gebilde bis 2 cm Größe entwickelt sich zur Reifezeit ein Becherchen, in dem die Sporenpakete als linsenförmige Kügelchen liegen, sie werden als Ganzes verbreitet: Teuerlinge → **8**

*Den Namen verdankt der **Wetterstern** seiner Eigenschaft, sich bei Trockenheit zusammenrollen zu können um dann bei feuchtem Wetter erneut aufzuklappen. Diesen Vorgang können Sie sehr gut beobachten, wenn Sie einen Wetterstern auf die Heizung legen und anschließend wieder befeuchten.*

*Der **Gewimperte Erdstern** ist der häufigste der Gattung und meist in kleinen Gruppen wachsend. Der Rotbraune Erdstern (Geaster rufescens / vulgatum) wird im Alter zunehmend fleischbräunlich und der Halskrausen-Erdstern (s. folgende Art) ist reif von einem „Kragen" umgeben.*

__Der Halskrausen-Erdstern__ ist an der Halskrause gut zu erkennen. Sie entsteht, indem ein Teil der Außenschicht beim Aufbrechen nicht mit umbiegt und um die Sporenkugel herum stehen bleibt (s.S. 320).

→ Fruchtkörper reif nicht becherförmig; rundliche, birnenförmige bis kopfig gestielte Pilze bilden die Sporenmasse (Gleba) im „Bauch“ und öffnen sich zur Reifezeit am Scheitel, um die Sporen zu entlassen: → **10**

8. Innenseite des Bechers längsgestreift; 1-1,5 cm hoher Pilz; jung kugelförmig mit braunem, zottigen Pelz, sich zur Reifezeit becherförmig öffnend, mit 12-16 kleinen, grauen, rundlichen Sporenbehältern (Peridiolen) im Innern; VIII-XI; totes Laub- und Nadelholz, auch auf Pflanzenresten; Sporenpulver weiß, glatte Sporen 14-18 x 6,5-11,5 µm: **Gestreifter Teuerling (Cyathus striatus)**

→ Merkmale anders: → **9**

9. 0,5-1 cm hoher Pilz; geschlossene, rundliche Fruchtkörper weiß- bis gelblich mit filziger Außenseite; VI-X; totes Laub und Nadelholz, auch auf Pflanzenresten, selten am Erdboden, Sporenpulver weiß, glatte Sporen 8-11,5 x 4,5-6 µm: **Tiegel-Teuerling (Crucibulum laeve / vulgare)**

→ 1-1,5 cm hoher Pilz, jung rundlich, durch einen Deckel (Epiphragma) verschlossen, zur Reifezeit aufreißend und ca. 10 graubraune, linsenförmige Sporenpakete freigebend; Innenwand des Bechers ± glatt; Außenseite glatt bis filzig; VI-X; auf dem Erdboden, oft auf Kalk; Sporenpulver weiß, glatte Sporen 9-12 x 5,5-7 µm: **Topf-Teuerling (Cyathus olla)**

10 (7). Pilz über 10 cm groß: → **11**

→ Pilz kleiner als 10 cm: → **13**

11. Fußballgroße Fruchtkörper, jung weiß und später beigebräunlich; der gesamte Innenteil wird zur Reifezeit zu einer stäubenden Sporenmasse; VII-X; stickstoffreiche Wiesen, Laubwälder, Parkanlagen; Sporenpulver olivbraun; rundliche, feinwarzige Sporen 4-5,5 µm: **Riesen-Bovist (Langermannia gigantea)** → **Seite 424**

Beim ***Gestreiften Teuerling*** *sind die Sporenpakete vor dem Aufplatzen der Becher durch eine weiße Haut geschützt, die zur Reifezeit aufplatzt. Dann werden die Peridiolen durch Regentropfen herausgeschleudert.*

Der goldgelbe „Deckel“ (Epiphragma) des ***Tiegel-Teuerlings*** *öffnet sich zur Reifezeit und gibt die weißliche, linsenförmigen, bis zu 15 Sporenbehälter (Peridiolen) im Innern frei. Bis zur vollständigen Reife sind sie mit einer „Nabelschur“ (Funiculus) an der glatten Becherwand befestigt. In Jahren mit viel Regen sind diese Pilze besonders häufig.*

Da viel Regen oft gleichbedeutend mit einer schlechten Ernte war, und die Sporenpakete noch dazu aussehen wie Geldstücke, hat man diesen Pilz als „Orakel“ für die Preisentwicklung genommen.

Junge, festfleischige ***Riesen-Boviste*** *sind paniert gebraten sehr schmackhaft!*

→ Merkmale anders: → **12**

12. 10-20 cm breiter Pilz, weißlich, sackförmig und oft flachgedrückt wirkend; Außenseite meist mit eckigem Muster, wie getäfelt wirkend, dazu oft feinstachelig oder wie bemehlt; VI-X; grasige Standorte, Halbtrockenrasen; Sporenpulver olivbraun, rundliche, glatte Sporen 4-5 µm: **Getäfelter / Hasen-Stäubling (Calvatia utriformis)** RL 3

→ 10-15 cm hoher grauweißlicher bis beigefarbener Pilz mit deutlichem Stiel- und Kopfteil; Außenseite mit kurzen, zusammengesetzten Stacheln; VII-XI; Laub- und Nadelwald; Sporenpulver olivbraun; rundliche, feinwarzige Sporen 4-5,5 µm: **Beutel-Stäubling (Calvatia excipuliformis / saccata)**

Jung essbar. Nach dem Aussporen bleibt vom alten Fruchtkörper oft nur die Stielbasis zurück, und kann dann für eine andere Pilzart gehalten werden.

13 (10). Außenhülle dickschalig, gelbocker bis beigebräunlich, auch jung nicht reinweiß; Fruchtmasse sehr früh schwärzlich gefärbt: **Kartoffel- / Hartbovist (Scleroderma)** → **14**

→ Außenhülle ± weich, glatt oder bestäubt bis stachelig; Fruchtmasse jung reinweiß: → **15**

14. 5-10 cm großer rundlicher Pilz mit ockerbräunlicher bis beigefarbener, relativ harter, 2-3 mm dicker Außenschicht (Peridie) und schuppig-rauer Oberfläche; ohne Stielteil; sich zur Reife am Scheitel öffnend und das olivbräunliche Sporenpulver frei gebend; Geruch unangenehm stechend metallisch; VII-XI; Laub- und Nadelwald, besonders saure Böden; Sporenpulver olivbraun; rundliche, ornamentierte Sporen 8-13,5 µm: **Dickschaliger Kartoffelbovist (Scleroderma citrinum / vulgare / aurantium)**

*Der **Hasen-Stäubling** ist jung essbar. Nach der Reifezeit bleiben oft die schalenförmigen Reste des Pilzes zurück.*

Beutel-Stäubling

*Der **Dickschalige Kartoffelbovist** ist Magen-Darm giftig! Äußerlich etwas ähnlich ist die seltene **Stachelsporige Mäandertrüffel (Choiromyces venosus)**. Sie gehört zu den Schlauchpilzen und hat eine stärker marmorierte Fruchtmasse, meist ist über die Hälfte des Pilzes im Erdboden verborgen. Die Pilze sind roh giftig und erreichen auch erhitzt nicht den Speisewert der echten Trüffeln. In betrügerischer Absicht wurden früher auch Kartoffelboviste als Trüffelersatz angeboten.*

→ 4-7 cm breiter rundlicher Pilz mit gelbbräunlicher, glatter bis feinscholliger, 1 mm dicker Außenhaut, leicht rötend; VI-X; Laub- und Mischwald, seltener als der Dickschalige Kartoffelbovist; Sporenpulver olivbraun; rundliche, ornamentierte Sporen 8-11,5 µm: **Dünnschaliger Kartoffelbovist (Scleroderma verrucosum)**

Der **Dünnschalige Kartoffelbovist** ist ebenfalls Magen-Darm-giftig!

15 (13). Das gesamte Innere des Pilzes ist mit Sporenmasse ausgefüllt; 1-4 cm breiter, kugelförmiger Pilz; Außenseite jung weißlich mit gefeldertem Muster; nach dem Abblättern der häutigen, eierschalenähnlichen Außenhaut (Lupe) bleigrau gefärbt; VI-X; grasige Standorte; Sporenpulver olivbraun, rundliche Sporen 4-6 µm: **Bleigrauer Zwerg-Bovist (Bovista plumbea)**

Im Gegensatz zur Gattung der Stäublinge (Lycoperdon) gibt es bei dieser Gattung keinen oder nur einen winzigen sterilen Stielteil.

*Der **Bleigraue Zwerg-Bovist** ist jung essbar, wenn das Fleisch noch fest und rein weiß ist. In dieser Gattung gibt es keine Giftpilze.*

Der Name Bovista leitet sich vom mittelhochdeutschen „boff-fist" ab, wobei „boff" Füchsin und „fist" soviel wie Wind bzw. „Furz" bedeutet.

→ Pilz in eine sterile Basis (± großen Stielteil) und einen, die Sporenmasse tragenden Kopfteil gegliedert: → **16**

16. Zwischen Kopf- und sterilem Stielteil befindet sich eine Trennhaut; 2-4 cm breiter, umgekehrt birnenförmiger Fruchtkörper mit abgeflachtem Kopfteil; weiße Außenhaut feinkörnig (Lupe), ohne Netzmuster; VII-X; grasige Standorte; Sporenpulver olivbraun; rundliche, feinwarzige Sporen 3-4,5 µm: **Wiesen-Stäubling / Abgeflachter Stäubling (Vascellum pratense)**

Die feine Trennlinie zwischen dem Stiel- und Kopfteil ist bei jungen Pilzen, wenn die Sporen noch nicht olivbräunlich werden, im Längsschnitt am deutlichsten sichtbar, ansonsten ist er den Stäublingen sehr ähnlich und wie diese ebenfalls jung essbar.

*Der **Wiesen-Stäubling** wächst häufig zusammen mit dem Bleigrauen Zwerg-Bovist.*

→ Keine Trennhaut zwischen Kopf- und sterilem Stielteil: **Stäublinge (Gattung Lycoperdon)** → **17**

17. Auf totem Laub- und Nadelholz; 2-5 cm hohe, birnenförmige Pilze mit cremefarbener, ± glatter bis feinstacheliger Außenhaut; Geruch unangenehm metallisch (an Kartoffelboviste erinnernd); VIII-XI; Sporenpulver olivbraun; rundliche, glatte Sporen 3,5-5 µm: **Birnen-Stäubling (Lycoperdon pyriforme)**

→ Am Erdboden wachsend: → **18**

18. 2-6 cm hoher, auch jung brauner Fruchtkörper, Oberfläche „igelig", nach dem Abfallen hinterlassen die Stacheln ein typisches Netzmuster; VII-X; im Laubwald auf Kalk; selten auf morschem Holz; Sporenpulver purpurbraun; rundliche, grobwarzige Sporen 3,5-5 µm: **Igel-Stäubling (Lycoperdon echinatum)**

*Mit kürzeren Stacheln sieht ihm der **Braune Stäubling (Lycoperdon umbrinum)** ähnlich und ist ebenfalls jung essbar.*

→ Merkmale anders: → **19**

19. 3-8 cm hoher, jung weißer Pilz; kompakte Stacheln auf der Außenseite, nach dem Abfallen ein Netzmuster hinterlassend; VII-XI; Laub- und Nadelwald; Sporenpulver olivbraun; rundliche, feinwarzige Sporen 3-4,5 µm: **Flaschen-Stäubling (Lycoperdon perlatum)**

Ihm wird eine blutstillende Wirkung nachgesagt.

→ 2-5 cm hoher, weißlicher bis bräunlicher Pilz; Stacheln auf der Außenseite aus mehreren Teilen bestehend; nach dem Abfallen ein Netzmuster hinterlassend; Geruch unangenehm metallisch (an Kartoffelboviste erinnernd); VIII-X; Laub- und Nadelwald; Sporenpulver olivbraun; rundliche, feinwarzige Sporen 3,5-4,5 µm: **Stinkender Stäubling (Lycoperdon foetidum)**

Jung essbar, aber durch den aufdringlichen Geruch wenig ansprechend.

*Der **Birnen-Stäubling** ist durch den Standort auf Holz gut gekennzeichnet, kann aber auch auf im Boden vergrabenem Holz vorkommmen.*

Igel-Stäubling

Flaschen-Stäubling

Stinkender Stäubling

Birnen-Stäubling *(Lycoperdon pyriforme) auf einem mit Moos bewachsenen Baumstumpf.*

11.6 Porlingsartige und Schichtpilzähnliche S. 330

Korkartig oder lederig harte Pilze, meist seitlich gestielt oder konsolenartig auf Holz wachsend.

Die Röhrenschicht ist fest mit dem Hutfleisch verwachsen.

Hintergrundbild:
Schwefel-Porling
(Laetiporus sulfureus)

Porlingsartige

Fruchtschicht mit feinen bis groben Poren.

Schichtpilzähnliche

Fruchtschicht glatt.

11.6 Porlingsartige und Schichtpilzähnliche

In diesem Kapitel finden sich Pilze wieder, die meist konsolenartig an Holz wachsen. Fast alle haben korkartig lederiges Fleisch, eine glatte oder feinfilzige Hutoberseite und eine Unterseite, die einzelne Poren erkennen lässt. Daher werden sie meist alle unter dem Begriff „Porlinge" oder „Löcherpilze" abgehandelt, obwohl sich hier auch verschiedene Familien verbergen. Es gibt auch Arten mit einer lamellenartigen oder labyrinthischen Fruchtschicht unter ihnen.

*Wie hier bei dem **Rotrandigen Baumschwamm** (s. Nr. 33) zu sehen, ist die Eigenschaft der Porlinge bemerkenswert, ihre Wuchsrichtung anzupassen, nachdem der Baum umgestürzt ist.*

Die Schichtpilzähnlichen haben sogar eine gänzlich glatte Unterseite, an der die Sporen gebildet werden. Wie auch immer die sporenbildende Schicht (Fruchtschicht) beschaffen ist, sie ist bei allen Familien fest mit dem Fruchtfleisch, der sterilen Schicht über dem Röhrenfutter, verwachsen. Dies ist ein gutes Unterscheidungsmerkmal zu den Röhrlingen, deren Schwamm sich leicht vom Hutfleisch ablösen lässt.

Je nach der Beschaffenheit der Fruchtschicht werden verschiedene Einteilungen vorgenommen. In dieser Pilzgruppe wird jedoch nicht so sehr wie in den vorherigen Kapiteln die Systematik berücksichtigt. Einerseits stimmen die verwandtschaftlichen Verhältnisse vielfach nicht mit den ohne Mikroskop sichtbaren Kriterien überein und andererseits enthalten einige Familien und Gattungen ohnehin nur wenige Arten, so dass es praktikabler erscheint, auf die Systematik weitestgehend zu verzichten.

Einige wenige, weichfleischige Porlinge sind essbar. Die meisten Arten sind auch jung so zäh und festfleischig, dass sie nicht zum Verzehr geeignet sind. Es gibt aber auch Giftpilze unter ihnen, wie z.B. den Zimtfarbenen Weichporling.

Die meisten Arten wachsen im Herbst, einige aber auch das ganze Jahr über oder im Winter. Einjährige Porlinge sind ungeschichtet und besitzen im Längsschnitt nur eine Röhrenschicht. Mehrjährige Arten, wie beispielsweise der Zunderschwamm, haben ein geschichtetes Röhrenfutter, an dem sich wie bei den Jahresringen der Bäume das Alter ablesen lässt (vgl. auch S. 25).

Für die Bestimmung ist vor allem wichtig, auf welcher Baum- bzw. Holzart der Pilz gewachsen ist. Leider ist dies bei stark vermorschten und mit Moos überwachsenen Stümpfen meist nicht mehr zu erkennen. Weiterhin ist auch die Größe der Poren, deren Farbe und oft auch die Sporenpulverfarbe entscheidend.

Merkmale am Beispiel des Zunderschwamms

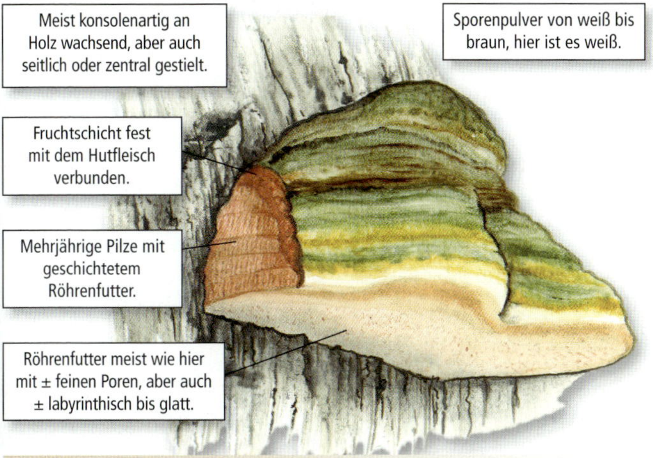

Der wissenschaftliche Name des ***Zunderschwammes*** *(Fomes fomentarius) weist auf seine frühere Verwendung hin: „Fomes" heißt auf lateinisch Zunder. Früher wurden die Pilze in Salpeterlösung gekocht und danach getrocknet zum Feueranzünden verwendet. Dabei entzündeten die mit einem Feuerstein erzeugten Funken die vorbehandelten Pilze. Außerdem brennt der Pilz sehr langsam ab und diente zum Aufbewahren der Glut. Er wurde auch verbrannt, um durch den Rauch Mücken fern zu halten.*

Zum anderen wurden aus dem wildlederartigen Hutteil Kleidungsstücke hergestellt und mit dem ausgekochten Pilzsud wurde eine goldbraune Farbe zum Wollefärben hergestellt.

Das Fleisch einiger Porlinge eignet sich für die Papierherstellung. Früher wurde beispielsweise unter Verwendung von Zinnoberschwämmen (Pycnoporus cinnabarius), Birken-Porlingen (Piptoporus betulinus) und Rötenden Trameten (Daedalospsis confragosa) ganz besonders anspruchsvolles Papier geschöpft.

Aus der ***Rötenden Tramete*** *wurde früher Papier hergestellt.*

Bestimmungsteil

1. Pilz ± zentral gestielt: → 2

→ Pilz konsolenartig wachsend, seitlich gestielt oder Stiel fehlend: → 7

2. Viele Hüte einer gemeinsamen, strunkartigen Basis entspringend, ockerbraune Hüte, 2-6 cm breit, Röhrenschicht am Stiel herablaufend, 1-3 Poren je mm; das weiße Fleisch hat einen angenehm würzigen Geruch; VI-VII; auf Laubholz, besonders Rot-Buche; Weißfäuleerreger; weiße, glatte Sporen 8-10 x 3,5 µm: **Eichhase (Dendropolyporus / Polyporus umbellatus / Grifola umbellata)**

→ Einzelpilze, höchstens mehrere getrennt nebeneinander wachsend, aber keiner gemeinsamen Basis entspringend: → 3

3. Pilz deutlich in Hut und Stiel gegliedert: → 4

→ Hut und Stiel ± ineinander übergehend: → 6

4. 4-10 cm breiter Hut, weiß bis cremefarben; weiße Röhren auf Druck gilbend, 2-4 Poren je mm; Geschmack mild; weichfleischig; VII-X; Nadelwald auf Kalkböden in Gebirgslagen; Sporenpulver weiß, rundliche Sporen 3,5-4,5 µm: **Schaf-Porling (Albatrellus / Scutiger ovinus)** RL 3

→ Merkmale anders; Fleisch korkartig: → 5

5. 2-8 cm breite Fruchtkörper zentral gestielt; Oberseite matt bis feinfilzig, bräunlich, mit vertiefter Mitte; weißliche Röhren mit 1-2 Poren je mm; Fleisch zäh; X-III; Laubholz, selten Nadelholz; Sporenpulver weiß, inamyloid, Sporen 5-7 x 2-2,5 µm: **Winter-Porling (Polyporus brumalis)**

*Der **Mai-Porling (Polyporus ciliatus)** erscheint im Frühling und hat feinere Poren, während der **Weitlöcherige Porling (Polyporus arcularius)** weitere, bienenwabenförmige Poren aufweist. Der **Schwarzfuß-Porling (Polyporus melanopus)** hat einen schwarzen Stiel.*

*Der **Eichhase** ist essbar, sollte aber wegen der Seltenheit geschont werden.*

*Der **Schaf-Porling** ist essbar aber selten. Der nur jung mild schmeckende **Semmel-Porling (Scutiger confluens)** mit semmelfarbenem Hut ist ähnlich, aber noch seltener. Einen noch dunkleren Hut besitzt der **Ziegenfuß-Porling (Scutiger pescaprae)**.*

Winter-Porling

→ 3-10 cm breiter Hut, konzentrisch zimtbraun bis dunkelbraun gezont; Oberseite samtig; Unterseite mit graubräunlichen Röhren und rundlichen Poren (1-4 je mm); am zentralen Stiel herablaufend; korkartiges, braunes Fleisch; VII-XI; Laub- und Nadelwald; Sporenpulver gelbbraun, inamyloid, Sporen 6-8 x 4-5 µm: **Brauner Dauerporling (Coltricia perennis)**

*Früher wurde der **Braune Dauerporling** getrocknet und als Schmuck verwendet.*

6 (3). 3-6 cm breiter Pilz mit korkartiger Konsistenz und stacheliger Unterseite; Oberfläche ± höckerig; auf Druck rötend und oft blutrote Tropfen abscheidend; brennend scharfer Geschmack; VIII-X; vor allem im Gebirge im Nadelwald unter Fichten und Kiefern; Sporenpulver braun, Sporen flach höckerig, 4,5-6 x 3,5-4,5 µm: **Scharfer / Blutender Korkstacheling (Hydnellum peckii)** RL 2

*Der **Blutende Korkstacheling** kann mit anderen Korkstachelingen verwechselt werden, die aber nicht den scharfen Geschmack haben. Der **Rotbraune Korkstacheling (Hydnellum ferrugineum)** scheidet jung auch rote Tropfen ab. Die auf den ersten Blick ähnliche Gattung der **Duftstachelinge (Phellodon)** unterscheidet sich durch das weiße Sporenpulver. Sie umwachsen genauso wie die Korkstachelinge Hindernisse, sind selten und geschützt.*

→ 10-30 cm breiter Hut, jung gelb und später braun; Oberfläche zottig-filzig; Röhren olivgelb mit relativ feinen Poren (1-2 je mm); jung bernsteinfarbene Tropfen ausscheidend; Stiel je nach Standort zentral oder fehlend; rostbräunliches Fleisch jung weich und später korkartig; VII-IX; im Wurzelbereich von Kiefern und Fichten; Braunfäuleerreger; Sporenpulver gelblich, inamyloid, Sporen 6-8 x 3,5-4,5 µm: **Kiefern-Braunporling (Phaeolus schweinitzii / spadiceus)**

Der Pilz befällt auch lebendes Holz, frisch infiziertes Holz riecht terpentinartig. Ähnlich, aber kleiner ist der Dreieckige Filzporling (Onnia triquetra).

7 (1). Fruchtschicht glatt bis samtig aber ohne Röhren; krustenförmig (resupinat) auf dem Holz wachsende Arten, oft mit abstehenden Hutkanten; Sporenpulver weiß, Sporen glatt, amyloid: **Familie Schichtpilze (Stereaceae) → 8**

→ Fruchtschicht mit feinen Poren oder länglichen Strukturen, nicht glatt: **→ 9**

Kiefern-Braunporling

8. Hutkanten bis 3 cm abstehend, ockergelb mit bräunlich gezonter, zottiger Oberseite; I-XIII; totes Laubholz meist großflächig überziehend; Weißfäuleerreger, Sporenpulver weiß, amyloid, Sporen 6-8 x 2-3 µm: **Zottiger Schichtpilz (Stereum hirsutum)** s. S. 146 Nr. **43**

→ Ocker bis rostbräunliche, eng gezonte Hutkanten, bis 5 cm abstehend, Oberfläche samtig bis feinfilzig, mit weißen Zuwachskanten; I-XII; in Feuchtgebieten auf Weiden, Erlen und Eschen; Weißfäuleerreger, weiße, amyloide Sporen 5-7 x 2-3 µm: **Samtiger Schichtpilz (Stereum subtomentosum).**

*Im Süden ist der **Prächtige Schichtpilz (Stereum insignitum)** ähnlich. Eine wärmeliebende Art auf Buchen mit einem lebhaft orangeroten Hutsaum.*

9 (7). Längliche, lamellenartige, labyrinthische oder runzelige Strukturen auf der Unterseite des Pilzes: → **10**

→ Unterseite mit ± runden Poren: → **19**

10. Lamellenartige Struktur nicht labyrinthisch und Fleisch weich: → **11**

→ Labyrinthisch verzweigte oder runzelige Fruchtschicht; Fleisch korkartig: → **13**

11. Fleisch zäh-elastisch; 1-3 cm breite Hüte weißgräulich; ungestielt auf abgestorbenem Laubholz (selten Nadelholz); Hüte oberseits grobfilzig; Lamellen typisch längsgespalten; ganzjährig; Sporenpulver weiß, inamyloid, Sporen glatt, 5,5-7 x 1,5-2,5 µm: **Spaltblättling (Schizophyllum commune)**

→ Merkmale anders: → **12**

12. 3-10 cm breite Pilze, seitlich gestielt an Laubholz, oft Birke und Rot-Buche; Unterseite mit cremefarbenen Lamellen, am kurzen Stiel herablaufend; Geruch würzig; VI-XI; Sporenpulver weiß, inamyloid, Sporen 5-7 x 3-3,5 µm: **Birken- / Laubholz-Knäueling (Lentinus torulosus / Panus conchatus)**

*Der **Zottige Schichtpilz** ist die häufigste Art aus dieser Gattung. Er ist sehr variabel und manchmal schwer zu bestimmen. Unter Umständen wird er mit der Schmetterlings-Tramete (s. 342, Nr. **32**) verwechselt, die jedoch deutliche Poren auf der Unterseite aufweist. Der Eichen-Schichtpilz (Stereum gausapatum) rötet bei Verletzung.*

*Das Einrollen der Lamellen des **Spaltblättlings** bei Trockenheit ist ein Schutz vor Austrocknung, es ist auch ein gutes Erkennungsmerkmal und macht den Pilz unverwechselbar. Streng genommen besitzt er keine Lamellen, sondern Einzelfruchtkörper, die durch die Hutdeckschicht verbunden sind.*

Laubholz-Knäueling

→ 5-20 cm breiter, grau bis graubräunlicher oder stahlblauer Hut; herablaufende, weißliche Lamellen; kurz gestielt seitlich (muschelförmig) an lebenden oder toten Laubhölzern (selten auch Nadelholz); X-XII (II-IV) erscheint nach den ersten Nachtfrösten; Weißfäuleerreger; weiße Sporen inamyloid, glatt, 8-12 x 3-4 µm: **Austern-Seitling (Pleurotus ostreatus)** **→ Seite 422**

Der **Austern-Seitling** *ist ein beliebter Kulturpilz.*

13 (10). Labyrinthische Fruchtschicht, sich auf Druck verfärbend: **→ 14**

→ Fruchtschicht sich auf Druck nicht verfärbend: **→ 15**

14. 3-10 cm breiter Hut, flach fächerförmig, relativ dünnfleischig, dunkelbraun mit gelber Zuwachskante; Unterseite grauweißlich bis beigefarben, auf Druck bräunend, sehr variabel aufgebaute Fruchtschicht mit meist labyrinthischen, länglichen Strukturen; ganzjährig; totes Nadelholz; Sporenpulver weiß, inamyloid; Sporen 7-10 x 2,5-3 µm: **Zaun Blättling (Gloeophyllum sepiarium / Lenzites sepiaria)**

Der **Zaun-Blättling** *kann mit dem Tannen-Blättling (Gloeophyllum abietinum) und dem Balken-Blättling (Gloeophyllum trabaeum) verwechselt werden, die jedoch auf der Oberseite weniger lebhaft gefärbt sind. Er ist ein Schädling, der auch an Pfählen und Zäunen wächst und gegenüber den herkömmlichen Holzschutzmitteln sehr resistent ist.*

→ 3-12 cm breite Pilze, rotbräunlich mit kahler Oberseite und grubig-runzeliger Unterseite, oft langgestreckte, labyrinthische Poren, (1-2 je mm), auf Druck rötend; VII-X; totes Laubholz; Sporenpulver weiß, inamyloid, Sporen 7-10 x 2-3 µm: **Rötende Tramete (Daedaleopsis confragosa / Trametes rubescens)**

Durch das auf Druck rötende Porenfutter ist die **Rötende Tramete** *gut gekennzeichnet.*

15 (13). Fleisch elastisch und etwas gelatinös; bis 4 cm vom Substrat abstehende, fächerartige, dünne, dachziegelartig übereinander wachsende Fruchtkörper; Oberseite fleischfarben bis grauweißlich mit weißen Rändern, grobfilzig; Unterseite ocker- bis fleischfarben mit runzeliger Struktur; IX-XII; Laubholzstümpfe, selten Nadelholz; Sporenpulver weißlich, inamyloid, Sporen 3,5-4,5 x 1-1,5 µm: **Gallertfleischiger Fältling (Merulius tremellosus)**

Gallertfleischiger Fältling

→ Fleisch ledern bis korkartig zäh: → **16**

16. Pilz über 8 cm breit: → **17**

Damit ist die Größe der Einzelhüte gemeint, oft wachsen mehrere Pilzhüte an einem Baumstumpf zusammen.

→ Pilz weniger als 8 cm breit: → **18**

17. 10-20 cm breiter, beigebräunlicher Pilz mit hellerer Außenkante; breit-konsolenartig dem Holz ansitzend; Unterseite mit labyrinthischen, grob lamelligen Poren; ganzjährig, an Eichen, selten Ess-Kastanien; Braunfäuleerreger; Sporenpulver weiß, inamyloid, Sporen 5-7 x 2,5-3,5 µm: **Eichen-Wirrling (Daedalea quercina)**

Eichen-Wirrling

Dieser Pilz diente früher zum Bürsten der Pferde. In den Tropen gibt es zahlreiche Wirrlinge, bei uns dagegen ist nur diese Art heimisch.

→ 8-15 cm breite Hüte, weißlich, oft durch Algenbewuchs grünlich; dort wo sie dem Holz ansitzt oft buckelförmig verdickt (Name!); längliche Poren 0,5-1 mm breit; ganzjährig; an totem Laubholz, besonders Rot-Buche; Weißfäuleerreger; Sporenpulver weiß, inamyloid, Sporen 4-5 x 2-2,5 µm: **Buckel-Tramete (Trametes gibbosa)**

Die **Buckel-Tramete** ist sehr variabel und an den länglichen Poren am besten zu erkennen. Die Striegelige Tramete (s. Nr. **29**) hat rundliche Poren, die **Samtige Tramete (Trametes pubescens)** hat feinere Poren und ist viel seltener.

18 (16). 2-8 cm breite Hüte, grauweißlich, oft bräunlich gezont, filzige Oberfläche, fächer- bis konsolenartig auf abgestorbenem Laubholz; grüne Zonierung durch Algenbewuchs; Unterseite mit länglichen, teils labyrinthischen Poren; ganzjährig; totes Laubholz, besonders Birke und Eiche; Sporenpulver weiß; ganzjährig; Weißfäuleerreger; Sporen 4,5-6 x 2-2,5 µm: **Birken-Blättling (Lenzites betulinus / Trametes betulina)**

Ähnelt der Striegeligen Tramete (s. Nr. **29***) mit rundlicheren Poren und flacheren Fruchtkörpern, der Buckel-Tramete (s. Nr.* **17***) mit weniger lamelligen Strukturen und der Rötenden Tramete (s. Nr.* **14***), die auf Druck rötet.*

Birken-Blättling

→ 1-3 cm breite Pilze, von denen viele bandartig zusammenwachsen und große Flächen besiedeln können; Oberseite violett und bei Trockenheit heller ausblassend; Unterseite violett-fleischfarbig (Lupe), kurze Röhren; 3-5 rundliche Poren je mm; ganzjährig an Nadelholz; Weißfäuleerreger; Sporenpulver weiß, inamyloid, Sporen 6-8 x 2-3 µm: **Tannen-Tramete / Violetter Lederporling (Trichaptum abietinum)**

*Ähnlich, aber ohne Röhrenschicht sind der **Violette Schichtpilz (Chondrostereum purpureum)**, der auf Korkeiche wachsende **Zweifarbige Violettporling (Trichaptum biforme)** sowie der **Zahnförmige Lederporling (Trichaptum hollii)**, der an Kiefernholz wächst aber sehr viel seltener ist.*

*Der **Violette Lederporling** ist einer der häufigsten Porlinge. Er kann auch von toten Stämmen auf umstehende lebende übergreifen und toxische Stoffe ausscheiden, die den Wirt abtöten.*

19 (9). 8-20 cm breiter Pilz, ± zungenförmig, fleischrötlich bis fleischbräunlich, jung rote Tropfen ausscheidend; Fleisch von weicher Konsistenz; Geruch und Geschmack säuerlich; VIII-X; lebende Laubholzstämme, meist Eiche, auch Esskastanie; Braunfäuleerreger; Sporenpulver blass bräunlich, inamyloid, Sporen glatt, 4,5-5,5 x 3,5-4 µm: **Ochsenzunge / Leberreischling (Fistulina hepatica)**

*Die **Ochsenzunge** ist essbar, sollte aber vor der Zubereitung abgekocht werden, um die Gerbstoffe zu entfernen. Sie kann dann wie Leber gebraten werden. Eine Besonderheit dieser Art ist, dass die Röhren nicht miteinander verwachsen sind. Unverwechselbar.*

→ Merkmale anders: **→ 20**

20. Fruchtkörper kräftig gelb, orange, zimtfarben oder rot gefärbt: **→ 21**

→ Fruchtkörper nicht gelb-orange, höchstens in der Hutkante oder als Beifarbe: **→ 23**

21. 10-40 cm breiter Hut, leuchtend gelblich-orange; feinporige Röhren zitronengelb; Fleisch gelblich und jung weich; V-VII; lebende Laubholzstämme; Braunfäuleerreger; Sporenpulver weiß, inamyloid, Sporen 5-7 x 3,5-5 µm: **Schwefel-Porling (Laetiporus sulfureus)**

Junge Pilze können abgekocht wie ein Schnitzel gebraten werden.

*Der **Schwefel-Porling** schmeckt wie Kalbfleisch und ist unverwechselbar.*

→ Merkmale anders: **→ 22**

22. 3-10 cm breiter Hut, auffallend zinnoberrot; flach fächerförmig mit ebenso gefärbten Röhren, 2-3 Poren je mm; ganzjährig; totes Laubholz; Weißfäuleerreger; Sporenpulver weiß, inamyloid, Sporen 4-6 x 2-2,5 µm: **Zinnoberschwamm / Zinnoberrote Tramete (Pycnoporus cinnabarinus)**

→ 3-8 cm breiter Hut, ungezont zimtfarben; relativ breit angewachsen; 2-4 rundliche, hutfarbene Poren je mm; Fleisch mit Kalilauge (KOH) violett verfärbend; VII-XI; totes Laubholz; Weißfäuleerreger; Sporenpulver weiß, inamyloid, Sporen 3,5-5,5 x 2,5-3 µm: **Zimtfarbener Weichporling (Hapalopilus rutilans)**

23 (20). 5-15 cm breiter Pilz, meist seitlich gestielt im Wurzelbereich von Laubbäumen; wie lackiert aussehende Oberseite glänzend rotbraun, feine Poren weißlich, 4-6 je mm; ganzjährig; Sporenpulver rostbraun, Sporen warzig, 8,5-10 x 5,5-6,5 µm: **Glänzender Lackporling (Ganoderma lucidum)**

→ Merkmale anders: → **24**

24. Unterseite weiß bis cremefarben: → **25**

→ Unterseite ± bräunlich: → **34**

25. Poren sich auf Druck verfärbend: → **26**

→ Poren auf Druck nicht verfärbend: → **28**

26. Beige-ockerfarbene Hüte, 10-40 cm breit und zu mehreren rosettenartig verwachsen, der gesamte Fruchtkörper bis zu 100 cm Durchmesser erreichend; Fleisch bei Verletzung und Druck schwärzend (Lupe); sehr feine Poren; VII-X; an totem und lebendem Laubholz; Weißfäuleerreger; Sporenpulver weiß, inamyloid, rundliche Sporen 4,5-6 µm: **Riesen-Porling (Meripilus giganteus)**

*Ähnlich sind der Klapperschwamm (s. Nr. **28**) mit graubraunen Hüten und der seltene, ungenießbare **Berg-Porling (Bondarzewia mesenterica)** an Nadelholz.*

*Zu verwechseln ist der **Zinnoberschwamm** mit dem dickfleischigeren **Safrangelben Saftporling (Aurantioporus croceus)**, dem **Leuchtenden Weichporling (Pycnoporellus fulgens)**, mit etwas bräunlicheren Farben und dem Zimtfarbenen Weichporling. Aus tropischen Arten dieser Gattung werden rote Farbstoffe gewonnen.*

*Der **Glänzende Lackporling** wird in der chinesischen Volksmedizin seit 4000 Jahren mit schier unüberschaubarem Wirkungsbereich angewandt: Er soll auch die Lebenserwartung erhöhen und ein allgemein wirksames Stärkungsmittel sein. Er wird in vielen Legenden erwähnt und man trug ihn als Talisman. Zum Schutz vor Unglücken hängte man ihn in die Gebäude. Derzeit werden seine tumorhemmenden und immunstabilisierenden Eigenschaften in der Krebsnachsorge, bei chronischer Bronchitis und Asthma untersucht.*

*Ganz jung kann das noch weiche Fleisch des **Riesen-Porlings** gegessen werden, es hat jedoch keinen sehr guten Geschmack.*

→ Merkmale anders: → **27**

27. Bis 80 cm breite, meist abgeflachte Pilze, konsolenartig an Laubbäumen; Oberseite gezont, matt braun mit dünner, lackartiger Kruste; Zuwachskante weiß; weißliche Röhrenschicht auf Druck bräunend, 5-6 Poren je mm; ganzjährig; Sporenpulver rostbraun, Sporen warzig, 6-8 x 4,5-5,5 µm: **Flacher Lackporling (Ganoderma lipsiense / applanatum)**

Die Eigenschaft auf der frischen Porenschicht Schreiben und Zeichnen zu können, hat zu dem angelsächsischen Namen „designer's mushroom" oder „artist's conk" geführt. Sie ist auch ein gutes Erkennungsmerkmal des Pilzes. Durch Luftströme und Temperaturunterschiede ist der ganze Pilz auch auf der Hutoberseite oft vom eigenen Sporenpulver braun überstäubt. In der chinesischen Medizin mit verschiedenen Anwendungsbereichen genutzt.

→ 1-5 cm breiter Hut, weißlich und blau überfasert; dick polsterförmig an totem Nadelholz, meist Fichte; Oberfläche oft striegelig; weißliche Röhren auf Druck blauend; VI-XII; Sporenpulver weißlich mit bläulichem Reflex, schwach amyloid, Sporen 4-5,5 x 1,5-2 µm: **Blauer Saftporling (Postia caesia / Spongiporus caesius)**

*Ähnlich ist der **Fastblaue Saftporling (Postia subcaesia)** auf Laubholz.*

28 (25). Fruchtkörper aus vielen einzelnen Hütchen zusammengesetzt; graubraune Hüte einzeln 3-10 cm breit, insgesamt bis 50 cm Breite; feine Poren (Lupe) auf Druck nicht schwärzend; Wurzelbereich von Eichen und Ess-Kastanien; VIII-X; Sporenpulver weiß, inamyloid; Sporen glatt, 5-7 x 3,5-5 µm: **Klapperschwamm (Grifola frondosa)** RL 3

Jung ist sein Fleisch essbar, er sollte aber geschont werden. Er kann auch scheinbar auf der Erde wachsen, hat aber immer Verbindung mit seinem Wirtsbaum.

*Auf der Unterseite des **Flachen Lackporlings** findet man oft Gallen der Pilzfliege (Agathomyia wankowiczi, unteres Bild).*

Blauer Saftporling

*Der Name des **Klapperschwamms** rührt von der Eigenschaft der einzelnen Hütchen, beim Schütteln aneinander zu schlagen. „Grifole" sind aber auch die Fänge der Greifvögel, denen die Hüte des Klapperschwamms ähneln sollen. In der Mythologie ist der Greif das Fabelwesen mit Löwenleib und Vogelkopf.*

In der asiatischen Heilkunde wird er wegen seiner blutdruck- und blutcholesterinsenkenden Eigenschaften sowie als Leberschutzmittel schon lange geschätzt und kultiviert. Derzeit laufen Studien im Hinblick auf die Wirksamkeit bei Diabetes mellitus Typ II, zur unterstützenden AIDS-Therapie und Tumorhemmung.

→ Fruchtkörper einzeln, falls mehrere an einem Stamm, dann nicht konsolenartig miteinander verbunden: → 29

29. 3-8 cm breiter Hut, weißlich bis creme-ocker, Oberseite weichhaarig, alt häufig durch Algenbewuchs grünlich; flache Fruchtkörper mit cremeweißen, rundlich-eckigen, 0,5 mm breiten Poren; ganzjährig; totes Laubholz; Sporenpulver weiß, inamyloid, Sporen 5,5-7,5 x 2-2,5 µm: **Striegelige Tramete (Trametes hirsuta)**

→ Merkmale anders: → 30

30. Pilz ohne deutliche Zonierung cremeweißlich bis beigebräunlich: → 31

→ Pilz bräunlich mit meist deutlicher Zonierung: → 32

31. 10-25 cm große, polsterförmige Fruchtkörper, weißlich-beige, Oberfläche glatt; Unterseite mit weißen, feinen, rundlichen Poren, 3-4 je mm; mit stumpfem, sterilen Rand; VIII-X wachsend, aber ganzjährig vorhanden; an geschwächtem oder abgestorbenen Birkenholz; besonders in Moorwäldern; Sporenpulver weiß, inamyloid, Sporen 4,5-6 x 1,5 µm: **Birken-Porling (Piptoporus betulinus)**

*Früher hat man Birken-Porlinge vielfältig verwendet: als Nadelkissen, mit Kieselerde bestrichen als Streichriemen zum Schärfen der Rasiermesser, zum Polieren des Metalls und in der Fertigung der schweizer Uhrgehäuse. Ähnlich kann der an Eiche wachsende **Eichen-Zungenporling (Piptoporus quercinus)** aussehen.*

→ Pilz ± weichfleischig; 5-10 cm breite Pilze in Gruppen wachsend; Oberfläche weichfilzig, cremefarben; Unterseite mit cremfarbenen Poren, 1-2 je mm;, aus zwei unterschiedlichen Schichten aufgebaut; VII-X; totes Nadelholz im Gebirge; Sporenpulver weiß, inamyloid, Sporen 4,5-6,5 x 3-4,5 µm: **Nördlicher Porling / Nördlicher Schwammporling (Climacocystis borealis)**

*Die samtige Oberfläche besonders junger **Striegeliger Trameten** hat zu dem Namen „Sofapilz" geführt. Flache Exemplare der Buckel-Tramete (s. Nr.17) und der selteneren **Samtigen Tramete (Trametes pubescens)** mit weniger haariger Oberfläche und feineren Poren können ihr ähnlich sehen.*

*Der **Birken-Porling** wurde früher arzneilich verwendet und man vermutet, dass er Magen-Darm-kräftigende Wirkung besitzt. Ötzi, „der Mann aus dem Eis" trug einen Birken-Porling um den Hals, vermutlich auch als Medizin.*

Junge Pilze wachsen oft erst einmal kugelförmig, bevor sich die konsolenartige Form ausbildet (kleines Bild).

*Der **Nördliche Porling** kann mit verschiedenen Saftporlingen verwechselt werden.*

32 (30). 2-8 cm breite Pilze, zu mehreren an totem Laubholz, selten Nadelholz; Oberseite feinfilzig, stets mehrfarbig gezont mit weißlicher Zuwachskante; weißliche Unterseite mit rundlichen Poren, 3-5 je mm; ganzjährig; Weißfäuleerreger; Sporenpulver weiß, inamyloid; Sporen 5-7 x 1,5-2,5 µm: **Schmetterlings-Porling / Schmetterlings-Tramete (Trametes versicolor)**

*Ähnlich sind die **Zonen-Tramete (Trametes zonata)** mit abrupt verdickter Anwachsstelle und die **Samtige Tramete (Trametes pubescens)** mit hellerer Oberseite. Auf den ersten Blick können auch Schichtpilze (s. Nr. **8**) mit glatter Fruchtschicht ähnlich aussehen.*

→ Merkmale anders: → **33**

33. 10-30 cm breiter Hut, meist dreifarbig mit graubraun-schwärzlicher Mitte, rotbräunlichem Rand und weißer Zuwachskante; cremefarbene Röhren mit 3-4 Poren je mm; ganzjährig; lebendes und totes Nadelholz, besonders Fichte, selten Laubholz; Braunfäuleerreger; Sporenpulver weiß, inamyloid, Sporen 6-8 x 3,5-4 µm: **Rotrandiger Baumschwamm / Fichten-Porling (Fomitopsis pinicola)** s. a. Foto S. 330

*Ähnlich sind der vornehmlich an Eschen vorkommende **Eschen-Baumschwamm (Fomitopsis cytisina)**, sowie der Flache Lackporling (s. Nr. **27**) mit rostbraunem Sporenpulver und der Zunderschwamm (s. Nr. **36**) mit braunen Röhren.*

→ 5-10 cm breite Pilze; matte Oberfläche bräunlich mit weißer Zuwachskante; Unterseite cremefarben mit 2-4 feinen Poren je mm; weißliches Fleisch; ganzjährig, im Wurzelbereich von lebenden und totem Nadelholz, besonders Fichten auf ungeeigneten Standorten und bei Wechselfeuchte; Weißfäuleerreger; Sporenpulver weiß, inamyloid, Sporen fein punktiert, 5-6 x 4-4,5 µm: **Wurzelschwamm (Heterobasidion annosum)**

*Der zu den häufigsten Porlingen gezählte **Schmetterlings-Porling** kann wegen seiner Variabilität in Form und Farbe als „König der Verwandlung" bezeichnet werden. Früher hat man aus ihm Broschen und Schnallen hergestellt. Heute verwendet man ihn in der Floristik. Besonders in Paris war es zeitweilig Mode, ihn auf Hüte zu stecken. Er gilt als Bauholzschädling, da er auch vor Stützbalken in Bergwerken, Gartenpfählen und Eisenbahnschwellen nicht Halt macht.*

*Erkennen kann man den **Rotrandigen Baumschwamm** oft schon an der wachsartigen Kruste, die mit dem Fingernagel eingedrückt werden kann. Sie löst sich in Kalilauge auf und schmilzt beim Erhitzen.*

*Der **Wurzelschwamm** ist der wichtigste und von Forstleuten am meisten gefürchtete pathogene Pilz unserer Breitengrade. Er tötet das Grobwurzelsystem der Bäume und verursacht im unteren Stammbereich eine, an der Fichte seltsamerweise „Rotfäule" genannte Weißfäule. Diese mechanische Zersetzung des Holzes führt zur Stammentwertung und damit zu starkem Wertverlust.*

34 (24). Rostbräunliche Fruchtkörper so mit dem Baum verwachsen, dass die 10-30 cm breiten Pilze nicht vom Holz zu trennen sind; Röhren gelb-rostbräunlich mit 4-6 sehr feinen Poren je mm; ganzjährig; meist an lebenden Eichenstämmen; Sporenpulver gelbbräunlich, rundliche Sporen 6-8,5 µm: **Eichen-Feuerschwamm (Phellinus robustus)**

→ Merkmale anders: → **35**

35. 10-25 cm breite Fruchtkörper, jung cremefarben und später orange- bis tabakbraun; zur Zeit des Wachstums orangebräunliche Tropfen absondernd; Unterseite feinporig, 3-4 Poren je mm; Poren im schräg einfallenden Licht schimmernd; (Name!); Geruch unangenehm; Weißfäuleerreger; VI-X; Parasit an Eiche, selten Esskastanie; gelbbraune Sporen glatt, 7-8 x 6-7 µm: **Tropfender Schillerporling (Inonotus dryadeus)**

Dieser seltene Pilz ist nach den Dryaden, den Waldnymphen benannt, die schwirrend um die Eichen herum tanzen und die Kraft der Pflanzen symbolisieren.

→ Merkmale anders: → **36**

36. 10-30 (50) cm breit, konsolenartig an Laubholz; grün-bräunliche Oberseite mit heller Zuwachskante; braune Röhren, 2-4 Poren je mm; Fleisch rostbraun, mit wildlederartiger Struktur; ganzjährig, im Frühjahr Sporen abgebend, so dass die Umgebung weiß bestäubt ist; Sporenpulver weiß, inamyloid, Sporen glatt, 15-20 x 5,5-6,5 µm: **Zunderschwamm (Fomes fomentarius)** s. a. S. 25 u. rechts

→ 10-30 cm breit, konsolenförmig; Oberseite rostbraun bis grauschwarz; 5-6 gelbbräunliche Poren je mm (Lupe); Zuwachskante rostbraun; ganzjährig; Laubbäume; Weißfäuleerreger; Sporenpulver weiß, rundliche Sporen 5-7 µm: **Falscher / Grauer Zunderschwamm/ Gewöhnlicher Feuerschwamm (Fomes / Phellinus igniarius).**

*Der **Eichen-Feuerschwamm** hat sehr feine Poren. Der ähnliche **Sanddorn-Feuerschwamm (Phellinus hippophaecola)** kommt nur an Sanddorn und Ölweide vor. Insgesamt ist es eine artenreiche Gattung deren Arten jeweils auf ganz bestimmte Gehölze spezialisiert sind.*

*Der **Zunderschwamm** kann dem **Schwarzen Birken-Feuerschwamm (Phellinus nigricans)** mit dunklerer Oberseite ähnlich sehen. Von den Lackporlingen (Ganoderma) kann der durch das rostbraune Sporenpulver unterschieden werden.*

*Zur Zunderherstellung kann der **Graue Feuerschwamm** nicht verwendet werden, man hat ihn aber als Brennmaterial genutzt. Die Abgrenzung zu anderen Arten, wie beispielsweise dem Eichen-, Sanddorn- oder Schwarzen Feuerschwamm ist oft schwierig und ohne Zuhilfenahme mikroskopischer Merkmale nahezu unmöglich.*

Zunderschwamm
(Fomes fomentarius)

11.7 Schlauchpilze (Ascomycetes)

Die Sporen werden in Schläuchen gebildet. Dieses Merkmal ist jedoch nur mit dem Mikroskop zu sehen (vgl. S. 18).

Die Fruchtschicht ist nicht immer leicht als solche zu erkennen, die Sporen werden auf der Außenseite in den oft wabenartigen oder runzeligen bis lappigen Vertiefungen gebildet.

Sehr viele, teils bizarre Formen und Farben.

Hintergrundbild:
Gewöhnlicher Orangebecherling
(Aleuria aurantia)

Lorcheln
S. 348

Fruchtkörper in Hut und Stiel gegliedert.

Hut unregelmäßig gefurcht oder gelappt.

Becherlinge
S. 349

± schalen- oder becherförmige Fruchtkörper, meist ohne Stiel.

Morcheln
S. 347

Fruchtkörper in Hut und Stiel gegliedert.

Hut ± waben- oder schwammförmig aufgebaut.

Zu den Schlauchpilzen gehören einige Pflanzenparasiten wie beispielsweise dieser ***Erlen-Wucherling*** *(Taphrina amentorum), der die Erlenzapfen infiziert. Hier wird kein Fruchtkörper im eigentlichen Sinn gebildet, denn die Fruchtschicht mit den Schläuchen überzieht die gesamte Oberfläche.*

11.7 Schlauchpilze (Ascomycetes)

Die Schlauchpilze heißen so, weil ihre Sporen in Schläuchen gebildet werden. Dies ist allerdings nur mit dem Mikroskop zu erkennen (vgl. S. 18), und so ist es etwas schwierig, diese Pilzgruppe nach ihrem Erscheinungsbild zu beschreiben. Es ist eine realtiv große Gruppe, in die 4 Ordnungen mit annähernd 20 Familien gehören, also Pilze mit unterschiedlichsten Farben und Formen, wobei die meisten Arten kleine bis kleinste Fruchtkörper hervorbringen und so für den Speisepilzsammler kaum etwas zu bieten haben. Allerdings gehören auch die begehrtesten Pilze in diese Gruppe: die Trüffelpilze (Tuberales).

Trüffel *sind nach wie vor begehrte Speisepilze.*

Es sind die einzigen Schlauchpilze, die eine Lebensgemeinschaft mit Bäumen (Mykorrhiza) eingehen. Sie wachsen vor allem im Südosten Frankreichs, sowie in Spanien und Italien. Dort werden bei der Anlage von neuen Trüffelwäldern mykorrhizainfizierte Eichenstecklinge aus bestehenden Trüffelhainen in die Erde gebracht, damit dem Steckling auch das Trüffelmyzel mit verpflanzt wird. Die in Deutschland wachsende Hirschtrüffel-Arten (Gattung Elaphomyces) werden mehr vom Wild geschätzt als von den Menschen.

Der Legende nach soll die begehrte Périgord-Trüffel (Tuber melanosporum) durch einen Blitz entstanden sein, der die geweihte Wurzel einer Eiche getroffen hat und die Geburt des Pilzes auslöste. Napoleon glaubte, dass sie aphrodisierende Eigenschaften hat. Es gibt allerdings auch Wurzeltrüffel-Arten (Gattung Rhizopogon), die jung ebenfalls essbar, aber lange nicht die Qualität der Trüffel (Gattung Tuber) erreichen. Sie sind im Innern nicht marmoriert und gehören nicht zu den Schlauchpilzen, sondern in eine eigene Familie innerhalb der Ständerpilze (Basidiomyceten).

11.7.1 Morcheln und Lorcheln (Helvellaceae)

Die Fruchtkörper dieser Pilzfamilie haben ein kopfförmiges Oberteil und einen Stiel. Die Fruchtschicht überzieht die Außenseite des Hutes und die Oberfläche ist oft durch Falten, Lappen oder Furchen vergrößert. Viele dieser Arten wachsen im Frühjahr.

11.7.1.1 Morcheln (Gattung Morchella)

Die Morcheln kennen zu lernen, lohnt sich besonders für Speisepilzsammler, auch wenn es sich nur um ca. 5 oder 6 Arten handelt, da sie alle essbar und schmackhaft sind. Allerdings sind einige selten geworden und sollten geschont werden. Die in Hut und Stiel gegliederten Fruchtkörper haben eine relativ regelmäßig wabenförmige Hutoberfläche.

Die Sporen werden nur in den wabenartigen Vertiefungen geblldet, die erhabenen Kanten sind steril. Das Sporenpulver ist cremefarben und die glatten Sporen sind elliptisch. Morcheln haben ± brüchiges Fleisch und innen sind sie durchgehend hohl. Es sind bodenbewohnende Fäulniszersetzer, die zwar auch auf Rindenmulch wachsen können, aber nicht auf Holz vorkommen. Alle Arten wachsen im Frühjahr.

Im Gegensatz zur giftigen Frühjahrs-Lorchel (Gyromitra esculenta, s. S. 444) und der Gattung der Lorcheln sind die Hüte regelmäßiger aufgebaut und die Fruchtkörper druchgängig hohl.

Gattungsmerkmale am Beispiel der Spitz-Morchel

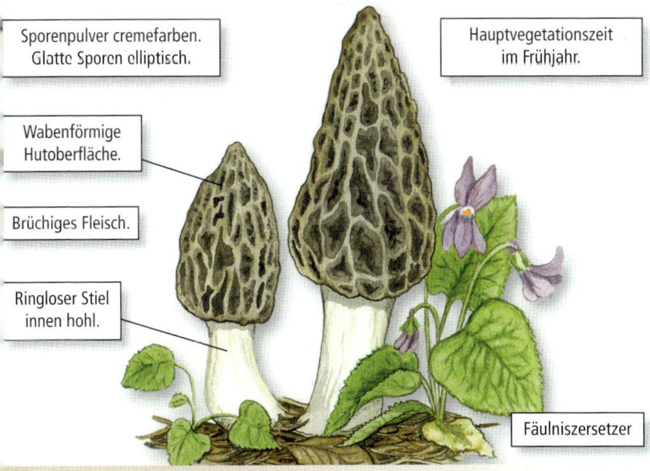

*Die **Spitz-Morchel** (Morchella conica) wächst von März bis Mai in Auwäldern, aber auch in Laub- und Nadelwäldern auf feuchten Böden sowie in Parkanlagen und unter Gebüsch. Sie ist ein sehr guter Speisepilz, der auch sehr gut zum Trocknen geeignet ist und im Handel erhältlich ist.*

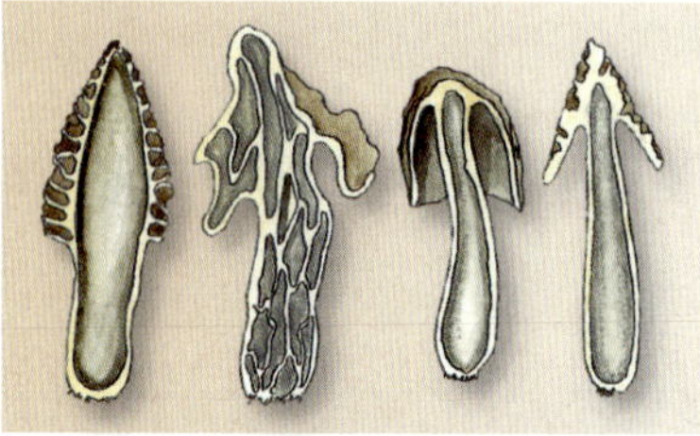

Im Längsschnitt lassen sich einige Gattungen dieser Familie gut unterscheiden. Während bei den **Morcheln** *(links) der hohle Stiel mit dem Hutrand verwachsen ist, ist der Stiel der* **Lorcheln** *± gekammert hohl (Mitte links). Bei den* **Verpeln** *(Gattung Verpa und Ptychoverpa, Mitte rechts) ist der Stiel am Hutscheitel angeheftet und bei der Gattung Mitrophora (rechts) ist der Stiel auf halber Huthöhe angewachsen.*

11.7.1.2 Lorcheln (Gattung Helvella)

Die Lorcheln sind ebenfalls in Hut und Stiel gegliedert, aber der Hut ist im Gegensatzb zu den Morcheln unregelmäßig gebuchtet bis kraus-, sattel- oder schalenförmig. Die Stiele sind längsrippig oder glatt. Das Sporenpulver ist weiß und die elliptischen Sporen können glatt oder punktiert sein.

Alle knapp 10 Arten wachsen als Fäulniszersetzer auf der Erde. In dieser Gattung gibt es keine Speisepilze, Nach den heutigen Erkenntnissen können Lorcheln generell nicht mehr als Speisepilze betrachter werden, da es zahlreiche Vergiftungen gegeben hat.

Gattungsmerkmale am Beispiel der Gruben-Lorchel

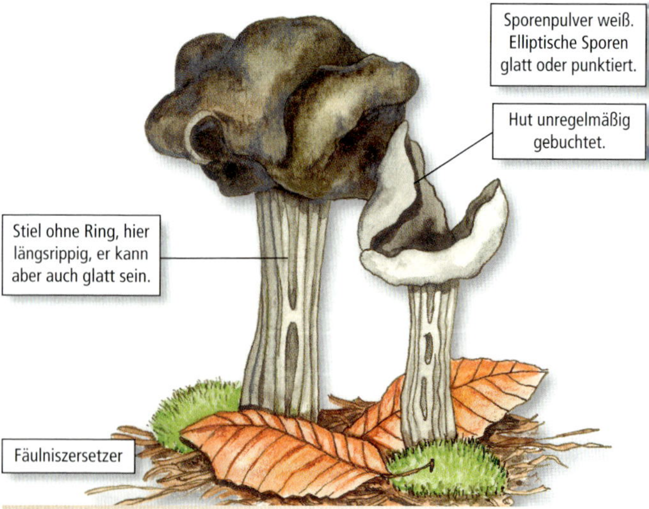

Die **Gruben-Lorchel** *(Helvella lacunosa) verdankt ihren Namen dem schwärzlichgrauen Hut. Wie alle Arten der Gattung ist auch diese Lorchel kein Speisepilz.*

11.7.2 Becherlinge

Becherlinge verdanken ihren Namen der schüssel- oder becherförmigen Form. Es gibt mehrere Familien und Gattungen, die becherförmige Fruchtkörper bilden, die umfangreichste Gattung von ihnen sind die Becherlinge mit dem wissenschaflichen Vornamen Peziza, zu ihnen gehören annähernd 70 Arten. Peziza heißt auf griechisch „Pilz ohne Stiel", es gibt aber auch in dieser Gruppe ein paar, die ein Stielchen besitzten. Die meisten lasen sich jedoch ohne mikroskopische Merkmale nicht voneinander trennen.

Ebenso schwierig ist es, nach rein optischen Kriterien die verschiedenen Gattungen auseinander zu halten. Ein mikroskopisches Unterscheidungsmerkmal ist, ob die Schläuche mit Jod blauen, d.h. amyloid sind – wie beispielsweise bei der Familie der Pezizaceae – oder nicht, wie bei der Familie der Pyronemataceae.

Unter ihnen sind viele farbenfrohe Pilze. Die meisten Becherlinge wachsen auf dem Erdboden, es gibt aber auch einige auf Holz und auch auf Brandstellen. Im Gegensatz zu den Öhrlingen (Otidea), die ihren Namen der einseitig abgeflachten „Ohrform" verdanken, sind sie becher- oder schalenförmig. Wenn auch einige Arten als essbar bezeichnet werden, so enthält diese Gruppe doch keine bedeutenden Speisepilze. Ein wichtiger Giftpilz unter ihnen ist der Kronenbecherling (s. S. 445).

*Der **Grünspanbecherling** (Chlorosplenium aeruginascens) ist nur 3-5 mm „groß" und wächst auf Laubholz.*

Gattungsmerkmale am Beispiel des Gewöhnlichen Orangebecherlings

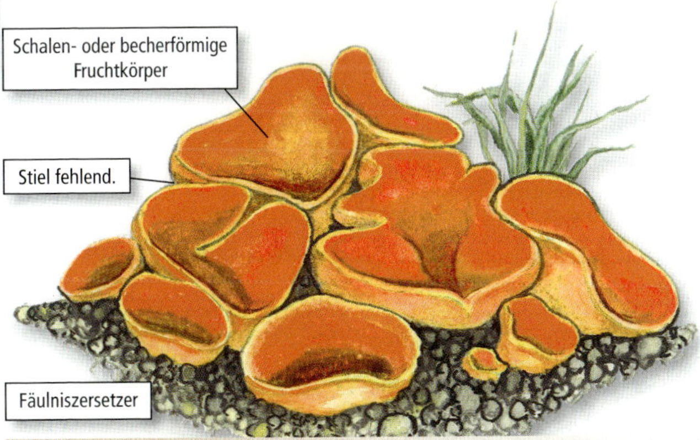

*Der **Gewöhnliche Orangebecherling** (Aleuria aurantia) wächst meist auf lehmigen Böden und auf offenen Bodenstellen. Er ist essbar, aber kein wirklicher Speisepilz.*

Bestimmungsteil

1. 2-6 cm lange, keulige, orangefarbene Fruchtkörper auf vergrabenen Puppen von Schmetterlingen wachsend; VIII-XI; weißes Sporenpulver, Sporen glatt, 4,5-5 x 1,5 µm: **Orangegelbe Puppenkernkeule (Cordyceps militaris)**

→ Merkmale anders: → 2

2. 4-7 cm hoher, gelbstieliger Pilz mit grünlich-gelbem, 1-2 cm breite Käppchen; fast durchscheinend wirkend; Fleisch geleeartig-gallertig; feuchte Waldstellen, meist zwischen Moospolstern; VIII-X; Sporenpulver weiß, Sporen 18-25 x 5 µm: **Grüngelbes Gallertkäppchen/ Gallertköpfchen (Leotia lubrica)**

→ Merkmale anders: → 3

3. Pilz in kopfförmiges Oberteil und Stiel gegliedert: → 4

Die Fruchtschicht überzieht die Außenseite, die Oberfläche ist meist durch Falten, Lappen oder Furchen vergrößert.

→ Pilz nicht in Kopf und Stiel gegliedert; oft ± kugelig oder becherförmig: → 11

4. Unregelmäßig gebuchteter, gehirnartig gewundener bis kraus sattel- oder schalenförmiger Kopfteil; nicht wabenförmig; Stiel längsrippig oder glatt: → 6

→ Hut mit ± regelmäßig wabenförmigem Aufbau; Stiel mit dem Hutrand verwachsen; Pilz erscheint im Frühjahr: **Morchel (Morchella)** → 5

5. 4-12 cm hoher Hut, oben ± spitz zulaufend; Wabenmuster regelmäßig aus längs verlaufenden Hutleisten mit vielen Querverbindungen; Hut und Stiel sind im unteren Bereich miteinander verbunden, Stiel weiß bis cremefarben, oft runzelig aber nicht längsrillig; Fleisch brüchig; Geruch jung angenehm, später etwas dumpf; III-V; Laub- und Nadelwälder, Auwälder, unter Gebüsch; cremefarbene Sporen 20-25 x 11-16 µm: **Spitz-Morchel (Morchella conica)**

Ⓖ

Orangegelbe Puppenkernkeule

Auf Hirschtrüffeln (Elaphomyces) kommen die ***Zungen-Kernkeulen (Cordyceps ophioglossoides)*** *mit schwarzen Farben vor, es gibt sogar auch Arten, die auf Insekten parasitieren. Die ähnlichen* ***Erdzungen (Geoglossum)*** *wachsen zwischen Moosen oder Gräsern.*

Grüngelbes Gallertkäppchen

Der ***Spitz-Morchel*** *ähnlich ist die* ***Halbfreie Morchel (Morchella gigas)****, bei der die untere Hutkante jedoch frei ist, die Speise-Morchel hat einen unregelmäßiger wabenartigen Hut. Die* ***Hohe Morchel (Morchella elata)*** *hat eine regelmäßiger aufgebaute Hutstruktur und hellere Farbe. Alle Arten aus dieser Gattung sind essbar.*

→ 4-6 cm breiter und 5-8 cm hoher Hut oberseits rundlich, Hutfarbe reicht von ocker bis schwarzbraun; Stiel mit dem Hutrand verwachsen, der weiße Stiel verjüngt sich nach oben; Fleisch brüchig; Geruch angenehm aromatisch; IV-V; Laub- und Mischwald, Auwälder, gerne unter Eschen, ungedüngte Wiesen; cremefarbene Sporen 16-23 x 11-14 µm: **Speise-Morchel (Morchella esculenta)** → Seite 430

Die **Speise-Morchel** ist ein ausgezeichneter Speise- und Trockenpilz

6 (4). Kopfteil unregelmäßig gewunden, gehirnartig bis kraus sattelförmig; Stiel am Hutscheitel angeheftet, längsrippig oder glatt: → **8**

→ Kopfteil ± glatt bis fein runzelig oder becherförmig, aber nicht insgesamt stark gewunden; Stiel auf halber Huthöhe angewachsen: → **7**

7. Pilz insgesamt 3-7 cm hoch; grau bis graubräunlicher Hut, becherförmig auf dem schlanken, filzigen Stiel sitzend; Außenseite mit filzigem Belag; elastisches Fleisch; VIII-X; in Laub- und Nadelwäldern auf dem Erdboden oder auf morschem Holz; weiße Sporen18-27 x 8,5-11,5 µm: **Grauer Langfüßler / Spindelsporige Lorchel (Macroscyphus macropus / Helvella bulbosa)**

Dieser Pilz erscheint tatsächlich so, als sei er eine Mischung aus Becherling und Lorchel. Die Sporen werden auf der glatten Innenseite des Bechers gebildet.

Grauer Langfüßler

→ Fingerhutförmiger Hut, 1-3 cm hoch, hellbraun, Oberfläche fein runzelig bis glatt; weißlicher, glatter Stiel an der Spitze mit dem Hut verwachsen, markig-hohl; IV-V; feuchte Laub- und Nadelwälder, Ufer; Sporenpulver cremefarben; Sporen glatt, 20-25 x 10-15 µm: **Fingerhut-Verpel (Verpa conica / digitaliformis)**

*Essbar, sollte aber wegen der Seltenheit geschont werden. Ähnlich mit stärker wabenförmigem Hut ist die **Böhmische Verpel (Ptychoverpa bohemica)***

Fingerhut-Verpel

8 (6). 5-10 cm breiter Hut, hirnartig gewunden, dunkel rost- bis kastanienbraun; Fruchtkörper erscheint im Frühjahr; aromatisch riechendes Fleisch zerbrechlich; III-V; sandige Kiefernwälder, Parkanlagen, nicht auf Kalk; weiße Sporen18-23 x 9-11,5 µm: **Frühjahrs-Lorchel (Gyromitra esculenta)** → **Seite 444**

→ Hut nicht gehirnartig gewunden; kein Frühjahrspilz; Merkmale anders: → **9**

9. Stiel ohne Furchen, heller als der Hut, hohl werdend; 3-7 cm hoher Pilz, ockerbräunlich bis graubraun; VII-X; Laub- und Nadelwald; weiße Sporen glatt, 18-20,5 x 11,5-12,5 µm: **Elastische Lorchel (Helvella / Leptopodia elastica)**

*Die **Weißstielige Lorchel (Helvella spadicea)** hat einen dickeren Stiel und die **Sattelförmige Lorchel (Helvella ephippium)** ist stäker grau gefärbt.*

→ Stiel mit ± tiefen Furchen: → **10**

10. 3-10 cm hohe Pilze mit schwärzlichgrauem, lappen-sattelförmigen Hut; Stiel mit tiefen Furchen; VI-IX; Laub- und Mischwälder; weiße Sporen glatt, 15-18 x 10,5-12 µm: **Gruben-Lorchel (Helvella lacunosa / sulcata)**

*Der Stiel der **Weißstielige Lorchel (Helvella spadicea)** ist ohne Längsrippen.*

→ 3-5 cm breiter Hut, sattelförmig, dünnfleischig; Stiel cremefarben mit Längsrippen; gummiartig bis zähes Fleisch; VII-X; feuchte Gebüsche und Laubwälder; weiße Sporen 16-20 x 10-12 µm: **Herbst-Lorchel (Helvella crispa)**

11 (3). Sich kugelförmig, unterirdisch entwickelnder Becherling, der später sternförmig aufbricht, 3-10 cm breit, außen weißlich, innenflächen violett-braun; auf Kalk, Nadelwald; V-VII; Sporenpulver weiß, Sporen glatt, 13-15 x 7-8 µm: **Kronenbecherling (Sarcosphaera coronaria / crassa)** → **Seite 445**

Frühjahrs-Lorchel

Elastische Lorchel

Gruben-Lorchel

Herbst-Lorchel

→ Merkmale anders: → **12**

12. Pilz beige, bräunlich oder schwärzlich, keine leuchtenden Farben: → **13**

→ Pilz leuchtend gelb, orange oder rötlich: → **21**

13. Pilz becherförmig oder rundlich: → **14**

→ Pilz ± keulen- oder geweihförmig: → **20**

14. 0,5-1 cm breite, rundliche Fruchtkörper, rotbraun bis schwärzlich; ganzjährig an Laubholz (besonders Buche); Sporenpulver schwarz, Sporen 11-15 x 5,5-7,5 µm: **Rötliche Kohlenbeere (Hypoxylon fragiforme)** s. a. S. 145 Nr. **42**

→ Pilz ± becherförmig: → **15**

15. 2-4 cm breite Fruchtkörper, becherförmig, glänzende Ober- und raue Unterseite; IX-XI; meist auf der sonnenabgewandeten Seite an lagernden Eichenstämmen, aber auch auf anderem Laubholz; Sporenpulver braunschwarz, Sporen 11-14 x 6-7 µm: **Schmutzbecherling (Bulgaria inquinans)** *s. a. S. 145 Nr.* **41**

→ Merkmale anders: → **16**

16. Ca. 5 cm breite, bräunliche Becher, bei Verletzung gelbliche Milch absondernd; VI-X; Laub- und Nadelwald, lehm- und kalkhaltige Böden; Sporenpulver weiß, 16-20 x 8,5-11 µm: **Gelbmilchender Becherling (Peziza succosa)**

→ Pilz keine gelbe Milch absondernd: → **17**

17. Ca. 2 cm große Fruchtkörper, innen weißlich und außen mit bräunlichen Borstenhaaren besetzt, mit der Lupe ist deutlich der bewimperte Rand zu erkennen; VII-X; Laub- und Nadelwälder auf dem Erdboden; Sporenpulver farblos, Sporen elliptisch, 19-22 x 11-12 µm: **Halbkugeliger Borstling (Humaria haemisphaerica)**

→ Borstenhaare fehlen: → **18**

*Hier sind die **Rötlichen Kohlenbeeren** bereits wieder von einem andern Pilz überwachsen.*

Schmutzbecherling

Gelbmilchender Becherling

*Ähnlich dem **Halbkugeligen Borstling** ist der etwas kleinere und auf Brandstellen wachsende **Halbkugelige Brandstellen-Borstling (Trichophaea hemisphaerioides)***

18. 2-4 cm breiter, cremefarbener Becherling mit gekerbtem Rand; auf feuchten Lehmböden; Sporenpulver weiß, glatte Sporen elliptisch, mit 2 Öltröpfchen, 17-22 x 11-14 µm: **Tiegelförmiger Napfbecherling (Tarzetta catinus)**

→ Pilz größer; Merkmale anders: → **19**

19. 4-8 cm breite, bräunliche Becher mit etwas hellerer Außenseite; Misthaufen, Beete, Felder; Sporenpulver weiß, glatte Sporen 19-22 x 10-13 µm: **Blasiger Becherling (Peziza vesiculosa)**

→ 4-12 cm breiter Becher, oft kurz gestielt; mittelbraun; Innenseite glatt; Außenseite etwas heller und rau, Rand gezähnt; IV-X; an vergrabenem oder morschem Holz; glatte Sporen 14-16 x 8,5-10 µm: **Kurzstieliger Becherling / Riesen-Becherling (Peziza varia / micropus)**

20 (13). 2-4 cm hohe, schwarze, an der Spitze weiß bestäubte, flachgedrückte, einem Geweih ähnelnde Pilze auf Laubholz, meist Buche; Sporenpulver schwarz, Sporen glatt, 11-15,5 x 4,5-6,5 µm: **Geweihförmige Holzkeule (Xylaria hypoxylon)** Bild s. S. 140 Nr. **20**

→ 4-8 cm hohe, ± fingerdicke, schwärzliche Fruchtkörper mit warzig-rauer Oberfläche; Fleisch innen weißlich (Anschneiden!); meist auf Buchenholz; fast ganzjährig zu finden; Sporenpulver schwarz; Sporen glatt, 20-29 x 5,5-8 µm: **Vielgestaltige Holzkeule (Xylaria polymorpha)** Bild s. S. 139 Nr. **17**

21 (12). Pilz ± becherförmig: → **22**

→ Pilz ohr-, tüten-, spatel- oder trichterförmig: → **24**

22. 1-3 mm breite, gelbe Becherchen auf Laubholz; VII-X; Sporen 10 x 4 µm: **Zitronengelbes Reisigbecherchen (Bisporella citrina)** s. S. 144 Nr. **37**

Tiegelförmiger Napfbecherling

*Für den **Blasigen Becherling** sind nährstoffreiche Standorte typisch.*

*Der **Riesen-Becherling** ist sehr veränderlich und nur mikroskopisch sicher zu bestimmten.*

Vielgestaltige Holzkeule

→ Pilze größer und orange: → 23

23. Auf Laub- und Nadelholz wachsend; ca. 15 mm große, orange Pilze; jung rundlich, später scheibenförmig ausgebreitet; Rand mit borstigen Haaren bewimpert; V-X; weiße Sporen 19-21 x 13 µm: **Holz-Schildborstling (Scutellinia scutellata)** Bild s. S. 144 Nr. 37

→ Am Erdboden wachsend, vor allem an lehmigen Orten auf offenen Bodenstellen; Becher orangegelb, 2-10 cm breit; Innenseite glatt und glänzend, Außenseite blasser und oft „mehlig" erscheinend; VI-X; Sporenpulver weiß, ornamentierte Sporen 13-17 x 7-9 µm: **Gewöhnlicher Orangebecherling (Aleuria aurantia)**

*Typisch sind die ornamentierten Sporen (Färben!); im Gegensatz zu der Gattung Peziza färbt sich die Ascus-Spitze nicht mit Lugolscher Lösung. Ähnlich ist auch der **Mennigfarbene Borstling (Melastiza chateri)** mit borstig behaartem Rand.*

24. (21). Spatelförmige, gelbe Fruchtkörper insgesamt bis 5 cm hoch; Kopfteil bis 2 cm breit, fächerförmig und meist wellig verbogen; VIII-IX; Bergnadelwälder; Sporenpulver weißlich, Sporen 38-48 x 2-2,5 µm: **Dottergelber Spateling (Spathularia flavida)** s. S. 143 Nr. 31

→ Merkmale anders: → 25

25. Ca. 10 cm großer, rötlicher lappiger, tüten- oder trichterförmiger Pilz, einseitig eingeschnitten; VII-X; auf kalkhaltigen Böden meist an vergrabenem Holz, besonders Fichte und Buche; Sporenpulver weiß, Sporen inamyloid, 8-12 x 5-6,5 µm: **Roter Gallerttrichter (Tremiscus helvelloides)** s. S. 143 Nr. 32

→ 5-10 cm hoher Fruchtkörper,ähnlich einem Eselsohr; VII-XI; Laubwälder; Sporenpulver weiß, 11-13 x 6-7 µm; **Eselsohr (Otidea onotica)** s. S. 143 Nr. 32

Gewöhnlicher Orangebecherling

Dottergelber Spateling

*Der **Rote Gallerttrichter** gehört nicht zu den Schlauchpilzen, sondern zu den Gallertpilzen (Tremellaceae), wird aber wegen seiner äußeren Ähnlichkeit mit den Becherlingen auch hier vorgestellt. Ein gutes Unterscheidungsmerkmal ist das gelatinös-elastische Fleisch, denn die „echten" Becherlinge besitzen ± brüchiges Fleisch.*

*Das **Eselsohr** ist essbar, sollte aber geschont werden. Ähnlich, aber wesentlich kleiner, ist der **Zierliche Öhrling (Otidea concinna)**.*

12 Speisepilze

In diesem Kapitel werden einige der häufigsten Speisepilze und ihre Verwechslungsmöglichkeiten vorgestellt.

Hut
10–25
Stiel
15 x 5

Maßangaben in cm

Die Größenangaben sind Durchschnittswerte. In der Natur kommen immer wieder größere und kleinere Exemplare vor.

Der erste Wert gibt den Durchmesser des Hutes in Zentimetern an, der Wert darunter die Stielhöhe und dahinter die Stielbreite, auch dieses in Mittelwerten eines „typischen" Pilzes.

Auf der rechten Seite ist bei jedem Pilz ein Sporenabwurfpräparat, ± in Originalgröße, dargestellt. Das lichtmikroskopische Foto daneben stellt die Sporen in einer 1000fachen Vergrößerung dar. Das rechte Bild ist jeweils eine Raster-Elektronenmikroskopische Aufnahme, auf der auch die Oberflächenstruktur der Spore zu erkennen ist.

In dem kleinen weißen Kästchen unter der Zeichnung finden Sie einen Seiten- und Nummernverweis, der Ihnen angibt, wo dieser Pilz im Bestimmungsteil zu finden ist.

Einen Baumstumpf mit ***Stockschwämmchen*** *sollte man sich merken. Manchmal liefert er über viele Jahre immer wieder eine leckere Mahlzeit.*

Echter Steinpilz / Fichten-Steinpilz

Der Echte Steinpilz (Boletus edulis) wird auch als Herrenpilz bezeichnet und ist einer der beliebtesten Speisepilze. Allerdings gibt es nicht „den" Steinpilz, sondern verschiedene Arten, die allesamt wohlschmeckend sind, sich doch aber hinsichtlich des Begleitbaumes und in in einigen Merkmalen unterscheiden. Allen gemein ist der dicke Stiel, die je nach Reifegrad der Sporen weißlichen bis gelboliven Poren und der braune Hut.

Wie der Name es vermuten läßt, lebt der Fichten-Steinpilz in Vergesellschaftung mit Fichten; man findet ihn von Juli bis Oktober im Nadel- und Mischwald auf sauren und kalkhaltigen Böden. Er ist einer der wenigen Speisepilze, die auch roh essbar sind. In der Medizin wird ihm nachgesagt, Muskeln und Gelenke zu entspannen. Derzeit werden die antiviralen und antitumoralen Eigenschaften dieser Gattung untersucht.

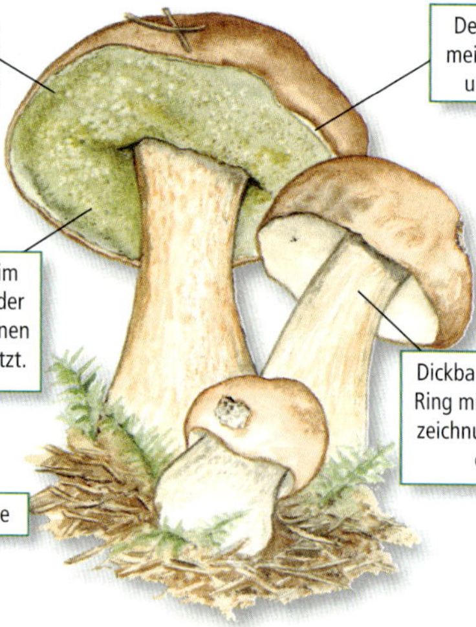

Hut
10–25
Stiel
15 x 5

Maßangaben in cm

s. S. 166 Nr. 27

*Der **Steinpilz** ist ein typischer Dickröhrling. Besonders im oberen Teil des Stieles hat er ein weißes Netzmuster (s. Lupe).*

Steinpilze sind oft jahrelang an der selben Stelle zu finden. Sie wachsen meist dort wo Fliegenpilze oder Mehl-Räslinge stehen. Ein Rezept finden Sie auf S. 63.

Sporenmerkmale

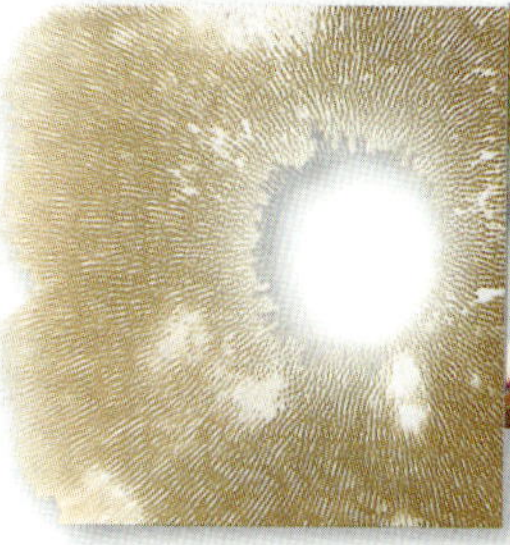

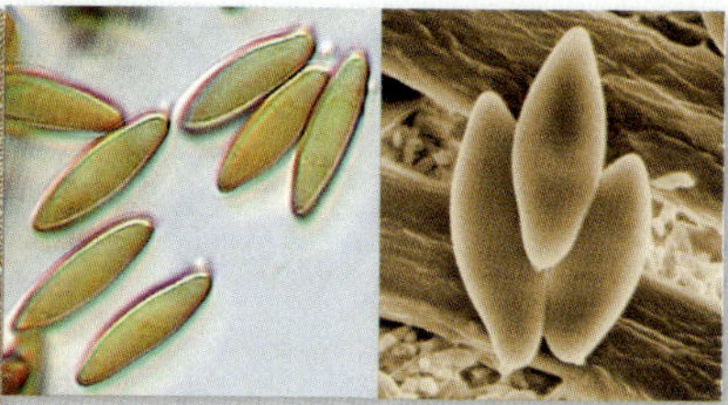

Das Sporenpulver ist bräunlich. Im Elektronenmikroskop ist deutlich die Ansatzstelle (Appendix) zu erkennen, mit dem die Sporen an der Sporenständerzelle anhaften, bevor sie zur Reifezeit abfallen. Sporen 12-17 x 4,5-6 µm.

Verwechslungsmöglichkeiten

Zu verwechseln ist der Fichten-Steinpilz natürlich mit anderen Steinpilzen oder dickstieligen Maronen, was aber keine Auswirkungen hat, da sie alle essbar sind. Die Mahlzeit verderben können Sie sich mit dem bitter schmeckenden Gallenröhrling oder dem ebenfalls bitter schmeckenden Schönfuß-Röhrling. Der mild schmeckende Satansröhrling ist sehr selten und durch die roten Farben und den hellen Hut gut gekennzeichnet (s. 151).

*Der **Gallenröhrling** (Tylopilus felleus) hat ein dunkles Netz am Stiel und die Poren färben sich im Alter rosa. Wenn Sie sich nicht sicher sind, ob Sie einen Steinpilz oder einen Gallenröhrling vor sich haben, genügt es meist an der Schnittstelle zu lecken, um den bitteren Geschmack wahrzunehmen.*

*Die gelben Röhren des **Schönfuß-Röhrlings** (Boletus calopus, s. Foto) laufen auf Druck blau an. Der Stiel ist im oberen Teil gelber und zur Basis hin kräftig rot mit einer roten Netzzeichnung. Der bittere Geschmack kennzeichnet ihn darüber hinaus sehr gut.*

*Beim **Satans-Röhrling** (Boletus satanas, s. S. 151) sind auch die Poren rot, auf Druck blauen sie wie das Fleisch leicht. Der Geschmack ist mild. Der rötliche Stiel hat im oberen Teil oft ein rötliches Stielnetz.*

Flockenstieliger Hexen-Röhrling / Schusterpilz

Durch die leuchtend roten Poren und das intensive Blauen des Fleisches wirkt der Flockenstielige Hexen-Röhrling (Boletus erythropus) auf den ersten Blick nicht besonders einladend. Er ist jedoch ein dem Steinpilz ebenbürtiger Speisepilz und auch sehr gut zum Trocknen geeignet.

Man findet ihn von Juni bis Oktober im Laub- und Nadelwald auf sauren Böden, besonders häufig geht er eine Lebensgemeinschaft mit Rotbuchen, Eichen und Fichten ein. Er ist uneingeschränkt essbar und sehr gut zum Trocknen geeignet. Das Fleisch blaut sehr stark beim Anschnitt und färbt sich in der Pfanne zunächst schwarz, dann wird es wieder gelb. Den Namen Schusterpilz verdankt er der wildlederartigen Oberfläche der Huthaut.

Hut
10–20
Stiel
15 x 5

Maßangaben in cm

Der Schusterpilz hat ***unter dem Schwamm keine rote Farbschicht*** *(kl. Bild Mitte), d.h. im Vergleich zum Netzstieligen Hexen-Röhrling (s. rechte Buchseite) ist zwischen Schwamm und Hutfleisch keine LInie sichtbar (kl. Bild links). Außerdem ist der* ***Stiel feinflockig*** *(Lupe) und nicht netzig.*

s. S. 165 Nr. **23**

Sporenmerkmale

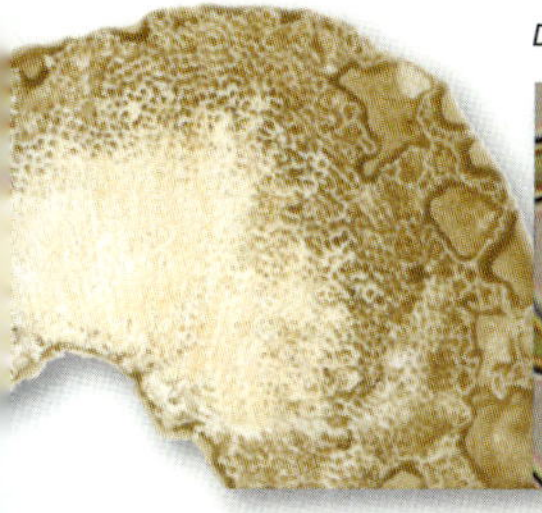

Die glatten Sporen sind 11-16 x 5-6 µm groß.

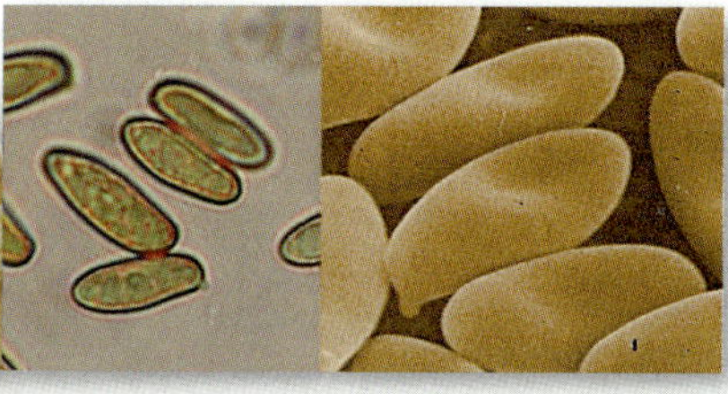

Verwechslungsmöglichkeiten

Am ähnlichsten ist sein nächster Verwandter, der Netzstielige Hexen-Röhrling, Sie sollten aber vor allem auch die Merkmale des Satans- und Schönfußröhrlings kennen, wenn Sie Röhrlinge mit roten Poren sammeln.

*Der Stiel des **Netzstieligen Hexen-Röhrlings** (Boletus luridus) hat eine deutliche Netzzeichung, besonders im oberen Bereich kurz unter dem Hut. Außerdem ist das Fleisch unter dem Röhrenfutter rötlich, was Sie am besten sehen können, wenn das Röhrenfutter vom Hutfleisch entfernt wird, aber auch im Anschnitt ist es als feine Linie zwischen Röhrenscicht und Hutfleisch sichtbar. Dieser Pilz ist in Verbindung mit Alkohol giftig (s. 77). Individuelle Unverträglichkeiten sind auch recht häufig und der Pilz sollte auf jeden Fall gut erhitzt werden.*

*Der **Schönfuß-Röhrling** (Boletus calopus, Foto links) hat einen viel helleren Hut als die Hexen-Röhrlinge und gelbe Poren.*

*Der **Satans-Röhrling** (Boletus satanas, s. S. 151) hat einen ebenso hellen Hut und rote Poren. Beide Arten laufen zwar auf Druck leicht blau an, das Fleisch verfärbt sich im Anschnitt jedoch nicht so intensiv wie bei den Hexen-Röhrlingen.*

Birken- / Heide-Rotkappe

Die Heide-Rotkappe (Leccinum versipelle) ist einer der farbenfrohsten Pilze und noch dazu ein ausgezeichneter Speisepilz. Das feste Fleisch schwärzt beim Erhitzen.

Leider ist sie in Deutschland in den meisten Regionen selten geworden und steht unter Naturschutz. Sie wächst von Juni bis Oktober als Birkenbegleiter meist in Heidelandschaften auf sauren, sandigen Böden. In Skandinavien ist sie weit verbreitet. Die Huthaut ist ± überhängend, d.h. der Schwamm quillt im Alter nicht, wie bei den Birkenpilzen, unter der Huthaut hervor.

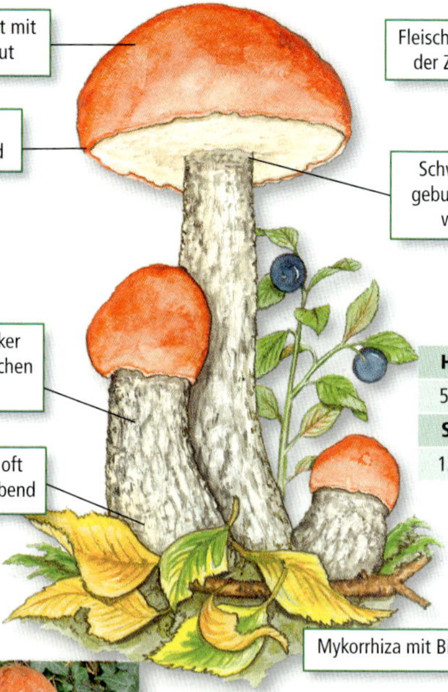

Maßangaben in cm	
Hut	5–15
Stiel	12 x 4

s. S. 159 Nr. 7

Auch bei sehr jungen Pilzen ist schon deutlich der raue, schuppige Stiel zu erkennen, der „beweist", dass diese Pilze zu der Gattung der Raufußröhrlinge gehört.

Sporenmerkmale

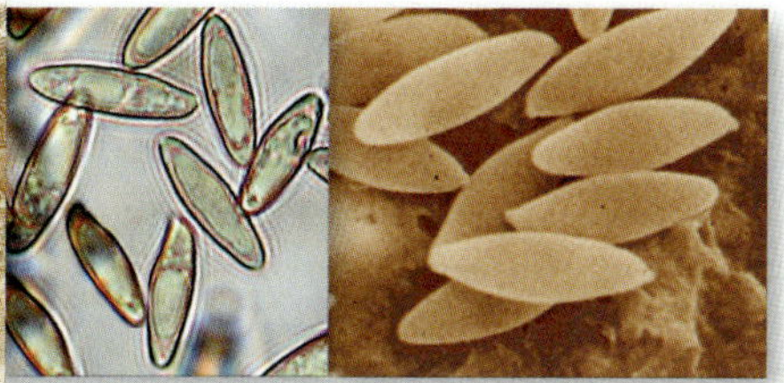

Die länglichen Sporen sind 12-16 x 4-5 µm groß.

Verwechslungsmöglichkeiten

Durch den leuchtend roten Hut in Verbindung mit dem schuppigen Stiel ist die Gattung Rotkappe nahezu unverwechselbar. Allerdings gibt es wie bei den Birkenpilzen verschiedene Arten der Rotkappen, sie sind jedoch alle essbar.

__Eichen-Rotkappen__ haben einen Stiel mit rotbräunlichen Schuppen und gehen eine Lebensgemeinschaft mit Eichen ein. Beide Arten unterscheiden sich nicht durch die Verfärbung des Fleisches, beide röten zunächst und werden später violettgrau bis schwarz. Auch mit Eisensulfat werden beide Arten dunkel blaugrün. An den Druckstellen läuft die Eichen-Rotkappe jedoch stärker rötlich und später blaugrün an (Lupe).

Es gibt noch weitere ähnliche, ebenfalls essbare Arten, von denen hier nur stellvertretend diese Art vorgestellt wird.

Die __„Birkenpilze"__ sind den Rotkappen recht ähnlich, haben jedoch einen braunen Hut und die Röhren sind „übergreifend", d.h. der Schwamm quillt bei älteren Pilzen unter der Huthaut hervor.

Da die Rotkappen meist festfleischiger sind als die Birkenpilze, sind es die besseren Speisepilze, sie sind jedoch sehr viel seltener zu finden.

Gewöhnlicher Raustielröhrling / Birkenpilz

Der Gewöhnliche Raustielröhrling wird gemeinhin als Birkenpilz (Leccinum scabrum / Krombholziella scabra) bezeichnet. Da jedoch zur Zeit etwa 40 Arten in dieser Gattung unterschieden werden, ist dieser Name nicht eindeutig. Diese Arten sind sich teilweise sehr ähnlich und die Unterteilung ist in lebhafter Diskussion. Zudem sind die meisten Arten, wie auch der Gewöhnliche Raustielröhrling, sehr farbvariabel. Glücklicherweise gibt es in dieser Gattung keine ungenießbaren oder giftigen Arten.

Alle „Birkenpilze" haben einen ± braunen Hut und einen im Verhältnis zur Hutgröße meist relativ langen Stiel mit rauen Schuppen. Diese Flocken sind schwarz bis graubräunlich und enstehen dadurch, dass die dunkle Stielrinde dem Wachstum des Pilzes nicht folgen kann und einreißt. Das Röhrenfutter ist meist tief ausgebuchtet bis aufsteigend angewachsen und die Röhren bräunen auf Druck leicht.

Hut
4–12
Stiel
15 x 2

Maßangaben in cm

s. S. 160 Nr. 8

*Das **Röhrenfutter** ist meist tief ausgebuchtet angewachsen. Bei älteren Pilzen wird der Schwamm sehr weich und sollte entfernt werden. Das gesamte Hutfleisch verliert leider bei den „Birkenpilzen" schnell seine Festigkeit, so dass nur junge Exemplare wirklich schmackhaft sind.*

Sporenmerkmale

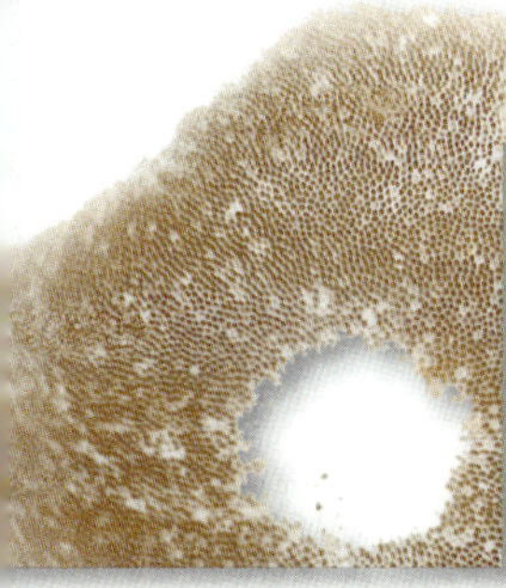

Die länglichen Sporen sind 13-18 x 5-6 µm groß.

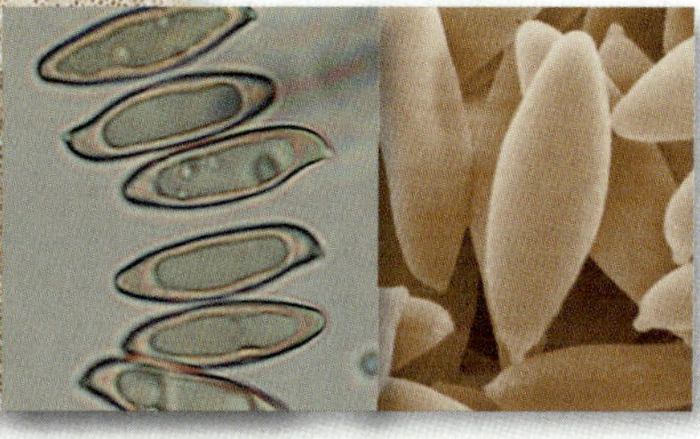

Verwechslungsmöglichkeiten

Der Gewöhnliche Raustielröhrling kann mit einigen anderen Arten aus der Gattung verwechselt werden, sie sind alle je nach Standort recht veränderlich. Meist ist die Hutfarbe in Trockengebieten heller und in Feuchtgebieten dunkler. Alle Arten sind essbar.

Am meisten verwechselt wird diese Art mit dem ***Vielverfärbenden Birkenpilz*** *(Leccinum variecolor). Er hat einen Hut mit mehr Grauanteilen und eine blaugrüne Stielbasis (Lupe). Das weiße Fleisch rötet beim Anschneiden, mit Eisensulfat wird es gelbgrün, während sich das des Birkenpilzes grau verfärbt.*

Vom ***Hainbuchen-Raustielröhrling*** *(Leccinum carpini, Foto rechts) kann er durch das auf Druck und im Anschnitt schwärzende Fleisch unterschieden werden.*

Von den ***Rotkappen*** *unterscheiden sich alle „Birkenpilze" durch die braunen Hutfarben, das weichere Fleisch und den unter dem Hut hervorquellenden Schwamm.*

Gold-Röhrling

Der Gold-Röhrling (Suillus grevillei) ist einer der auffälligsten Pilze – und doch ist es immer wieder erstaunlich wie getarnt er trotz der leuchtend goldgelben Hutfarben sein kann. Er verdient seinen Namen wirklich zu Recht, denn alles an ihm ist „golden", der Stiel, der Hut, das Röhrenfutter und selbst das Fleisch. Da es allerdings schnell weich wird und die schmierige Huthaut abgezogen werden muss, ist es nur ein mittelmäßiger Speisepilz.

Die leuchtend gelben Röhren werden im Alter bräunlich. Der walzenförmige Stiel hat eine schleimige Ringzone. Man findet den Gold-Röhrling ausschließlich in der Nähe von Lärchen, mit denen er eine Lebensgemeinschaft eingeht. Er ist von Juni bis Oktober vor allem in bergigen Regionen zu finden, er hat keine besonderen Bodenansprüche.

Hut
4–10
Stiel
10 x 1,5

Maßangaben in cm

s. S. 162 Nr. **14**

*Das **Fleisch** des Gold-Röhrlings läuft nach dem Anschneiden leicht braun an. Die Röhren werden auf Druck ebenfalls leicht braun. Es sollten nur Pilze zubereitet werden, die beim Anschneiden noch gelbes Fleisch haben und festfleischig sind.*

Sporenmerkmale

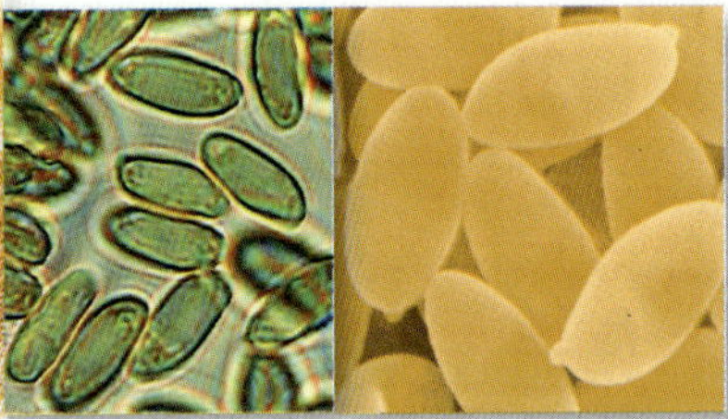

Die länglichen bis elliptischen Sporen sind 7-10 x 3-4 µm groß.

Verwechslungsmöglichkeiten

In der Gattung der Schmierröhrlinge gibt es keine ausgesprochenen Giftpilze. Alleine dem Butterpilz wird nachgesagt, dass er von manchen Personen nicht gut vertragen wird, ansonsten sind alle Arten uneingeschränkt essbar.

*Der **Rostrote Lärchen-Röhrling** (Suillus tridentinus, Foto rechts) hat einen ± rostfarbenen Hut, der nur feucht klebrig ist. Die relativ groben, rostbraunen Poren laufen bei Druck rotbraun an. Auch das Fleisch ist mehr rötlichgelb. Er wächst ebenfalls bei Lärchen.*

*Ähnlich kann auch **Bresadolas Lärchen-Röhrling** (Suillus bresadolae) aussehen, er hat jedoch graue Poren.*

*Der **Butterpilz** (Suillus luteus, Foto rechts) hat ebenso gelbes Fleisch und eine ebenso schmierige Huthaut, die vor der Zubereitung abgezogen werden sollte. Der Hut ist jedoch viel brauner, die runden Poren feiner und der Stiel heller. Er wächst zudem immer unter Kiefern.*

*Ohne Ringzone ist auch der **Körnchen-Röhrling** (Suillus granulatus) ähnlich.*

Kuh-Röhrling

Der Kuh-Röhrling (Suillus bovinus) ist einer der Schmierröhrlinge mit ringlosem Stiel. Der Name bezieht sich auf die butterartige Konsistenz und Farbe des Fleisches und ist davon abgeleitet, dass Butter aus Kuhmilch (=„lac bovinum") hergestellt wird. Tatsächlich wird es, ähnlich wie Butter, schnell weich und nur junge Pilze sind schmackhaft. Eine Besonderheit des Fleisches ist es, dass es sich beim Erhitzen fleischrosa bis pinkfarben färbt.

Die schmutzig ockerfarbenen Röhren sind ± weit am Stiel herablaufend. Die Porenmündungen sind bei reifen Pilzen relativ rhombisch und weitporig. Kuh-Röhrlinge wachsen immer in der Nähe von Kiefern, mit denen sie eine Lebensgemeinschaft eingehen. Sie sind besonders auf sauren Böden weit verbreitet und man findet sie von Juli bis Oktober.

Hut
3–10
Stiel
5 x 1

Maßangaben in cm

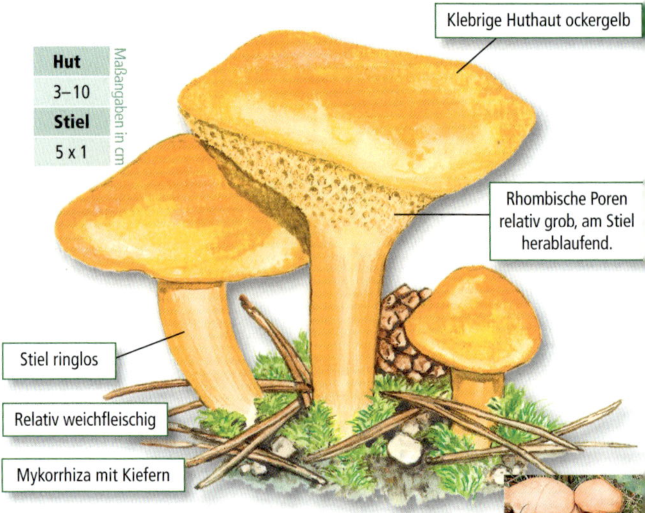

s. S. 161 Nr. **12**

Rechts im Bild sind die gleichen Kuh-Röhrlinge roh und links nach dem Erhitzen in der Pfanne zu sehen. An der blass-lila Farbe sind diese Pilze in jedem Mischgericht zu erkennen.

Sporenmerkmale

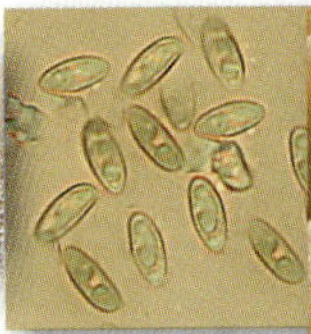

Die elliptischen Sporen sind 7-10 x 3-4 µm groß.

Verwechslungsmöglichkeiten

Da außer dem eventuell zu Unverträglichkeiten führenden Butterpilz alle Arten dieser Gattung essbar sind, gibt es genau wie bei dem Gold-Röhrling keine zu fürchtenden Doppelgänger. In einer eigenen Gattung steht der Pfefferröhrling (Chalciporus piperatus). Es ist ratsam, ihn zu kennen, wenn ringlose Schmier- oder Filzröhrlinge gesammelt werden, da der roh brennend scharfe Geschmack nach dem Erhitzen eine unangenehme Komponente entwickelt und kaum als Speisepilz bezeichnet werden kann. Giftig ist er jedoch nicht.

Der ***Pfefferröhrling*** *hat einen orangebräunlichen Hut, der nur bei feuchtem Wetter schmierig ist. Die rostbraunen Röhren sind dunkler als beim Kuh-Röhrling, die Poren sind allerdings auch ziemlich grob. Der Stiel ist schlanker und hat im Anschnitt eine chromgelbe Basis.*

Der ***Sand-Röhrling*** *(Suillus variegatus, Foto links) ist wohl der ähnlichste der Schmierröhrlinge. Er hat jedoch jung schon olivbräunliche und keine gelben Röhren. Die Huthaut ist auch nicht nicht schmierig, sondern feinkörnig bis filzig. Er ist sogar festfleischiger und ein besserer Speisepilz als der Kuh-Röhrling.*

Der seltene ***Ringlose Butterpilz*** *(Suillus collinitus) hat einen dunkleren Hut und eine rosa Stielbasis, er ist ebenso ringlos.*

Maronen-Röhrling / Braunkappe / Marone

Die Marone (Xerocomus badius) verdankt ihren wissenschaftlichen Artnamen „badius", was auf lateinisch „kastanienbraun" heißt, ihrer braunen Hutfarbe. Obwohl sie zu den Filzröhrlingen mit trockener Huthaut gehört, kann die Oberfläche bei Regen schmierig werden.

Die Röhren sind jung weißlich und werden später gelb, auf Druck blauen sie. Der ringlose Stiel ist heller als der Hut und bräunlich gemasert, allerdings ohne Netzzeichnung. Das weißlich bis gelbe Fleisch blaut beim Anschneiden leicht. Maronen wachsen von Juli bis November unter Kiefern und Fichten auf sauren Böden.

Hut
5–15
Stiel
10 x 2

Maßangaben in cm

s. S. 163 Nr. **18**

*Wenn das **Fleisch** der Maronen noch frisch ist, blaut es. Altes, verdorbenes Fleisch wie in dem Pilz rechts zu sehen, ist braun angelaufen und blaut nicht mehr. Es sollte auf keinen Fall verzehrt werden.*

Sporenmerkmale

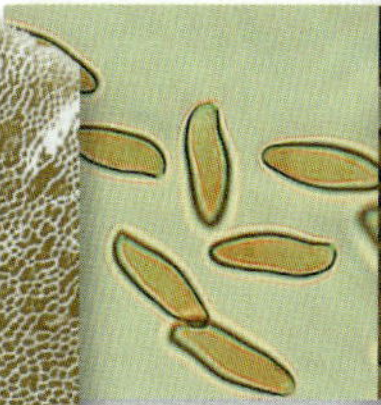

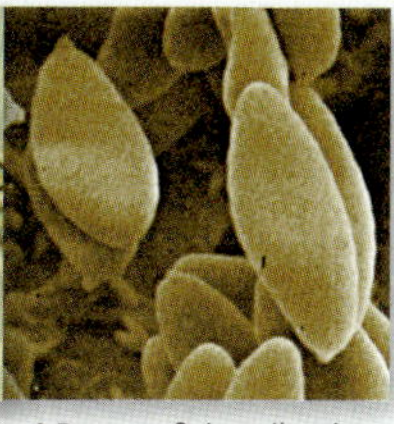

Die Sporen sind 11-15 x 4-5 µm groß, im mikroskopischen Bild (Mitte) sind sie mit Melzer-Reagenz (s. S. 113) angefärbt.

Verwechslungsmöglichkeiten

Die Marone ist sehr variabel und kann Steinpilzen und anderen Filzröhrlingen ähnlich sehen. Unter den Röhrenpilzen mit gelbem Schwamm und braunem Hut gibt es keine Giftpilze. Ähnlich kann jedoch auch der ungenießbar bittere Gallenröhrling aussehen, besonders wenn er noch sehr jung ist und das rötliche Röhrenfuttter nicht zu erkennen ist. Eine Marone besitzt jedoch niemals eine Netzzeichnung am Stiel.

***Gallenröhrlinge** (Tylopilus felleus) können Maronen durchaus ähnlich sehen, wenn sie auch eher mit Steinpilzen verwechselt werden. Das im Alter rosa werdende Röhrenfutter ist bei jungenPilzen noch nicht immer gut zu erkennen, allerdings das dunkle Stielnetz (Lupe), was bei Maronen nie vorkommt. Im Zweifel ein kleines Stück probieren: Die Bitterkeit des Gallenröhrlings nimmt man gewöhnlich schon beim Anlecken der Schnittstelle wahr.*

*Egal ob **Ziegenlippe** oder **Rotfuß-Röhrling** – oder so wie hier einer Form, die zwischen beiden PIlzen zu liegen scheint – beide können Maronen ähnlich sehen, sind aber ebenfalls essbar. Die Ziegenlippe hat nicht oder nur leicht bläuendes Fleisch und leuchtend gelbe Röhren. Rotfuß-Röhrlinge bläuen fast ebenso wie Maronen, haben aber einen rot überlaufenen Stiel und meist reißt der Hut felderig ein. Ihr Geschmack ist etwas säuerlich. Die Unterscheidung zwischen weiteren Arten aus der Gattung läßt sich meist nur mikroskopisch vornehmen.*

Rotfuß-Röhrling / Rotfüßchen

Der Rotfuß-Röhrling (Xerocomus chrysenteron) verdankt seinen Namen dem besonders zur Basis hin rötlich überlaufenen Stiel. Auch die Fraßstellen sind rot gerandet. Der Hut ist in der Farbe sehr variabel, aber immer ± braun. Typisch ist, dass die Oberfläche im Alter felderig einreißt.

Die gelblichen Röhren blauen bei Berührung fast ebenso wie bei den Maronen und auch das Fleisch ist beim Anschneiden schwach blauend. Es verdirbt relativ schnell und oft findet man im Wald viele schon von Schimmelpilzen überzogene Pilzleichen. Im Verlgeich mit der Marone ist es ein minderwertigerer Speisepilz, allerdings hat das Fleisch einen ganz eigenen, säuerlichen Geschmack, der auch als sehr angenehm empfunden werden kann. Rotfuß-Röhrlinge gehen eine Lebensgemeinschaft mit verschiedenen Bäumen ein und man findet sie von Juli bis November in Laub- und Nadelwäldern.

Hut
5–10
Stiel
6 x 1,5

Maßangaben in cm

s. S. 163 Nr. 18

*Der **Falsche Rotfuß-Röhrling** (Xerocomus porosporus) kann sicher nur mikroskopisch abgetrennt werden. Er ist etwas kleiner und wirkt wie ein Rotfuß-Röhrling im Trauergewand, ist aber ebenfalls essbar.*

Sporenmerkmale

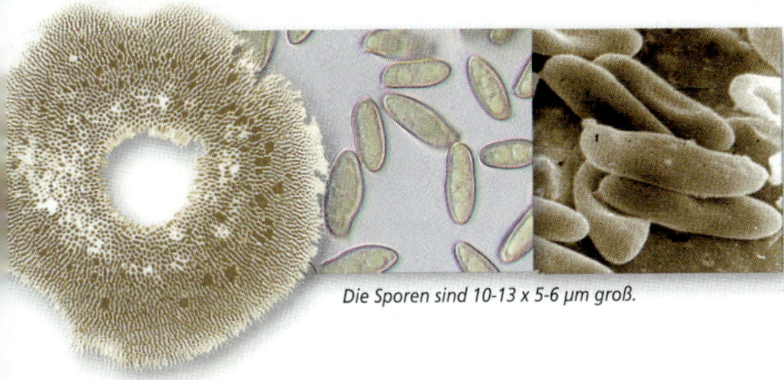

Die Sporen sind 10-13 x 5-6 µm groß.

Verwechslungsmöglichkeiten

Unter den Filzröhrlingen gibt es einige Arten, die eine rötliche Hutoberfläche haben. Sie können an Rotfuß-Röhrlinge erinnern, auch wenn diese einen braunen Hut haben. Maronen und Ziegenlippen sind ebenfalls sehr ähnlich (s. vorherige Seite). In dieser Gattung sind alle Arten essbar, eine Verwechslung mit Gallen- oder Pfefferröhrlingen (s. S. 369) ist eher unwahrscheinlich.

*Der **Aprikosenfarbene Röhrling** (Xerocomus armeniacus, Foto rechts) hat ebenso wie der **Blutrote Röhrling** (Xerocomus sanguineus) einen viel roteren Hut. Beide sind essbar.*

*In der Gattung der Filzröhrlinge ist auch der **Schmarotzer-Röhrling** (Xerocomus parasiticus) zu Hause. Durch seinen Standort auf Kartoffelbovisten ist er gut gekennzeichent. Er ähnelt auch eher einer Ziegenlippe, als einem Rotfuß-Röhrling, hat jedoch relativ grobe Poren und einen olivbräunlichen Hut. Er ist ebenfalls essbar, aber in den meisten Regionen relativ selten und schützenswert.*

Frauen-Täubling

Das deutlichste Erkennungsmerkmal des Frauen-Täublings (Russu la cyanoxantha) sind die weichen Lamellen. Sie lassen sich am bes ten „erfühlen", wenn Sie mit dem Finger darauf entlangstreichen, sie sind weich und biegsam. Bei anderen Täublingen splittern sofor einzelne Stück von den Lamellen ab.

Die Hutfarben sind sehr variabel, meist violett, grünlich bis rosa und immer irgendwi mehrfarbig untermischt. Im Alter blasst die Farbe aus und der Hut erscheint oft rost fleckig. Frauen-Täublinge gehen meist eine Lebensgemeinschaft mit Buchen ode Fichten ein und sind von Juli bis Oktober in Laub- und Mischwäldern auf Kalkböder zu finden. Durch das feste Fleisch ist dieser Täubling ein ausgezeichneter Speisepilz.

Hut
5–15
Stiel
7 x 2,5

Maßangaben in cm

s. S. 178 Nr. 9

*Die **Hutfarben** des Frauen-Täublings sind überaus variabel. Hier sind drei Exemplare abgebildet, die am selben Standort gewachsen sind. Meist sind die Farben intensiver violett.*

Sporenmerkmale

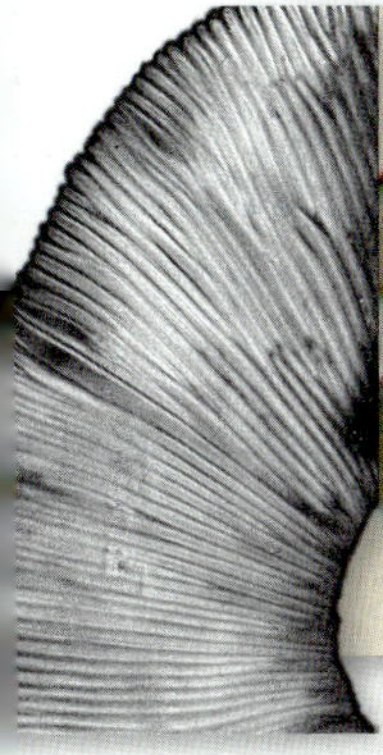
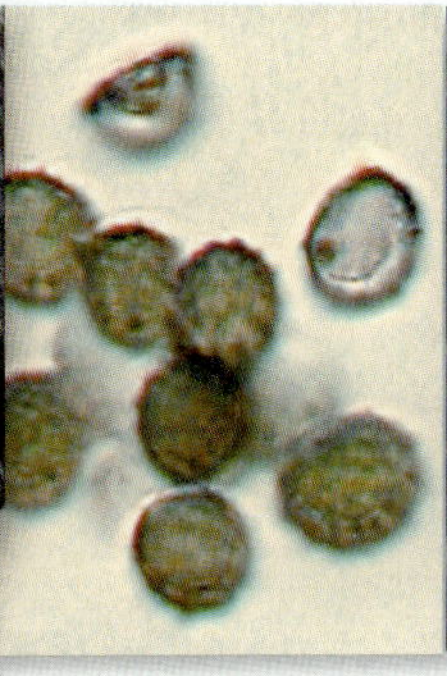
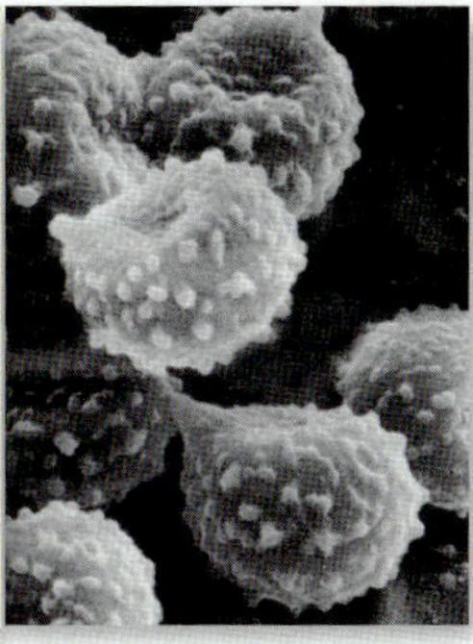

Die feinwarzigen Sporen sind 7-9 x 6-7 µm groß, im lichtmikroskopischen Bild (Mitte) sind sie mit Melzers-Reagenz (s. S. 113) angefärbt.

Verwechslungsmöglichkeiten

Bei Pilzen mit irgendwie weißen oder grünlichen Hüten und weißen Lamellen kann nicht oft genug auf die Verwechslungsgefahr mit Grünen Knollenblätterpilzen hingewiesen werden, zumal sie auf ähnlichen Standorten vorkommen! Allerdings gehört schon etwas dazu, diese beiden tatsächlich doch sehr unterschiedlichen Pilze zu verwechseln. Viel eher kann der Frauen-Täubling für einen der anderen Täublinge gehalten werden. Da hier eine kleine Kostprobe aus dem Fleisch sofot verrät, ob es sich um einen ungenießbaren oder ebenfalls essbaren „Verwandten" handelt, wäre diese Verwechslung nicht gefährlich (vgl. S. 173).

*Das faserig brüchige Fleisch, der Ring am Stiel, die Gesamthülle, die als Scheide an der Stielbasis zurück bleibt und die tortenstückartig vom Hut abziehbare Huthaut unterscheiden diesen tödlich giftigen **Grünen Knollenblätterpilz** (Amanita phallloides, s. S. 443, Foto links) vom Frauen-Täubling.*

*Der **Grüne Speisetäubling** (Russula heterophylla) ist der ähnlichste aus der Täublings-Verwandtschaft des Frauen-Täublings. Er ist ebenfalls essbar, der Geschmack kann nach längerem Kauen manchmal aber leicht bitter werden. Er hat ebenfalls weichere Lamellen als die übrigen Täublinge und kann auch rostfleckig werden, eine sichere Abtrennung ist oft nur mikroskopisch möglich.*

Speise-Täubling

Der Speise-Täubling (Russula vesca) ist einer der wohlschmeckendsten Täublinge, da er sehr festes Fleisch und einen angenehmen Geschmack hat. Leider ist er häufig madig. Sein bestes Erkennungsmerkmal ist die Huthaut, die den Hutrand nicht ganz erreicht. Daher ist immer etwas von dem weißen Hutfleisch sichtbar.

Die Hutfarbe schwankt zwischen fleischrosa und fleischbräunlich. Er wird ebenso wie die weißen Lamellen im Alter rostfleckig. Der Speise-Täubling kann mit verschiedenen Bäumen eine Lebensgemeinschaft eingehen und wächst von Juni bis Oktober in Laub- und Mischwäldern.

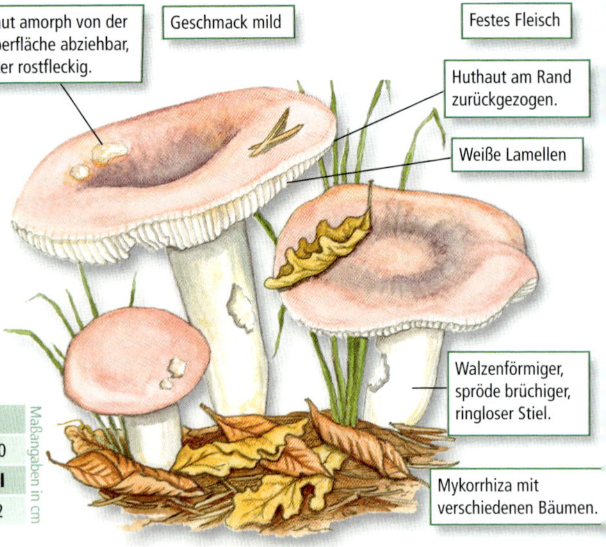

Hut	5–10
Stiel	6 x 2

Maßangaben in cm

*Der Speise-Täubling ist an der **zurückgezogenen Huthaut** (Lupe) am einfachsten zu erkennen (s. S. 177 Nr. 8).*

Sporenmerkmale

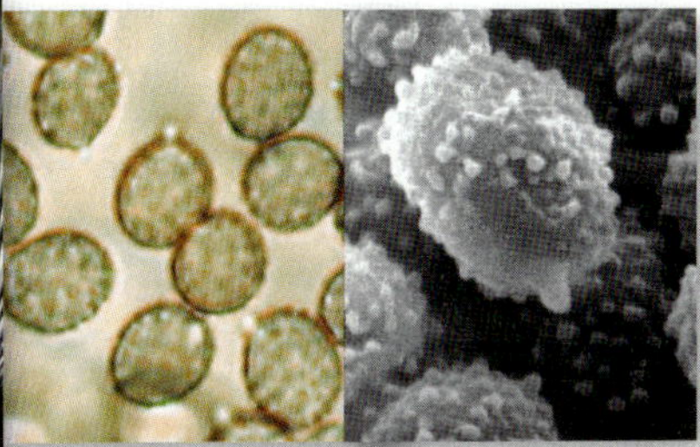

Die feinwarzigen Sporen sind 6-8 x 5-6,5 µm groß, im lichtmikroskopischen Bild (Mitte) sind sie mit Melzers-Reagenz (s. S. 113) angefärbt.

Verwechslungsmöglichkeiten

Verwechslungsmöglichkeiten bestehen mit anderen Täublingen, hier ist vor allem Vorsicht vor den brennend scharfen, meist leuchtend roten Spei-Täublingen geboten. Im Zweifelsfall entscheidet eine Kostprobe des Fleisches, ob es sich um einen milden, essbaren oder einen ungenießbaren Täubling handelt (vgl. S. 173).

Der etwas bitter schmeckende ***Harte Zinnober-Täubling*** *(Russula rosea) wächst auf vergleichbaren Standorten in Buchenwäldern, hat jedoch einen Geschmack nach Bleistiftholz, er ist ebenfalls ein Speisepilz.*

Die roten Hutfarben des Speise-Täublings sind weniger leuchtend als bei den ***Spei-Täublingen****. Hier ist der Buchen-Spei-Täubling (Russula mairei) zu sehen, der meist eine Lebensgemeinschaft mit Rot-Buchen eingeht.*

Echter Reizker / Kiefern-Blutreizker

Der Echte Reizker (Lactarius deliciosus) wird gerne als Edel-Reizker bezeichnet. Auch der wissenschafliche Artname preist seinen köstlichen Geschmack. Der Name Kiefern-Blutreizker bezieht sich auf die karottenrote Milch, die lange so bleibt und erst sehr spät grün umfärbt und den Standort bei Kiefern.

Im engeren Sinne werden nur die Milchlinge mit orangerötlicher Milch als Reizker bezeichnet, so dass diese Art diesen Namen tatsächlich verdient. Es gibt sehr viel mehr Milchlinge mit weißer Milch, die bis auf wenige Ausnahmen ungenießbar sind.

Der Hut ist gezont und hat immer orangene Farben, im Alter kommen zunehmend Grünanteile hinzu. Die Huthaut ist feucht schmierig, Fraßstellen oder Verletzungen färben sich ebenfalls grün. Der Stiel ist etwas heller orange als der Hut und besitzt dunklere, grubige Flecken. Im Alter wird er zunehmend hohl. Er geht eine Lebensgemeinschaft mit Kiefern ein und ist von August bis Oktober zu finden.

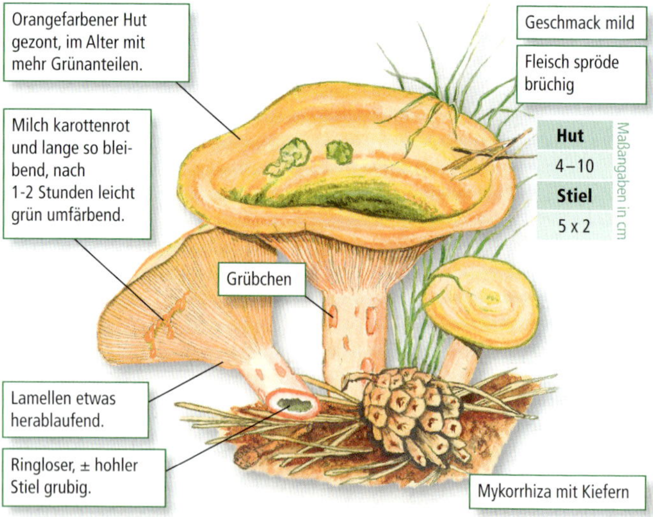

Maßangaben in cm
Hut
4–10
Stiel
5 x 2

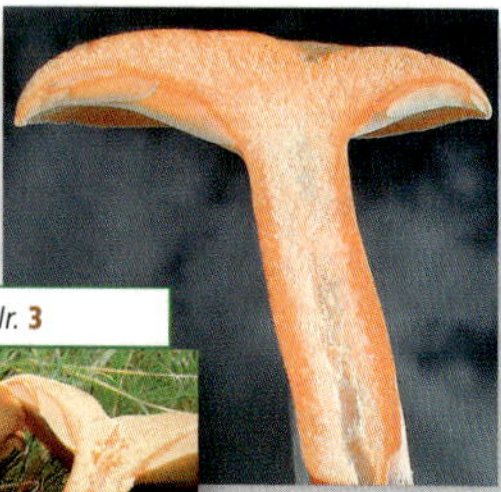

s. S. 188 Nr. **3**

Junge ***Stiele*** *sind meist noch vollfleischig (Bild rechts), während sie im Alter zunehmend hohl werden.*

An ***verletzten Stellen*** *wird das Fleisch zunächst orange und später grünlich (Foto links).*

Sporenmerkmale

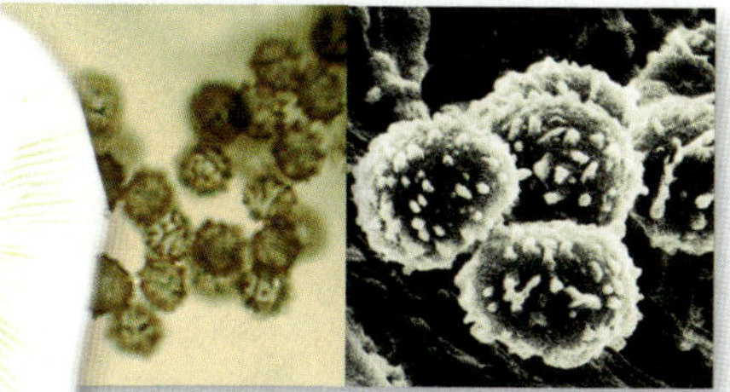

Die warzigen Sporen sind 7-9 x 6-7 µm groß, im lichtmikroskopischen Bild (Mitte) sind sie mit Melzers-Reagenz (s. S. 113) angefärbt.

Verwechslungsmöglichkeiten

Unter den Blutreizkern gibt es keine giftigen Doppelgänger, da alle Arten, die orange-farbige bis rötliche Milch haben, essbar sind. Sie sind nur unterschiedlich schmackhaft. Besonders kross angebraten oder paniert sind sie eine Delikatesse.

*Der **Fichten-Reizker** (Lactarius deterrimus, Foto rechts) ist weniger schmackhaft als der Echte Reizker. Er ist der einzige Blutreizker ohne Grübchen am Stiel. Seine karottenrote Milch färbt sich nach ca. 15 Minuten weinrot und nach Stunden grün. Er wächst bei Fichten.*

*Der **Lachs-Reizker** (Lactarius salmonicolor, Foto links) ist ein vergleichbar guter Speisepilz. Sein Hut ist ganz ohne Grüntöne und die orangefarbene Milch läuft mennigrot an (Lupe). Er wächst bei Tannen und Douglasien auf Kalkböden.*

*Die orangerote Milch des **Kiefern-Reizkers** (Lactarius semisanguifluus, Foto rechts) wird nach wenigen Minuten weinrot und am nächsten Tag grün. Der Hut hat mehr grüne Farbanteile als der Echte Reizker. Er wächst ebenfalls bei Kiefern, allerdings auf Kalkböden.*

Mohrenkopf / Schornsteinfeger

Der Mohrenkopf (Lactarius lignyotus) ist einer der wenigen essbaren Milchlinge mit weißer Milch. Er ist sehr gut daran zu erkennen, dass die weißen Lamellen einen deutlichen Kontrast zum dunkelbraunen Hut bilden. Die Hutoberfläche ist samtig und oft leicht gerunzelt, vor allem im Randbereich. Die Mitte ist meist spitz gebuckelt.

Die Lamellen laufen am dunkelbraunen Stiel herab und sind ebenfalls typisch runzelig, vor allem am Stielansatz. Dies ist ebenfalls ein wichtiges Unterscheidungsmerkmal zu den auf der rechten Buchseite genannten Verwechslungsmöglichkeiten.

Der Geschmack von Fleisch und Mich ist mild, höchstens mit einem leicht bitteren Nachgeschmack. Die Milch färbt sich an der Luft langsam rosa. Der Mohrenkopf wächst von August bis Oktober bei Fichten in Gebirgsnadelwäldern auf sauren Böden. Er wächst vor allem bei alten Fichten und meidet junge Fichtenbestände. Insgesamt ist seine Verbreitung rückläufig, im Flachland ist er nicht zu finden.

Hut
2–6
Stiel
0 x 0

Maßangaben in cm

s. S. 195 Nr. **24**

Sporenmerkmale

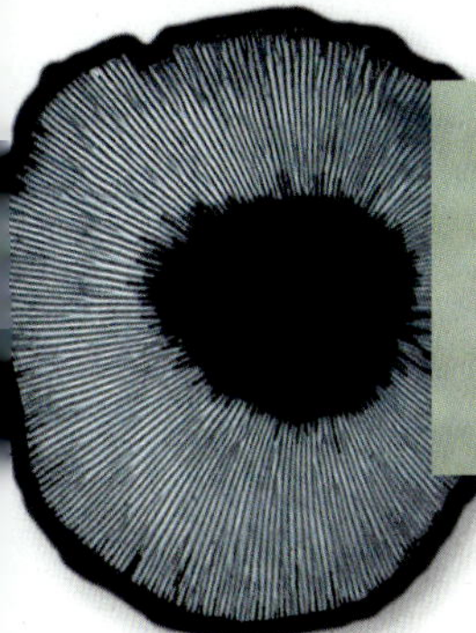

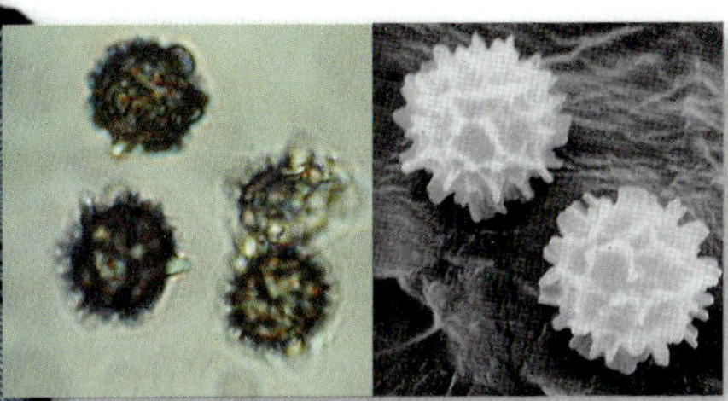

Die runden Sporen sind 7,5-10 µm groß, im lichtmikroskopischen Bild (Mitte) sind sie mit Melzers-Reagenz (s. S. 113) angefärbt.

Verwechslungsmöglichkeiten

Der Mohrenkopf ist eigentlich unverwechselbar, vor allem, wenn eine Geschmacksprobe gemacht wird. Diese ist – wie bei den Täublingen auch – für die Bestimmung von entscheidender Bedeutung (s. S. 173). Alle ähnlichen Arten haben scharfe oder bittere Milch. Durch das Milchen ist mit Arten aus anderen Pilzgruppen ohnehin keine Verwechslung möglich.

Der ***Rußfarbene Milchling*** *(Lactarius fuliginosus, Foto) ist dem Mohrenkopf ähnlich, hat aber einem helleren Stiel und scharfe Milch, die sich allerdings in Verbindung mit dem Pilzfleisch auch rötlich färbt. Ohne Verbindung mit dem Fleisch bleibt sie weiß.*

Rosa verfärbende Milch haben auch der ***Pechschwarze Milchling*** *(Lactarius picinus) und der* ***Flügelsporige Milchling*** *(Lactarius pterosporus), die jedoch beide scharf schmecken. Der Pechschwarze Milchling wächst auf gleichen Standorten, hat aber keinen Buckel, der Stiel ist nicht so dunkel und die Lamellen nicht herablaufend. Der Flügelsporige Milchling hat einen glatten Hut und Stiel.*

Gewöhnlicher Hallimasch

Der Gewöhnliche Hallimasch (Armillaria ostoyae) soll seinen Namen dem Ruf zu verdanken haben, bei Verstopfungen abführend zu wirken. Er soll in Österreich den damals volkstümlich-drastischen Namen „Hell im Arsch" oder „Heil im Arsch" bekommen haben. In medizinischen Studien konnte eine antibakterielle Wirkung besonders gegen grampositive Bakterien nachgewiesen werden. Dies sind beispielsweise Streptokokken und Pneumokokken, die Erreger der Lungenentzündung.

Es zeigte sich auch eine beruhigende und krampflösende Wirkung. In China werden aus dem Myzelium Tabletten hergestellt, in erster Linie zur Stärkung der Lunge und der Verdauungsorgane. Diese Heilwirkung darf aber nicht darüber hinweg täuschen, dass dieser Pilz roh tödlich giftig sein kann. Die Giftstoffe sind jedoch wasserlöslich und hitzeinstabil. Er schmeckt roh sehr adstringierend bzw. seifig. Die Pilze sollten vor dem Verzehr auf jeden Fall abgekocht werden. Es gibt allerdings auch beim Verzehr des ausreichend erhitzten Hallimasch individuelle Unverträglichkeiten. Da er aber im Spätherbst oft ein Massenpilz ist und richtig zubereitet sehr lecker schmeckt, lohnt es sich, diesen Pilz näher kennen zu lernen.

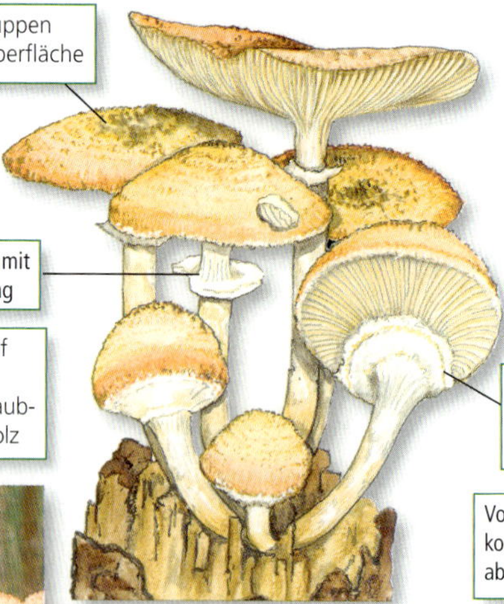

Hut
3–10
Stiel
10 x 1

Maßangaben in cm

s. S. 221 Nr. 8

Der Hallimasch kann als parasitischer Holzbewohner große Forstschäden anrichten. Unter der Rinde der befallenen Bäume befinden sich die typisch schwarzbraunen, netzartigen ***Mycelstränge****. Unter günstigen Umständen leuchten sie sogar in der Dunkelheit.* Smith *und Mitarbeiter entdeckten in Kalifornien ein Hallimasch-Exemplar, dessen Rhizomorphe ein Gebiet von 15 Hektar durchziehen und das auf 10000 kg und ein Alter von 1500 Jahre geschätzt wird.*

Sporenmerkmale

Die Sporen sind 7-9 x 5-6 µm groß, im lichtmikroskopischen Bild (Mitte) sind sie mit Melzers-Reagenz (s. S. 113) angefärbt.

Verwechslungsmöglichkeiten

Früher gab es nur eine Art Hallimasch (Armillaria mellea) mit großer Variationsbreite, heute unterscheidet man verschiedene Arten; die Diskussion ist noch nicht abgeschlossen. Durch das weiße Sporenpulver und den beringten Stiel ist der Hallimasch als solcher leicht kenntlich. Der Honiggelbe Hallimasch (Armillaria mellea) hat einen identischen Speisewert.

Der ***Sparrige Schüppling*** *(Pholiota squarrosa, gr. Bilder rechts) hat ebenfalls sparrig abstehende Schuppen und wächst büschelig auf Holz, meist an lebenden Pappeln. Durch das braune Sporenpulver werden die jung blassgelben Lamellen später rostbraun und färben den Ring braun. Der Stiel ist auch stärker schuppig und er Geschmack bitter. Er ist ungenießbar, aber nicht giftig.*

Der Hallimasch (kl. Bild unten) hat einen wattigen, weißen Ring, weißes Sporenpulver und keinen so stark braunschuppigen Stiel.

Der Hut des ***Honiggelben Hallimasch*** *(Armillaria mellea) zeigt ein dunkleres Gelb, hat weniger Schuppen und besitzt weißere Lamellen. Zudem ist der Ring unterseits gelblich. Er ist etwas seltener als der Gewöhnliche Hallimasch.*

Mai-Ritterling / Maipilz

Der Maipilz (Calocybe gambosa) erscheint bereits im Frühjahr von April bis Juni, meist zur Zeit der Apfelblüte. Er ist auf Rasenflächen in Laub- und Mischwäldern, in Parkanlagen und an Wegrändern auf mineralreichen Böden zu finden. Er ist ein relativ festfleischiger und kompakter Pilz, der seinen Namen Mai-Ritterling bekommen hat, weil er die typische Gestalt eines Ritterlings hat (s. S. 211).

Der wissenschaftliche Name setzt sich aus „kalos" und „cybe" zusammen, was auf griechisch „schön" und „Kopf" bedeutet, also zusammengesetzt soviel wie „der Pilz mit dem schönen Kopf". Der cremefarbene, meist ± halbkugelige Hut sieht in der Tat sehr einladend aus. Ebenso einladend empfinde ich den typischen, mehlartigen Geruch und Geschmack dieses Pilzes. Hier gehen die Meinungen jedoch auseinander, aber eine Kostprobe ist dieser kompakte Pilz allemal wert! Die Lamellen sind meist ausgebuchtet am ringlosen Stiel angewachsen.

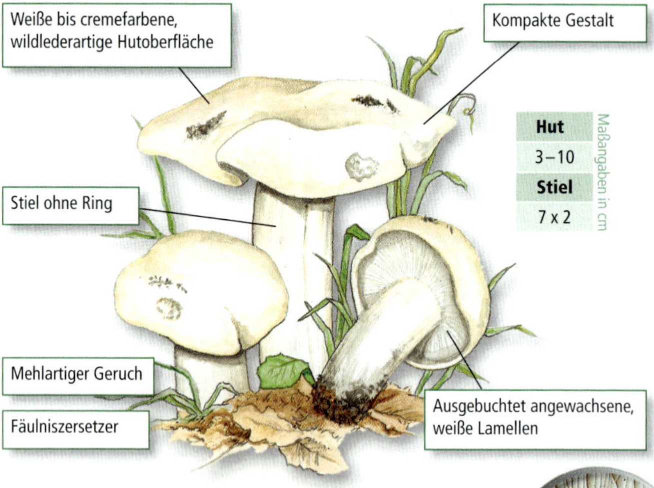

Hut
3–10
Stiel
7 x 2

Maßangaben in cm

s. S. 236 Nr. 62

*Der Mai-Ritterling hat viel **Hutfleisch** (kl. Bild) und nur schmale, **ausgebuchtet angewachsene Lamellen** (Lupe).*

Sporenmerkmale

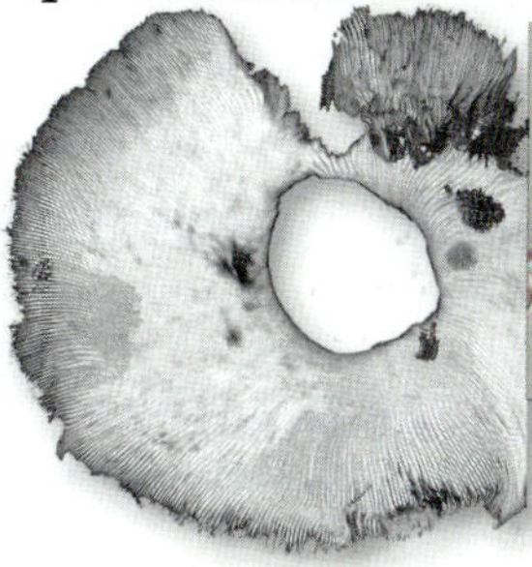

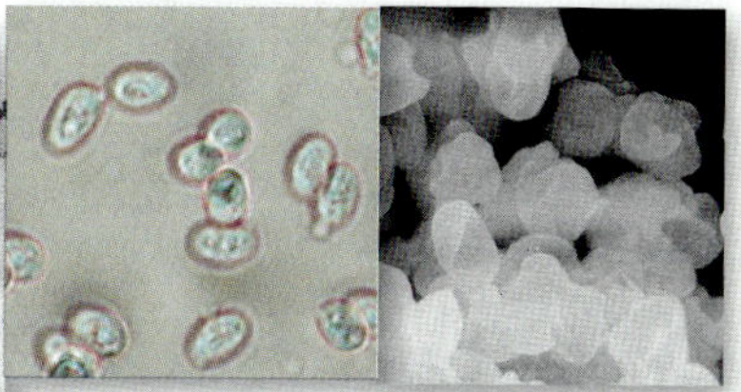

Die inamyloiden, glatten Sporen sind 4-6 x 2,5-3,5 µm groß. Sie haben eine fragile Struktur, die bei der Elektonenmikroskopie nicht stabil erhalten bleibt (rechts).

Verwechslungsmöglichkeiten

Der typisch mehlartige Geruch des Mai-Ritterlings ist ein sehr gutes Erkennungsmerkmal, das keiner der eventuellen Doppelgänger besitzt. Er darf nicht mit giftigen Risspilzen verwechselt werden. Hier ist vor allem der Ziegelrote Risspilz (Inocybe erubescens; s. S. 439) zu nennen. Ähnlich kann auch der Weiße Risspilz (Inocybe fibrosa) sein, der seine Hauptvegetationzeit zwar im Herbst hat, aber auch schon im Frühjahr wachsen kann. Risspilze haben im Gegensatz zum Maipilz alle ± erdbraunes Sporenpulver.

Der giftige ***Ziegelrote Risspilz*** *(Inocybe erubescens) hat im Gegensatz zum Maipilz einen kegeligen Hut, der erst weißlich bis strohfarben und später ziegelrot anläuft, vor allem an verletzten Stellen. Der Geruch ist jung obstartig und später spermatisch, im Gegensatz zum Maipilz aber nie mehlartig. Auch der Weiße Risspilz (inocybe fibrosa) riecht nicht mehlartig.*

Ähnlich ist auch der ***Veilchen-Rötelritterling*** *(Lepista irina), der auch essbar ist und im Herbst an ähnlichen Standorten wächst.*

Nelken-Schwindling

Der Nelken-Schwindling (Marasmius oreades) ist zwar ein kleiner Pilz, der an sich nicht viel her macht. Da er auf Rasenflächen aber meist in Hexenringen vorkommt, lohnt es sich durchaus, ihn kennenzulernen. Er wächst von Mai bis November auf mageren Grasflächen und an Wegrändern. Sein Geruch und Geschmack ist angenehm würzig, man kann ihn als leicht holzartig beschreiben.

Die lederfarbenen Hüte haben einen gekerbten Rand und sind hygrophan, d.h. ihre Farbe schwankt je nach Feuchtigkeitsgehalt zwischen hell cremefarben im trockenen und braunbeige im feuchten Zustand. Die Lamellen sind dicklich und entfernt stehend. Der Stiel ist sehr zäh und biegsam, er sollte vor der Zubereitung entfernt werden. Nelken-Schwindlinge sind gut als Würz- und Suppenpilze geeignet (Rezept s. S. 63). Da das Fleisch die Eigenschaft hat, nach dem Trocknen wieder die ursprüngliche Gestalt anzunehmen, sind es ausgezeichnete Trockenpilze.

Hut
3–4
Stiel
4 x 0,5

Maßangaben in cm

s. S. 231 Nr. **45**

*Der wissenschaftliche Artname „oreades" geht auf die Oreaden zurück. Das sind Bergnymphen, die stets kollektiv auftraten. Vielleicht hat man sie sich, einem **Hexenring** ähnlich, in einem Kreis tanzend vorgestellt.*

Sporenmerkmale

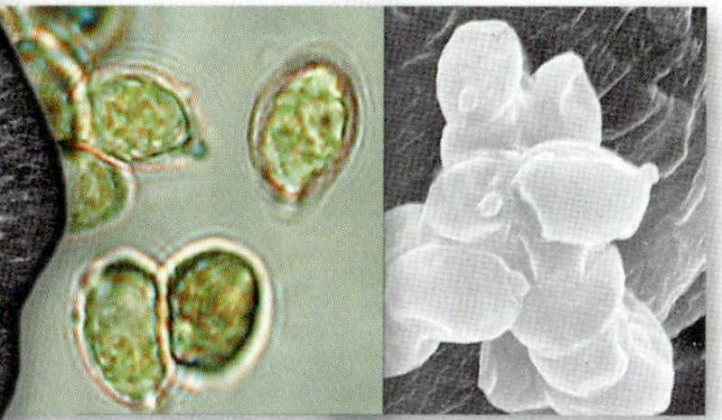

Die Sporen sind 7-9 x 4-5,5 µm groß, im lichtmikroskopischen Bild (Mitte) sind sie mit Melzers-Reagenz (s. S. 113) angefärbt.

Verwechslungsmöglichkeiten

Als typischer Wiesenpilz besteht die Gefahr einer Verwechslung am ehesten mit giftigen, kleinen weißen Trichterlingen, aber auch mit Schirmlingen und Risspilzen. Sie haben alle einen nicht so zähen Stiel, sondern sind faserig brüchig. In Frankreich wird der Nelken-Schwindling wegen dieser Eigenschaft auch „Hartfuß" genannt. Die Risspilze lassen sich auch leicht durch das ± erdfarbene Sporenpulver unterscheiden. Die Schirmlinge haben immer einen beringten Stiel und freie Lamellen. Die ebenfalls ringlosen Trichterlinge unterscheiden sich vor allem durch die am Stiel herablaufenden, enger stehenden und dünneren Lamellen.

Der giftige ***Bleiweiße Trichterling*** *(Clitocybe phyllophila) hat einen helleren, firnisartig bereiften Hut. Auch der süßsäuerliche Geruch unterscheidet ihn vom Nelken-Schwindling. Es gibt jedoch mehrere Arten weißer Trichterlinge, die Muskarin enthalten und auf jeden Fall gemieden werden sollten. Sie haben engere, ± am Stiel herablaufende Lamellen.*

Als Waldpilz ist der ***Brennende Rübling*** *(Collybia peronata) sehr ähnlich, vor allem, wenn er in einem Sammelkorb liegt, ohne den Standort zu kennen. Er hat aber gelbere Lamellen und ist auf jeden Fall am brennend scharfen Geschmack zu erkennen.*

Gewöhnlicher Samtfußrübling

Der Gewöhnliche Samtfußrübling (Flammulina velutipes) ist ein sehr leckerer und gerade für Anfänger interessanter Speisepilz, weil es zu seiner Erscheinungszeit kaum noch andere Pilzarten gibt. Er ist frostunempfindlich und fault nicht, man findet ihn ab November, manchmal auch schon ab Oktober, auf lebenden und totem Laubholz, besonders auf Weiden und Pappeln.

Der leuchtend orangefarbene Hut besitzt eine klebrige, gelatinöse Huthaut. Das Hutfleisch ist recht dünn und ein einzelner Pilz wenig ergiebig, aber da meist viele Fruchtkörper büschelig zusammen wachsen, reicht bereits ein Fund häufig für eine Mahlzeit. Die Lamellen sind weiß bis gelblich und am ringlosen Stiel angewachsen. Der Stiel ist besonders im unteren Teil braun- bis schwarzsamtig und sehr zäh. Er sollte vor der Zubereitung komplett entfernt werden, oder besser noch, erst gar nicht mit in den Korb gelangen.

Hut
3–5
Stiel
4 x 0,5

Maßangaben in cm

s. S. 222 Nr. **13**

Der Samtfußrübling wird auch kultiviert, im asiatischen Raum ist er als „Enoki-Take" bekannt.

Sporenmerkmale

Die Sporen sind 7-10 x 3-4 µm groß. Sie sind glatt und rundlich-oval, durch ihre instabile Beschaffenheit, ist es nicht möglich gewesen, sie mit dem Elektronenmikroskop unversehrt abzubilden (rechts).

Verwechslungsmöglichkeiten

Durch die Erscheinungszeit ist der Gewöhnliche Samtfußrübling gut gekennzeichnet, da die meisten Pilze nach den ersten Frösten nicht mehr wachsen. Schwefelköpfe wachsen ebenfalls büschelig an Holz, haben jedoch dunkelbraunes Sporenpulver und olivgelbe bis gräuliche Lamellen.

Ziegelrote Schwefelköpfe *(Hypholoma sublateritum, Bild rechts) wachsen auch auf Laubholz und können einen ± leuchtend roten Hut haben. Durch das dunkle Sporenpulver sind die Lamellen jung bereits gräulich und meist ist der Hut größer und festfleischiger als beim Samtfussrübling. Der Geschmack ist ungenießbar bitter.*

Der **Grünblättrige Schwefelkopf** *(Hypholoma fasciculare, Bild rechts) hat gräuliche Lamellen mit grüngelben Farbtönen und braunschwarzes Sporenpulver. Sein Geschmack ist stark bitter. Er wächst büschelig auf totem Laub- und Nadelholz.*

Ähnlich ist auch der seltenere, aber ebenfalls essbare **Weißblättrige Samtfußrübling** *(Flammulina fennae).*

Violetter Lacktrichterling Amethystblauer Lackpilz / Lila-Lackpilz

Der Violette Lacktrichterling (Laccaria amethystina) kann zwar nicht als ergiebiger Speisepilz bezeichnet werden, doch da er recht häufig ist und ein bißchen Farbe in ein Mischpilzgericht zaubern kann, lohnt es durchaus, seine Bekanntschaft zu machen.

Der Hut ist violett und stark hygrophan, d.h. feucht ist er sehr farbintensiv und beim Austrocknen gehen die violetten Farbtöne immer mehr ins cremefarbene und leicht grauviolette über. Die Lamellen und der Stiel haben ± die gleiche Farbe wie der Hut. Die Lamellen sind auffällig dicklich und entfernt stehend. Sie sind breit angewachsen. Der Stiel ist recht zähfleischig und an der Basis ist er durch viele angewachsene Myzelstränge filzig. Wenn man ihn aus dem Boden entnimmt, bleibt häufig viel Substrat am Stiel haften. Da die Stiele sowieso recht zäh sind, empfiehlt es sich daher, die Hüte ohne viel Stielfleisch abzuschneiden. Der Violette Lacktrichterling wächst von Juli bis November in Laub- und Nadelwald, meistens findet man ihn zwischen Moosen oder Laubstreu.

Hut
1–5
Stiel
5 x 0,5

Maßangaben in cm

s. S. 224 Nr. **19**

Die ± hutfarbenen, entfernt stehenden ***Lamellen*** *(Lupe) sind ein gutes Erkennungsmerkmal dieses farbenfrohen Pilzes.*

Sporenmerkmale

Sporen rund und stachelig, 7-10 µm:

Verwechslungsmöglichkeiten

Verwechslungen sind am ehesten mit dem giftigen Rettich-Helmling möglich. Außerdem mit kleinen, violetten Schleierlingen, die jedoch durch das braune Sporenpulver leicht unterschieden werden können. Am ähnlichsten ist der giftige Violette Rettich-Gürtelfuß (Cortinarius scutulatus), er hat ebenso wie der Rettich-Helmling einen deutlichen Geruch nach Rettich, der ihn leicht vom Violetten Lacktrichterling unterscheiden lässt.

Der ***Rettich-Helmling*** *(Mycena pura) ist ein in Farbe und Gestalt sehr veränderlicher Pilz, der durch den Geruch aber gut gekennzeichnet ist. Ein weiteres Unterscheidungsmerkmal sind die helleren, enger stehenden Lamellen (Lupe). Er enthält Muskarin und ist Magen-Darm-giftig.*

Der ***Rötliche Lacktrichterling*** *(Laccaria laccata, Foto rechts) ist bis auf die fleisch- oder lachsrötlichen Farben fast identisch, er ist wie alle Vertreter aus dieser Gattung essbar. Auf feuchten Standorten mit Torfmoos kommt der ebenfalls essbare* ***Moor-Lacktrichterling*** *(Laccaria affinis) vor.*

Mönchskopf

Der angenehme, aromatische Duft und das schöne, fast majestätische Aussehen machen den Mönchskopf (Clitocybe geotropa) zu einem begehrten Speisepilz. Ältere Exemplare können jedoch sehr zäh und ungenießbar werden, so dass man nur die jungen Pilze sammeln sollte. Er bildet von September bis November in Laub- und Nadelwäldern auf Kalkböden oft große Hexenringe.

Der beige bis ockerrötliche Hut hat in der Mitte immer einen deutlichen Buckel, den er auch behält, wenn sich der Hut trichterförmig nach oben vertieft. Der Hutrand ist lange eingerollt. Die Lamellen sind oft am Stiel herablaufend, jedoch immer scharf abgesetzt. Der Stiel erscheint im Verhältnis zur Hutgröße recht lang, er kann zur Basis hin etwas breiter werden. Er ist längsfaserig-rissig und wird im Alter innen wattig hohl, an der Basis trägt er einen filzigen Flaum aus Myzelsträngen.

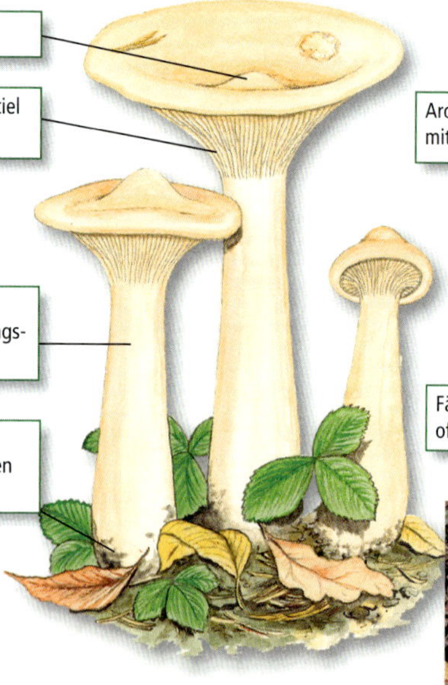

Hut
10–25
Stiel
15 x 2

Maßangaben in cm

s. S. 233 Nr. 54

Der Mönchskopf wird in manchen Regionen auch als Falber Riesentrichterling bezeichnet, was seine stattliche Größe dokumentiert.

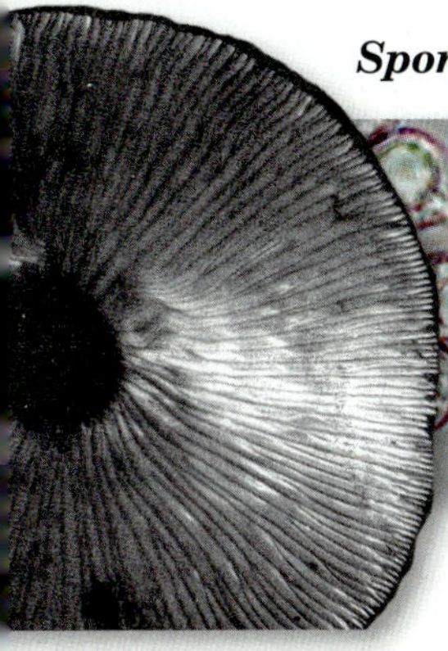

Sporenmerkmale

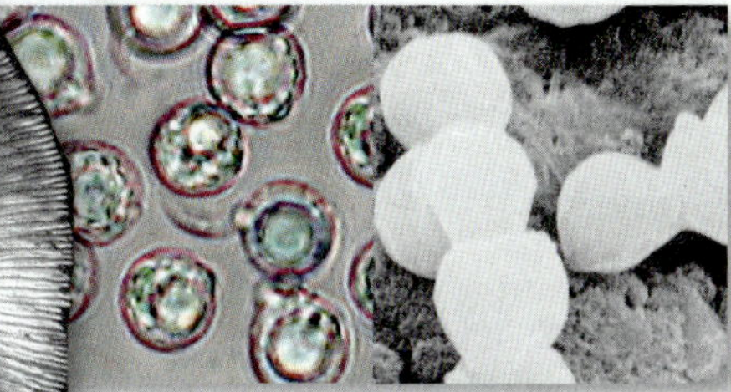

Die inamyloiden, glatten Sporen sind 6-8 x 5-6 µm groß.

Verwechslungsmöglichkeiten

Eigentlich könnte man den Mönchskopf als unverwechselbar bezeichnen. Wegen seiner stattlichen Größe könnte man ihn allenfalls mit dem Riesen-Krempentrichterling (Leucopaxillus giganteus, s. S. 176 unten) oder dem Riesen-Trichterling (Clitocybe maxima) verwechseln. Diesen beiden ebenfalls essbaren Arten fehlt der Buckel.

*Der **Ockerbraune Trichterling** (Clitocybe gibba) ist ebenfalls gebuckelt, er ist mit einem 3-8 cm breiten Hut jedoch wesentlich kleiner. Die Lamellen sind auch deutlich herablaufend und der Pilz kann auch schwach nach Bittermandeln duften. Er ist ebenfalls essbar.*

*Sehr kleine Exemplare, die zudem etwas hell ausgefallen sind, könnten auch für einen giftigen **Riesen-Rötling** (Entoloma sinuatum, s. S. 435) gehalten werden. Durch die gelblichen Lamellen, den mehlartigen Geruch und Geschmack sowie das rotbraune Sporenpulver sind sie leicht zu unterscheiden.*

Grüner Anis-Trichterling

Der Grüne Anis-Trichterling (Clitocybe odora) ist einer der wenigen gut kenntlichen und essbaren Trichterlinge. Er verdankt seinen Namen dem anisartigen Geruch. Er behält das anisartige Aroma auch bei der Zubereitung, sollte Ihnen dieses nicht zusagen, empfiehlt es sich, den Pilz nur sparsam zu verwenden.

Der hygrophane Hut ist ± blaugrünlich und blasst sehr viel heller aus. Die cremefarben bis leicht grünlichen Lamellen sind am Stiel herablaufend angewachsen. Der Grüne Anis-Trichterling ist von August bis November ein häufiger Begleiter in Laub- und Nadelwäldern und bildet in der Streu oft große Hexenringe.

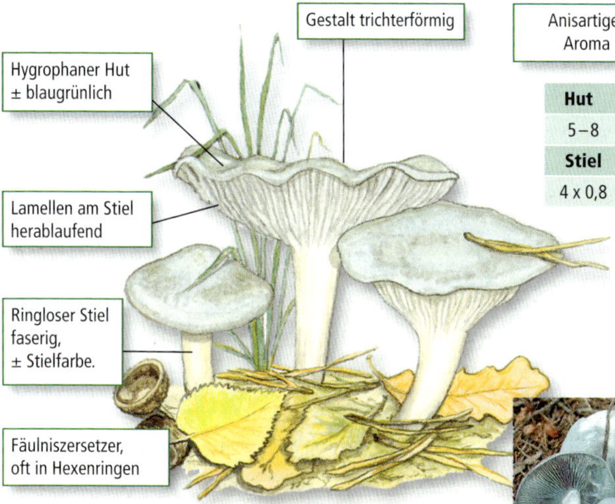

Anisartiges Aroma

Hut
5–8
Stiel
4 x 0,8

Maßangaben in cm

s. S. 234 Nr. **56**

*Die **Hutfarben** sind sehr variabel, und beim Eintrocknen können sich hübsche Muster auf der Oberfläche ergeben.*

Sporenmerkmale

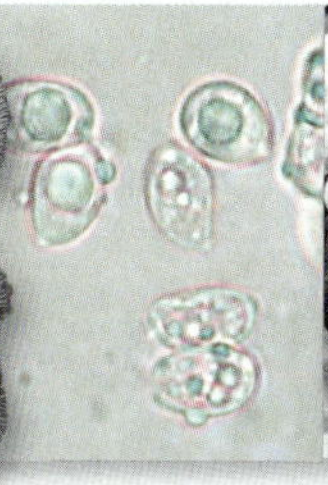

Die glatten, elliptischen Sporen sind 6-7 x 3-4 µm groß.

Verwechslungsmöglichkeiten

Durch die blaugrüne Hutfarbe in Verbindung mit dem Anisgeruch ist dieser Pilz sehr gut gekennzeichent. Ausgeblasste Pilze können mit dem durch Muskarin giftigen Weißen Anistrichterling verwechselt werden. Ähnlich, aber ohne den charakteristischen Geruch, können auch andere weißliche Trichterlinge sein.

Der giftige ***Weiße Anis-Trichterling*** *(Clitocybe fragans) hat ebenfalls einen anisartigen Geruch, ihm fehlt aber die grünblaue Farbe. Entgegen seinem Namen kann die Hutfarbe feuchter Pilze recht dunkel aussehen, niemals jedoch grünblau. Im Zweifelsfall sollte auf ausgeblasste Anis-Trichterlinge verzichtet werden.*

Der ***Feld-Trichterling*** *(Clitocybe dealbata) enthält ebenfalls Muskarin und ist giftig. Er hat einen weißen, firnisartig bereiften Hut mit einer fleischfarbenen Zonierung. Der Geruch ist schwach süßsäuerlich, so dass er kaum für einen Anis-Trichterling gehalten werden kann.*

Nebelkappe / Nebelgrauer Rötelritterling

Die Nebelkappe (Lepista nebularis) ist ein recht umstrittener Speisepilz, der früher sogar als „Herbstblattl" auf dem Markt gehandelt wurde. Einerseits scheint er häufiger als andere Pilzarten individuelle Unverträglichkeiten hervorzurufen, was sich in Magen-Darm-Beschwerden äußert. Andererseits wird er wegen seines eigenen Aromas entweder sehr geschätzt oder gänzlich abgelehnt.

Meiner Meinung nach lohnt es sich auf jeden Fall, junge Exemplare zu probieren. Sie sollten aber vor dem Braten blanchiert werden. Erkennen kann man die Nebelkappe an dem grau bis graubraunen Hut und dem süßlich-mehlartigen Geruch und Geschmack sowie den gedrängt stehenden Lamellen, die nicht fest mit dem Hutfleisch verwachsen sind. Die Nebelkappe erscheint meist recht spät im Jahr, kann aber durchaus schon ab September in Laub- und Nadelwäldern zu finden sein, meist bildet sie große Hexenringe.

Hut
5–15
Stiel
9 x 2

Maßangaben in cm

s. S. 236 Nr. **60**

*Die wie auf einer Seifenschicht **verschiebbaren Lamellen** sind ein gutes Bestimmungsmerkmal.*

Sporenmerkmale

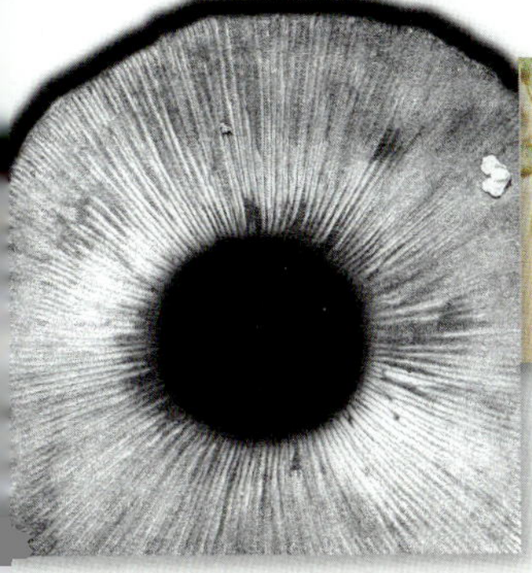

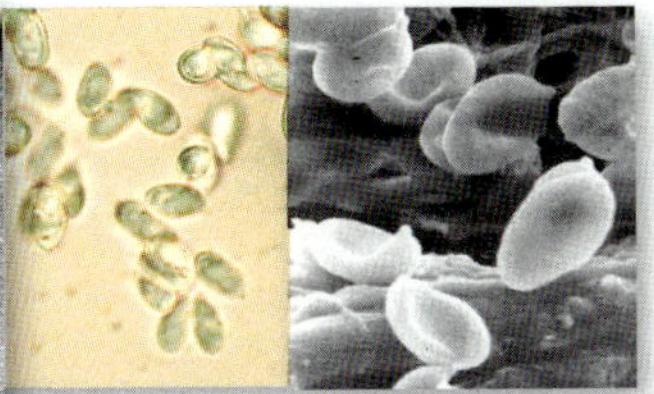

Die glatten Sporen sind 5-8 x 3-4 µm groß, durch die Präparation für die Betrachtung im Elektonenmikroskop erscheinen sie etwas eingedellt (rechts).

Verwechslungsmöglichkeiten

Alle Arten aus der Gruppe der Rötelritterlinge (Lepista) sind essbar, so dass eine Verwechslung keine Folgen hat. Die meisten giftigen Trichterlinge und Ritterline sind kleiner und wachsen nicht in Hexenringen. Sie sind durch die fest mit dem Hutfleisch verwachsenen Lamellen gut zu trennen. Vorsicht ist auch vor einer Verwechslung mit dem Riesen-Rötling geboten. Durch das rotbraune Sporenpulver und die gelblichen Lamellen sind diese beiden Arten jedoch leicht zu unterscheiden.

Der giftige ***Riesen-Rötling*** *(Entoloma sinuatum) hat auch einen mehlartigen Geruch und Geschmack. Durch die gelblichen, fest mit dem Hutfleisch verbundenen Lamellen und das rotbraune Sporenpulver kann jedoch jede Verwechslung ausgeschlossen werden. Es ist eine wärmeliebende Art, die auf Kalkböden zu finden ist.*

Ähnlich ist auch der ***Veilchen-Rötelritterling*** *(Lepista irina) – auch aus der Gruppe der Rötelritterlinge und ebenfalls essbar. Er hat jedoch einen typisch parfümiert würzigen Geruch nach Veilchen, der sich bei der Zubereitung verflüchtigt.*

Violetter Rötelritterling

Der Violette Rötelritterling (Lepista nuda) ist ein überaus ansprechender und vielseitig verwendbarer Speisepilz, der schon durch seine farbenfrohe Gestalt auffällt. Auch das schmackhafte Fleisch ist violettlich und behält diese Farbe sogar nach dem Erhitzen. Im Gegensatz zur Nebelkappe kann er ohne Blanchieren zubereitet werden, und es sind keine Unverträglichkeiten bekannt. Ganz im Gegenteil, soll doch sein Verzehr sogar blutdrucksenkende Eigenschaften haben.

Der violett bis violettbräunliche Hut kann bei Trockenheit verblassen, die Oberfläche ist glatt und kahl. Die Lamellen sind, wie für die Gattung typisch, nicht fest mit dem Hutfleisch verwachsen. Sie sind ausgebuchtet bis aufsteigend am ringlosen Stiel angewachsen. Der Geruch ist angenehm würzig. Meist findet man den Violetten Rötelritterling von September bis November in Laub- und Nadelwäldern sowie in Parkanlagen, gelegentlich erscheint er auch schon im Frühjahr.

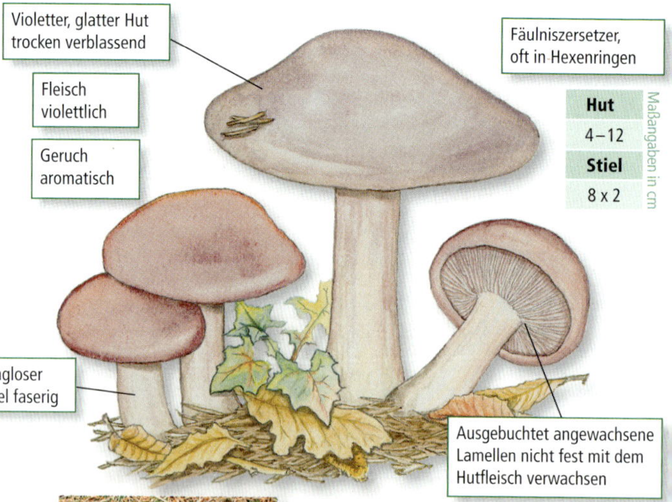

Hut
4–12
Stiel
8 x 2

Maßangaben in cm

s. S. 236 Nr. **61**

*Die **Lamellen** sind ausgebuchtet angewachsen (Lupe).*

Sporenmerkmale

Die cremefarbenen Sporen sind leicht rau und 6-8 x 4-5 µm groß.

Verwechslungsmöglichkeiten

Verwechslungen sind mit anderen Rötelritterlingen möglich. Sie alle haben auf dem Hutfleisch verschiebbare Lamellen und sind essbar. Es gibt auch einige violette Schleierlinge, die jedoch alle durch ihr rostbraunes Sporenpulver leicht abgetrennt werden können. Hier ist vor allem vor dem giftigen Lila Dickfuß (Cortinarius traganus) zu warnen.

*Der **Violette Schleierling** (Cortinarius violaceus) hat auch eine intensiv violette Farbe in Hut und Lamellen. Er kann durch die filzig-schuppige Huthaut, den Geruch nach Zedernholz (Zigarrenkiste) und das rostbraue Sporenpulver unterschieden werden. Er ist auch essbar.*

*Es gibt ein paar ähnliche, ebenfalls essbare Rötelritterlinge mit violetten Farben in Hut und / oder Stiel. Hier ist stellvertretend der **Lavendelfarbene Rötelritterling** (Lepista glaucocana) abgebildet, der etwas blasser ist und nach Menthol duftet. Ebenfalls ähnlich sind der **Schmutzige** und der **Lilastiel-Rötelritterling** (Lepista sordida und saeva).*

Mehl-Räsling

Der Mehl-Räsling (Clitopilus prunulus) hat einen angenehm mehlartigen Geruch und Geschmack. Er ist selbst ein guter Speisepilz und darüber hinaus ein Steinpilz-Anzeiger, da er grundsätzlich dessen ökologische Ansprüche teilt. Im Gegensatz zu diesem ist der Mehl-Räsling als Fäulniszersetzer jedoch nicht auf passende Begleiter angewiesen.

Der weißliche Hut ist oft trichterförmig vertieft und die Lamellen stehen ziemlich gedrängt und sind herablaufend am Stiel angewachsen. Jung sind sie weiß und später wird der durch das rosabraune Sporenpulver hervorgerufene Rosa-Reflex immer deutlicher. Der Stiel verjüngt sich häufig zur Basis hin und ist relativ weichfleischig. Man findet Mehl-Räslinge von Juli bis Oktober in Laub- und Nadelwäldern auf nicht zu sauren Böden.

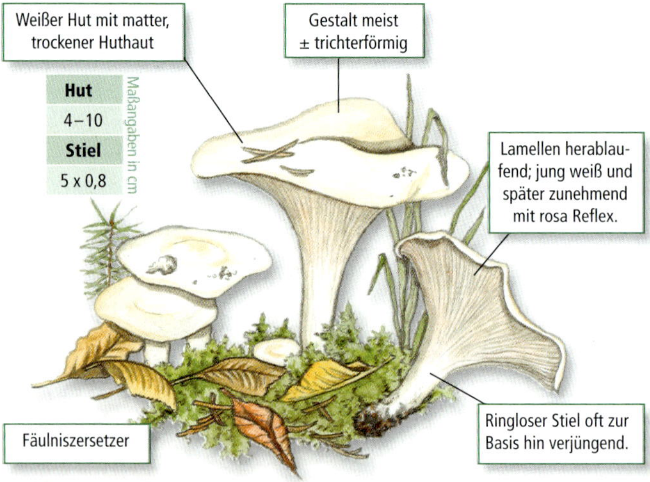

Hut
4–10
Stiel
5 x 0,8

Maßangaben in cm

s. S. 285 Nr. 7

Mit zunehmendem Alter wird der rosa Farbton in den ***Lamellen*** *immer deutlicher.*

Sporenmerkmale

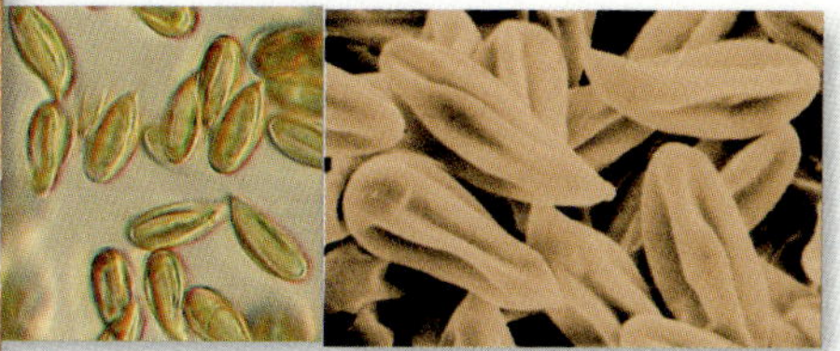

Die 9-12 x 4,5-6 µm großen Sporen sind typisch längsrippig. Daran ist diese Art mit einem Blick durchs Mikroskop sofort zu erkennen.

Verwechslungsmöglichkeiten

Mehl-Räslinge dürfen nicht mit weißen, giftigen Trichterlingen verwechselt werden. Diese sehen sehr ähnlich aus und können auch auf vergleichbaren Standorten wachsen. Auch junge Weiße Raslinge können ähnlich sein, beide Arten sind eindeutig durch das weiße Sporenpulver zu unterscheiden.

*Der giftige **Bleiweiße Trichterling** (Clitocybe phyllophila) hat einen helleren, firnisartig bereiften Hut. Auch der süßsäuerliche Geruch unterscheidet ihn von Mehl-Räslingen. Es gibt jedoch mehrere Arten weißer Trichterlinge, die Muskarin enthalten und auf jeden Fall gemieden werden sollten. Sie haben auch am Stiel herablaufende Lamellen, aber durch das weiße und nicht lachsbräunliche Sporenpulver keinen rosa Farbton.*

*Der **Weiße Rasling** (Lyophyllum connatum) ist durch den büscheligen Wuchs und das weiße Sporenpulver vom Mehl-Räsling zu unterscheiden. Er hat einen Geruch nach den Blüten des Hohlen Lerchensporns. Das Lyophyllin wirkt mutagen (s. S. 81).*

Durch die blauviolette Farbreaktion mit Eisensulfat unterscheidet er sich von weißen Trichterlingen (Lupe).

Zigeuner / Reifpilz

Der Zigeuner (Rozites caperatus) ist ein ausgezeichneter Speisepilz mit zartem Fleisch und einem angenehmen, milden Geschmack und Duft. Leider ist er oft madig und meist sind nur die jungen Exemplare zu verwerten. Er ist vielseitig verwendbar und eignet sich auch sehr gut zum Trocknen. Der faserige Stiel sollte entfernt werden, er kann auch getrocknet zu Pilzpulver verarbeitet werden.

Sein wissenschaftlicher Artname kommt vom lateinischen „cap(p)eratus = gerunzelt" und bezieht sich auf den bei Trockenheit charakteristisch faltig gerunzelten Hut. In manchen Regionen wird er auch „Runzelschüppling" genannt. Jung und frisch ist er mit einem reifartigen Überzug versehen und der Rand ist gerippt. Die eng stehenden Lamellen mit gekerbter Schneide sind breit angewachsen. Der faserige Stiel trägt einen häutigen Ring. Zigeuner sind leider in vielen Regionen selten geworden und sollten dort, wo sie nicht mehr häufig vorkommen geschont werden. Sie wachsen von August bis Oktober in Nadelwäldern auf sauren Böden, häufig zwischen Heidekraut bei Kiefern.

Hut
5–10
Stiel
10 x 2

Maßangaben in cm

s. S. 263 Nr. **21**

*In Finnland heißt er auch „Großmutters Nachthaube" da junge Exemplare eiförmig geschlossen sind. Typisch sind die **gekerbten Lamellen** (Lupe) und der **Ring**.*

Sporenmerkmale

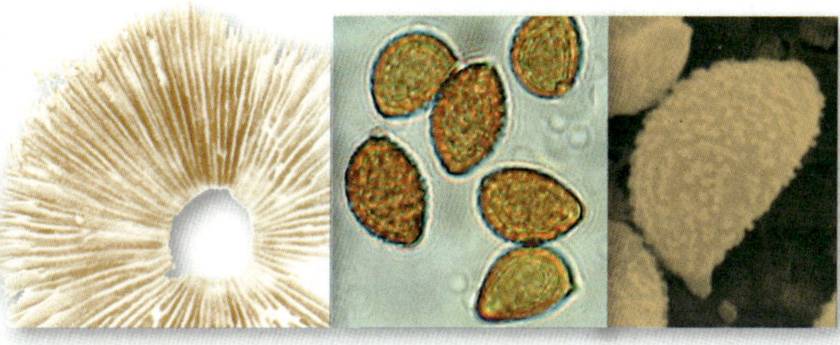

Die warzigen Sporen sind 10-13 x 7,5-8,5 µm groß.

Verwechslungsmöglichkeiten

Verwechslungen sind möglich mit Schleierlingen, sie besitzen jedoch alle keinen Ring, sondern haben höchstens feine Schleierreste am Stiel. Der giftige Gefleckte Risspilz (Inocybe maculata) und der ebenfalls giftige Riesen-Rötling (s. S. 435) können bei flüchtiger Betrachtung ähnlich sein, sie unterscheiden sich aber durch den fehlenden Ring. Der deutlich ausgeprägte Ring ist daher ein sehr gutes Erkennungsmerkmal für den Zigeuner.

Der ***Graubraune Schleierling*** *(Cortinarius anomalus) ist einer der Schleierlinge, mit dem der Zigeuner verwechselt werden könnte. Er besitzt jedoch weder einen häutigen Ring noch die glimmerige Hutoberfläche. Er ist zwar kein Speisepilz, andererseits aber auch nicht ausgespochen giftig.*

Der ***Glimmerschüppling*** *(Phaeolepiota aurea) hat ebenfalls eine glimmerige Huthaut und einen Ring, der allerdings aufsteigend ist. Er ist noch größer (bis 25 cm Hutdurchmesser) als der Zigeuner und wächst auf stickstoffreichen Böden. Er ist ein mittelmäßiger Speisepilz.*

Grau- / Rauchblättriger Schwefelkopf

Der Rauchblättrige Schwefelkopf (Hypholoma capnoides) hat einen milden Geschmack. Da er büschelig auf Holz wächst, kann ein Fund bereits eine ganze Pilzpfanne ausmachen. Zudem enthält er blutzuckersenkende Wirkstoffe und ist zur Ernährung bei Diabetes geeignet.

Der ockergelbliche Hut ist am Rand oft heller und mit Velumresten behangen. Die Lamellen sind grau und gänzlich ohne grüne Farbtöne. Der ringlose Stiel ist etwas blasser gelb und zähfleischig. Er wird vor der Zubereitung entfernt bzw. nicht mit gesammelt. Graublättrige Schwefelköpfe findet man von September bis Oktober auf totem Nadelholz, es können auch schon im Frühjahr Fruchtkörper gebildet werden.

Hut
2–6
Stiel
5 x 0,5

Maßangaben in cm

s. S. 272 Nr. **51**

*Der Hutrand ist oft mit **Velumresten** behangen, dies ist bei jungen Pilzen besonders gut sichtbar (Lupe).*

Sporenmerkmale

Die Sporen sind 6,5-8 x 4-5 µm groß.

Verwechslungsmöglichkeiten

Der Rauchblättrige Schwefelkopf ist der einzige Speisepilz seiner Gattung. Er kann sowohl mit anderen Schwefelköpfen als auch mit weiteren Holzpilzen verwechselt werden. Das ebenfalls essbare Stockschwämmchen ist stärker zweifarbig (hygrophan) im Hut und hat einen Ring am braunschuppigen Stiel. Die ungenießbaren Schüpplinge (s. S. 252) sind ebenfalls beringt und der Hallimasch (s. S. 382) hat weißes Sporenpulver und Lamellen. Vorsicht ist vor dem stark giftigen Nadelholz-Häubling geboten, der jedoch eher mit Stockschwämmchen als mit Schwefelköpfen zu verwechseln ist (vgl. S. 251).

Ziegelrote Schwefelköpfe *(Hypholoma sublateritum, Foto rechts) wachsen auch auf Laubholz, sind größer und haben einen deutlicher roten Hut, aber ebenfalls graue Lamellen. Der Geschmack ist ungenießbar bitter, im Zweifelsfall kann ein kleines Stück vom Fleisch probiert werden.*

Der ***Grünblättrige Schwefelkopf*** *(Hypholoma fasciculare, Foto rechts) hat mehr grüne Farbanteile in den Lamellen. Er wächst büschelig auf totem Laub- und Nadelholz und ist der häufigste der Schwefelköpfe. Sein Geschmack ist stark bitter, so dass eine Geschmacksprobe Klarheit bringt.*

Der ***Gesellige Schwefelkopf*** *(Hypholoma marginatum) wächst gesellig, aber nicht büschelig auf totem Nadelholz. Sein Geschmack ist ebenfalls bitter (s. S. 272, Nr.* ***52****).*

Stockschwämmchen

Das Stockschwämmchen (Kuehneromyces mutabilis oder Pholiota mutabilis) ist ein ausgezeichneter Speisepilz. Die einzelnen Fruchtkörper sind zwar nicht besonders groß, aber da es meist in Büscheln auf Laubholzstämmen zu finden ist, genügt meist bereits eine Fundstelle für eine Mahlzeit.

Mutabilis heißt so viel wie „veränderlich" und deutet darauf hin, dass dieser Pilz sehr variabel ist. Diese Veränderlichkeit verdankt er vor allem dem hygrophanen Hut, der sich je nach Feuchtigkeit meist in stark abgegrenzten Zonen heller und dunkler gelbbraun färbt. Die feinkörnige Gesamthülle verliert sich beim Aufschirmen und der Hut erscheint im Alter glatt. Der Geruch ist angenehm pilzartig. Die Lamellen sind gerade bis schwach herablaufend angewachsen. Der Stiel ist beringt und im unteren Teil schuppig.

Hut
5–8
Stiel
5 x 0,5

Maßangaben in cm

s. S. 273 Nr. 55

*Das Stockschwämmchen wächst büschelig vorwiegend auf totem Laubholz. Besonders im Gebirge soll es auch auf Nadelholz vorkommen können. Die Hauptvegetationszeit ist im Herbst. Mit etwas Glück findet man es aber bereits im Frühjahr. Der **Stiel** liefert wichtige Bestimmungsmerkmale (Lupe).*

Sporenmerkmale

Die Sporen sind 6,5-8 x 3,5-4,5 µm groß.

Verwechslungsmöglichkeiten

Es gibt eine ganze Reihe von bräunlichen Pilzen, die büschelig auf Holz wachsen. Einige von ihnen, wie beispielsweise der Graublättrige Schwefelkopf (s. S. 404), sind ebenfalls essbar, andere wiederum schmecken ungenießbar bitter, so dass hier auch keine Gefahr besteht, sie versehentlich zu verspeisen. Wichtig ist es, den Nadelholz-Häubling (Galerina marginata) sicher vom Stockschwämmchen unterscheiden zu können (s. S. 440).

Der ***Nadelholz-Häubling****, auch Gift-Häubling genannt, enthält ähnliche Giftstoffe wie die tödlich giftigen Knollenblätterpilze. Vom Stockschwämmchen unterscheidet er sich durch den weißlich-faserigen Stiel und die größeren, warzigen Sporen sowie den mehlartigen Geruch (s. S. 440).*

Die Gattung Schwefelkopf, von denen der ***Grünblättrige Schwefelkopf*** *(Hypholoma fasciculare) ein ungenießbarer Vertreter ist, besitzt keinen Ring am Stiel und wesentlich dunkleres Sporenpulver.*

Wässriger Mürbling *Weißstieliges Stockschwämmchen*

Der Wässrige Mürbling (Psathyrella piluliformis) hat zwar sehr zerbrechliches und – wie sein Name verspricht – wässriges Fleisch, doch da er oft in zahlreichen Büscheln zu finden ist, kann er eine Pilzmahlzeit durchaus bereichern.

Zudem ist es ein sehr hübscher Pilz. Der hygrophane Hut wechselt je nach Feuchtigkeitsgehalt von trocken lederfarben oder beigebraun bis zu dunkelbraun, wenn die Hüte feucht sind. Der Hutrand ist meist mit weißen Velumresten behangen und am Rand fein gerieft. Der zerbrechliche Stiel ist weißlich. Meist findet man zwischen September und November ganze Büschel der Fruchtkörper auf Buchenstümpfen. Sie können aber auch auf anderen Laubhölzern wachsen.

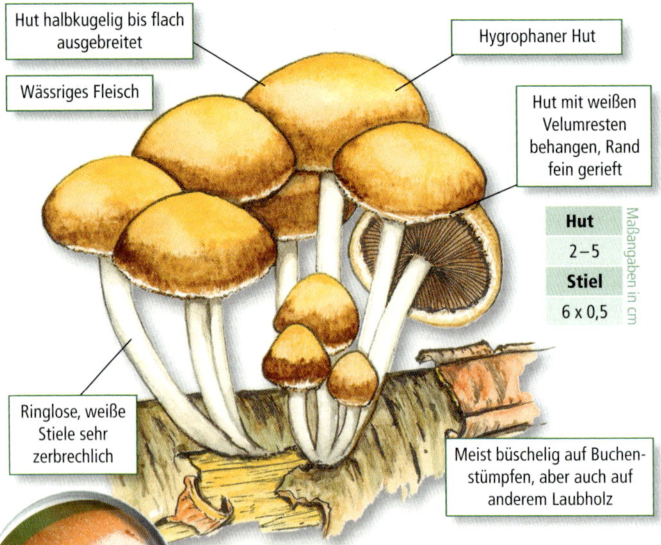

Hut
2–5
Stiel
6 x 0,5

Maßangaben in cm

*Der **Schleier** ist bei jungen Pilzen noch deutlich sichtbar (Lupe).*

s. S. 309 Nr. **36**

Sporenmerkmale

Die glatten Sporen sind elliptisch und 5,5-6,5 x 3-3,5 µm groß. Durch das Vakuum bei der Betrachtung im Elektronenmikroskop haben die Sporen ihre rundliche Form etwas verloren, da ihre Struktur dünner ist als bei manch anderer Pilzart.

Verwechslungsmöglichkeiten

Dieser Pilz hat keine giftigen Doppelgänger, er ist allenfalls mit ebenfalls essbaren Holzpilzen zu verwechseln. Das sind zum einen weitere Vertreter aus der Gattung der Mürblinge und zum anderen evtl. sein Namensvetter, das Stockschwämmchen.

Der essbare ***Behangene Faserling*** *(Psathyrella candolleana) hat einen helleren Hut. Er wächst häufig auf im Boden vergrabenem Holz und daher scheinbar am Erdboden.*

Der ebenfalls essbare ***Schokoladenbraune Faserling*** *(Psathyrella spadicea) hat einen dunkleren Hut.*

Das ***Stockschwämmchen*** *(s. S. 408) hat nicht mehr als den Standort und den Namen mit dem weißstieligen „Verwandten" gemein. Es gehört in eine andere Familie und ist durch den braunen, beringten, zähfleischigen Stiel kaum zu verwechseln. Es ist ein ausgezeichneter Speisepilz.*

Schopf-Tintling

Der Schopf-Tintling (Coprinus comatus) ist nicht nur ein leckerer, sondern sogar ein sehr gesunder Speisepilz. Durch den hohen Anteil essentieller Aminosäuren und weiterer Inhaltsstoffe wird er in der fernöstlichen Heilkunde geschätzt. Sein Verzehr fördert die Verdauung und seine blutzuckerregulierenden Eigenschaften machen ihn zu einem wertvollen Heilpilz.

SIEK stellte fest, dass der Schopftintling eine fast ebenso starke Wirkung hat wie ein handelsübliches Antidiabetikum. Studien haben seine wachstumshemmenden Eigenschaften bei Krebserkrankungen gezeigt, und er wird auch gegen Hämorrhoiden eingesetzt.

Er wird auch als Spargelpilz bezeichnet. Er hat zwar keinen Geschmack nach Spargel, ist aber durchaus ebenso lecker und eine ganz besondere Delikatesse. Der Nachteil dieses Pilzes ist jedoch, dass er sehr leicht verdirbt und sich nicht trocknen lässt, Einkochen und Einfrieren sind jedoch möglich. Es sollten nur frische Pilze mit weißem Fleisch und Lamellen verwertet werden, und sie müssen am Tag des Sammelns zubereitet oder zumindest vorgegart werden, da sie sonst sehr schnell beginnen sich erst rosa zu verfärben und schließlich in schwarze Tinte aufzulösen.

Geruch und Geschmack mild und angenehm aromatisch

Hut
2–5 x 5–15
Stiel
10 x 1,2

Maßangaben in cm

s. S. 307 Nr. 29

Der Hut ist walzenförmig und mit weißen, abstehenden Schuppen besetzt. Es ist die einzige Art aus der Gattung der Tintlinge, die uneingeschränkt essbar ist. Er wächst von Mai bis November auf nährstoffreichen Standorten wie Wiesen, Parkanlagen und Wegrändern. Bei den meisten Tintlingen sind die Lamellen aufsteigend angeheftet, beim Schopf-Tintling sind sie frei und der Stiel lässt sich leicht aus dem Hutfleisch lösen.

Sporenmerkmale

Die mitsamt dem Hutfleisch zerfließenden Sporen sind früher tatsächlich als Tinte verwendet worden. Der Schriftzug oben ist mit solch einer Tinte geschrieben. Die 10-15 x 6-8 µm großen Sporen sind mit dem Mikroskop in alten Dokumenten auch heute noch auf dem Papier sichtbar (Lupe).

Verwechslungsmöglichkeiten

Der Schopf-Tintling kann als unverwechselbar bezeichnet werden. Er ist zwar variabel was die Größe angeht, durch seine Merkmale ist er jedoch eindeutig gekennzeichnet. Sein Speisewert ist umstritten.

*Der **Specht-Tintling** (Coprinus picaceus) hat weiße Flocken auf seinem schwarzbraunen Hut. Jung ist die dunkle Huthaut manchmal noch unter dem weißen Velum verborgen (kl. Foto). Sein Speisewert ist unbekannt.*

*Der **Graue Falten-Tintling** (Coprinus atramentarius) hat einen ± glatten, grauen Hut. Er ist in Verbindung mit Alkohol giftig (s. S. 77).*

Wiesen-Champignon

Der Wiesen-Champignon (Agaricus campestris) wird auch als Wiesen-Egerling bezeichnet. Er ist wesentlich schmackhafter als die Zucht-Champignons. Er ist der wohl meistgesammelte Champignon. Man findet ihn von Juni bis Oktober oft in großen Hexenringen auf Wiesen und Weiden sowie in Parkanlagen.

Kenntlich ist diese Art durch das nur sehr schwach rötende Fleisch, den leicht vergänglichen Ring und den walzenförmigen Stiel. Der Geruch ist angenehm pilzartig, aber nicht sehr intensiv. Der weiße Hut ist seidig bis leicht schuppig. Die jung bereits rosafarbenen Lamellen sind frei. Im Alter färben sie sich durch das reife Sporenpulver dunkelbraun. Sie werden bei jungen Pilzen von einer Teilhülle geschützt, die als Ring am Stiel zurückbleibt, eine Gesamthülle wie bei den Wulstlingen fehlt.

Hut
5–10
Stiel
5 x 1

Maßangaben in cm

s. S. 299 Nr. 4

Champignons *können im Gegensatz zu den meisten Pilzen auch roh gegessen werden und eignen sich daher besonders für eine gewichtsreduzierende Diät. Sie sind aber nicht nur lecker, sondern auch sehr gesund und können unterstützend bei Gicht, Diabetes und Bluthochdruck eingesetzt werden. Außerdem hat man festgestellt, dass sie eine wachstumshemmende Wirkung auf verschiedene Bakterien haben und die Milchproduktion der Mütter unterstützen. In China wird nicht nur der Zucht-Champignon (Agaricus bisporus) kultiviert, sondern auch der Wiesen-Champignon.*

Sporenmerkmale

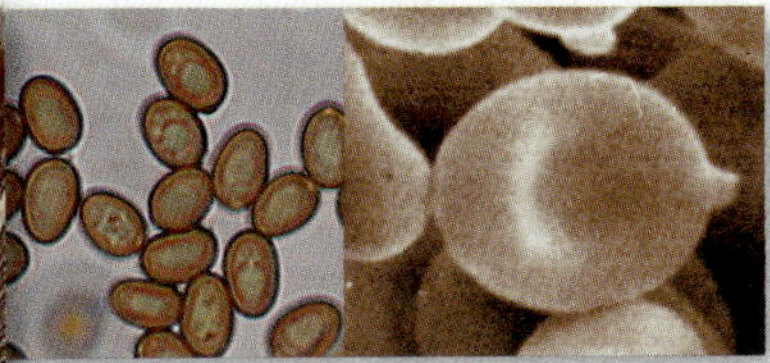

Das Sporenpulver ist schokoladenbraun und die rundlichen, glatten Sporen 7-10 x 5-6 µm groß.

Verwechslungsmöglichkeiten

Gefährlich sind vor allem Verwechslungen mit Knollenblätterpilzen oder Schirmlingen, sie haben rein weiße Lamellen und weißes Sporenpulver. Es gibt eine ganze Reihe verschiedener Champignon-Arten. Bei der Unterscheidung ist folgende Regel hilfreich: alle rötenden Champignons sind essbar, bei den gilbenden Arten sind der Geruch und die Verfärbung des Fleisches gute Unterscheidungskriterien.

Der tödlich giftige ***Grüne Knollenblätterpilz*** *(Amanita phalloides, s. S. 443) kann auch auf Wiesen wachsen, wenn Eichen oder Buchen in der Nähe sind. Es gibt auch eine weiße Form (Amanita phalloides var. verna) und auch die grünen Hüte können weiß ausblassen. Er hat eine Gesamthülle, eine scharf abgesetzte Knolle und einen gerieften Ring. Der Geruch ist unangenehm süßlich. Achtet man bei den Champignons auf die bereits jung rosafarbenen Lamellen, kann eine Verwechslung ausgeschlossen werden.*

Auch unter den ***Schirmlingen*** *gibt es stark giftige Arten (s. S. 441). Sie besitzen ebenso wie die Knollenblätterpilze weißes Sporenpulver.*

Der ***Karbol-Champignon*** *(Agaricus xanthoderma) kann Verdauungsstörungen und Magen-Darm-Probleme hervorrufen. Er läuft besonders an der Knolle beim Ankratzen chromgelb an (Lupe) und riecht meist unangenehm karbolartig (nach Tinte oder Desinfektionsmittel).*

Parasolpilz / Großer Riesenschirmling

Der Parasolpilz (Macrolepiota procera) ist einer der größten Speisepilze – und noch dazu ein ausgezeichneter, der besonders paniert gebraten eine wahre Delikatesse darstellt. Er sollte allerdings nicht zu fettig zubereitet werden. Die zähen Stiele können als Würzpulver getrocknet und gemahlen werden. Der Ring ist auch roh schmackhaft.

Junge Fruchtkörper haben die Form eines Paukenschlägels und die Huthaut ist noch ± glatt. Sie reißt mit dem Aufschirmen ein und hinterlässt braune Schuppen auf dem hellen Hutfleisch. In der Mitte bleibt ein brauner Buckel stehen. Der Stiel ist genattert und trägt einen verschiebbaren Ring. Der Geruch und Geschmack sind angenehm nussartig und das Fleisch rötet nicht. Parasolpilze wachsen von Juli bis November an Waldrändern, auf Lichtungen und in Wiesen. Mit etwas Glück kann man auf einer Wiese einen ganzen Hexenring dieser wunderschönen und leckeren Pilze finden.

Hut
10–30
Stiel
20 x 2

Maßangaben in cm

s. S. 302 Nr. 11

Sporenmerkmale

Die Sporen sind 14-20 x 9-12 µm groß. Im lichtmikroskopischen Bild (Mitte) sind sie mit Melzers-Reagenz (s. S. 113) angefärbt.

Verwechslungsmöglichkeiten

Parasolpilze sind durch den verschiebbaren Ring und ihre Größe sehr gut zu erkennen. Es gibt einige giftige „kleine" Schirmlinge, die in eine andere Gattung (Lepiota) gehören und keinen verschiebbaren Ring besitzen.

Der ***Safran-Riesenschirmling*** *(Macrolepiota rachodes, Foto rechts) hat bei Verletzung rötendes Fleisch (kl. Bild) und einen ± ungenatterten Stiel. Er ist ebenfalls essbar.*

Es gibt kontroverse Meinungen über die Verwechslungsmöglichkeit, das Vorkommen und die Giftigkeit mit dem ***Gift-Schirmling*** *(Macrolepiota venenata). Dieser hat einen stechend unangenehmen Geruch, einen nur sehr schwer verschiebbaren Ring und in der Hutmitte sehr viel dunklere Schuppen. Ein mikroskopisches Unterscheidungsmerkmal sind die fehlenden Schnallen. Zudem ist sein Vorkommen auf Gartenerde und Kompost beschränkt.*

Der ***Spitzschuppige Schirmling*** *(Lepiota aspera) ist einer der größten Vertreter aus seiner Gattung und am ehesten mit einem etwas klein geratenen Riesenschirmling zu verwechseln. Durch den angewachsenen Ring (Lupe) ist er jedoch gut zu erkennen. Er ist Magen-Darm-giftig.*

Perlpilz

Der Perlpilz (Amanita rubescens) wird auch Rötender Wulstling genannt. Dieser Name beschreibt eines seiner charkateristischen Merkmale: das rötende Fleisch. Es ist an verletzten Stellen und in den Madengängen sichtbar. Er ist ein sehr leckerer Pilz, der aber ausreichend erhitzt werden muss, da sich die Hämolysine erst bei Temperaturen über 60° zersetzen.

Der Perlpilz gehört zu der Gattung der Wulstlinge und besitzt als solche eine Teil- und eine Gesamthülle. Die relativ instabile Gesamthülle bricht beim Heranwachsen unten am Stiel auf und hinterlässt grobe Hutflocken auf dem Hut und der Stielbasis. Am Stiel können sie auch fehlen, dafür trägt dieser einen oberseits gerieften Ring. Die Knolle ist nicht scharf abgesetzt, sondern geht langsam in den Stiel über.

Die weißen Lamellen stehen dicht gedrängt und sind frei. Der Stiel lässt sich leicht und meist mit einem deutlich hörbaren „Knack-Geräusch" aus dem Hut lösen. Der Hutrand ist ungerieft. Perlpilze sind von Juni bis Oktober in Laub- und Nadelwäldern sowie auch in Parkanlagen und Gärten mit Baumbestand relativ häufig anzutreffen. Sie haben keine besonderen Bodenansprüche und können mit vielen Baumarten eine Lebensgemeinschaft eingehen.

Maßangaben in cm
Hut
5–15
Stiel
8 x 2

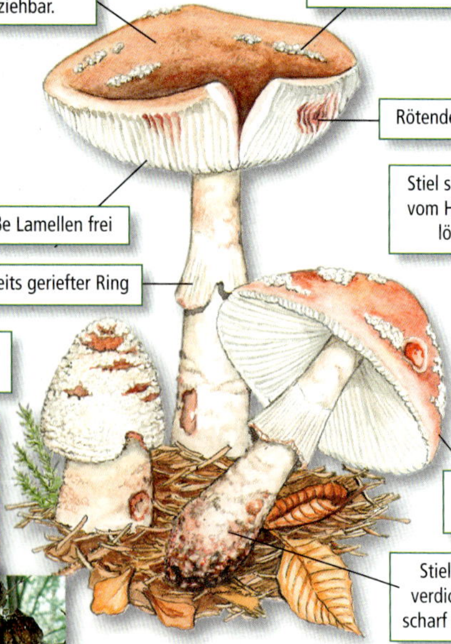

s. S. 306 Nr. **23**

Eine Legende erzählt, dass es regnet, wenn man ein Stück vom Perlpilz abbricht.

Sporenmerkmale

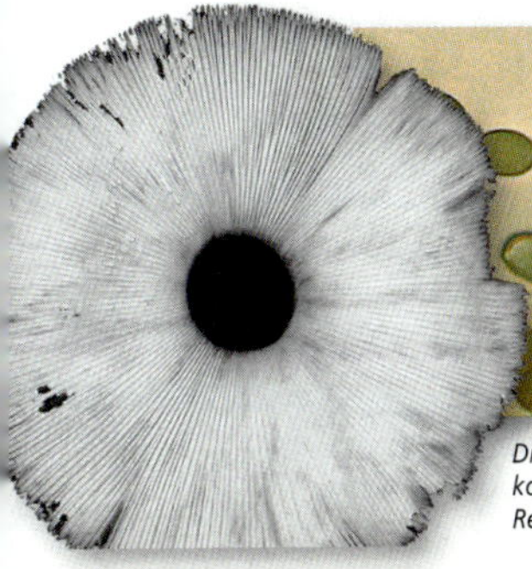

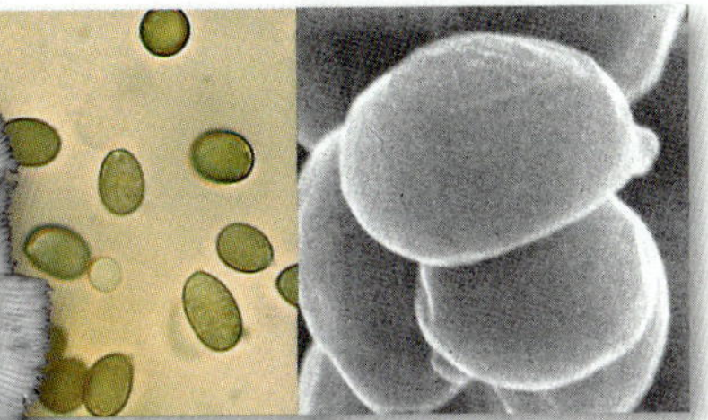

Die Sporen sind 9-12 x 6-9 µm groß. Im lichtmikroskopischen Bild (Mitte) ist das Präparat mit Melzers-Reagenz (s. S. 113) versetzt.

Verwechslungsmöglichkeiten

Schon alleine durch das rötende Fleisch kann der Perlpilz von anderen, teils sehr giftigen Wulstlingen unterschieden werden. Wenn außerdem auch der geriefte Ring und der langsam in die Knolle übergehende Stiel betrachtet werden, sind Verwechslungen praktisch nahezu ausgeschlossen.

*Der stark giftige **Pantherpilz** (Amanita pantherina) hat einen oberseits glatten Ring (Kl. Foto links), einen deutlich gerieften Hutrand (Lupe) und die Knolle ist stark abgesetzt (kl. Foto rechts).*

*Der **Graue Wulstling** (Amanita excelsa, Foto links) kann als ein nicht rötendes „Abbbild" des Perlpilzes angesehen werden, da er auch einen gerieften Ring und eine nicht scharf abgesetzte Knolle besitzt. Er ist ebenfalls essbar, aber bei ihm ist die Verwechslungsgefahr durch das nicht rötende Fleisch mit anderen giftigen Wulstlingen noch größer als beim Perlpilz.*

Echter Pfifferling

Der Pfifferling (Cantharellus cibarius) ist einer der bekanntesten und attraktivsten Speisepilze überhaupt. Auch sein wissenschaflicher Name verrät einiges über ihn. „Chantherelle" heißt kleiner Pokal und „cibaria" auf lateinisch „Nahrung oder Speise". In einigen Regionen wird er auch „Eierschwamm" genannt und tatsächlich ist er in Verbindung mit Eierpfannkuchen besonders lecker. In der Medizin wird ihm nachgesagt, gut gegen Sehstörungen und kräftigend auf die Lunge zu wirken.

Licht färbt den Pfifferling dunkler gelb, und im Schatten zwischen Moos wachsende Exemplare können sehr blaß weißlich aussehen. Da zudem die in Lebensgemeinschaft mit Eichen wachsenden Exemplare anders aussehen können als beispielsweise die unter Buchen oder Tannen wachsenden, werden bei einigen Autoren mehrere Varietäten oder Arten unterteilt. Ihr Speisewert ist jedoch identisch ist.

Der goldgelbe Hut hat eine stumpfe Oberfläche und ist meist wellig verbogen. Die Leisten sind mehrfach gegabelt und laufen weit am vollfleischigen Stiel herab. Das Fleisch ist blassgelb und hat einen angenehmen, aromatischem Geruch und milden, später pfefferig werdenden Geschmack. Pfifferlinge wachsen meist schon ab Juni und bis Oktober auf moosreichen Böden in Laub- und Nadelwäldern.

Hut
5–12
Stiel
5 x 1,5

Maßangaben in cm

Typisch sind die am Stiel herablaufenden ***Leisten*** *(Lupe).*

s. S. 314 Nr. **1**

Sporenmerkmale

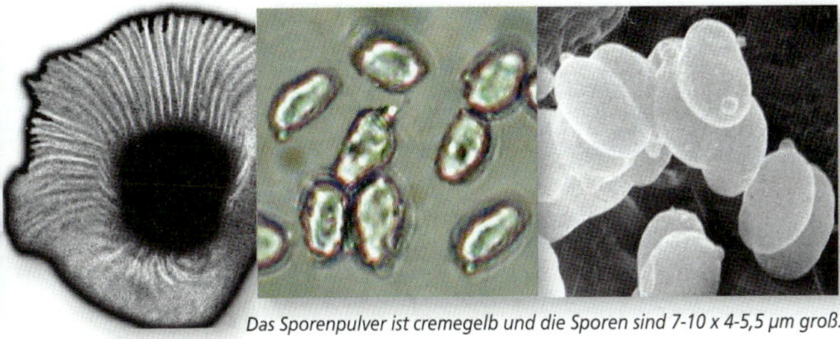

Das Sporenpulver ist cremegelb und die Sporen sind 7-10 x 4-5,5 µm groß.

Verwechslungsmöglichkeiten

Der klassische Doppelgänger ist der Falsche Pfifferling. Wenn der Hut der jungen, sehr giftigen Schleierlinge (Cortinarius rubellus und C. orellanus, s. S. 436 und 437) noch nicht entwickelt ist, können sie auch für Pfifferlinge gehalten werden – Karin Montag hat auf dieser Verwechslungsmöglichkeit ihren Roman „Tödliche Pilze" (1999) aufgebaut.

Der ***Falsche Pfifferling*** *(Hygrophoropsis aurantiaca) wird wegen der gleichmäßig gegabelten Lamellen (kl. Bild) auch Gabelblättling genannt. Ihm fehlen der aromatische Geschmack und Geruch des Echten Pfifferlings. Seine Lamellen sind zudem leicht vom Hutfleisch ablösbar. Er kann – in großen Mengen genossen – zu Magen-Darm-Beschwerden führen.*

Der ***Leuchtende Ölbaumpilz*** *(Omphalotus illudens, Foto links) wird oft als Doppelgänger des Pfifferlings bezeichnet, doch schon sein büscheliger Wuchs an Bäumen schließt eigentlich eine Verwechslung aus. Zudem ist er meist kräftiger orange. Er wächst im mediterranen Klima an Olivenbäumen, in deutschen Weinbaugebieten auch an anderen Laubbäumen.*

Semmel-Stoppelpilz

Das feste Fleisch und der milde Geschmack machen den Semmel-Stoppelpilz (Hydnum repandum) zu einem guten Speisepilz. Allerdings sollten nur junge Exemplare gesammelt werden, da alte Pilze bitter werden. Die Länge der Stacheln gibt dafür einen Anhaltspunkt, da sie mit zunehmendem Alter länger werden. In einem schwedischem Pilzbuch habe ich gelesen, dass „feinfühlige Personen die Stacheln entfernen, da sie im Schmorgericht wie kleine Maden aussehen....". Erfreulicherweise wird er wenig von Maden zerfressen.

Das Fleisch der Semmel-Stoppelpilze bricht ähnlich wie bei einem Sprödblättler, d.h. vergleichbar einem Apfel. Das beste Erkennungsmerkmal sind die Stacheln auf der Hutunterseite. Der meist unregelmäßig verbogene, cremeweiße bis semmelfarbene Hut ist fest mit dem kompakten Stiel verbunden, bzw. geht, ähnlich wie bei einem Pfifferling, in diesen über. Man findet Semmel-Stoppelpilze von Juli bis Oktober besonders auf Kalkböden im Laub- und Nadelwäldern.

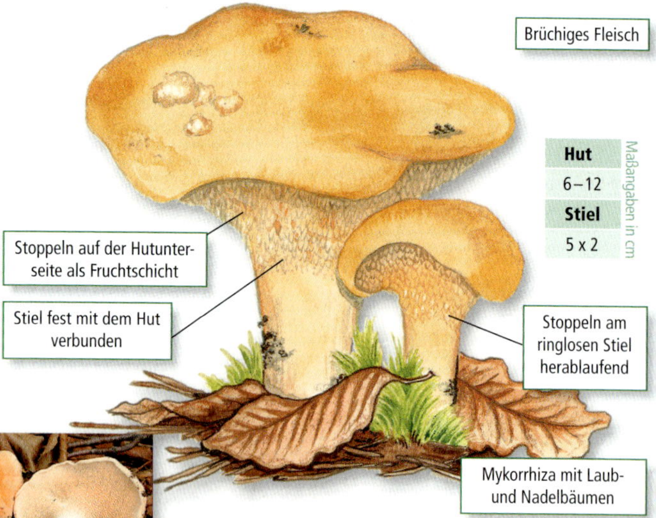

Maßangaben in cm
Hut
6–12
Stiel
5 x 2

s. S. 137 Nr. **11**

Je nach Symbiosepartner und Standort gibt es eine hellere und eine dunklere Form des Semmel-Stoppelpilzes, die teilweise in Varietäten oder sogar Arten aufgeteilt werden. Allerdings gibt es auch Zwischenformen, bei denen die Zuordnung schwer fällt, daher wird hier auf eine Trennung verzichtet.

Sporenmerkmale

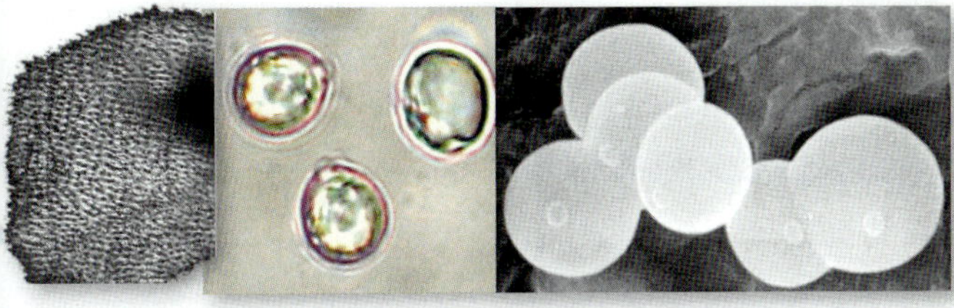

Die rundlichen Sporen sind 6,5-9 x 5,5-8,5 µm groß.

Verwechslungsmöglichkeiten

Der Semmelstoppelpilz bietet keine Verwechslungsmöglichkeit. Es gibt zwar noch weitere Pilze mit Stacheln auf der Hutunterseite, doch sie haben ein gänzlich anderes Erscheinungsbild. Auch Pfifferlinge können von oben betrachtet ähnlich aussehen, doch schon beim Umdrehen ist jede Verwechslung ausgeschlossen. Das gleiche gilt für den Schaf-Porling.

*Der **Habichtspilz** (Sarcodon imbricatus) besitzt auch Stacheln, damit sind die Gemeinsamkeiten aber auch schon erschöpft und es besteht keine Verwechslungsmöglichkeit mit diesem Pilz, dessen Hut mit bräunlichen, abstehenden Schuppen bedeckt ist. Junge Exemplare sind abgekocht essbar.*

*Der **Schaf-Porling** (Albatrellus ovinus) kann auch nur auf den ersten Blick von oben verwechselt werden, denn er besitzt feine Poren (Lupe) und keine Stacheln. Zudem ist der Hut weiß bis cremefarben. Er wächst im Nadelwald auf Kalkböden in Gebirgslagen und ist essbar.*

Austern-Seitling / Austernpilz

Der Austern-Seitling (Pleurotus ostreatus) ist ein sehr guter Speisepilz und auch ein beliebter Kulturpilz, der in vielen Varietäten angebaut wird. Er ist hinter dem Champignon auf Platz zwei der beliebtesten Zuchtpilze. Die wild wachsende Art braucht leichte Nachtfröste für die Fruchtkörperbildung, es gibt aber auch eine aus Florida stammende Varietät, die keinen Frost benötigt.

Er wird auch als „Kalbfleischpilz" bezeichnet, im Alter kann das Fleisch allerdings zäh werden. Austernpilze sind nicht nur geschmacklich ausgezeichnet, sondern in der traditionellen chinesischen Medizin getrocknet ein Mittel zur Stärkung der Venen und Sehnen. Russische Forscher haben ein Antibiotikum, das Pleurotin, aus Austernpilzen isoliert. Darüber hinaus wird der Austernseitling zur Regulierung des Cholesterinspiegels eingesetzt.

Den Namen verdankt er seiner Wuchsform, die an Austernbänke erinnert: Meist wachsen viele einzelne Pilze büschelig beieinander. Die seitlich gestielten Fruchtkörper haben weißliche Lamellen, die am kurzen Stiel herablaufen. Die Hutfarben sind sehr variabel und können graubräunlich, cremebraun, stahlblau oder eine Mischung aus diesen Farbtönen sein.

Hut
5–20
Stiel
2 x 2

Maßangaben in cm

s. S. 201 Nr. 10; S. 435 Nr. 12

Der Austern-Seitling liefert auch dann noch frische, schmackhafte Pilzmahlzeiten, wenn es sonst kaum noch Pilze im Freien zu finden gibt.

Sporenmerkmale

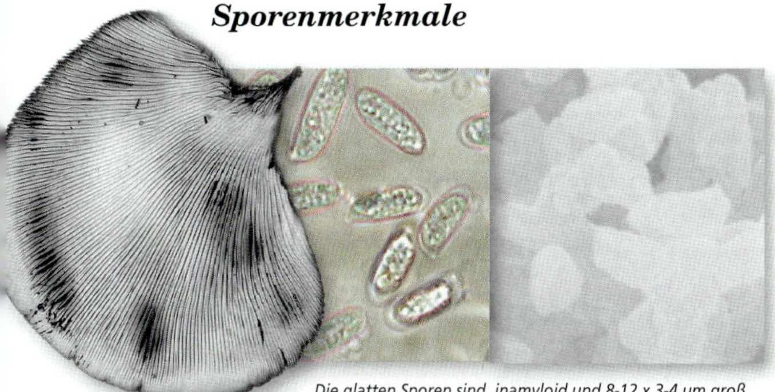

Die glatten Sporen sind inamyloid und 8-12 x 3-4 µm groß.

Verwechslungsmöglichkeiten

Vom Austern-Seitling bis zum Zwerg-Seitling (Pleurotellus) gibt es eine Reihe von Gattungen mit seitlichen Hüten, die nicht immer einfach zu unterscheiden sind. Es gibt jedoch keine ausgesprochenen Giftpilze unter ihnen. Die Muschelinge (Hohenbuehelia) und die Zwergknäuelinge (Panellus) haben eine gelatinöse Schicht auf der Huthaut (s. S. 202, Nr. **10**). Die etwas ähnlichen Stummelfüßchen (Crepidotus, s. S. 203, Nr. **14**) haben keinen abgesetzten Stiel und kein weißes Sporenpulver.
Es gibt noch andere, ebenfalls essbare Seitlinge, wie beispielsweise den Rilligstieligen Seitling (Pleurotus cornucopiae) und den Berindeten Seitling. Im Mittelmeerraum auf Eichen ist der ungenießbare Ohrförmige Seitling (Pleurotus dryinus) mit hellerem Hut weit verbreitet.

*Der **Gelbgestielte Muschelseitling** (Panellus serotinus, Foto links) ist dem Austern-Seitling am ähnlichsten. Er hat einen stärker olivbräunlichen Hut und der kurze Stiel ist gelb gefärbt. Er ist essbar aber wenig schmackhaft.*

*Der **Berindete Seitling** (Pleurotus dryinus, Foto unten) ist jung von einem häutigem Velum umgeben, das bei älteren Pilzen nicht mehr zu sehen ist. Er ist geschmacklich minderwertig und kein Speisepilz.*

*Der ungenießbar zähfleischige und im Alter oft bittere **Laubholz-Knäueling** (Panus conchatus, Foto links) unterscheidet sich vor allem durch die Konsistenz des Fleisches.*

Riesen-Bovist

Der Riesen-Bovist (Langermannia gigantea) kann bis zu 20 kg schwere Fruchtkörper bilden. Um diese Größe zu erreichen braucht er bei normler Witterung im Herbst ca. 10 Tage. Essen kann man diesen gigantischen Pilz nur, solange das Fleisch noch fest und rein weiß ist. Mit zunehmendem Alter wird das Innere der ursprünglich weißen Kugel beigebräunlich und zur Reifezeit wird der gesamte Innenteil zu einer stäubenden Sporenmasse. Ein Fruchtkörper kann 5-6 Billionen Sporen produzieren.

Außen besitzt der normalerweise etwa fussballgroße Riesen-Bovist eine lederige, derbhäutige Außenhülle. Man findet ihn von Juli bis Oktober auf nährstoffreichen Böden mit hohem Humusgehalt, auf Wiesen, in Laubwäldern und Parkanlagen. In der traditionellen, chinesischen Volksmedizin wird er gegen Blutungen (bes. Nasenbluten), Frostbeulen, Schwellungen und Geschwüre und bei schlecht heilenden Wunden eingesetzt. In der Homöopathie kann er bei Hautkrankheiten, chronischen Entzündungen und Blasenentzündung zum Einsatz kommen.

s. S. 323 Nr. **11**

In Scheiben geschnitten und paniert gebraten ist er eine wahre Delikatesse. Er sollte sich beim Braten nur nicht mit zu viel Fett vollsaugen, da dies schwer im Magen liegen kann.

Er wird auch von Schnecken nicht verschmäht (Foto rechts).

Sporenmerkmale

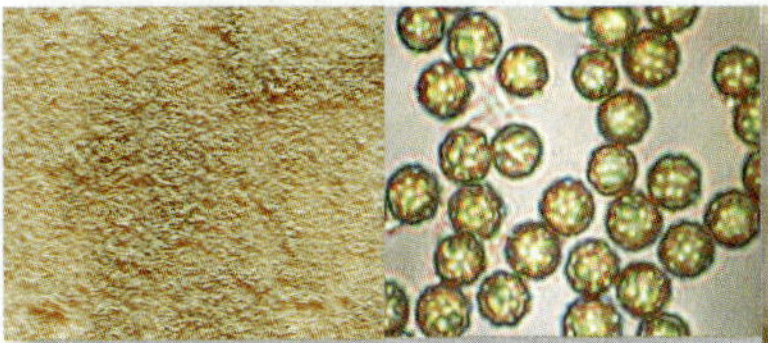

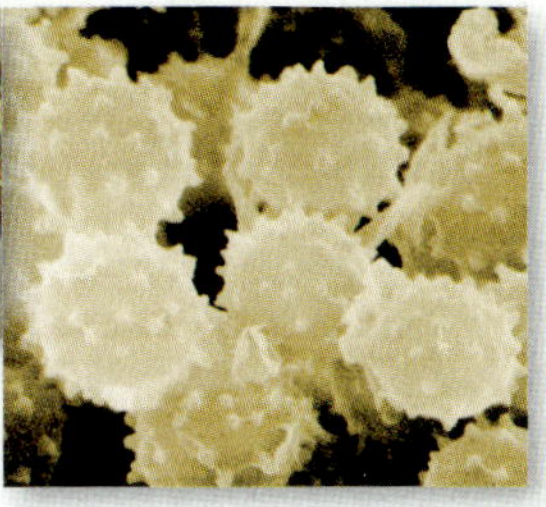

Das Sporenpulver ist im Bild links aus dem Innenkörper des Pilzes auf ein Papier aufgestäubt. Die rundlichen, feinwarzigen Sporen sind 4-5,5 µm groß.

Verwechslungsmöglichkeiten

Der Riesen-Bovist ist schon alleine durch seine Größe unverwechselbar. Sehr kleine Exemplare könnten mit anderen Stäublingen oder Bovisten verwechselt werden; unter ihnen gibt es jedoch keine Giftpilze. Alle Arten sind aber nur solange essbar, wie das Fleisch noch fest und rein weiß ist.

Der jung ebenfalls essbare ***Hasen-Stäubling*** *(Calvatia utriformis) ist 10-20 cm breit. Oft wirkt er sackförmig und flachgedrückt. Die Außenseite ist im Gegensatz zum Riesen-Bovist meist mit einem eckigem Muster versehen, das dem Pilz eine wie getäfelt erscheinende Oberfläche verleiht. Dazu ist er oft feinstachelig oder wie bemehlt. Er wächst auf Halbtrockenrasen und nicht zu nährstoffreichen, grasigen Standorten.*

Der ***Wiesen-Stäubling*** *(Vascellum pratense) kommt ebenfalls in Wiesen und an Wegrändern vor, ist jedoch nur 2-4 cm groß und hat eine feinkörnige Außenhaut (Lupe). Außerdem befindet sich zwischen dem fruchtbaren Kopf- und dem sterilen Stielteil eine Trennhaut.*

Krause Glucke

Die Krause Glucke (Sparassis crispa) ist ein sehr schmackhafter Speisepilz. Der Geschmack ist nussartig mild und auch der Geruch ist angenehm aromatisch. Leider sind die badeschwammartigen Fruchtkörper häufig mit Erdpartikeln und Nadeln behaftet, daher empfiehlt es sich, sie vor dem Waschen kurz zu blanchieren, damit das Fleisch biegsam wird und beim Putzen nicht zerbricht.

Es sind schon bis zu 10 kg schwere Glucken gefunden worden, normalerweise ist ein Fruchtkörper zwischen 10 und 40 cm breit und mehr oder weniger rundlich. Er ist aus bandartig-krausen Ästen aufgebaut und wächst überwiegend am Grunde alter Kiefernstämme auf der wetterabgewandten Seite. Meist findet man ihn an Kiefern die in Laubwäldern eingestreut sind und nicht in reinen Kiefernwäldern. An der Basis sind die einzelnen Lappen strunkartig miteinander verbunden. Wenn ein Standort gefunden ist, lohnt es sich jedes Jahr wieder, zwischen August und November auf die Suche zu gehen, denn die Krause Glucke ist meist über viele Jahre standorttreu.

s. S. 141 Nr. **24**

Die Farbe ist relativ variabel, doch an der badeschwammartigen Gestalt ist eine Krause Glucke leicht als solche zu erkennen.

Sporenmerkmale

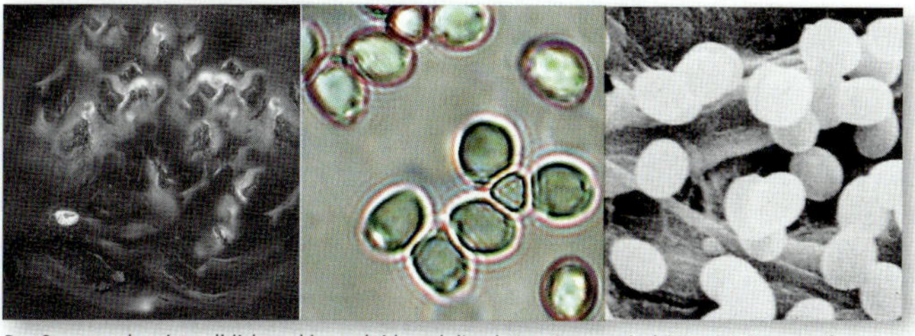

Das Sporenpulver ist gelblich und inamyloid, und die glatten Sporen sind 5-6 x 4-4,5 µm groß.

Verwechslungsmöglichkeiten

Die Krause Glucke ist unverwechselbar. Von den teils giftigen oder ungenießbaren Korallen unterscheidet sie sich durch ihre bandartige Struktur. Die Korallen erinnern mit ihren ± aufrechten Ästen eher an Meereskorallen als an einen Badeschwamm.

*Die **Breitblättrige Glucke** (Sparassis brevipes) wächst an Eiche oder Weiß-Tanne und besitzt stärker gezonte, hellere, breitere „Bänder". Sie ist nicht giftig, ist durch ihren muffigen Geschmack aber kein Speisepilz.*

*Die **Blasse Koralle** (Ramaria pallida) ist Magen-Darm-giftig und wird auch als Bauchweh-Koralle bezeichnet. Der blass rosa Fruchtkörper ist sehr viel aufrechter als die Krause Glucke. Sie wächst in Laub- und Nadelwäldern am Erdboden und nicht am Fuße alter Kiefern.*

Judasohr

Das Judasohr (Auricularia auricula-judae) ist einer der ältesten Kulturpilze, der im asiatischen Raum schon seit 1500 Jahren als Speise- und Heilpilz angebaut wird. Schon damals galt er als „Jungbrunnen" und man hat ihn zur Steigerung der physischen und psychischen Kräfte sowie zur Behandlung von Bauchschmerzen, Blutungen und Hämorrhoiden verwendet. Derzeit werden in China, Taiwan und auf den Philippinen pro Jahr mehr als 20 000 t produziert.

Als „Mu-Ehr" (bedeutet Waldohr oder Baumohr) ist er Bestandteil zahlreicher chinesischer Gerichte, und er wird bei uns als „chinesische Morchel" auf die Speisekarten gesetzt. In chinesischen Laboruntersuchungen konnte seine immunstabilisierende, blutungshemmende und cholesterinsenkende Wirkung nachgewiesen werden. In China wird er auch als Immunstimulans, bei Bluthochdruck und Arterienverkalkung eingesetzt.

Einer christlichen Legende zufolge wuchsen auf dem Holunderbaum, an dem sich Judas Ischariot, ein Jünger Jesus erhängt haben soll, ohrmuschelförmige Pilze, die daher diesen Namen tragen. Er spielt sowohl im Abendland als auch im Morgenland eine bedeutende Rolle. Das gelatinöse Fruchtfleisch schrumpft beim Trocknen stark zusammen, quillt jedoch beim Wässern wieder zur ursprünglichen Form zurück.

Er wächst nicht nur an Holunder, sondern auch an anderen Laubhölzern und kann bei guten Bedingungen das ganze Jahr über neue Fruchtkörper bilden, die Hauptvegetationszeit ist jedoch meist im Frühjahr.

Die Form ist sehr variabel.

s. S. 144 Nr. 39

Sporenmerkmale

Die inamyloiden, glatten Sporen sind 16-23 x 6-7 µm groß. Im elektronenmikroskopischen Bild (rechts) sind sie durch ihren instabilen Aufbau bei der Präparation leicht deformiert.

Verwechslungsmöglichkeiten

Das Judasohr kann mit einigen anderen gallertartigen Pilzen verwechselt werden. Ausgesprochene Giftpilze sind nicht unter ihnen bekannt. Der seltene, ungenießbare Gezonte Ohrlappenpilz (Auricularia mesenterica) hat einen struppigen, gezonten Hutfilz. Es gibt noch einige verwandte Arten, die aus Ostasien importiert und in Chinagerichten verwendet werden. Im Handel werden sie als „Chinamorcheln" angeboten. Der Rotbraune Zitterling (Tremella foliacea) wächst büscheliger und ist von beiden Seiten glatt und glänzend.

Die Drüslinge (Gattung Exidia) besitzen ebenfalls weichgallertige, gelatinöse Fruchtkörper, die auf toten Ästen von Laubbäumen wachsen. Sie sind kräftiger grauschwärzlich und haben eine drüsig punktierte Fruchtschicht (Hymenium), die sich am besten ertasten lässt, wenn mit dem Finger darüber gestrichen wird. Im Bild links zu sehen ist der ***Abgestutzte Drüsling*** *(Exidia truncata). In dieser Gattung gibt es keine Speisepilze.*

Der ***Fleischrote Gallertbecher*** *(Ascocoryne sarcoides) ist knäuelig gedrängt und aus kleineren, einzelnen, büschelig zusammenstehenden Fruchtkörpern aufgebaut. Sie sind ebenfalls gallertig gelatinös und besitzen im Gegensatz zum Judasohr keine samtige Außenseite. Er ist kein Speisepilz.*

Speise-Morchel

Die Speise-Morchel (Morchella esculenta) ist einer der begehrtesten Speise- und Trockenpilze mit angenehmen Geruch und köstlich aromatischem Geschmack. Sie enthält zwar Hämolysine, allerdings in geringeren Mengen als die Lorcheln und einige andere Schlauchpilze. Außerdem sind diese, die roten Blutkörperchen zerstörenden Stoffe, nicht hitzebeständig, so dass der Verzehr abgekocht unbedenklich ist.

Wegen der Konsistenz des elastisch-brüchigen Fleisches ist das Verderben zu alter Pilze nicht immer sofort zu erkennen, darum sollten keine alten Pilze verwendet werden! Morcheln werden auch auf Märkten angeboten und als „Spongia" sind sie von den Dichtern der römischen Antike verewigt worden.

Die Speise-Morchel ist recht variabel was ihre Form und Farbe anbelangt. Der oberseits rundliche Hut ist gewöhnlich zwischen 4-6 cm breit und 5-8 cm hoch und fest mit dem Stiel verwachsen. Die Hutfarbe reicht von ocker bis schwarzbraun. Insgesamt sind die Fruchtkörper 3 bis 20 cm hoch. Der weiß bis cremefarbene, hohle Stiel verjüngt sich nach oben. Eine Morchel kann bis zu 500 g wiegen.

Speise-Morcheln wachsen nur im Frühjahr und oft an ungewöhnlichen Stellen. Häufig findet man sie von April bis Mai in Auwäldern unter Eschen. Sie kommen jedoch auch in Laub- und Mischwäldern, auf ungedüngten Wiesen und auf Schuttplätzen vor. Allerdings sind sie sehr gut getarnt. Sie sind – wie Morcheln allgemein – standorttreu, aber relativ empfindlich gegen Veränderungen des Standortes, wie z.B. die Beschattung und Feuchtigkeit im Boden. Die weißen Sporen sind 16-23 x 11-14 µm groß.

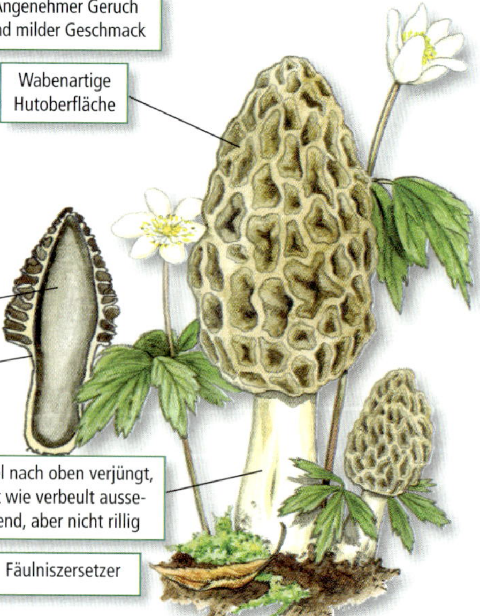

Maßangaben in cm
Hut
4–6
Stiel
5 x 2

s. S. 351 Nr. 5

Verwechslungsmöglichkeiten

Verwechslungen mit der Spitz-Morchel oder anderen Morcheln sind ungefährlich, da alle Morcheln essbar sind. Ähnlich können auch einige Verpeln aussehen. Sie unterscheiden sich durch den tief im Hut angewachsenen Stiel. Sie können an ähnlichen Standorten vorkommen, sind aber ebenfalls essbar und schmackhaft. Aufzupassen ist vor einer Verwechslung mit der stark giftigen Frühjahrs-Lorchel (s. S. 444), die jedoch eine gehirnartig gewundene Hutoberfläche besitzt. Lorchen haben keine wabenartigen, sondern lappig gewundene Hüte. Unter ihnen gibt es keine Speisepilze.

*Die giftige **Frühjahrs-Lorchel** (Gyromitra esculenta, Foto rechts) erscheint ebenfalls im Frühjahr, wächst jedoch in sandigen Kiefernwäldern und in Parkanlagen. Sie hat einen hirnartig gewunden, dunkel rost- bis kastanienbraunen Hut.*

*Die **Spitz-Morchel** (Morchella conica, Foto links) ist ein der Speise-Morchel ebenbürtiger Speisepilz. Ihr hoher Hut ist oben ± spitz zulaufend und das Wabenmuster ist regelmäßiger aus längs verlaufenden Hutleisten mit vielen Querverbindungen aufgebaut.*

*Die seltenere und ebenfalls essbare **Hohe Morchel** (Morchella elata) hat eine regelmäßiger aufgebaute Hutstruktur und hellere Farbe. Ähnlich ist auch die essbare **Käppchen-Morchel** (Morchella gigas), bei der die untere Hutkante frei ist.*

*Die **Gruben-Lorchel** (Helvella lacunosa) hat auch einen schwärzlichgrauen Hut, er ist jedoch, wie für Lorcheln typisch, lappen- bis sattelförmig. Außerdem ist der Fruchtkörper innen nicht hohl sondern gekammert und der Stiel hat tiefe Furchen.*

Hintergrundbild:
Grüner Knollenblätterpilz
(Amanita phalloides)

13 Giftpilze

In diesem Kapitel werden die bedeutendsten Giftpilze vorgestellt, die Sie auf jeden Fall kennen sollten.

Hut
10–25
Stiel
15 x 5

Maßangaben in cm

Die Größenangaben sind Durchschnittswerte. In der Natur kommen immer wieder größere und kleinere Exemplare vor. Der erste Wert gibt den Durchmesser des Hutes an, der Wert darunter die Stielhöhe und dahinter die Stielbreite.

In dem kleinen weißen Kästchen unter der Zeichnung finden Sie einen Seiten- und Nummernverweis, der Ihnen anzeigt, wo dieser Pilz im Bestimmungsteil zu finden ist.

Tiger-Ritterling

Der Tiger-Ritterling (Tricholoma pardalotum) ist stark Magen-Darm-giftig und führt meist schon kurz nach der Mahlzeit zu heftigem Brechdurchfall, der bei geschwächten Personen schon zum Tode geführt hat. Sein Geruch und Geschmack ist keineswegs unangenehm, sondern mehlartig, so dass er daran nicht als Giftpilz zu erkennen ist.

Er wächst von August bis Oktober in Laub- und Nadelwäldern auf Kalkböden. Im Norden ist er seltener, doch in Süddeutschland, der Schweiz und Österreich ist er häufig zu finden, besonders in der Nähe von Rot-Buchen und Eichen sowie unter Tannen und Fichten.

s. S. 240 Nr. **78**

Maßangaben in cm	
Hut	4–10
Stiel	8 x 3

Da es unter den grauhütigen Ritterlingen viele Arten gibt und die essbaren nur schwer zu unterscheiden sind, sollten solche Pilze nur Kenner sammeln. Zudem kommt es auch immer wieder vor, dass Tiger-Ritterlinge zwischen den essbaren Arten wachsen. Der Tiger-Ritterling unterscheidet sich von den gilbenden und rötenden Arten durch das unveränderlich weiße Fleisch. So weist bereits der Name des essbaren Gilbenden Erd-Ritterlings (Tricholoma scalpturatum, s. S. 241 Nr. **79**) auf die Eigenschaft des Fleisches hin, gelb anzulaufen. Er tut dies allerdings genau so langsam, wie sich der Rötende Erd-Ritterling (Tricholoma orirubens, s. S. 239 Nr. **75**) beim Antrocknen rot verfärbt.

Der essbare Erd-Ritterling (Tricholoma terreum) ist durch das unveränderliche Fleisch besonders ähnlich, er ist jedoch weniger fleischig, weniger schuppig und zierlicher als der Tiger-Ritterling. Der ebenfalls essbare Schwarzfaserige Ritterling (Tricholoma portentosum, s. S. 240 Nr. **77**) unterscheidet sich durch die schmierige Huthaut. Der Brennende Ritterling (Tricholoma virgatum) und der Schärfliche Ritterling (Tricholoma sciodes) sind durch ihren scharfen Geschmack ungenießbar.

Die Sporen des Tiger-Ritterlings sind mit 8-10 x 5,5-7 µm größer als bei den anderen beschriebenen Arten. Das Sporenpulver ist wie bei allen Ritterlingen weiß.

Riesen-Rötling / Gift-Rötling

Die Hutfarben des Riesen-Rötlings (Entoloma sinuatum) variieren von cremeweißlich über ockerfarben bis zu gräulich. Ein gutes Bestimmungsmerkmal ist der stark mehlige Geruch dieses Pilzes. Wird dieser Pilz versehentlich gegessen, verursacht er ähnliche wie der Tiger-Ritterling heftige Magen-Darm-Beschwerden.

Der Riesen-Rötling ist eine in Norddeutschland seltene, wärmeliebende Art. Er kommt von Juli bis Oktober in Laubwäldern auf Kalkböden vor. Einerseits ist es ein Vorteil, dass dieser Giftpilz so selten ist, andererseits bekommt man ihn daher auch nur selten zu Gesicht und es fällt besonders zu Anfang schwer, die Gefahr richtig einzuschätzen.

Verwechseln kann man ihn vor allem mit Nebelkappen (s. S. 396), Mai-Ritterlingen (s. S. 384) oder Zigeunern (s. S. 402), sowie dem Schlehen-Rötling (Entoloma sepium). Von den Nebelkappen und den Mai-Ritterlinigen unterscheidet er sich durch das rosabräunliche Sporenpulver, denn diese beiden essbaren Arten hinterlassen einen weißen Sporenabdruck und haben weißliche Lamellen. Der Riesen-Rötling hat im jungen Zustand bereits gelbliche Lamellen, die später eine lachsrosa Färbung annehmen. Der Zigeuner ist durch den Ring am Stiel und den glimmerigen Hut gekennzeichnet, zudem ist sein Sporenpulver rostbraun. Am ähnlichsten ist der essbare Schlehen-Rötling, der ebenfalls relativ selten ist und vor allem im Frühjahr in Parkanlagen unter Rosengebüschen (besonders Schlehen) zu finden ist. Er hat jung weiße und später rosafarbene Lamellen.

s. S. 285 Nr. 10

Hut
5–15
Stiel
12 x 2

Maßangaben in cm

Spitzgebuckelter Raukopf
Spitzbuckliger Orange-Schleierling

Vergiftungen durch den tödlich giftigen Spitzgebuckelten Raukopf (Cortinarius rubellus) sind besonders tückisch, weil die Beschwerden oft erst Tage nach der Mahlzeit auftreten, wenn die Nieren bereits irreparabel geschädigt sind (vergl. S. 73).

Der leuchtend orangebraun gefärbte Hut ist meist spitz gebuckelt und die Hutoberfläche ist feinfilzig. Die ausgebuchtet angewachsenen Lamellen sind etwas entfernt stehend und ± hutfarben. Das Fleisch ist gelblich und im Stiel zunehmend bräunlich. Der Geruch ist besonders beim Anschneiden schwach rettichartig. Finden kann man ihn von August bis Oktober im Nadelwald auf sauren Böden.

Das Sporenpulver ist rostbraun und die feinwarzigen Sporen 8,5-11,5 x 6,5-9 µm groß. Der Buckel ist jedoch nicht immer deutlich ausgebildet und dann wird er anderen Rauköpfen ähnlicher. Der Orangefuchsige Raukopf (s. folgende Art) ist ebenso giftig und unterscheidet sich durch den helleren, mehr messingfarbenen Stiel mit kaum erkennbaren Schleierresten, während der Stiel des Spitzgebuckelten Raukopfes gelblich gegürtelt bis genattert ist.

Eine Verwechslungsgefahr besteht vor allem beim Sammeln ganz junger Pfifferlinge. Ältere Exemplare können wohl kaum noch verwechselt werden, da die Lamellen dann deutlich sichtbar sind. Jung ist der Haarschleier (das Velum) am deutlichsten sichtbar, auch dieser fehlt bei den Pfifferlingen.

s. S. 271 Nr. 47

Hut
3–8
Stiel
8 x 1,5

Maßangaben in cm

Orangefuchsiger Raukopf

Die Giftwirkung des Orangefuchsigen Rauhkopfes (Cortinarius orellanus) ist erst seit 1952 nachgewiesen worden, als es in Polen zu einer Massenvergiftung mit 19 Todesfällen gekommen war. Zum Glück sind Vergiftungen mit diesem tödlich giftigen Pilz selten.

Die nierenschädigenden Orellanine sind ungefähr in der gleichen Menge vorhanden wie im Spitzgebuckelten Raukopf (s. vorherige Seite) und 50-100 g Frischpilze können bereits tödlich wirken (s. S. 73). Da es auch noch einige andere giftige Rauköpfe gibt, die oft nur schwer zu unterscheiden sind, muss grundsätzlich davon abgeraten werden, außer dem Pfifferling intensiv orangefarbene und rostrote Pilze mit Lamellen zu sammeln.

s. S. 271 Nr. 47

Maßangaben in cm	
Hut	3–8
Stiel	8 x 1

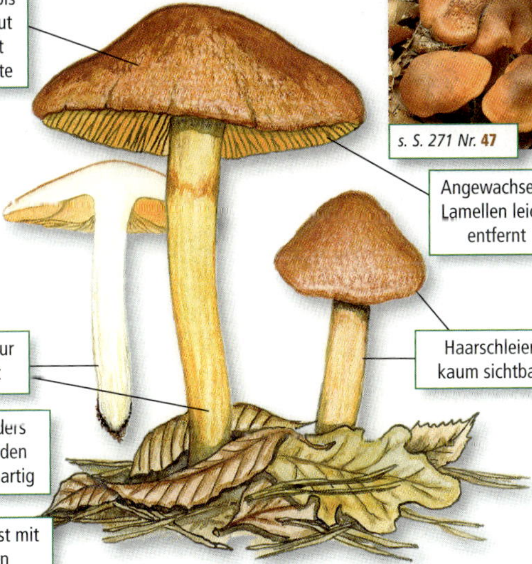

Der Orangefuchsige Raukopf verdankt seinen wissenschaftlichen Artnamen dem Orleanbaum (Bixa orellana), der im tropischen Amerika wächst und die selben Farbtöne besitzt. Sein orangebräunlicher Hut hat eine filzige bis samtige Huthaut und meist hat er eine breit gebuckelte Mitte. Der Haarschleier (das Velum) ist kaum sichtbar. Die angewachsenen Lamellen sind ebenfalls orangegelb bis zimtbraun und später zunehmend rostbraun, sie stehen leicht entfernt. Der faserige Stiel verjüngt sich zur Basis hin leicht und ist gelblich bis hell rostbräunlich. Die Natterung des Spitzgebuckelten Raukopfes fehlt ihm, dies ist ein gutes Unterscheidungsmerkmal dieser beiden Giftpilze.

Das Fleisch ist blass gelblich und enthält keine Anthrachinone (s. S. 117). Der Geruch ist schwach rettichartig, dies wird besonders beim Anschneiden deutlich. Er wächst von August bis Oktober in Laub- und Mischwäldern und geht oft eine Lebensgemeinschaft mit Eichen ein. Er ist wärmeliebend und in Deutschland nur selten zu finden. Die rostbraunen, feinwarzigen Sporen sind 9-12 x 5,5-7 µm groß.

Leuchtendgelber Klumpfuß

Der Leuchtendgelbe Klumpfuß (Cortinarius splendens) ist durch noch unbekannte Nierengifte sehr stark giftig. Zudem liegen nur wenige Erfahrungen in Bezug auf den Speisewert bzw. die giftigen Inhaltsstoffe der gesamten Gattung vor, so dass davon abgeraten wird, Schleierlinge als Speisepilze zu sammeln. Insgesamt sind die Arten aus der Gattung der Schleierlinge schwer bestimmbar.

Der Leuchtendgelbe Klumpfuß wächst von August bis Oktober in Buchenwäldern auf Kalkböden. Der gelbe Hut hat feucht eine schleimige Oberfläche und ist in der Mitte meist rostbraun oder bräunlich gefleckt. Der Schleier (Cortina) ist ebenfalls gelb und auch die Lamellen sind jung leuchtend gelb. Mit zunehmender Sporenreife werden sie rostbräunlicher, jedoch stets ohne violetten Reflex. Die Lamellenschneide ist meist gekerbt. Auch das Fleisch ist im Anschnitt kräftig gelb, mit Lauge (KOH) färbt es sich rosafarben. Der Geruch ist unangenehm pfefferartig und der Geschmack ± seifenartig. Der Stiel hat eine stumpf gerandete Knolle. Die rostbraunen, feinwarzigen Sporen sind 10-12 x 6 µm groß.

Verwechselt werden kann dieser wunderschöne Pilz mit anderen gelben Arten aus der Gattung der Schleierlinge, aber auch mit Ritterlingen (Tricholoma) und evtl. Schwefelköpfen (Hypholoma) oder Schüpplingen (Pholiota), die jedoch auf Holz wachsen. Besonders ähnlich ist der essbare Messinggelbe Klumpfuß (Cortinarius elegantior), der helleres Fleisch besitzt.

Maßangaben in cm
Hut
4–6
Stiel
4 x 1

s. S. 266 Nr. **30**

Ziegelroter Risspilz

Der Ziegelrote Risspilz (Inocybe erubescens) ist einer der Verursacher des Muskarin-Syndroms. Er wirkt auf das Nervensystem und den Verdauungstrakt. Typisch sind starke Schweißausbrüche, die in Verbindung mit heftigen Magen-Darm-Beschwerden bereits 0,5 bis 2 Stunden nach der Mahlzeit auftreten. Außerdem kann es zu Pupillenverengung, Speichelfluss, Sehstörungen, Kopfschmerzen, Tränenfluss, Hautrötung, Atembeschwerden, verlangsamtem Herzschlag und Blutdruckabfall kommen.

Der kegelige Hut ist jung weißlich bis strohfarben. Da das Fleisch im Alter und an verletzten Stellen rot anläuft, werden Hut und Stiel zunehmend ziegelrot. Die kahle Huthaut hat keine Spuren des Schleiers (Velum) und ist radialrissig. Der Geruch ist jung obstartig und wird später spermatisch.

Der Ziegelrote Risspilz geht eine Lebensgemeinschaft mit verschiedenen Laubbäumen ein und ist von Mai bis Juli in Laub- und Mischwälder auf Kalkböden zu finden. Die braunen, glatten Sporen sind 10-12 x 6-7,5 µm groß.

Hut	Stiel
5–10	8 x 1

Maßangaben in cm

s. S. 260 Nr. 8

Eine Verwechslungsgefahr besteht am ehesten mit Mai-Ritterlingen (s. S. 384), die ebenso wie der Ziegelrote Risspilz bereits im Mai wachsen. Sie haben jedoch im Gegensatz zu diesem Giftpilz weißes Sporenpulver. Die Nebelkappen (s. S. 396) erscheinen meist erst im Spätherbst und besitzen ebenfalls weißes Sporenpulver.

Nadelholz-Häubling / Gift-Häubling

Der Nadelholz-Häubling (Galerina marginata) ist stark giftig und die tödliche Dosis liegt bei 100-150 g Frischpilzen. Durch die geringe Größe der Pilze sind nur wenige Vergiftungsfälle bekannt, doch schwere Vergiftungen und Todesfälle werden beschrieben. Die Giftstoffe wirken ähnlich wie die des Grünen Knollenblätterpilzes und rufen eine fortschreitende Leberzerstörung hervor (s. S. 71).

Der Gift-Häubling ist der klassische Doppelgänger des Stockschwämmchens, da er ebenfalls auf Holz wächst und tatsächlich so ähnlich ausehen kann. Das wichtigste, mit bloßem Auge feststellbare Unterscheidungsmerkmal ist der Stiel. Fruchtkörper, die ohne Stiel gesammelt wurden, können ohne Zuhilfenahme mikroskopischer Merkmale nicht sicher unterschieden werden. Während das Stockschwämmchen (s. S. 406) einen besonders im unteren Teil braunschuppigen Stiel besitzt, ist der des Häublings mit weißlichen Längsfasern durchzogen und nicht schuppig. Beide Arten haben aber einen Ring und beide Arten haben einen ockerbräunlichen, hygrophanen Hut, der am Rand oft mit Schleierresten behangen ist.

Hut
1–5
Stiel
6 x 0,7

Maßangaben in cm

s. S. 262 Nr. 16

Der Geruch ist im Gegensatz zum Stockschwämmchen mehlartig und nicht aromatisch. Das Sporenpulver liefert eindeutige Unterscheidungsmerkmale (s. S. 407), da die Sporen des Stockschwämmchens glatt und kleiner sind. Die feinwarzigen Sporen des Nadelholz-Häublings sind 7-10 x 4,5-6,5 µm groß.

Auch der Standort kann Hinweise auf die Art geben, da das Stockschwämmchen meist auf Laubholz wächst und der Gift-Häubling von September bis November auf Nadelholz zu finden ist. Er hat seine ökologische Nische jedoch erweitert und ist auch auf Holzschredder in Nachbarschaft mit Stockschwämmchen und selbst auf Buchenstämmen gefunden worden. Ein interessanter Beitrag hierzu findet sich im Tintling (Hahn, 2001).

Fleischrötlicher Schirmling

Der Fleischrötliche Schirmling (Lepiota helveola) ist einer der giftigsten Vertreter aus der Gattung der Schirmlinge. In Deutschland ist diese Art nur vereinzelt gefunden worden. Da er aber nur schwer von anderen, ebenfalls giftigen Schirmlingen unterschieden werden kann, sollten grundsätzlich alle Schirmlinge gemieden werden, da sie ernsthafte Vergiftungen hervorrufen können.

Die Giftstoffe sind Amatoxine, sie wirken auf den Magen-Darm-Trakt und rufen meist schon kurz nach der Mahlzeit Durchfall und Erbrechen hervor. Je nach Schirmlings-Art verläuft diese Vergiftung mehr oder weniger schwer und es gibt auch Schirmlinge, bei denen eine Mahlzeitmenge ohne Folgeschäden bleibt und nach ein bis zwei Tagen ausgestanden ist.

Verwechseln kann man die Schirmlinge wohl am ehesten mit Nelken-Schwindlingen (s. S. 386) oder Riesenschirmlingen (s. S. 414 und 295), die jedoch sehr viel größer sind und deren Ring am Stiel verschiebbar ist.

Der Hut des Fleischrötlichen Schirmlings ist mit fleischrosa bis weinroten Schuppen besetzt und der Stiel ist fleischrosa genattert und an der Basis verdickt. Die weißen Lamellen sind frei und der Hut lässt sich leicht vom Stiel trennen. Er ist ein wärmeliebender Pilz, der von Juli bis Oktober unter Laubbäumen vorkommen kann. In Deutschland ist er jedoch selten und steht auf der Roten Liste. Die weißen, glatten Sporen sind dextrinoid und 8-10 x 4-5 µm groß. Ebenso stark giftig ist der Fleischbräunliche Schirmling (Lepiota brunneoincarnata), der ebenfalls in Süd- und Westeuropa häufiger ist.

Der **Spitzschuppige Schirmling** *(Lepiota aspera) ist einer der größten Schirmlinge. s. S. 302 Nr.* **12**

Hut
5–8
Stiel
5 x 1

Maßangaben in cm

Pantherpilz

Nach dem Verzehr von Pantherpilzen (Amanita pantherina) kommt es nach ¼ bis 3 Stunden zu Mattigkeit, Gehstörungen und Schwindel, oft verbunden mit Bauchschmerzen, Erbrechen und Durchfall sowie Speichelfluss, Schweißausbruch, Herzrhythmusstörungen, Kreislaufbeschwerden und hohem Blutdruck sowie zu bewusstseinsverändernden Symptomen. Ab 100 g Frischpilzen können die Beschwerden lebensbedrohlich werden.

Dem Pantherpilz sieht der Graue Wulstling am ähnlichsten. Gefährlich ist es aber vor allem, ihn mit dem wohlschmeckenden Perlpilz (s. S. 416) zu verwechseln. Im Gegensatz zu diesem beliebten Speisepilz hat er jedoch kein rötendes Fleisch, einen gerieften Hutrand sowie einen ungerieften Ring und der Stiel besitzt eine stark abgesetzte Knolle. Die weißen, glatten Sporen sind 8-11 x 7-8,5 µm groß. Pantherpilze wachsen von Juli bis Oktober in Laub- und Nadelwäldern und gehen eine Lebensgemeinschaft mit verschiedenen Baumarten ein.

Hut
5–10
Stiel
8 x 1

Maßangaben in cm

Früher wurden die Huthäute getrockneter Pantherpilz für eine psychotrope Wirkung verwendet (s. S. 306 Nr. 25).

Grüner Knollenblätterpilz

90 % aller tödlichen Pilzvergiftungen sind auf den Grünen Knollenblätterpilz zurückzuführen, schon* ein *mittelgroßes Exemplar kann tödlich wirken. Besonders häufig sind Verwechslungen mit Champignons (s. S. 293), aber auch anderen Speisepilzen wie z.B. grünen Täublingen (s. S. 374), Grünlingen (s. S. 212) oder Kaiserlingen (s. S. 297).

Nach dem wissenschaftlichen Namen dieses Pilzes werden die Vergiftungssymptome mit Grünen Knollenblätterpilzen (Amanita phalloides) als Phalloides-Syndrom bezeichnet. Tückisch daran ist der zweiphasige Krankheitsverlauf und dass die Schädigung der Leber bereits weit fortgeschritten ist, wenn die ersten Beschwerden einsetzen (s. S. 71). Die Giftstoffe lassen sich durch Kochen nicht zersetzen und sind geschmacklich in der Mahlzeit nicht zu erkennen. Darum sollten Sie sich die Merkmale dieses Pilzes besonders gut einprägen.

Weiße Sporen glatt

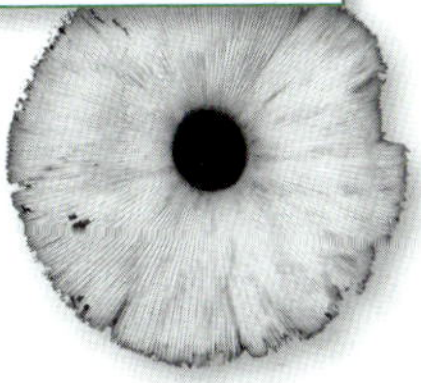

Hut
4–12
Stiel
10 x 1

Maßangaben in cm

s. S. 307 Nr. 26

Die weißen Lamellen sind frei und der Stiel lässt sich leicht vom Hutfleisch trennen. Die Gesamthülle bleibt als lappige Scheide am knolligen Stiel zurück und hinterlässt keine Flocken auf dem Hut. Der faserige Stiel ist beringt und unterhalb des Ringes genattert. Der grünliche Hut kann auch stark ausblassen. Der Geruch ist unangenehm süßlich. Der Grüne Knollenblätterpilz geht meist eine Lebensgemeinschaft mit Eichen ein, kann aber auch mit anderen Laubbäumen und selten sogar mit Fichten gedeihen. Er wächst von Juli bis Oktober in Laubwäldern, kann aber auch auf Rasenflächen wachsen, wenn in der Nähe Bäume stehen. Er ist leicht mit anderen Arten aus der gleichen Gattung zu verwechseln (z.B. dem Spitzhütigen Knollenblätterpilz – Amanita virosa), die allerdings ebenfalls giftig sind und nicht als Speisepilze gesammelt werden dürfen.

Frühjahrs-Lorchel

Die Frühjahrs-Lorchel (Gyromitra esculenta) ist trotz des Namens „esculenta" (lat. = essbar) kein Speisepilz. Früher hat man sie auf Märkten verkauft und durch Trocknen oder mehrmaliges Abkochen entgiftet, heute ist der Handel mit diesem Pilz in den meisten Ländern verboten. JAHN ***hat bereits 1964 beschrieben, dass die Frühjahrs-Lorchel „in ihrer Wirkung auf den Körper sehr unberechenbar ist und sogar nach vorschriftsmäßiger Vorbehandlung Vergiftungen hervorrufen kann".***

Der Giftstoff, das Gyromitrin, ist ein Leber und Nieren-schädigendes Zellgift, das ähnlich wirkt wie die Giftstoffe des Grünen Knollenblätterpilzes und es hat Todesfälle gegeben, die auf den Genuss dieses Pilzes zurückzuführen sind.

Die Fruchtkörper erscheinen zeitig im Frühjahr meist eine Woche vor den Morcheln. Sie bevorzugen sandige Kiefernwälder, sind aber auch in Parkanlagen, Kahlschlägen und Dickungen zu finden, allerdings nicht auf Kalkböden.

Der Hut ist gehirnartig gewunden und die Farbe schwankt von dunkel rostbraun bis kastanienbraun. Der Stiel ist mit dem Hutrand verwachsen und grauweißlich mit grubiger Oberfläche. Im Alter wird er gekammert hohl. Das zerbrechliche Fleisch riecht aromatisch. Ein gutes Unterscheidungsmerkmal zu den Morcheln ist der Fruchtkörper, der nicht durchgehend hohl ist (s. S. 348). Das Sporenpulver ist weiß und die elliptischen, glatten Sporen sind 18-23 x 9-11,5 µm groß, sie enthalten zwei Öltröpfchen.

Hut
5–10
Stiel
4 x 3

Maßangaben in cm

s. S. 352 Nr. 8

Kronenbecherling

Der Kronenbecherling (Sarcosphaera coronaria) ist vor allem roh stark giftig. Durch bislang noch unbekannte Giftstoffe kommt es sofort bis zu 24 Stunden nach der Mahlzeit zu Übelkeit, Brech-Durchfällen und Völlegefühl. Todesfälle sind nicht bekannt und nach 2-3 Tagen können die Symptome auch ohne Therapie abgeklungen sein, allerdings ist dies je nach individueller Empfindlichkeit sehr unterschiedlich.

Der Fruchtkörper entwickelt sich zunächst kugelförmig im Erdboden. Später bricht die Oberfläche sternförmig auf und gibt die violett-braune Innenfläche frei. Außen ist der Kronenbecherling weißlich. Da sich andere Becherlinge nicht unterirdisch entwickeln ist dieser Pilz unverwechselbar. Er wächst von Mai bis Juli in Nadelwäldern unter Kiefern und Fichten auf Kalkböden. Das Sporenpulver ist weiß und die glatten Sporen 13-15 x 7-8 µm groß. Sie enthalten zwei Öltröpfchen.

Hut
3–10

s. S. 352 Nr. 11

*Der **Kronenbecherling** entwickelt sich zunächst unterirdisch als Hohlkugel und bricht später sternförmig auf.*

Literaturverzeichnis

ANDERSSON, H. (2001): Vergiftung mit Knollenblätterpilzen. Der Tintling Nr. 28, Heft 4/2001, 28-32

ANDERSON, H. & H. DESEL (2002): ELISA – ein Nachweisverfahren bei Knollenblätterpilzvergiftungen. Der Tintling Nr. 31, Heft 2/2002

BAUMANN, K.: Als wären sie nicht von dieser Welt, Naturfilm

BAUMANN, K.: Die wunderbare Welt der Pilze, Naturfilm

BIRKFELD, A. (1954): Pilze in der Heilkunde. Die Neue Brehm Bücherei Bd. 135. A. Ziemsen Verlag, Wittenberg

BON, M. (1988): Parey´s Buch der Pilze, Hamburg und Berlin

BREITENBACH, J. & F. KRÄNZLIN (1981): Pilze der Schweiz; Band 1: Ascomyceten, Verlag Mycologia, Luzern

BREITENBACH, J. & F. KRÄNZLIN (1986): Pilze der Schweiz; Band 2: Nichtblätterpilze, Verlag Mycologia, Luzern

BREITENBACH, J. & F. KRÄNZLIN (1991): Pilze der Schweiz; Band 3: Röhrlinge und Blätterpilze, Verlag Mycologia, Luzern

BREITENBACH, J. & F. KRÄNZLIN (1995): Pilze der Schweiz; Band 4: Blätterpilze, Verlag Mycologia, Luzern

BREITENBACH, J. & F. KRÄNZLIN (2000): Pilze der Schweiz; Band 5: Cortinariaceae, Verlag Mycologia, Luzern

BRESINSKY, A. & H. BESL (1985): Giftpilze - Ein Handbuch für Ärzte, Apotheker und Biologen, Wissenschaftliche Verlagsgesellschaft, Stuttgart

BRÜCKNER, TH. (2000): Die bereiften Heringstäublinge. Der Tintling Nr. 21, Heft 3/2000, S. 10-18

DITTMER, W. (1998): Frische Pilze selbst gezogen, BLV, München

EISENHUT, R. & D. FRITZ (1991): Medizinisch nutzbare Wirkungen und Inhaltsstoffe von Speisepilzen. Gartenbauwissenschaften 56/6, S. 266-270

ENGLBRECHT, J. (2004): Pilzanbau in Haus und Garten, Eugen Ulmer, Stuttgart

ERB, B. & W. MATHEIS (1983): Pilzmikroskopie; Kosmos Handbuch, Stuttgart

FLAMMER & HORAK (1983): Pilzgifte – Giftpilze, Kosmos, Stuttgart

GARTZ, J. (1999): Halluzinogene in historischen Schriften. Eine Anthologie von 1913-1963. Nachtschattenverlag, Solthurn

GARTZ, J. (1999): Narrenschwämme, Psychoaktive Pilze rund um die Welt, Nachtschatten Verlag, Solothurn

GARTZ, J. (2000): Psycholytische und psychedelische Therapie mit Psilocybin – ein historischer Rückblick, Tintling Nr. 24, Heft 6/2000, 24-27

GARTZ, J. (2002): Medizinische Anwendung von Psilocybin jenseits der halluzinogenen Wirkung. Der Tintling Nr. 33, Heft 4/2002

GERHARDT, E. (1995): Heimische Pilze – Bestimmen auf einen Blick, BLV, München

GERHARDT, E. (1997): Der große BLV Pilzführer für unterwegs, BLV, München

GMINDER, A. (2001): Psilocybe azurescens Stamets & Gartz erste Freilandfunde in Europa. Südwestdeutsche Pilzrundschau 37 (2): 31-36

HAHN, CH. (2001): Der Gifthäubling, Galerina marginata, tödlich giftig oder doch häufig verkannt? Der Tintling Nr. 26, Heft 2/2001

HANSSEN, H.-P. & SCHÄDLER (1982): Pilze als Volksheilmittel in der chinesischen Medizin. Dt. Apotheker Zeitung 122/37, S. 1844-1848

HANSSEN, H.-P. (1988): Ganoderma – Eine Pilzdroge der ostasiatischen Volksmedizin mit vielfältigen pharmakol. Wirkungen. Dt. Apotheker Zeitung 128/15, S. 786-792

HOBBS, CH. (1995): Medicinal Mushrooms – An Exploration of Tradition, Healing and Culture. Botanica Press, Santa Cruz

HORAK, E. & M. MOSER (2005): Röhrlinge und Blätterpilze in Europa, Spektrum Akademischer Verlag, Heidelberg

JAHN, H. (1964): Wir sammeln Pilze, Bertelsmann Lesering, Gütersloh

JEDICKE, E. (1989): Boden; Entstehung, Ökologie, Schutz; Ravensburger Verlag
JONES, K. (1995): Shii-take – The Healing Mushroom. Healing Arts Press, Rochester, Vermont
KASPAREK, F. (1999): Gar nicht so schleierhaft: Schleierlinge. Der Tintling Nr. 18, Heft 6/1999, S. 10-25
KASPAREK, F. (1999): Notizen und Bestimmungshilfen zu einigen weniger bekannten Tintlingen. Der Tintling Nr. 17, Heft 5/1999, S. 16-25
KASPAREK, F. (2000): Langgeschwänzt oder kurz wurzelnd: Der Rotschneidige Mürbling und seine nächsten Verwandten. Der Tintling Nr. 20, Heft 6/2000, S. 36-44
KASPAREK, F. (2000): Milchlinge – Teil 1: Über einige Milchlinge mit vorwiegend weißen oder gelben Hutfarben. Der Tintling Nr. 22, Heft 4/2000, S. 28-35
KASPAREK, F. (2000): Milchlinge – Teil 2: Der Mohrenkopf-Milchling und seine Nachbarn. Der Tintling Nr. 23, Heft 5/2000, S. 20-22
KASPAREK, F. (2000): Milchlinge – Teil 3: Über einige Arten mit vorwiegend orange bis rotbraunen Hutfarben. Der Tintling Nr. 24, Heft 6/2000, S. 10-15
KASPAREK, F. (2001): Die Verwandtschaft der Schirmlinge. Der Tintling Nr. 26, Heft 2/2001, S. 10-25
KASPAREK, F. (2002): Gallertpilze Teil 1. Der Tintling Nr. 31, Heft 2/2002, S. 18-25
KASPAREK, F. (2002): Gallertpilze Teil 2. Der Tintling Nr. 32, Heft 3/2002, S. 22-27
KASPAREK, F. (2003): Gallertpilze Teil 3. Der Tintling Nr. 34, Heft 1/2003, S. 22-29
KELL (1991): Giftpilze – Pilzgifte, Neue Brehm Bücherei 612
KIENER, W. (1999): Wie giftig ist der Butterpilz, Der Tintling Nr. 17, Heft 5/1999
KRÄNZLIN, F. (2005): Pilze der Schweiz; Band 6: Russulaceae, Verlag Mycologia, Luzern
KRIEGELSTEINER, G.J. (1991): Verbreitungsatlas der Großpilze Deutschlands, Ulmer, Stuttgart
KRIEGELSTEINER, G.J. (2000): Die Großpilze Bad.-Württemb. Bd. 2, Ulmer, Stuttgart
LELLEY, J. (1991): Pilzanbau – Biotechnologie der Kulturspeisepilze, Verlag Eugen Ulmer, Stuttgart
LELLEY, J. (1997): Die Heilkraft der Pilze, Econ-Verlag, Düsseldorf
LEONHARDT, W. (2002): Über Rauschzustände bei Pantherpilzvergiftungen, Der Tintling, Heft 1/2002
LEUNER, H. (1968): Psycholtherapie und religiöses Erleben. Ein Symposiuim über religiöse Erfahrungen unter Einfluss von Halluzinogenen, VWB, Berlin.
LEUNER, H. (1981): Halluzinogene. Hans Huber, Bern-Stuttgart-Wien
LIGGENSDORFER, R. & C. RÄTSCH (Hrsg.) (1997): Pilze der Götter. AT-Verlag, Aarau
LINDEQUIST, U., E. TEUSCHER & G. NARBE (1990): Neue Wirkstoffe aus Basidiomyceten. Zeitschrift für Phytotherapie 11, S. 139-149
LOCKWALD, G. (1999): Pilzgerichte noch feiner; IHW-Verlag, Eching
MEYER, FRANZ H. (1978): Die Bedeutung der Mykorrhiza für die Nährstoffaufnahme; Kali-Briefe (Büntehof) 14 (1), S. 51-60
MEYER, FRANZ H. (1996): Mykorrhiza der Bäume. Mitt. Dtsch. Dendrol. Ges. 82, S. 173-180.
MOESCHLIN (1985): Klinik und Therapie der Vergiftungen, Thieme, Stuttgart
MONTAG, K. (1999): Speisegiftpilze, Der Tintling Nr. 16 Heft 4/1999
MONTAG, K. (1999): Tödliche Pilze, Verlag Der Tintling, Schmelz
MONTAG, K. (2001): Grünling: Abschied von einem Feinspeisling. Der Tintling Nr. 29 Heft 5/2001, S. 15-16
MONTAG, K. (2001): Über graue Ritterlinge und ihren kulinarischen Wert. Der Tintling Nr. 28 Heft 4/2001, S. 42-50
MONTAG, K. (2002): 80% Pilze: Flechten. Der Tintling Nr. 32, Heft 3/2002, S. 47-51
MONTAG, K. (2002): Folgezersetzer auf basischen Böden. Teil 2: Egerlingsverwandte Agaricaceae. Der Tintling Nr. 32, Heft 3/2002, S. 10-19
MONTAG, K. (2003): Tipps und Tricks für die Aufsammlung und die Bestimmung von Rötlingen. Der Tintling Nr. 34, Heft 1/2003, S. 52-55

MOSER, M. (1978): Kleine Kryptogamenflora; Die Röhrlinge und Blätterpilze. Gustav Fischer Verlag; Stuttgart, New York

NÄSLUND, G.K. & A. RÄDER (1995): Mein erstes Pilzbuch, Kosmos Verlag, Stuttgart

PARASHOS, A.J. (1976/77) : The psilocybin-induces „state of drunkeness" iin normal volunteers and schizophrenics. Behaviorial Neuropsychiatry 8: S. 83-86.

PASSIE, T. (1995): Psilocybin in der modernen Psychotherapie. Curare 18: S. 131-152

PASSIE, T. (1997): Psycholytic and Psychedelic Therapy Research 1931-1995. A complete International Bibliography. Laurentius Publishers, Hannover.

PÄTZOLD, W. (2004): 1 mal 1 des Pilze sammelns, Kosmos Naturführer, Stuttgart

RIPPCHEN, R. (1993): Zauberpilze, Verlag der grüne Zweig, Bd. 155

ROHDE, H. & R. KLUBACH (2002): Medizin & Psilocybinhaltige Pilze. Entheogene Blätter 1(2), Berlin, S. 4-8

ROTH, L., H. FRANK & K. KORMANN (1990): Giftpilze Pilzgifte; ecoMed-Verlag, Landsberg

SCHMID, H. & W. HELFER (1995): Pilze – Wissenswertes aus Ökologie, Geschichte und Mythos; IHW-Verlag

SEEGER, R. (1995),: Vergiftungen durch höhere Pilze, Deutsche Apotheker-Zeitung 135 Nr. 37, S. 17-53

SERCL, M., J. KOVARIK & O. JAROS (1961): Klinische Erfahrungen mit Psilocybin (CY 39 Sandoz). Psychiatria et Neurologia (Basel) 142: S. 137-146

SEYMOUR, J. & H. GIRARDET (1985) : Fern vom Garten Eden – Die Geschichte des Bodens ; S. Fischer Verlag, Frankfurt/M.

SPOERKE, D. G. (1994); Rumak BH: Handbook of mushroompoisoning. CRC Press

STAMETS, P. (1996): Psilocybin Mushrooms of the World, Ten Speed Press, Berkeley

STAMETS, P. (1993): Growing Gourmet & Medicinal Mushrooms 332. Ten Speed Press, Berkeley

STEINECK, H. (1990): Pilze im Garten, Ulmer-Verlag, Stuttgart

WINKLER, R. (1996): 2000 Pilze einfach bestimmen; AT-Verlag, Aarau

WINTERSTEIN, D. (2000): Das Paxillus-Syndrom. Innunhämolytische Anämie nach wiederholtem Verzehr einer Pilzmahlzeit aus Kahlen Kremplingen Paxillus involutus. Tintling Nr. 20 Heft 6/2000.

WINTERSTEIN, D. (2000): Was ist eigentlich ein Pilz? Ein kurzer Streifzug durch die Geschichte der Mykologie – Giftigkeit und Aberglaube. Tintling Nr. 22, Heft 4/2000

WINTERSTEIN, D. (2001): Hämolysine in Pilzen. Attacken auf die roten Blutkörperchen. Tintling Nr. 25, Heft 1/2001, S. 62-66

WINTERSTEIN, D. (2002): Mikroskopische Abgrenzung des Stockschwämmchens vom Gifthäubling über Sporen mit Öhrchen und Mützchen und Kegel-Zystiden. Der Tintling Nr. 31, Heft 2/2002, S. 60-65

WÖLDECKE, K. (1998): Die Großpilze Niedersachsens und Bremens. Naturschutz Landespflege Niedersachsen Bd. 39, Hannover

WÖLLECKE, J. (2000): Mykorrhizapilz – was heißt das eigentlich? Tintling Nr. 19, Heft 1/2000

YANG, Q.Y. & S.C. JONG (1989): Medicinal Mushrooms in China. Muschroom Science XII/1, S. 631-643

YANG, Q.Y., Y.L. HU, X.Y. LI, S.X. YANG, J.X. LIU, T.F. LIU, G.M. XU & M.L. LIAO (1991): A New Biological Response Modifieer – PSP. In: Chang et al.: Mushroom Biology ans Mushroom Produkts. The Chinese University Press, Hong Kong, S. 247-259

ZEHFUSS, H.D. (2003): Wo es Fliegenpilze gibt... Zur Vergesellschaftung von Pilzen. Der Tintling Nr. 34, Heft 1/2003, S. 13-17

ZEHFUSS, H.D. (2004): Die Seite für den Pilzmikroskopiker. Der Tintling Teil 1: Nr. 23-fortlaufend ab Heft 5/2000

ZEHFUSS, H.D. (2004): Symptome und der Verlauf von Pilvergiftungen. Der Tintling Nr. 40, Heft 3/2004, S. 6-10

ZILKER, TH.: Diagnose und Therapie der Pilzvergiftungen (Teil II). Leber Magen Darm 3/87. S. 173-197

Internet-Adressen

http://brd.pilzkartierung.de/
http://www.brockenpilz.de/
http://www.dgfm-ev.de/
http://www.fg-myko-wolfen.de/
http://www.fotocommunity.de/pc/pc/pcat/26870
http://www.fungiphoto.com/
http://www.giftinfo.uni-mainz.de/Deutsch/giftinfozentralen/Giftinfo-D.html
http://www.huperzia.de/Pilzaquarelle.html
http://www.karlkeck.de/
http://www.mikroskopie-fuer-anfaenger.de/index.shtml
http://www.mollisia.de/
http://www.mycokey.com/
http://www.mycopalma.com/Pilzeldorado/
http://www.mykolibri.de
http://www.mykonet.ch/
http://www.mykoweb.com/
http://www.natur-um-triberg.de/InhaltPilze.html
http://www.netzwelt.de/lexikon/Basidienpilze.html
http://www.pilzbestimmung.de/
http://www.pilze-muenchen.de
http://www.pilzfinder.de/
http://www.pilzgalerie.de/museum/
http://www.pilzkurs.de/
http://www.pilzschule.de/
http://www.pilzshop.de/
http://www.pilzzeit.de
http://www.tintling.com/pilzlehrschau.html
http://www.velutipes.com/
http://de.wikipedia.org/wiki/Pilz
http://www.nabu-akademie.de
http://www.nivicol.de/
http://www.pilzepilze.de/
http://www.pilzewelt.de/
http://www.pilzfotopage.de/
http://www.pilzkunde.de/
http://www.pilzmuseum.de/
http://www.pilzseite.de/
http://www.pilzverein.de/
http://www.pilzzentrum.de/
http://www.toxinfo.org/pilz/
http://www.vitalpilze.de/

Adressen

Humanitas, Industriepark 3, 56291 Wiebelsheim, http://www.humanitas-book.de/

Andreas Gminder, Maurerstr. 22, 07749 Jena, Tel. (03641) 449390, http://www.pilzkurs.de/Zubehoer.html

Schwarzwälder Pilzlehrschau Walter Pätzold, Werderstraße 17, 78132 Hornberg/Schwarzwaldbahn, Telefon: (07833) 6300, Fax: (07833) 8370, http://www.pilzzentrum.de/

Giftnotrufzentralen im deutschsprachigen Raum

Infos: http://www.giftinfo.uni-mainz.de/Deutsch/giftinfozentralen/Giftinfo-D.html

Berlin	Tel.: (030) 45053555, Fax: (030) 45053909 oder Tel.: (030) 19240
Bonn	Tel.: (0228) 2873211, Fax: (0228) 2873314
Erfurt	Tel.: (0361) 730730, Fax: (0361) 7307317
Freiburg	Tel.: (0761) 19240, Fax: (0761) 270-4457
Göttingen	Tel.: (0551) 19240
Homburg/Saar	Tel.: (06841) 19240, Fax: (06841) 16-8314
Mainz	Tel.: (06131) 19240 / (06131) 232466 oder
	Tel.: 0700-GIFTINFO, Fax: (06131) 232468
München	Tel.: (089) 19240 Fax: (089) 4140-2467
Nürnberg	Tel.: (0911) 398-2451, Fax: 0911-398-2192

Schlagwortverzeichnis

Die wissenschaftlichen Pilznamen sind *kursiv* gesetzt, der Unterstrich kennzeichnet die betonte Silbe. Bei mehreren Seitenverweisen beziehen sich die **halbfetten** Seitenangaben auf das Kapitel, in dem der Pilz im Bestimmungsschlüssel vorgestellt, bzw. der Begriff ausführlich abgehandelt wird. Die ***braunen*** Seitenverweise führen zu den Pilzportraits im hinteren Buchteil.

A

U

V

Stielmerkmale (s. S. 103)

Fleischmerkmale (s. S. 106)

Sprödblättler: brüchig ganz ohne Fasern

Alle übrigen Arten: ± faserig brüchig

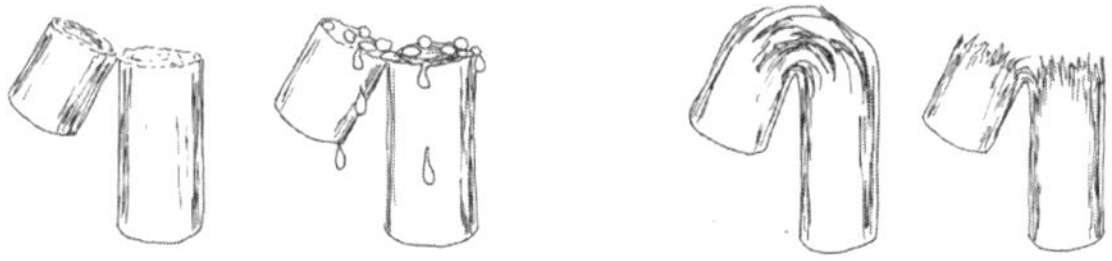

Hutmerkmale (s. S. 92)

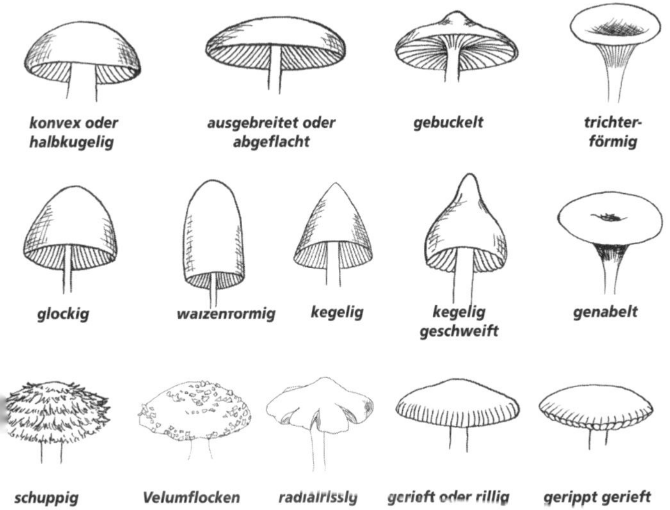

Lamellenmerkmale (s. S. 99)

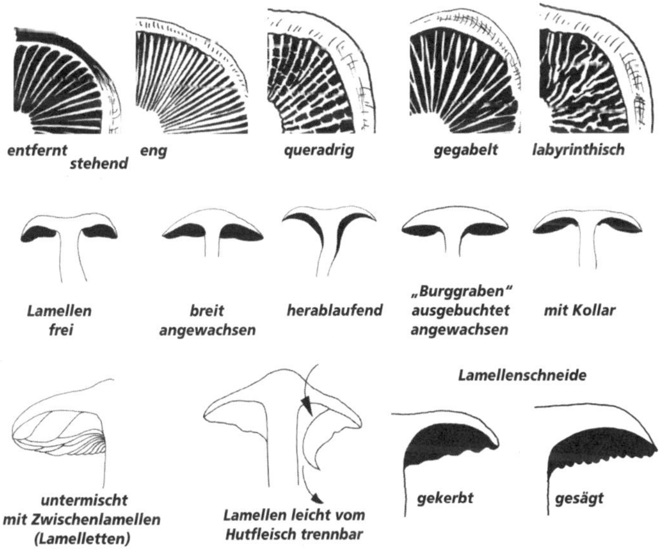